新形态教材

生物技术概论

主　编　夏小乐

编　者　夏小乐　韩双艳　尹　健

　　　　高　玲　唐　蕾　辛　瑜

　　　　龙梦飞

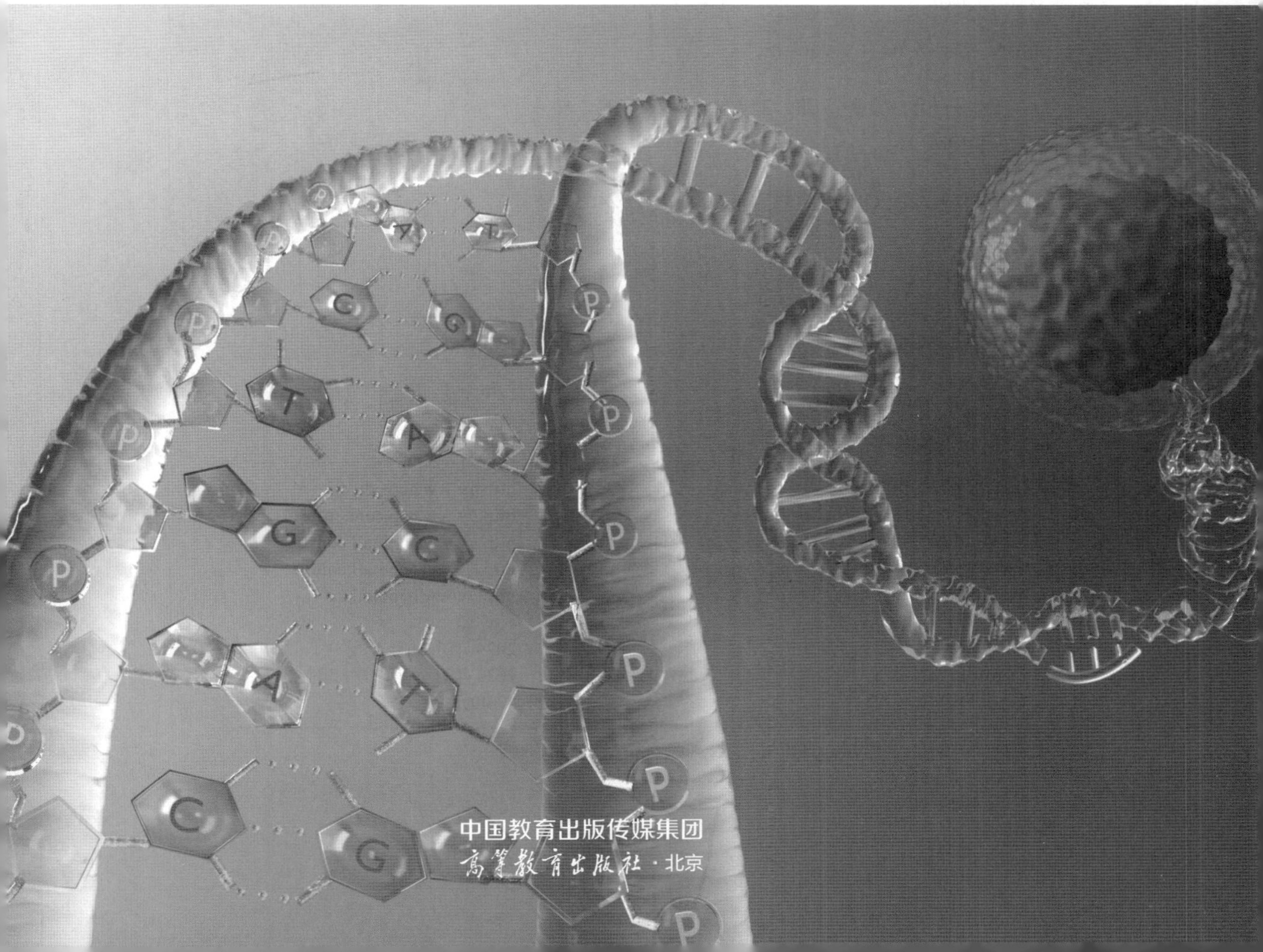

中国教育出版传媒集团

高等教育出版社·北京

内容简介

本书共分 5 篇 20 章，分别讲述基因工程、细胞工程、酶技术、工业发酵和糖生物工程五大领域相关基础理论知识、发展前沿及在农业、工业、医学、能源、环保、化工领域的应用动态。本书紧跟现代及未来生物技术发展新趋势，在国内率先引入糖生物工程、新一代未来发酵技术、未来食品智能智造、绿色低碳制造等新知识、新应用，激发学生的学习热情，树立科技创新、科技强国的情怀。本书强调经典性、先进性、系统性、创新性和灵活性，在编排形式上，以学生为中心，每章以中英导读、知识导图和学习指南开头，深入浅出；章末附知识小结、思考题，便于学生自主梳理和总结。配套的数字课程资源包括科学史话、发现之路、科技视野、应用案例、延伸阅读、教学课件、自测题、参考文献等，有利于增强学生自主学习的意愿和吸引力。

本教材可作为高等院校生物技术、生物工程、食品科学与工程、轻工技术与工程、农林、医药等相关专业的基础课教材，也可作为非生物类专业学生通识教育教材，还可供相关科研人员及教师参考。

图书在版编目（CIP）数据

生物技术概论 / 夏小乐主编 . -- 北京：高等教育
出版社，2024.7
　　ISBN 978-7-04-059920-6

　　Ⅰ. ①生… Ⅱ. ①夏… Ⅲ. ①生物工程 – 高等学校 –
教材 Ⅳ. ① Q81

　　中国国家版本馆 CIP 数据核字（2023）第 024033 号

Shengwu Jishu Gailun

策划编辑　王莉　　　责任编辑　张磊　　　封面设计　王鹏　　　责任印制　沈心怡

出版发行	高等教育出版社	网　　址	http://www.hep.edu.cn
社　　址	北京市西城区德外大街4号		http://www.hep.com.cn
邮政编码	100120	网上订购	http://www.hepmall.com.cn
印　　刷	涿州市星河印刷有限公司		http://www.hepmall.com
开　　本	787mm×1092mm　1/16		http://www.hepmall.cn
印　　张	19.5		
字　　数	455 千字	版　　次	2024 年 7 月第 1 版
购书热线	010-58581118	印　　次	2024 年 7 月第 1 次印刷
咨询电话	400-810-0598	定　　价	42.00元

本书如有缺页、倒页、脱页等质量问题，请到所购图书销售部门联系调换
版权所有　侵权必究
物 料 号　59920-00

新形态教材 · 数字课程（基础版）

生物技术概论

主编　夏小乐

新形态教材网　Abooks　　　　　关于我们 | 联系我们　　　登录/注册

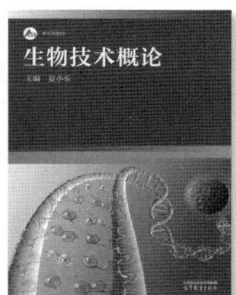

生物技术概论

夏小乐

开始学习　　　收藏

　　本数字课程与纸质教材一体化设计，内容包括各章的科学史话、发现之路、科技视野、应用案例、延伸阅读、教学课件、自测题、参考文献等，这些资源极大丰富了教材的广度和深度，为学生自主学习和探索提供了空间。

http://abooks.hep.com.cn/59920

序

生物技术是以生命科学为基础，结合工程原理，利用活细胞及其产生的物质，按照预先的设计改造生物体或加工生物原材料，为人类生产出所需的产品或达到某种目的的过程。早期的生物技术始于公元前 6000 年古巴比伦人利用发酵酿造出啤酒，至今生物技术已经成为综合多学科知识体系的高新技术，被广泛地应用于生物医药、农林牧渔、轻工食品、能源化工和环境保护等领域，是象征国家科技实力和经济实力的关键性技术之一。我校长期重视学生的综合能力培养，王武教授等于本世纪初开设了 Essentials of Biotechnology 双语课程，该课程于 2008 年入选国家双语示范课程建设，后续王武教授和夏小乐教授等撰写了 Essentials of Biotechnology 教材并入选"十二五"普通高等教育本科国家级规划教材，该教材被东南大学、中南大学、华南师范大学和江南大学等国内多所院校采用，取得了良好的成效。

近年来，生物技术发展突飞猛进，基因工程、细胞工程、酶工程、发酵工程等工程技术不断发展完善，糖生物工程与合成生物学等新技术不断涌现，多学科交叉日益突出，展现了巨大的应用潜力，因此也对高等院校生物技术教学提出了更高的要求。为适应生物技术的快速发展以及高校课程、教材、教学方式改革创新需求，急需对教材进行修订和再版。

夏小乐教授等编著的《生物技术概论》，主要以双语教材 Essentials of Biotechnology 为雏形，采用"纸质教材＋数字课程"的出版形式。该书在保持和汲取原有双语教材内容如基因工程、细胞工程、酶技术、工业发酵的经典理论的基础上，在国内率先引入"糖生物工程"新内容，从生命的本质（基因），到组成生命的单元（细胞），再到生命活动的载体（酶、糖），最后到生命创造产品（发酵）的全过程，贯穿了上游分子工程到下游的制造（发酵）工程全链条，在各个层面上强调生物和工程的深度融合，体现多学科交叉的设计思想，赋予生物技术的先进性与系统性，实现去粗取精的进化和升级。希望该书的出版对于培养学生掌握国内外生物技术新动态和新趋势，激发学生对本专业学习热情，树立学生科技创新、科技强国的理念情怀具有较好的推动作用。

中国工程院院士

江南大学 教授

2023 年 8 月

目　录

第二篇　细胞工程

第三篇　酶技术

第四篇　工业发酵

第五篇　糖生物工程

第一篇

基因工程

第**1**章 基因工程概述

　　基因工程是一门以分子遗传学为基础，分子生物学和微生物学为手段的生物技术科学。一般是指利用重组技术，在体外将目的基因与载体拼接，转入受体细胞内，使之按照人们的意愿稳定遗传，产生新产物或表达出新性状。基因工程的内容包括目的基因的获取、表达载体构建、将载体导入受体细胞、目的基因的检测与鉴定。近代生物工程的核心实质上是基因工程，其研究和应用范围涉及工业、农业、医学、食品、环境等多个领域。本章就基因工程的含义、基因与基因表达调控以及基因组与宏基因组进行阐述。

　　Gene engineering is a biotechnology science based on molecular genetics as well as employing tactics or methods from molecular biology and microbiology. Generally, it refers to the application of recombination technology to ligate the target gene into vector *in vitro* and transfer the recombinant into the recipient cell, and the obtainment of the engineering strains or cells producing new products or expressing new traits according to people's wishes which could be stably inherited. The content of genetic engineering includes the acquisition of target gene, the construction of expression vector, the introduction of vector into recipient cells, and the detection and identification of target gene. The core of modern bioengineering is essentially genetic engineering. Its research and application scope new concerns with many fields, such as industry, agriculture, medicine, food and environment. This chapter mainly introduces the implication of gene engineering, gene and gene expression regulation, and genome and metagenome.

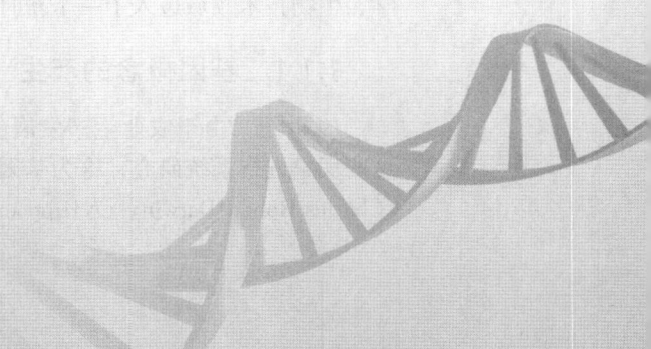

▶▶ **知识导图**

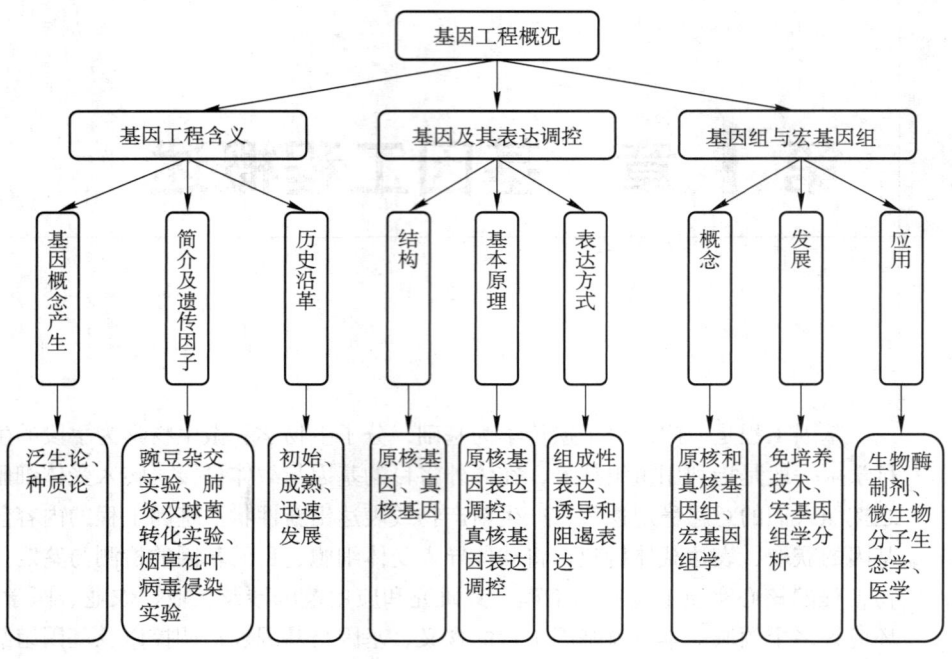

▶▶ **学习指南**

➤ 了解：基因工程的发展历程。
➤ 重点：基因工程的定义，基因结构，基因的表达调控。
➤ 难点：原核生物和真核生物基因结构的区别，宏基因组。

1.1 基因工程的含义

　　基因工程自诞生之日起，就注定了其不平凡的意义。经过几十年的发展，基因工程和传统的生物技术相结合，产生了许多卓有成效的现代生物技术，也使整个生物科学、生物技术领域迈入了一个新时代。

1.1.1 基因概念的产生

　　19世纪，由于农业生产发展的需要，人们开始重视动植物的遗传变异现象并对这些现象进行系统研究，这为基因（gene）概念的产生创造了条件。1868年，达尔文（Charles Robert Darwin）受 Hippocrates 和 Anaxagoras 的生源说影响提出了泛生论的假说，认为生物体的细胞能产生自我繁殖的微粒，这些微粒可以汇聚于生殖细胞并决定后代的遗传性状。尽管这种观点缺乏实验论证，但它充分肯定了生物体内部存在特殊的物质来负责遗传性状的传递。

August Weismann 在前人基础上提出了种质论（germplasm），该理论认为种质是生物体的遗传物质，它可能作为遗传单位存在于染色体上。这对基因概念的形成奠定了理论基础。

1909 年丹麦遗传学家约翰逊（Wilhelm Ludwig Johansen）在《精密遗传学原理》一书中正式提出"基因"概念，并创立了基因型（genotype）和表型（phenotype）的概念，将遗传基础和表现性状科学地区分开来。随着遗传学的发展，特别是分子生物学的迅猛发展，人们对基因概念的认识正在逐渐深化。

1.1.2　基因工程简介及遗传因子的发现

基因工程（gene engineering）是一种在分子水平上对基因进行操作的技术，指按照人们的意愿严格地设计基因，并通过体外 DNA 重组和转基因等技术，赋予物种以新的遗传特性，从而创造出新型且符合人们需求的生物特性和生物产品。基因工程又叫遗传工程（genetic engineering）、分子克隆（molecular cloning）、基因克隆（gene cloning）、重组 DNA 技术（recombinant DNA technique）或转基因技术（transgenic technique）。

基因最早的雏形称为遗传因子（hereditary factor），在 1857—1864 年，孟德尔（Gregor Johann Mendel）通过豌豆杂交实验，提出生物体的性状是由一种"遗传因子"控制的，并用"遗传因子"来指代一种物质的单元或因子，以作为发育这一性状的基础。之后，来自荷兰的德弗里斯（Hugo Marie Devries）、德国的科伦斯（Carl Erich Correns）和奥地利的丘歇马克（Erich von Tschermak）分别证实了孟德尔的实验结果。到 1909 年，丹麦的约翰逊首次用"基因"一词表示遗传因子。同时最为有影响力的还属格里菲斯（Frederick Griffith）的肺炎链球菌转化实验以及弗伦克尔 - 库兰特（H. Fraenkel-Conrat）的烟草花叶病毒（TMV）重组实验。

1.1.3　历史沿革

基因工程的初始阶段（1972—1976）：在漫长的生物进化过程中，基因重组从来没有停止过，人们对基因工程抱以极大的兴趣，对基因工程所涉及的理论与实践意义给予了充分的肯定。但由此也导致一部分人对于基因工程产生的杂种生物以及基因扩散等问题产生了担忧，这在科学界引起了激烈的辩论。1972—1976 年，人们对 DNA 重组体系进行了安全有效的改造，包括噬菌体 DNA 载体的有条件包装以及建立受体细胞越界的天然物理屏障等，建立了一套严格的 DNA 重组实验操作体系。

基因工程的成熟阶段（1977—1980）：1980 年美国科学家 Jon Gorden 及其同事首次利用显微注射技术，将纯化的外源基因注入小鼠受精卵雄原核，成功获得世界上第一个转基因小鼠。至此，基因工程动物进入了人们的视野。

基因工程的迅速发展阶段（1980 至今）：这一阶段是基因工程自问世以来发展最为迅速的时期。1983 年，第一株转基因烟草由根癌农杆菌介导方法完成。1985 年，PCR 技术问世。1996 年诞生了第一只体细胞克隆羊"多莉"。2016 年，刘如谦研究组

科技视野 1–1
基因工程研究的理论依据

科学史话 1–1
遗传因子的发现

通过改进 CRISPR 技术，首次实现了基因组 DNA 单碱基的替换和修饰。自此，基因工程进入基因组编辑新时代。基因工程技术的飞速发展，无论在食品、医药还是在纺织、环保等行业都展现出了巨大的生命力。

基因工程历史沿革见图 1.1。

◆ 科学史话 1-2
基因工程的历史沿革

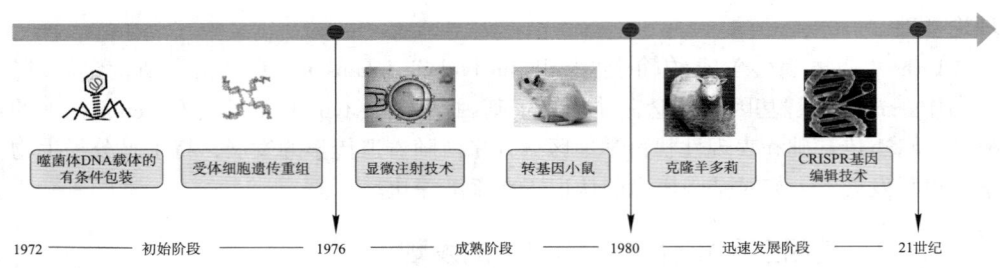

图 1.1　基因工程的历史沿革

1.2　基因与基因表达

1.2.1　基因结构

基因（gene）是遗传的物质基础，是 DNA（脱氧核糖核酸）分子上携带遗传信息的特定核苷酸序列的总称，是具有遗传效应的 DNA 分子片段，是控制性状的基本遗传单位。基因是存储、传递遗传信息和复制细胞的主要物质基础，通过复制将遗传信息传递给下一代，使后代出现与亲代相似的性状。人类大约有 2 万多个基因，这些基因参与细胞的生长、代谢，以及调控个体的生、长、病、老、死等诸多生命现象，基因的影响可谓无处不在。

真核生物与原核生物的基因结构主要分为两个区域——编码区与非编码区。原核基因的非编码区包含启动子和终止子，启动子与编码区之间包含转录起点（transcriptional start site），终止子与编码区之间包含转录终点（transcriptional termination site），原核基因的编码区是连续的、不间断的。而真核基因的结构较为复杂，在非编码区包含增强子和启动子，编码区包含内含子和外显子区域，为间断的、不连续的（图 1.2）。

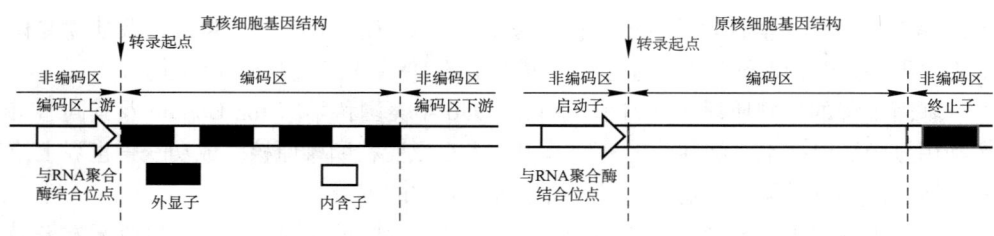

图 1.2　真核细胞和原核细胞基因结构图

1.2.2 基因表达的方式

基因表达（gene expression）就是转录和翻译的过程，即生成具有生物学功能产物的过程。在一定的调节机制下，大多数基因经历基因激活、转录和翻译等过程，产生具有特异性生物学功能的蛋白质分子，赋予细胞或个体一定功能或形态表型。但并非所有的基因表达过程都产生蛋白质，rRNA、tRNA 以及其他的小分子 RNA 也属于基因表达产物。

按对刺激的反应性，基因表达方式分为组成性表达（constitutive expression）以及诱导和阻遏表达（inducible and repressible expression）。不同的生物体具有不同的遗传信息，同种生物在不同的生存环境下基因的表达和调控机制可能相同，也有可能存在差异。某些基因的表达产物对于生物体生命活动的全过程都是不可缺少的，这类基因在一个生物个体的几乎所有细胞中持续表达，通常被称为管家基因（housekeeping gene）。无论表达水平的高低，又或是否受到外在环境的影响，在个体各个生长阶段的大多数或几乎全部组织中管家基因都能持续表达或变化很小，这类基因在同种生物中的表达和调控机制基本不会因为环境影响而有所差异。

与管家基因不同，另有一些基因表达极易受环境变化的影响，根据外界变化，表现出增强或抑制。如果相应的基因被激活，基因表达产物增加，这种基因称为可诱导基因（inducible gene），可诱导基因在特定的环境中表达增强的过程称为可诱导。如果基因对环境的应答表现出基因的活性被抑制，基因表达产物降低，这种基因称为可阻遏基因（repressible gene）。

1.2.3 基因表达调控的基本原理

基因表达调控是生物体内基因表达的调节控制，是使细胞中基因表达的过程在时间、空间上处于有序状态，并对环境条件的变化作出反应的复杂过程。基因表达的调控可在多个层次上进行，包括基因水平、转录水平、转录后水平、翻译水平和翻译后水平的调控。基因表达调控是生物体内细胞分化、性状表现和个体发育的分子基础。

（1）原核基因表达调控

1961 年，法国巴斯德研究所著名的科学家 Jacob 和 Monod 提出乳糖操纵子学说，并由此获得了 1965 年诺贝尔生理学或医学奖。在原核生物中，若干个基因可串联到一块，其表达受到同一调控系统的调控，这种基因的组织形式被称为操纵子（operon）（图 1.3）。操纵子普遍存在于原核细菌和噬菌体的基因组中，其基本组成成分如下：若干个生物功能相近的结构基因（structural gene），以相同的极性密集排列；启动子（promoter），一个操纵子一般具有一个启动子，少数的操纵子具有多

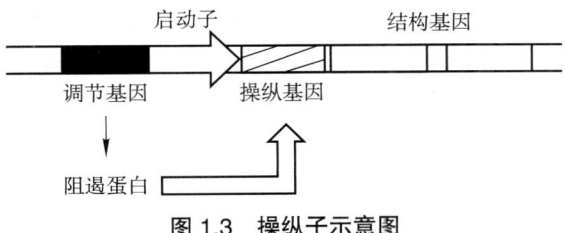

图 1.3　操纵子示意图

个启动子，启动子位于所有结构基因的上游或者某个结构基因的编码区内；终止子（terminator），每个操纵子含有一个或者多个终止转录的终止子，一般位于整个操纵子的末端或者结构基因的下游；操纵基因（operator），操纵基因由一个或者多个顺式调控元件组成，是基因表达反式作用因子——阻遏蛋白的结合区，阻遏蛋白与 DNA 的二元复合物通过与启动子和 RNA 聚合酶的复合物相互作用，对操纵子进行开放和关闭调控。原核基因通常的操纵子主要包括乳糖操纵子、色氨酸操纵子、阿拉伯糖操纵子等。

（2）真核基因表达调控

真核基因表达调控的某些机制与原核基因存在明显差别。原核生物同一群体的每个细胞都和外界环境直接接触，它们主要通过转录调控，以开启或关闭某些基因的表达来适应环境条件，环境因子往往是调控的诱导物。而真核基因表达调控机制几乎普遍涉及编码基因两侧的 DNA 序列——顺式作用元件。顺式作用元件是指可影响自身基因表达活性的 DNA 序列，通常是非编码序列。根据顺式作用元件在基因中的位置、转录激活作用的性质及发挥作用的方式，可将真核基因的这些功能元件分为启动子、增强子及沉默子等。

1.3　基因组与宏基因组

1.3.1　基因组与宏基因组概念

基因组（genome）是指一个生物体中所有的遗传信息的 DNA 载体，包括编码 DNA 和非编码 DNA、线粒体 DNA 和叶绿体 DNA。原核生物基因组与真核生物基因组有着很大的区别，原核生物的基因组比较简单，一般由一条染色体（有些细菌有多条染色体）和若干个质粒组成。除少数细菌外，细菌的染色体一般由一条环状双链 DNA 组成。染色体高度折叠、盘绕聚集在一起，形成致密的类核（nucleoid），类核无核膜与胞质分开，类核的中央部分由 RNA 和支架蛋白组成，外围是双链闭环的 DNA 超螺旋。染色体 DNA 链上与 DNA 复制、转录有关的信号区域优先与细胞膜结合，连接点的数量因细菌生长状况和不同生活周期而异。这种连接有助于细胞膜对染色体的固定，并在细胞分裂时将染色体均匀地分配到子代细胞中。

1991 年 Norman R. Pace 等人通过对太平洋浮游生物进行系统分类，首次提出环境基因组（environmental genome）概念。1998 年，Jo Handelsman 等提出新名词"宏基因组"（metagenome），也称微生物环境基因组（microbial environmental genome，或元基因组），其定义为"the genomes of the total microbiota found in nature"，即环境中全部微小生物遗传物质的总和。它包含了可培养的和不可培养的微生物的基因，目前主要指环境样品中的细菌和真菌的基因组总和。宏基因组学（metagenomics）是一种以环境样品中的微生物群体基因组为研究对象，以功能基因筛选或测序分析为研究手段，以研究微生物多样性、种群结构、进化关系、功能活性、相互协作关系及与环境之间的关系为目的的新型微生物研究方法。一般包括从环境样品中提取基因组 DNA，经高通量测序分析后对特定环境中全部微生物的总 DNA 进行克隆，以及构建宏基因组文库、筛选得到新型活性物质等工作。

1.3.2 宏基因组的发展

早期对微生物群落的研究，主要是根据微生物的生理特性，通过原位染色标记技术，例如革兰氏染色，来确定微生物群落的分类。在微生物生长的特异性培养基选择下，可依据其菌落的形态特征、不同的生长培养基和代谢产物等来区分不同微生物的群落。但此种方法有很大的局限性，它只可检测到那些在实验室生长条件下容易生长的有机体，如大肠杆菌（*Escherichia coli*）。大肠杆菌作为分类单元，只占了人肠道微生物含量的 5% 以下。除此之外，绝大多数微生物无法适应实验室生长条件，这也限制了对于非培养微生物的研究。直至 1980 年，基于 DNA 的免培养（uncultured）分析法的出现才使得这一情况得以改善。

免培养技术，即直接从样品中提取总 DNA，并用这些 DNA 来分析物种的多样性，也可用它们描述一个群体不同物种间的关系。早期基于 DNA 的方法是通过杂交或者聚合酶链式反应（polymerase chain reaction，PCR）扩增特异的靶基因，探索目标群体的 DNA，这些研究手段通常能在一个较宽泛的层面上描述生物多样性，但很多细节不能呈现出来。

最早的宏基因组分析实验，只用来研究荧光原位杂交（fluorescent *in situ* hybridization，FISH）未检测到和未报道过的 DNA 群体，原位杂交对多样性的研究最初只限定在 16S rRNA 的标记基因，之后可用它来识别群体特定酶区域的功能基因探针。

传统的宏基因组学分析主要针对于细菌和真菌。直至 2002 年，Mya Breitbart 等应用宏基因组学方法分析海水中的微生物种群，发现噬菌体是海水中的主要病毒，这一研究开启了病毒宏基因组学（viral metagenomics）研究的大门，为宏基因组学研究迎来新局面。为了更为高效地分析微生物群落，大多数的研究都采用了高通量测序技术。尽管 20 世纪 70 年代以来就一直存在 DNA 测序，但其价格很高，尤其是样品 DNA 测序克隆文库的构建还需要额外的时间和费用。直至新一代高通量测序技术的广泛应用，它成为对大多数科学家而言，性价比较高的 DNA 测序技术，宏基因组的研究也随之被普及。

1.3.3 宏基因组学的应用

微生物是地球上种类最多、数量最大、分布最广的生物群，仅原核生物（细菌和古菌）即构成地球生物总量的 25%～50%。包括病毒在内的微生物，广泛参与 C、N、O 和 S 等重要元素的循环转化。与人体健康、环境、医药各个方面紧密相关。人们对微生物的培养主要是建立在微生物的纯培养，这类微生物仅占微生物总量的 0.1%～1%，宏基因组学的诞生解决了这一难题。目前该技术已应用于生物酶制剂的开发与利用、环境微生物生物种群分布及动态变化分析、医药卫生等方面的研究。

（1）宏基因组学在生物酶制剂方面的应用

宏基因组学技术最引人注目的贡献主要集中在新型生物酶制剂的探索和开发领域。近年来研究者们已经成功构建了土壤、海底淤泥、温泉淤泥、油厂污泥、动物瘤胃内容物、动物粪便等体系的宏基因组文库，并筛选到脂肪酶、蛋白酶、淀粉酶、乙醇氧化酶、木聚糖酶、纤维素酶及脱羧酶等酶制剂，并且在此基础上获得新酶的许多特征信息。所采用的载体种类十分广泛，包括 Fosmid、Cosmid、BAC 等各种穿梭载体，所采用的宿主系统为常用的大肠杆菌、链霉菌、毕赤酵母和假单胞菌等。

（2）宏基因组学在医学方面的应用

宏基因组技术的出现为新药物的探索和发现提供了新的方法，并扩大了微生物代谢产物及分子活性物质筛选平台。如在 2000 年，Wang 等构建土壤宏基因组文库，通过文库筛选获得陶土 Terragine A 及其相关成分，证明了自然环境中的丰富微生物代谢产物可以通过宏基因组技术为人们所利用；同年 Sean Brady 等从土壤宏基因组文库中筛选发现一种长链 $N-$ 酰基氨基酸抗生素物质，并在 2004 年构建凤梨科植物树茎流出液宏基因组文库，筛选鉴定获得了抗菌物质 palmitoyl putrescine。2003 年 Breitbart 等通过构建宏基因组文库对人体排放物中的未培养病毒多样性进行研究，经过鸟枪测序法鉴定，获得的病毒大约有 1 200 种基因型，结果比对表明其基因序列与先前报道的病毒具有很大的差异性，大多数为新病毒，并证明这些病毒极有可能与人类的疾病有着密切的关系。

（3）宏基因组学在微生物分子生态学方面的应用

海洋环境成分复杂，若想探索海洋微生物的组成以及相互作用，必须借助宏基因组技术，对分布海水中的核酸材料进行研究，利用序列比对以及系统发育来分析环境微生物复杂群落结构。如地中海深层水体微生物宏基因组文库构建，通过序列分析和 16S rRNA 系统发育比对，发现该水体的微生物种群与太平洋阿罗哈水域夏威夷群岛附近中层水体的微生物种群具有一定的相似性，并提出在无光的条件下，温度是影响微生物种群在水体中分布的主要因素。此外，活性污泥中富含多种的微生物群，它们具有降解多种有机物的功能，这些细菌含有遗传稳定和多功能的基因，对受到污染的环境具有生物修复的作用。应用宏基因组技术来研究被污染水体微生物的组成和变化，可为水体净化提供更可靠的理论支持。

小结

基因工程诞生于 20 世纪 70 年代，它和细胞工程、酶工程、蛋白质工程和微生物工程共同组成了生物工程。基因工程可以实现在体外构建重组 DNA 分子，通过分子操作将其导入活细胞，进而改变生物原有的遗传特性，获得新品种或产品。基因工程技术为探究基因的结构和功能提供了有力的手段，为解决农业、工业、医学等领域所面临的许多重大问题开辟了新的途径，具有广泛的应用前景。21 世纪是生物的世纪，基因工程也将在新世纪焕发出新的光彩，并实现更大规模的产业化。

？ 思考题

1. 简述基因组与宏基因组的概念。
2. 简述基因表达的方式。
3. 简述真核生物和原核生物基因结构的异同。

📖 推荐阅读

1. 郑振宇，王秀利．基因工程［M］．武汉：华中科技大学出版社，2015：2-7.

本书从基因的基本概念出发，把基因工程的技术成就和学科发展动态结合到了每一章节中。

2. 袁婺洲．基因工程［M］．2 版．北京：化学工业出版社，2019：1-4.

本书第一次详细介绍了基因工程在基因功能研究中的应用，将基因工程技术与功能基因组学相结合。

更多网上学习资源

◆ 教学课件　　◆ 自测题　　◆ 参考文献

第**2**章 基因工程基础技术

随着科学技术的进步，基因工程相关技术的研究也越来越先进和成熟。通过基因工程基础技术可以对获得的目的基因进行改造，且所操作的基因功能明确，后代表现型可得到准确预期，在各个领域均有广泛应用。在基因工程的发展过程中，也涌现了一系列的基因操作工具，主要包括基因操作工具酶、寡聚核苷酸探针等；同时也诞生了一些实用技术，如聚合酶链式反应（PCR）、DNA 纯化、DNA 测序以及大分子杂交等相关技术，为基因工程的广阔发展奠定了基础。

With the progress of science and technology, research on gene engineering related technology is getting more advanced and mature. Through the basic technology of gene engineering, the target gene could be remodeled. Due to the function of the operated gene is clear, the offspring phenotype could be accurately predicted, thus making gene engeering applied widely in various fields. In the development of gene engineering, a series of gene manipulation tools emerged, including gene manipulation tools enzymes, oligonucleotides probes, and so on. Meanwhile, some practical technologies were proposed, such as polymerase chain reaction（PCR）, DNA purification, DNA sequencing, macromolecular hybridization and other related technologies. All these technologies have laid a foundation for the broad development of gene engineering.

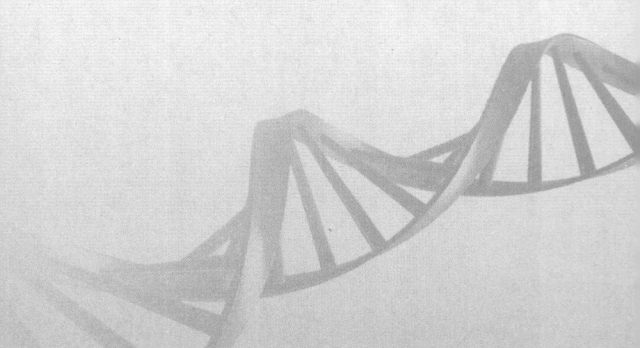

▶▶ **知识导图**

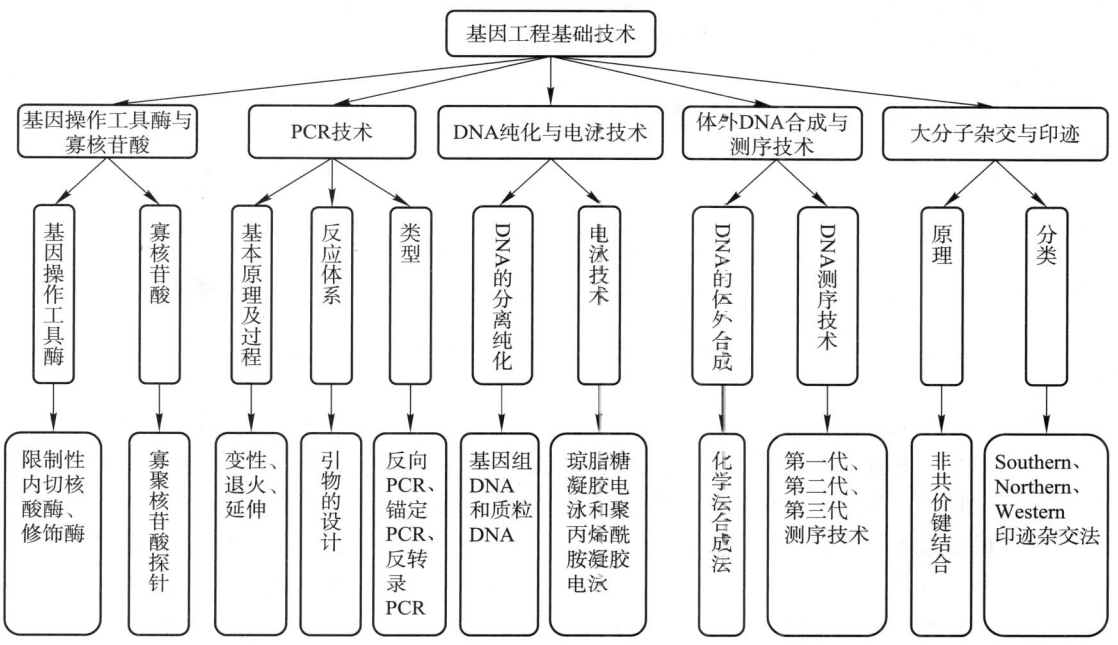

▶▶ **学习指南**

➢ 了解：基因操作其他修饰酶，DNA 的分离纯化。
➢ 重点：限制性内切核酸酶，PCR 技术，电泳技术，分子杂交技术。
➢ 难点：基因工程基础技术的原理、分类及应用。

2.1 基因操作工具酶与寡核苷酸

2.1.1 基因操作工具酶

基因操作是指利用载体将生物的某个基因运输到另一种生物的活细胞中，使之无性繁殖并创造出新物种的技术。其中对 DNA 分子的切割、连接与修饰等操作是该技术顺利进行的重要保障，而基因操作工具酶的发现和应用，使 DNA 分子的体外切割与连接真正成为可能。

（1）限制性内切核酸酶

限制性内切核酸酶（restriction endonuclease，RE）简称限制酶，它可以识别双链

DNA 分子中某种特定的核苷酸序列，并能特异性地切割两个核苷酸之间的磷酸二酯键（phosphodiester bond）（图 2.1）。该酶一般只切割外源 DNA（自身 DNA 常受到甲基化保护等，故不易被限制性内切核酸酶切割），同时在切割时也不会破坏 DNA 结构内的核苷酸与碱基，被称为基因工程中的"手术刀"。

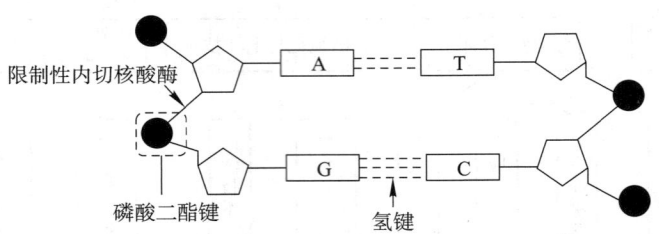

图 2.1　限制性内切核酸酶切割位点示意图

限制性内切核酸酶在自然界中分布十分广泛且主要来源于微生物，几乎所有细菌的属、种中都会存在一种或多种限制酶。对该类酶的命名也遵循一定的原则：以宿主即产生该酶的微生物属名的第一个字母（大写）与种名的头两个字母（小写）作为酶的基本命名，常用斜体；若有株系之分，则在其后再加一个字母（小写）表示菌株号，常用正体；若同一株系中有不同的限制酶，则以发现和分离的先后顺序在其后加上序号（罗马数字）；如有三种限制酶分别被命名为 *Hind* Ⅰ、*Hind* Ⅱ 和 *Hind* Ⅲ，其中 *Hin* 指来源于流感嗜血杆菌（*Haemophilus influenzae*），d 代表来自 Rd 菌株，Ⅰ、Ⅱ、Ⅲ 则表示从该菌株中先后分离的次序；若微生物存在不同的变种或品系，则在其三个字母之后再加一个大写字母，如 *Eco*R Ⅰ 和 *Bam*H Ⅰ 等。

根据限制酶的结构及相关性质，可将其分为第 Ⅰ 型、第 Ⅱ 型及第 Ⅲ 型。第 Ⅰ 型限制酶同时具有修饰与识别切割 DNA 的作用，但它对特定的切割位点不能进行准确的识别，无特异性，所以并不常用。第 Ⅱ 型限制酶只具有识别切割的作用，常在识别位点之内或附近进行切割，且识别位点多为 4～6 bp 的短的回文序列（palindromic sequence），这是一种特定的核苷酸片段，该片段在其中一条链上的正向碱基序列和它互补链的反向序列完全一致（图 2.2a）；该类酶的切点特异性强，在基因操作中最为常用，例如：*Eco*R Ⅰ、*Hind* Ⅲ 等均为第 Ⅱ 型限制性内切核酸酶。第 Ⅲ 型限制酶与第 Ⅰ 型限制酶类似，也具有修饰及切割的作用，通常识别短的不对称序列。表 2.1 列出了以上三种限制性内切核酸酶的相关性质。

而我们常用的为第 Ⅱ 型限制酶，它能够对 DNA 链上特定的核苷酸序列进行识别切割，产生特异性 DNA 片段；根据切割方式的不同，还可将其分为错位切割与平末端切割。错位切割是指分别从 DNA 双链的不同部位进行切割，两条链的切割部位之

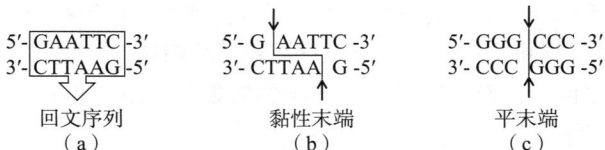

图 2.2　第 Ⅱ 型限制性内切核酸酶所识别的回文序列及其不同酶切方式示意图

（以上 ↑↓ 表示酶切位点）

表 2.1 限制性内切核酸酶的类型及相关性质

限制酶的性质	Ⅰ型	Ⅱ型	Ⅲ型
结构	由三种不同亚基构成	甲基化酶由一条多肽链组成，内切酶活性由两条多肽链组成	双亚基双功能酶（其中 M 亚基负责识别和修饰，R 亚基负责切割）
识别序列	非对称序列	旋转对称序列（回文序列）	非对称序列
切割位点	识别序列周围约 400～700 bp 范围内的随机位点	常在识别位点内，或在识别位点附近；且切点处都产生 3'–OH 和 5'–磷酸基团末端	在识别序列下游 24～30 bp 处
辅助因子	Mg^{2+}、S–腺苷甲硫氨酸、ATP	Mg^{2+}	Mg^{2+}、S–腺苷甲硫氨酸、ATP
切点特异性	无特异性	切点特异性强，较为常用	特异性不强

间往往相差几个核苷酸，这样得到的切口将带有若干个突出的核苷酸，由此产生黏性末端（图 2.2b）；而平末端切割是指从 DNA 双链上所对应的相同部位进行切割，产生平齐的末端结构类型，称为平末端（图 2.2c）。由于黏性末端伸出的单链核苷酸可通过碱基互补结合，而平末端不存在该互配结构，故黏性末端更易于连接，平末端的连接效率仅为黏性末端的 1%。

由于 DNA 分子具有特异性、高并行性、微小性等天然特性，在信息处理过程中发挥了重要的作用，目前有研究将具有特异性识别功能的限制性内切核酸酶应用于 DNA 电路中，以达到通过该电路来精准检测基因损伤及错误信息的目的。

（2）基因操作中常用的其他工具酶

DNA 连接酶（DNA ligase），是一种能将 DNA 链的 3'–OH 末端和 5'–磷酸基团末端以磷酸二酯键的形式将两个相邻的碱基连接起来的酶，该过程需要消耗 ATP，多应用于 DNA 的复制和修复。该酶也被称为基因工程中的"基因针线"。DNA 连接酶在构造重组分子时起着重要的作用，首先利用限制酶切开 DNA 分子，后通过连接酶对切割得到的片段进行重组连接，即可获得目标重组分子（图 2.3）。

目前常用的 DNA 连接酶为大肠杆菌 DNA 连接酶和 T4 DNA 连接酶，两者的相关性质见表 2.2。

表 2.2 两种常用 DNA 连接酶的相关性质

特性	大肠杆菌 DNA 连接酶	T4 DNA 连接酶
分子质量	75 kDa	68 kDa
连接对象	黏性末端，对平末端的连接效率较低	黏性末端或平末端
能量分子	NAD^+	ATP

DNA 连接酶连接时有以下特点：①连接的两条链需要分别具有 3′-OH 和 5′- 磷酸基团，且连接反应只有当这两个基团相互邻近时才会发生；②磷酸二酯键在羟基和磷酸基团之间形成，在连接过程中还需要添加能量分子，分别有如下两种供能方式：即以烟酰胺腺嘌呤二核苷酸（NAD⁺）转化为 NMN 和 AMP 的形式提供能量或利用三磷酸腺苷（ATP）水解成 AMP 和 PP$_i$ 的形式来供能。

DNA 聚合酶（DNA polymerase），是指当发生 DNA 复制时，以 DNA 双链为模板，以脱氧核苷三磷酸（即 dATP、dTTP、dGTP 或 dCTP，统称为 dNTP）为原料，在引物（primer）存在的情况下，催化底物 dNTP 分子按照碱基互补分别聚合在两条单链 DNA 分子或引物链的 3′-OH 端，使新链由 5′ 端到 3′ 端的方向合成，从而对 DNA 进行复制的酶（图 2.3）。

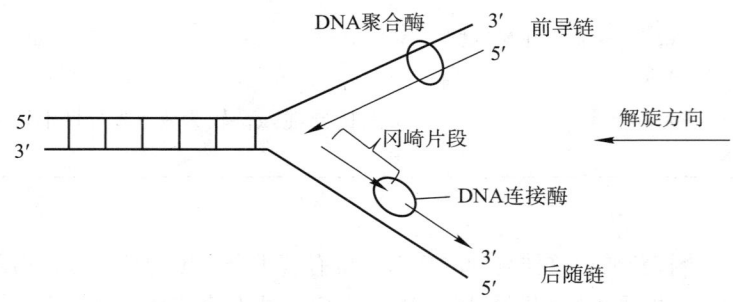

图 2.3　DNA 连接酶与 DNA 聚合酶的作用方式

DNA 聚合酶可以分为以下几种类型：

① 大肠杆菌 DNA 聚合酶Ⅰ　也称 DNA 聚合酶Ⅰ（DNA polymerase Ⅰ），是 Arthur Kornberg 于 1957 年从大肠杆菌中分离得到的一种催化 DNA 合成的酶，为单链多肽分子。该酶可以表达出三种不同的活性：第一种为 5′→3′ DNA 聚合酶活性，即以 DNA 单链为模板，催化底物 dNTP 分子聚合在 DNA 链或引物链的 3′ 末端，沿 5′ 端到 3′ 端的方向合成新链（图 2.3）。第二种为 5′→3′ 外切核酸酶活性，可从 5′ 端将双链 DNA 降解，从而切除 DNA–RNA 杂交体中的 RNA 或者受损的 DNA 片段。第三种为 3′→5′ 外切核酸酶活性，反应底物为双链 DNA 的 3′-OH 端，不过该作用可被该酶的 5′→3′ DNA 聚合酶活性以及一些带有 5′- 磷酸基团的 dNTP 所抑制。

该酶的第一、二种活性可应用于切口平移（nick translation）法来标记 DNA，它可以对 DNA 的一条链进行切割并生成 3′-OH 和 5′- 磷酸基团，后该链即可延伸并合成 3′ 端，同时降解 5′ 端，最终合成高活性的 DNA 探针（图 2.4）。

② Klenow 大片段 DNA 聚合酶　是指在大肠杆菌 DNA 聚合酶Ⅰ中去除了 5′→3′ 外切酶活性且分子量较大的羧基端片段，具有 5′→3′ 聚合酶活性

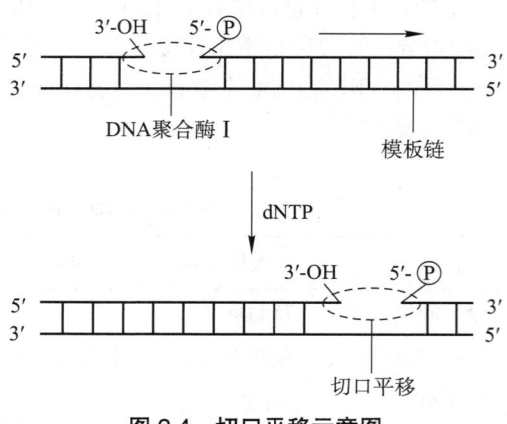

图 2.4　切口平移示意图

以及 $3' \rightarrow 5'$ 外切核酸酶活性。

③ T4 噬菌体 DNA 聚合酶 该酶需要使用 T4 噬菌体侵染大肠杆菌来获取，其酶活性与 Klenow DNA 聚合酶类似，但前者的外切核酸酶活性相比于后者更强。

④ 耐热 *Taq* DNA 聚合酶 是一种耐热 DNA 聚合酶，在高温下仍具有活性。该酶作用时需要 Mg^{2+} 作辅助因子，可表达 $5' \rightarrow 3'$ 聚合酶以及 $5' \rightarrow 3'$ 外切酶活性，同时还存在非模板依赖性活性。该酶在 PCR 反应中发挥了重要作用（详述可见本章 2.2 节 PCR 技术）。

（3）各类修饰酶

① 核酸酶（nuclease） 是指能够在核酸分解的第一步中，催化水解磷酸二酯键的酶，作用于磷酸二酯键的 P–O 位置。该酶来源广泛，在高等动植物中均存在，且来源不同，其作用方式及专一性也会有所差别。根据作用方式的不同，常将核酸酶分为外切核酸酶（exonuclease）和内切核酸酶（endonuclease）。根据专一性的不同常将只能作用于 DNA 的核酸酶称为脱氧核糖核酸酶（DNase），只作用于 RNA 的则称为核糖核酸酶（RNase），DNA 与 RNA 均可作用的则统称为非特异性核酸酶。核酸酶主要包括 S1 核酸酶、Bal 31 核酸酶、核糖核酸酶 H 等。

② 碱性磷酸酶（alkaline phosphatase，ALP 或 AKP） 该酶分为两种类型，包括从大肠杆菌中分离得到的细菌碱性磷酸酶（bacterial alkaline phosphatase，BAP）以及从小牛肠中分离得到的小牛肠碱性磷酸酶（calf intestine alkaline phosphatase，CIP），是一种去磷酸化酶类，能够催化核酸分子脱掉 5'– 磷酸基团，使 DNA 或 RNA 片段的 5'– 磷酸基团末端转换为 5'–OH 末端。这种脱磷酸作用在 DNA 分子克隆过程中发挥重要作用，同时在环境中也参与调节了磷元素的生物地球化学循环。

③ 反转录酶（reverse transcriptase） 是指以 RNA 为模板，指导脱氧核苷三磷酸在 tRNA 的 3'–OH 末端上，以 tRNA（主要是色氨酸 tRNA）为引物，按照碱基配对沿 $5' \rightarrow 3'$ 方向合成产物即互补 DNA（complementary DNA，cDNA），制备基因片段。该酶具有 $5' \rightarrow 3'$ 聚合酶活性。

2.1.2 寡核苷酸

寡核苷酸（oligonucleotide）是一类碱基长度 20 以下的短链核苷酸的总称（包括 DNA 或 RNA 在内的核苷酸），具有穿透能力强、合成简单等特点。这些已知的短链核苷酸分子在加上了易被检测的标记（如荧光标记、放射性标记等）之后，能够与被检测的长链 DNA 即目的 DNA 或 RNA 中的一小部分按碱基互补配对原则形成杂交双链分子，这一特性致使寡核苷酸常用作引物来参与聚合酶链式反应（PCR）。近年来，基于双启动寡核苷酸引物（dual priming oligonucleotide，DPO）的 PCR 技术在临床医学、病毒及病原微生物检验检疫等领域得到了广泛应用；相较于常规的 PCR 引物，双启动寡核苷酸引物的特异性要更强，实用性也更好。

同时，通过上述互补配对作用还可对未知的目的 DNA 或 RNA 片段的组成进行检测，故寡核苷酸也可作为探针以检测 DNA 或 RNA 的结构。图 2.5 所示为用放射性同位素 ^{32}P 标记寡核苷酸探针的 α– 磷酸基。

寡核苷酸在基因工程中常应用于基因芯片、荧光原位杂交、荧光定量 PCR 等技术中。

科技视野 2–1
核酸酶

应用案例 2–1
寡核苷酸在基因工程中的相关应用

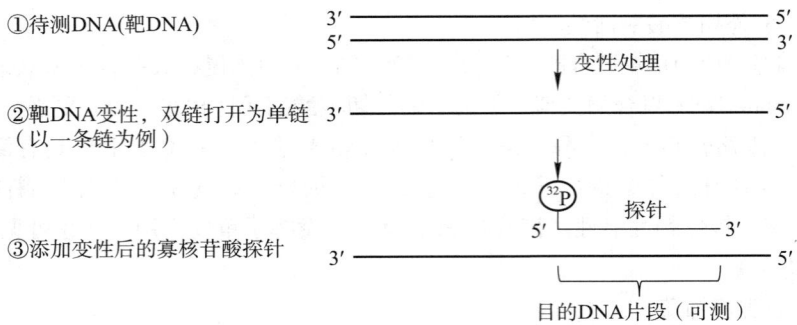

图 2.5　寡核苷酸探针示意图

2.2　PCR 技术

聚合酶链式反应（polymerase chain reaction，PCR）是指在体外模拟生物体内复制的一种酶促扩增特定 DNA 或 RNA 序列的技术，是生物技术中最基本、应用最为广泛的技术之一。PCR 技术与 DNA 测序（DNA sequencing）技术以及分子克隆（molecular cloning）技术合称分子生物学中的三大主流技术。1985 年，美国 PE–Cetus 公司的 Kary Mullis 等人发明了 PCR 技术，它能在体外通过酶促反应快速地扩增特定的 DNA 片段。Mullis 也因为这一成就获得了诺贝尔化学奖。

2.2.1　PCR 技术的基本原理及过程

PCR 的基本原理就是模拟 DNA 的体内复制来进行核酸的选择性体外扩增，即利用 DNA 片段旁侧的单链特异性引物，以 DNA 两条链为模板，dNTP 作为原料，在耐热 DNA 聚合酶（Taq DNA 聚合酶）和含 Mg^{2+} 缓冲液的存在下发生酶促反应，通过 DNA 双链的热变性、退火和延伸的重复循环，即可快速扩增所需的目的 DNA 序列。在 PCR 过程中，首先需要合成可以与模板 DNA 双链两端互补的单链寡核苷酸引物，并加入反应体系，然后进行后续操作：

① 变性（denaturation）　提高反应体系混合物的温度至 90 ~ 95 ℃，维持一段时间，模板 DNA 即发生变性，氢键断裂生成形成单链 DNA。

② 退火（annealing）　降低体系温度至 50 ~ 55 ℃（即寡核苷酸引物的熔点温度 T_m 左右），发生退火现象，引物则互补结合于相应的两条单链 DNA 上，形成局部双链复合物。其中 T_m（解链温度）是指 DNA 的双螺旋结构在热变性过程中紫外吸收值达到最大值的 1/2 时的温度。

③ 延伸（extension）　将反应体系的温度升高至 70 ~ 75 ℃，常用温度为 72 ℃（一般为 Taq 聚合酶的聚合温度），维持一段时间，后以 dNTP 为原料，以已结合到模板 DNA 链上的引物为固定起点，经热稳定 DNA 聚合酶催化，即可从引物的 3′ 端延伸合成一条与模板链互补的新 DNA 链。

这样一轮结束，目的 DNA 的量增加了一倍，同时新合成的 DNA 双链也会成为下一轮反应的模板。随着循环增多，DNA 的数量将呈 2 的指数倍增长。该反应过程

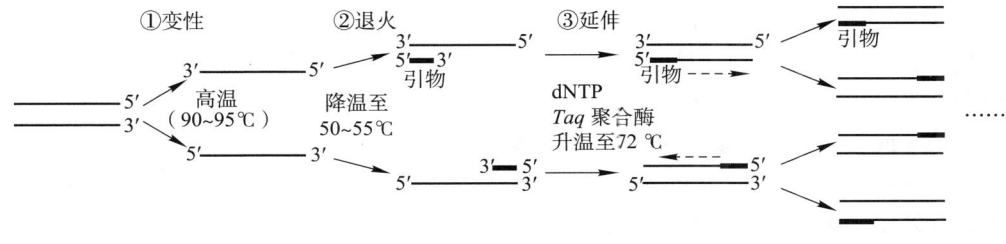

图 2.6 PCR 过程示意图

见图 2.6。

2.2.2 PCR 技术的反应体系

PCR 反应体系如下：模板、*Taq* DNA 聚合酶、上下游引物、四种 dNTP、PCR 缓冲液、Mg^{2+} 等。这些物质的组成可制备为 PCR 扩增反应液，该反应在 PCR 仪中完成，扩增结果则可通过琼脂糖凝胶电泳或其他方法进行鉴定。

（1）制备模板

在 PCR 反应中除了使用 DNA 为模板外，还可以使用 RNA，只是当以 RNA 为模板时，在 PCR 循环之前需要反转录 RNA 获得 cDNA。PCR 对模板的用量以及纯度的要求不高，日常制备的 DNA 基本上就可满足 PCR 的要求，但使用前需要去除其中的杂质，如 RNA、蛋白质等，以及可能存在的 DNA 聚合酶抑制剂（如 SDS、乙醇、氯仿等），否则将降低 PCR 扩增的效率。

（2）设计引物

引物在 PCR 过程中扮演着至关重要的角色，同时也决定了扩增产物的长度及特异性，PCR 反应中有两种引物，即 5′ 端引物和 3′ 端引物。在设计时要考虑引物长度、碱基序列分布以及引物对间待扩增序列长度。对于不同的 PCR 反应，所需的引物种类、序列、长度等均有所不同，一对引物会分别与变性后的两条单链进行结合，且只能结合在所识别链上的靶序列 3′ 端，并以 3′ 端作为延伸点。

引物设计应当遵循以下原则：

① 引物的长度　设计的引物需要有 15～30 bp，过短会影响引物与模板的配对；过长则会使 PCR 的退火温度超出 *Taq* 酶的最适温度，导致产物特异性降低。

② G + C 含量　一般应在 40%～60% 之间。碱基含量可以用于近邻法估计引物的解链温度（T_m），如下式：$T_m = 4(G + C) + 2(A + T)$，G + C 含量越高，$T_m$ 值越高。

③ 碱基分布随机性　避免四个单一碱基（即相同嘧啶或嘌呤）连续出现的情况，特别是在引物的 3′ 端不能出现超过 3 个连续的 G 或 C，这样易导致错误引发，降低 PCR 产物特异性。

④ 引物自身　两引物自身不可存在互补序列，否则将发生自身折叠，影响 PCR 反应的进行，引物自身连续的互补碱基不可大于 3 bp。

⑤ 两引物之间　不应存在 4 个以上互补的碱基，否则会形成引物二聚体（primer dimer），尤其是它们的 3′ 端不可互补。

⑥ 与非特异性靶区的同源性　为了保证引物的扩增效率，引物对之间不可超过 70% 或连续 8 个以上的同源互补碱基，否则会出现非特异性扩增。

⑦ 引物的 3′ 端 引物的 3′ 端为引发延伸的位点，不可发生错配。研究发现，若引物的 3′ 端上第一位碱基是 A 时对反应的影响最大，应当避免；且由于密码子第三位简并性，也不可在引物的 3′ 端上设计可编码密码子的第三个碱基，最好对应密码子的第一或第二位核苷酸，以减少由于密码子摆动产生的不配对。

⑧ 引物的 5′ 端 引物的 5′ 端可以进行修饰，如加上限制酶位点、核糖体结合位点、起始密码子、缺失或插入突变位点以及标记生物素、荧光素、地高辛等。通常会在 5′ 端限制酶位点外加上 3~4 个保护碱基。

目前也开发出了一系列可以帮助设计最适引物的应用软件，如 SnapGene、Primer Premier、Oligo 等，均得到了广泛的使用。

（3）*Taq* DNA 聚合酶

在反应过程中应当注意控制加入适量的 *Taq* DNA 聚合酶，过少则不能满足反应需要，过多易导致非特异性扩增。在使用时要考虑聚合酶的保真性、聚合速度、半衰期、作用时间等。

除上述几个条件外，有时也要考虑 Mg^{2+} 浓度。

2.2.3　PCR 技术的类型

随着 PCR 技术的应用范围越来越广，因此也衍生出了许多技术，主要有以下几种类型。

（1）不对称 PCR

不对称 PCR（asymmetric PCR）指利用浓度比例相差较大的两种引物来大量生成单链 DNA（ssDNA）的 PCR 技术。该技术的主要目的是扩增获得特异长度的单链 DNA，与常规 PCR 技术不同的是，加入体系的两种引物（分别称为限制性引物与非限制性引物）并非等量，常用的最佳比例为 1∶50~1∶100，这样随着反应的进行，当低浓度的底物消耗完毕后，即可在高浓度引物的作用下产生 ssDNA。该 PCR 技术可用于制备核酸测序的模板、杂交探针、对基因组 DNA 进行研究等。

（2）反向 PCR

常规的 PCR 技术只能从两端扩增序列上已知的基因片段，而反向 PCR（inverse PCR）技术可以利用反向的互补引物对一段已知序列两端的未知序列进行扩增。该法需要先用已知或待扩增序列中都不存在切点的限制酶来切割模板 DNA，然后用连接酶环化酶切产物，则环内此时就包含了已知的以及待扩增的序列。在已知序列两端设计一对反向引物，通过该反向引物的反向延伸，就能够扩增出未知序列（图 2.7）。该技术可用于研究与已知序列相邻连接的未知序列、克隆只知道部分序列的全长 cDNA、对基因文库中插入 DNA 的扩增等。

（3）反转录 PCR

反 转 录 PCR（reverse transcription PCR，RT-PCR）技术首先通过分离得到微生物中的 RNA，并将 mRNA 作为模板，经过反转录酶的作用反转录得到 cDNA，然后利用 PCR 技术对它进行扩增，启动目的基因或检测基因的表达。

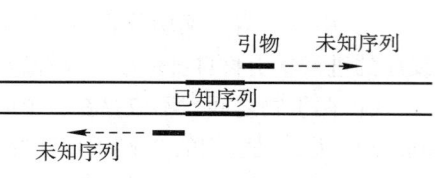

图 2.7　反向 PCR 示意图

（4）锚定 PCR

锚定 PCR（anchored PCR，A-PCR）首先需要合成第一链 cDNA，接着用酶法在未知序列的一端添加一段已知序列的同聚物尾巴（polyG），然后加入一段可以与该 polyG 进行配对的 3′ 锚定引物（带有限制性酶切位点的 polyC，以该未知序列为模板来合成互补链进行 PCR 扩增，最终实现对该已知一端序列的目的 DNA 的扩增（图 2.8）。

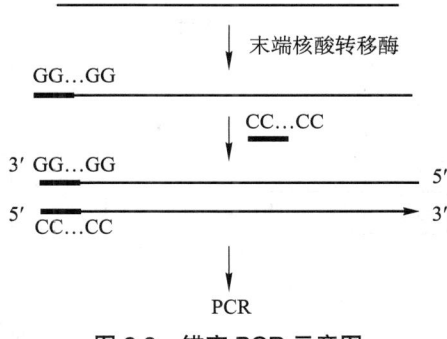

图 2.8　锚定 PCR 示意图

（5）多重 PCR

多重 PCR（multiplex PCR）又称复合 PCR，它是指在一个反应体系里一次性添加多组不同的引物，通过 PCR 扩增就可以得到多种基因片段，此法相比于常规的 PCR 要更加高效、简便。该技术常应用在同时检测是否受到多种病原体感染，以及对某些病原微生物、遗传病和癌基因的分型及突变鉴定。

（6）标记引物 PCR

标记引物 PCR（labelled primer PCR，LP-PCR）是一种通过同位素、荧光素来标记 PCR 引物的 5′ 端，由 PCR 扩增之后判断是否存在目的基因，达到对目的基因进行直观检测目的的 PCR 技术。该技术不需要经过限制性内切酶酶切、分子杂交等操作步骤，并且适用于对大量样本的基因诊断。

（7）原位 PCR

原位 PCR（in situ PCR，ISPCR）指将完整的组织细胞当作一个小型的反应体系，并以细胞内的目的片段作为扩增对象来进行 PCR 反应。该技术可以在不损害细胞的基础上，通过一系列方法检测到其中的扩增产物。如利用细胞涂片或石蜡包埋组织切片于单个细胞中实现 PCR 扩增，并将产物与标记的探针进行原位杂交，通过显微镜观察结果。原位 PCR 可用于分辨并定位细胞内的靶序列、检测细胞内病毒感染等，在细胞研究与临床诊断领域有广阔的应用前景。

除上述介绍的 PCR 技术以外，还有荧光定量 PCR（参见本章应用案例 2-1）、巢式 PCR 等。PCR 反应由于具有特异性强、灵敏度高、快速简便等突出优点，使其在短短数年即被广泛应用于各大领域如医学诊断、药品质检、食品行业、基因工程等，极大地推动了 PCR 技术的发展。

◆ 应用案例 2-2
PCR 技术在各个领域的应用

2.3　DNA 纯化与电泳技术

从细胞中提取的 DNA 一般不可直接使用，为获得高纯度、适宜浓度的 DNA，还需要对提取的 DNA 进行纯化，而核酸的分离纯化是获得目的基因及载体操作的基本途径，也是开展基因克隆、结构与功能分析的前提。分离纯化后的 DNA 浓度、是否存在降解问题、是否成功地进行了分离纯化等问题均需要采用一些有效的检测方法进行准确鉴定，电泳技术是目前常用的进行 DNA 质量检测的方法。核酸分离纯化流程见图 2.9。

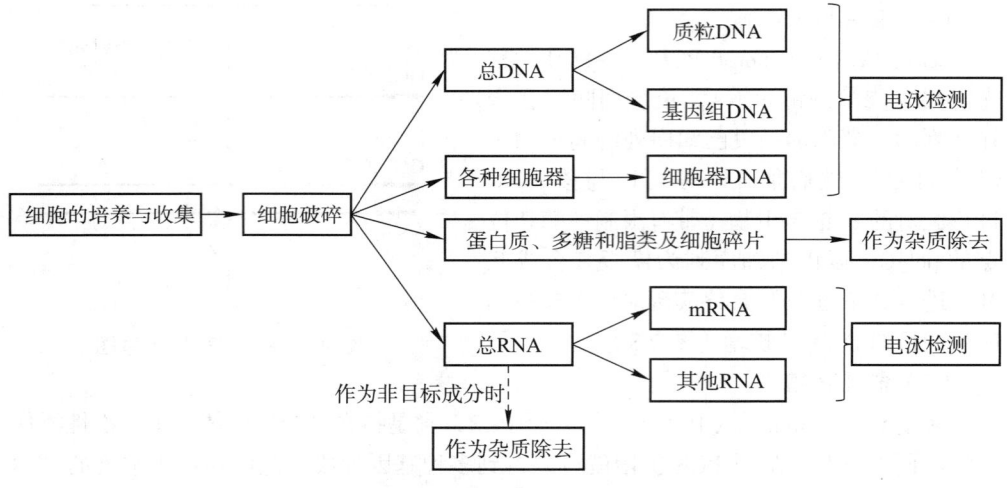

图 2.9 核酸分离纯化示意图

2.3.1 DNA 的分离纯化

对 DNA 的分离纯化基本要求是要保证它在纯化过程中不会被降解破坏，一级结构保持完整，故在纯化过程中一般维持在 0 ~ 4℃的低温条件下；在此基础上还要排除对酶可能有抑制作用的有机溶剂和过高浓度金属离子的干扰、排除其他非目标物质如 RNA 的污染，同时对于一些可能存在的生物大分子如蛋白质、脂类、糖类等杂质，也要尽可能降低存在率。

（1）提取 DNA 的基本过程

对于已经培养并收集好的细胞，DNA 提取的基本过程主要包括细胞破碎，去除蛋白质、多糖和脂类等生物大分子杂质，去除 RNA 等非目标物质以及 DNA 的沉淀分离。

（2）DNA 的分离纯化

从不同的生物（动物、植物、微生物等）中分离纯化 DNA，由于理化性质、核酸种类、蛋白质及多糖等大分子物质的含量以及次级代谢物种类上的差异，其 DNA 的提取存在多种方法，难易程度也各不相同。我们需要根据材料选取合适的方法来提高 DNA 分离纯化效率。在基因工程中分离纯化的 DNA 主要涉及两类，即目标物种的基因组 DNA 和将外源基因带入受体细胞的质粒载体 DNA。

① 基因组 DNA 的分离 基因组（genome）是指细胞或生物体中的所有遗传物质的总和，即 DNA（即所有基因以及基因之间的间隔序列）或 RNA（某些病毒 RNA）。

原核生物与真核生物的基因组都由 DNA 组成，不同生物的基因组，它的结构及功能也不同。革兰氏阴性菌（Gram-negative bacteria）的细胞壁中肽聚糖含量低，脂类含量高，通常使用 SDS 和蛋白酶 K 作为细胞裂解液；而革兰氏阳性菌（Gram-positive bacteria）由于细胞壁比革兰氏阴性菌厚，要先用溶菌酶溶解细胞壁，再加入裂解液；对于植物基因组，需要先使用液氮对植物材料进行研磨，后添加十六烷基三甲基溴化铵（CTAB）缓冲液进行基因组 DNA 的提取。目前已经研发出了对不同生物种类基因组 DNA 进行提取的试剂盒，不仅简便了实验操作流程，而且提高了基因组

🔖科技视野 2-2
DNA 的提取过程

DNA 的提取效率及纯度。

②　质粒 DNA 的分离纯化　　质粒（plasmid）是指在染色体外能够进行自主复制的双链闭合环状 DNA 分子，大多存在形态为超螺旋形式。它具有自主复制和转录能力，在下一代细胞中也能维持恒定的拷贝数，表达出自身基因的遗传信息。质粒 DNA（plasmid DNA）是基因工程和基因疫苗中最常用的载体，与病毒载体相比具有安全性好、毒性低、免疫原性较低以及易于生产等优势。分离纯化质粒 DNA 的方法可分为以下两类：一是传统萃取抽提的液相法，如煮沸法、苯酚氯仿法、CTAB 法等；二是固体介质法，如硅胶膜法、阴离子交换膜法及磁珠法等。其中第二类方法操作更为简便，提取的 DNA 纯度较高。目前也已经有公司开发了纯化质粒 DNA 的试剂盒，应用十分广泛。

2.3.2　电泳技术

电泳（electrophoresis）是指带电颗粒在电场作用下，向着与其电性相反的电极移动。凝胶电泳（gel electrophoresis）是指在电泳过程中加入了一种没有反应活性的稳定的支持介质，如琼脂糖凝胶和聚丙烯酰胺凝胶等；由于带电粒子在电场中会以一定的速度向适宜的电极移动，这一迁移速度被称为电泳迁移率，电泳的分子携带的电荷量越多、电场强度越大，该带电分子的移动速度也就越快。在电场强度一定的情况下，DNA 分子的迁移速度则主要和核酸分子本身的尺度和形状有关，并且分子量越小，迁移速度越快。这样即可成功分离分子量不同的 DNA 片段。目前凝胶电泳技术常用于分离并鉴定 DNA 的质量，主要可分为琼脂糖凝胶电泳和聚丙烯酰胺凝胶电泳。

①　琼脂糖凝胶电泳（agarose gel electrophoresis）　是以琼脂糖作为支持介质的电泳方法，电泳为水平方向进行的，主要用于分子量较大的样品，如大分子核酸、病毒等，较适用于检测 220 bp 至近 50 kb 大小的 DNA 片段，对于小片段 DNA 的检测分辨率差。琼脂糖是从海藻产物琼脂中提取而来的高聚物，具有亲水性，是一种理想的惰性载体，遇到敏感的大分子物质也极少发生变性或吸附作用，一般实验室采用的琼脂糖凝胶的浓度为 0.3% ~ 2%，它在高温水溶液条件下（90℃以上）易溶解，当温度降低时又会逐渐凝固。凝胶中 DNA 片段的迁移率与碱基对数量的对数成反比，故可以通过添加已知大小的标准物作为参照，比较其与待测目标片段的移动距离，初步检测出目标片段的大小。

②　聚丙烯酰胺凝胶电泳（polyacrylamide gel electrophoresis，PAGE）　是以聚丙烯酰胺凝胶作为支持介质的电泳技术，电泳方向为恒定电场的垂直方向（图 2.10）。PAGE 的胶孔径相比于琼脂糖凝胶电泳较小，可分离蛋白质和寡核苷酸。PAGE 适用于高通量的小片段核酸样本检测，并且对于 10 bp ~ 3 kb 大小的核酸分辨率较好，分辨能力相比于琼脂糖凝胶电泳要更好。聚丙烯酰胺凝胶电泳主要包括非变性聚丙烯酰胺凝胶电泳（native PAGE）和 SDS- 聚丙烯酰胺凝胶电泳（SDS–PAGE）两种类型。

十二烷基硫酸钠（SDS）是一种阴离子去表面活性剂，通常作为助溶试剂和蛋白质变性剂，能使分子内和分子间的氢键断裂，破坏蛋白质分子的二、三级结构；将 SDS 加入到样品和凝胶中后，样品中的分子则发生解聚作用，形成多肽链，解聚后的氨基酸侧链结合 SDS 形成蛋白质 – SDS 胶束，这样它们所带的负电荷就远超过了蛋白质原有的电荷量，不同分子间的电荷及结构差异便不再存在；此时变性蛋白质的移

📱 科技视野 2-3
琼脂糖凝胶电泳的注意事项

📱 科技视野 2-4
聚丙烯酰胺凝胶电泳的类型及对蛋白质分子量的测定

动速度主要取决于亚基分子量的大小，故可用于测定蛋白质的分子量。蛋白质印迹法（Western blotting）即采用的是聚丙烯酰胺凝胶电泳对蛋白质样品进行分离，随后转移到固相载体（如硝酸纤维素薄膜）上进行分析，广泛运用于检测蛋白质的表达水平（见本章 2.5 节）。

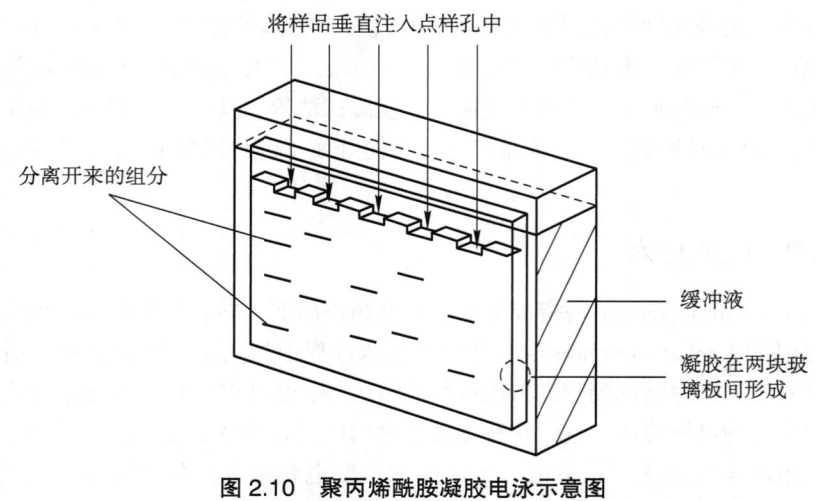

图 2.10　聚丙烯酰胺凝胶电泳示意图

2.4　体外 DNA 合成与测序技术

基因工程的关键步骤之一是在体外重组 DNA，并将其导入到受体细胞中，DNA 的体外合成技术也提高了该步骤的成功率；同时随着 DNA 测序技术的发展，越来越多生物体的遗传信息可以被我们准确获得。接下来将对这两种技术进行详细介绍。

2.4.1　体外 DNA 合成技术

DNA 体外合成是指在生物体外对 DNA 进行合成的过程。目前应用较多的体外 DNA 合成技术即为聚合酶链式反应（PCR），由本章 2.2 节可知，PCR 可以在体外扩增特定的核酸序列，通过设计特异性的引物，利用 DNA 具有半保留复制的性质，变化温度来控制 DNA 的变性及复性，在 DNA 聚合酶、引物与 dNTP 的参与下，根据碱基互补配对原则合成两分子同样的 DNA，从而完成 DNA 的体外合成。

除了 PCR 技术以外，还可以使用化学合成法如 DNA 合成仪进行体外 DNA 的合成。固相化亚磷酰胺法是目前绝大部分 DNA 自动合成仪所使用的方法，即将欲合成 DNA 的 3′ 端与固相载体（一种不溶性高分子物质，如特殊孔径的多孔玻璃珠）进行偶联，然后沿 3′ → 5′ 的方向依次添加核苷酸单体，直至合成所需的 DNA 片段。在该合成过程中需要用到一种亚磷酰胺（phosphoramidite）单体物质作为合成试剂的组分，亚磷酰胺单体在基因合成过程中是必需品，化学合成的产品主要包括 DNA 系列和 RNA 系列以及它们的衍生物。DNA 合成技术与密码子优化结合，可用于异源表达、组建异源代谢途径、人工基因组合成等方面具有重要作用。

2.4.2 DNA 测序技术

科技视野 2–5
三代测序技术的
基本原理

DNA 测序技术（DNA sequencing technology）在基因工程中是一项十分重要的技术，用于测定 DNA 的序列，可以快速且精确地获取到生物体的遗传信息，确定一条 DNA 链上的核苷酸序列。以下为 DNA 测序技术的主要发展历程。

（1）第一代测序技术

传统的双脱氧法、化学降解法以及在它们的基础上发展来的各种 DNA 测序技术统称为第一代 DNA 测序技术。以下主要对这两项测序技术进行介绍。

① 桑格双脱氧法（dideoxy termination method） 由桑格（Frederick Sanger）等人在 1977 年提出，是第一代 DNA 测序技术中应用最多也是最为核心的技术。该技术采用的是末端终止法，目前可测的 DNA 片段长达 1 000 bp，测序结果准确率高，但模板组成或二级结构有时会导致测序提前终止。

② Maxam–Gilbert 化学降解法（chemical degradation method） 是 1977 年由 Allen Maxam 和 Walter Gilbert 首先建立的一种测定 DNA 片段序列的方法。该测序法重复性好，可用于小分子质量的寡核苷酸测序，但需要使用化学试剂。

迄今为止，人类获得的绝大部分 DNA 序列都是基于桑格双脱氧法获得的，它与化学降解法的应用，带来了 DNA 测序技术的快速发展。但这两种测序方法在后期均需要消耗大量人力，且可读取的核苷酸片段较短，同位素标记也有一定安全隐患，故仍然需要更加安全、效率更高的测序方法。

（2）第二代测序技术

随着人类基因组计划的完成，人们进入了后基因组时代，对于深度测序和重复测序等大规模基因组测序的需求，传统的测序方法已经不能满足。这时诞生了新一代的 DNA 测序技术，即第二代测序技术。高通量是该测序技术最显著的特征，它能够一次性测序几十万到几百万条 DNA 分子，从而更加方便地对一个物种的转录组测序或基因组进行深度测序。该技术除了需要昂贵的光学监测系统，还要记录、存储并分析大量的光学图像，尽管满足了高通量的测序，但同时也提高了仪器的复杂性和成本。

（3）第三代测序技术

虽然第二代测序技术得到了广泛的应用，在各项技术上也趋于成熟，但是在必要的一些流程如 PCR 扩增、荧光分析等方面，带来了高成本以及无法避免的系统误差。在这种情况下诞生了第三代测序技术，该技术以单分子测序为主要特点，不需要 PCR 来扩增，有很广阔的应用前景。第三代测序技术相比于第一、二代测序技术来说具有高通量、读取度长、准确性高、测序时间短以及成本低等特点。

目前 DNA 测序过程通常由 DNA 测序仪自动完成，节省了大量人力物力，自动化测序实际上已成为当今 DNA 序列分析的主流。

2.5 大分子杂交与印迹

大分子杂交与印迹是基因操作中的常用技术，印迹杂交是基因诊断技术的一种，有多种方式，它分析的对象主要包括 DNA、RNA、蛋白质，分别对应不同的印迹杂交技术。分子杂交（molecular hybridization）在广义上是指某些分子与另一些分子结合形成杂交体的过程。在狭义上指有一定同源性的两条核酸单链（DNA 或者 RNA），在一定条件下遵循碱基互补配对的原则，经过退火处理形成新的杂交双链的过程。

2.5.1 分子杂交技术的原理

分子杂交技术的基本原理是指来源不同的核酸单链之间或者蛋白质亚基之间由于结构的互补而产生非共价键的结合。其中核酸分子杂交是由于核酸之间具有互补的碱基序列，通过碱基对之间的非共价键（主要为氢键）结合，可以使得单链的 DNA 分子之间、单链的 DNA 与 RNA 之间、单链的 RNA 分子之间形成稳定的双螺旋结构，产生杂交分子。分子杂交前，应当先通过变性（如加热或调节 pH）将双链分子解聚成单链，这种杂交的实现也可建立在不完全互补的两条单链之间，故不同来源的单链之间只要存在一定程度上的同源性（互补序列），即可在退火条件下结合形成杂交分子。

核酸分子杂交目前已成为分子遗传学中的重要研究方法，常常可以用分子杂交这一特性，进行定性或定量分析，即可将已知序列的核酸单链作为探针，并用同位素或荧光标记后与另一核酸单链杂交，来寻找不同来源基因组 DNA 中的同源序列或基因。

2.5.2 分子杂交技术的分类

分子杂交技术的主要流程是先通过各种方法将待测分子固定在固相支持物上，后通过放射性同位素或者荧光标记了的探针与被固定的待测分子进行杂交，经过放射自显影，即可显示出待测分子所处的位置。根据作用的对象不同，可分为核酸分子杂交和蛋白质分子杂交两类。

（1）Southern 印迹法

Southern 印迹法（Southern blotting）于 1975 年由英国人萨瑟恩（Edwin Mellor Southern）创建，是一种用来定位基因组 DNA 特定序列的方法，研究对象为 DNA。该法即用限制性内切核酸酶消化且通过琼脂糖凝胶电泳分离后的 DNA 片段，经碱变性、Tris 缓冲液中和后，利用毛细作用从凝胶中转印到硝酸纤维素滤膜或尼龙膜等固相支持物上，通过烘干或者紫外光照射固定，再与具有互补结构且标记过的探针进行杂交，用放射自显影或酶反应显色，就能确定出可以与探针互补的 DNA 条带的位置，并测定目标 DNA 分子的含量。

Southern 印迹法的主要过程如下：首先破碎组织细胞，后除去蛋白质、RNA 等非目标杂质。由于基因组 DNA 很长，要切割成小片段后才可对其序列进行分析，故需要先使用限制性内切酶消化后才可进入后续电泳分离。消化后的待测 DNA 样品经琼脂糖凝胶电泳分离。电泳后使凝胶中的 DNA 变性成单链，常用碱即 NaOH 进行变性处理。然后保持 DNA 片段转移到膜上的相对位置与凝胶中一致，利用硝酸纤维素（nitrocellulose，NC）滤膜或尼龙膜进行 DNA 的转印，可使用的转移方法包括毛细管虹吸印迹法、电转移法等。转膜完成后制备被放射性或用地高辛标记的探针，其中探针标记的方法有随机引物法、切口平移法和末端标记法等。随后进行 Southern 杂交，杂交完成后对滤膜进行放射自显影检测，即可得到杂交结果。以上所有操作均应避免 DNase 的污染。Southern 印迹法广泛应用于基因定位、测定基因拷贝数、基因变异、疾病诊断等（图 2.11）。

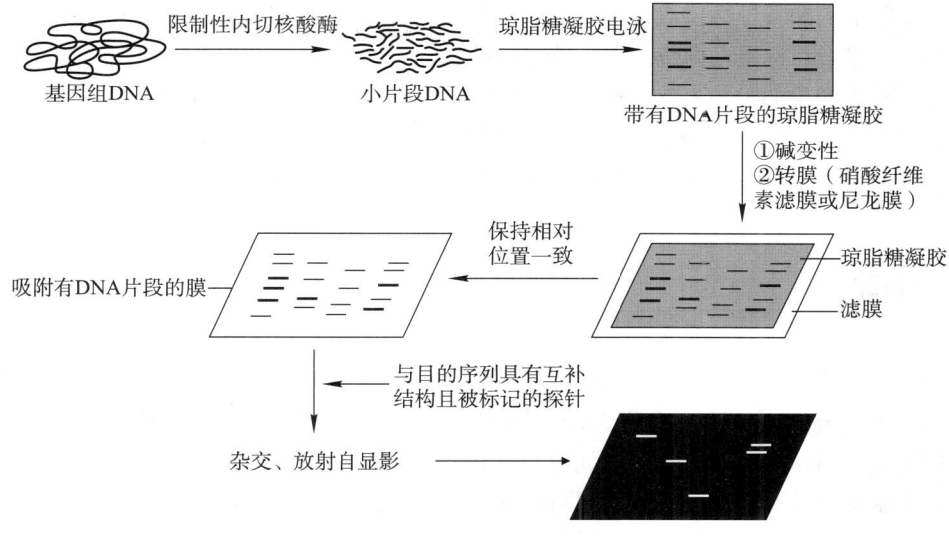

图 2.11 Southern 印迹法示意图

（2）Northern 印迹法

Northern 印迹法（Northern blotting）指将 RNA 分子从琼脂糖凝胶转印到硝酸纤维素膜上的方法，是研究 RNA 的基本技术，可对 RNA 进行定性及定量分析。该法与上述的 Southern 印迹相类似，主要差别在于 Northern 印迹法检测对象为 RNA 或 mRNA，相比于 DNA，RNA 的 2′–OH 基团易被碱水解，故不可用 NaOH 进行变性处理，而是在上样前用甲基氢氧化银、乙二醛或甲醛使 RNA 变性以利于在转印过程中与硝酸纤维素膜结合，且不需要限制酶进行提前的切割消化；在变性的条件下同时通过琼脂糖凝胶电泳分离 RNA 或 mRNA 分子，这样可以破坏 RNA 的二级结构，使其按分子大小分离。分离后原位转移到硝酸纤维素滤膜或尼龙膜上，后续操作与 Southern 印迹法基本相同，最终即可检测出杂交体。

由于甲基氢氧化银有毒，因而常用甲醛作为变性剂。若经杂交后样品无杂交带出现，则表明外源基因虽然已整合到细胞染色体上但在该取材部位及生理状态下，基因并未发生有效表达；故 Northern 印迹法可以应用于检测组织或细胞的基因表达水平。

（3）Western 印迹法

Western 印迹法（Western blotting）又称为免疫印迹法（immunoblotting）或蛋白质印迹法，是当代分析和鉴定蛋白质的最有效的技术之一。由于 Western 印迹法对于 SDS–PAGE 具有高分辨率，SDS–PAGE 能够有效地按分子量大小分离蛋白质，故不同于 Southern 或 Northern 印迹法，在该法中使用聚丙烯酰胺凝胶电泳法对蛋白质分子进行分离，以提高分离效率。蛋白质主要以非共价键形式被固相载体吸附，且固相载体能够维持分离后的多肽类型及其生物学活性，Western 印迹法中则以固相载体上的蛋白质或多肽作为抗原与对应的抗体发生免疫反应，再与同位素标记的第二抗体反应，在 Western 印迹法中，以抗体作为探针，其中的第二抗体作为显色标记。

操作中，首先将蛋白质样品按分子量大小经聚丙烯酰胺凝胶电泳分离，然后转印到固相载体上，其中常用的固相载体为硝酸纤维素膜和聚偏二氟乙烯膜（polyvinylidene fluoride，PVDF），转膜后需要将膜在高浓度蛋白质溶液中浸泡温育，以封闭膜上的非特异性位点，防止后续干扰第一抗体与目标蛋白的结合；再加入第一抗体，与膜上目标蛋白即抗原发生特异性结合，后加入同位素标记的第二抗体与一抗结合，从而产生的一抗 / 二抗复合物，经底物显色或放射自显影即可检测目的基因所表达的蛋白质成分。Western 印迹法目前已成为蛋白质分析的一种常规技术，广泛应用于检测蛋白质的表达水平、性质鉴定以及定性和半定量分析等。

小结

基因工程基础技术是现代生物技术的重要组成部分。本章所介绍的 PCR 技术、DNA 纯化与电泳技术、大分子杂交与印迹技术等在现今的生物研究领域均得到了广泛的应用与发展，不仅节约了大量的人力物力，还为人类带来了便利。如通过 PCR 技术大量扩增目标 DNA 序列，检测目的基因的表达；通过 DNA 纯化分离技术可以获得较高质量的 DNA 片段；而电泳技术可以帮助人类观察到核酸与蛋白质的表达情况；DNA 测序技术也让越来越多的生物体遗传信息被准确获得等。基因是控制生物性状的基本遗传单位，通过运用上述基础技术，遗传的奥秘会被逐渐挖掘出来，并应用于更为广阔的生物领域之中。

？ 思考题

1. 基因工程使用到的工具酶主要有哪些，分别具有什么活性及功能？
2. 简述聚合酶链式反应的原理及具体过程。
3. 简述琼脂糖凝胶电泳与聚丙烯酰胺凝胶电泳的区别。
4. 简述分子杂交技术的类型及区别。

推荐阅读

1. 刘桂林 . 生物技术概论［M］. 北京：中国农业大学出版社，2010：24-59.

本书全面、系统地阐释了生物技术相关内容的基本概念、基本原理和实际应用，力求反映国内外现代生物技术研究的新进展和新成果。

2. 宋思扬，左正宏 . 生物技术概论［M］. 5 版 . 北京：科学出版社，2019：20-25.

本书全面介绍了现代生物技术的概念、原理、研究方法、发展方向及其实际应用。

更多网上学习资源

◆ 教学课件　　◆ 自测题　　◆ 参考文献

第3章 基因工程操作技术路线

从实现大肠杆菌合成人胰岛素到克隆羊"多莉"的问世，再到"人类基因组计划"（human genome project，HGP）的顺利完成，基因工程的发展得到了前所未有的突破。同时，经过了近50年的不断改革、推陈出新，基因工程技术也日渐成熟，基本的技术包括目的基因的获取与制备、基因表达载体的构建、重组DNA分子的导入、重组子的筛选、鉴定以及外源目的基因在受体细胞内的表达五个环节。本章将对基因工程基本技术路线做出阐释并介绍一些新兴克隆技术。

From the synthesis of human insulin in *Escherichia coli* to the advent of the cloned sheep "Dolly", then to the successful completion of the "Human Genome Project"（HGP）, the development of genetic engineering has made unprecedented breakthroughs. After nearly 50 years of continuous reform and innovation, genetic engineering technology has become mature. The basic technologies include the following five segments：acquisition and preparation of target genes, construction of gene expression vectors, introduction of recombinant DNA molecules, screening and identification of recombinants, and expression of foreign target genes in recipient cells. This chapter will explain the basic technical route of genetic engineering and introduce some emerging cloning technologies.

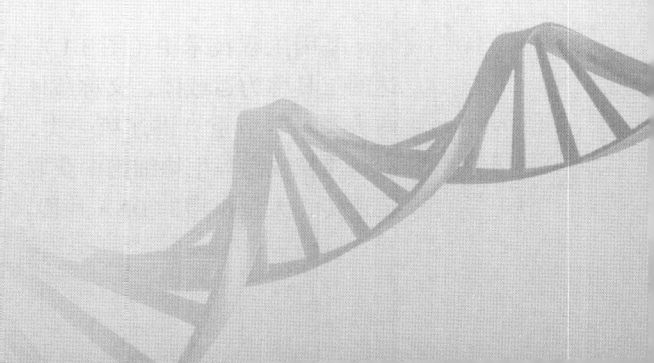

▶▶ **知识导图**

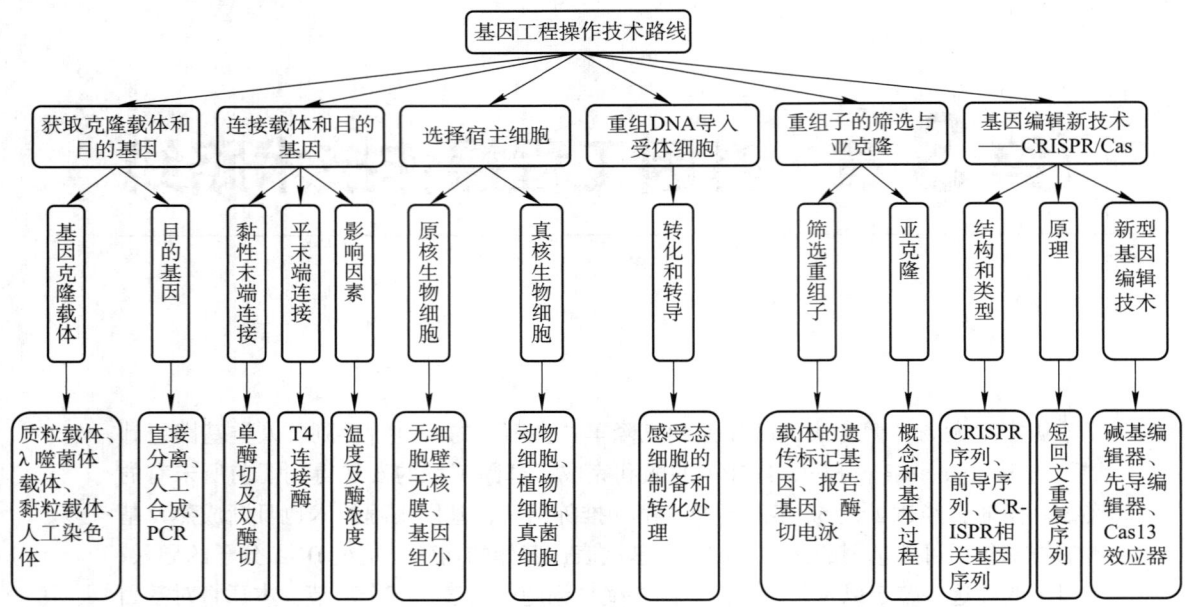

▶▶ **学习指南**

➢ 了解：实现基因工程所需的基本操作路线，常用的操作工具，基因克隆和转化的基本策略与方法。

➢ 重点：熟悉基因工程操作常用的工具，如工具酶和载体等，熟悉基因工程的基本操作程序，包括目的基因的获取、表达载体的构建、目的基因导入受体细胞和目的基因的检测与鉴定。

➢ 难点：常见工具酶的分类特点以及酶切原理，针对不同情形选择不同特点的工具酶以及工程载体。

3.1 基因克隆载体和目的基因的获取

基因工程技术中（图 3.1），能运载目的基因进入宿主细胞（host cell）扩增和表达的工具称为运载体，又称载体（vector）。基因工程载体可分为克隆载体和表达载体两大类。本节重点讲述第一类，即克隆载体（cloning vector）。克隆载体通常指从病毒、质粒或高等生物细胞中获取、能携带目的基因进入受体细胞，并在受体细胞中稳定遗传、大量扩增的 DNA 片段。常见的载体有质粒载体、噬菌体载体、人工构建的

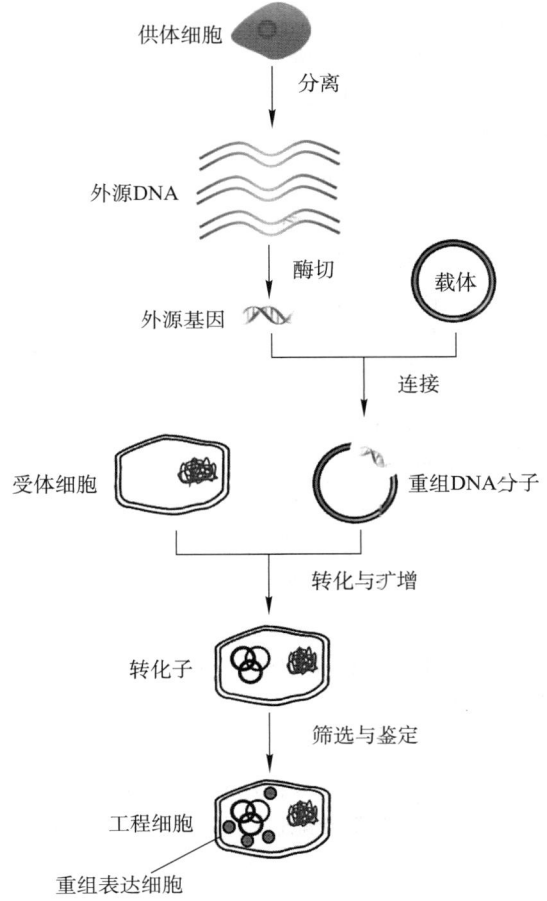

供体细胞

分离

外源DNA

酶切 载体

外源基因

连接

受体细胞 重组DNA分子

转化与扩增

转化子

筛选与鉴定

工程细胞

重组表达细胞

图 3.1 基因工程基本路线示意

载体如黏粒和人工染色体等。以上载体一般都有这几个特点：一是具有复制原点，保证了载体在胞内的自主复制；二是载体具备合适的酶切位点，且位点不在复制原点内，保证载体能被各种限制酶识别并插入外源基因；三是可选择的标记，用来表明培养的细胞成功接受和表达了载体上及相应的基因。此外，有了"载体"，那运载的对象即目的基因的获取也尤为重要，目的基因（target gene）也称靶标基因，是指在基因工程技术中被分离、纯化、克隆并转入到生物体表达的特定基因。

基因工程操作中所涉及的目的基因通常是指已知的基因：或者目的基因的序列和结构是已知的，通过基因工程的操作可以研究该基因的功能和调控方式；或者目的基因的主要功能是确定的，因而可以通过基因工程将该基因导入到某些特定的受体细胞中去表达一个产物（多肽、酶、抗体、大分子蛋白质甚至 RNA 或使受体获得一个预期的新的遗传性状），目的基因的来源和供体往往是清楚的。

3.1.1 基因克隆载体

（1）质粒载体

大多数质粒（plasmid）是指天然存在于细菌和真菌染色体外的共价闭合环状DNA（covalently closed circular DNA，cccDNA），也有少数质粒是线性 DNA 分子和

RNA 分子。核酸分子的长度通常用相互匹配的碱基对（base pair，bp）的数量所衡量，天然质粒的 DNA 长度可从几 kb 到几百 kb（1 kb = 1 000 bp）。一般而言，质粒不是其宿主生长所必需的，但宿主抵御外界干扰的能力，如抗生素抗性、金属离子的抗性和复杂化合物的降解等性状常常由质粒上相应的基因编码控制。在基因工程技术中，质粒作为载体能快速、简便地运载目的基因进入受体细胞，常见的一些

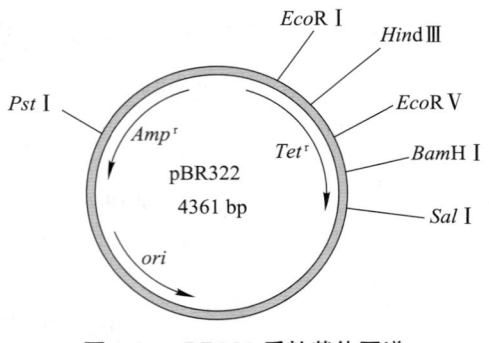

图 3.2　pBR322 质粒载体图谱

质粒载体（plasmid vector）有 pBR322（图 3.2）、pUC 系列和 pSC101 等。除上述概念外，质粒作为载体具有许多特点：

① 具有自主复制能力　通常一个质粒 DNA 具有一个复制起始区（origin of replication，ori）和一个相关调控元件（复制子为整个遗传单位），因此在宿主细胞中，质粒和宿主细胞染色体能够各自独立复制。此外，不同质粒具有不同的拷贝数，其复制方式也不尽相同，因此质粒可分为"严紧型"质粒（stringent plasmid）和"松弛型"质粒（relaxed plasmid）。（注：质粒的拷贝数是指，在标准培养基条件下，每个宿主细胞所含的质粒个数。）

② 质粒的不相容性　两个不同的质粒在同一宿主中由于各种复制条件不同而不能共存，这种现象称为质粒的不相容性（plasmid incompatibility）。不相容的两个质粒导入同一宿主细胞时，在后续的复制分配过程中会出现互相竞争的现象，在一些细胞内某种质粒的含量较高，复制几代之后，不占优势的质粒将会丢失，最终子细胞中只含有一种质粒。

③ 可转移性　质粒能够在不同的宿主之间进行转移。很多天然质粒具有转移性质，可以从一个细胞转移到另一个细胞。这种转移特性不仅与质粒有关，也与宿主的基因型相关。目前实验室所使用的工程质粒一般没有转移特性，因此保证了质粒进入宿主后能够稳定遗传，但不会扩散到其他细胞中，保障了实验安全。

④ 可扩增性　质粒的拷贝数即质粒在宿主细胞中的个数。"严紧型"质粒的拷贝数大约为 1 ~ 3，"松弛型"质粒的拷贝数大约为 10 ~ 200，一般来说，拷贝数越多的质粒，扩增性也越强，由此"松弛型"质粒的扩增性更强。除此之外，同一质粒在不同宿主的拷贝数也不尽相同，质粒的拷贝数还受到宿主的生长条件、遗传背景等的影响。

⑤ 具有遗传标记　在质粒导入受体细胞时，并不是所有细胞都能稳定遗传，判断质粒是否成功导入受体细胞的重要方法就是依靠载体上的遗传标记，许多的天然质粒都具有一些功能基因，人工构建的质粒载体、噬菌体载体、黏粒载体一般都带有一些抗性基因如：氨苄青霉素抗性基因（ampicillin，Amp^r）、四环素抗性基因（tetracyclin，Tet^r）、氯霉素抗性基因（chloramphenicol，Cmp^r）、卡那霉素抗性基因（kanamycin，Kan^r）和金属离子抗性基因等，通过这些选择性标记可筛选出携带质粒的受体细胞。拿氨苄青霉素抗性基因为例，青霉素会抑制细菌细胞壁中肽聚糖的合成，抑制转肽反应，进而使细菌子细胞无法合成细胞壁而裂解死亡，而氨苄青霉素抗

性基因编码的酶，可催化 β- 内酰胺环水解，从而解除青霉素的毒性，细菌在培养基中继续增长。

（2）λ 噬菌体载体

噬菌体（bacteriophage）为感染细菌的一种病毒的总称，主要组成物质为核酸和外壳蛋白。内部遗传物质一般为线性双链分子，也有环状双链 DNA、线性单链 DNA、环状单链 DNA 及单链 RNA 等多种形式，多数噬菌体是具有尾部结构的二十面体，如 T4 噬菌体。在将细菌 DNA 从一个细胞转移到另一个细胞的过程中可以起到天然载体的作用，且细胞之间转移 DNA 的过程中也可以起到运载的作用（图 3.3）。噬菌体载体与质粒相比，结构比较复杂，但噬菌体作为基因克隆载体具有天然的优势，它们感染细胞比质粒转化细胞更为有效，所以噬菌体的克隆效率通常要高一些。

一般来说，感染大肠杆菌的 λ 噬菌体载体（λ phage vector）应用比较广泛。λ 噬菌体是侵染大肠杆菌的一种双链 DNA 温和噬菌体，早期常用于基因工程中。λ 噬菌体作为载体一般含有以下几个特点：一是载体具有自我复制能力；二是具有多个限制性酶切位点；三是选择性标记以区别转化和非转化细胞；四是由于分子量小可进行体外操作。

🔖科技视野 3-1

λ 噬菌体载体的优点

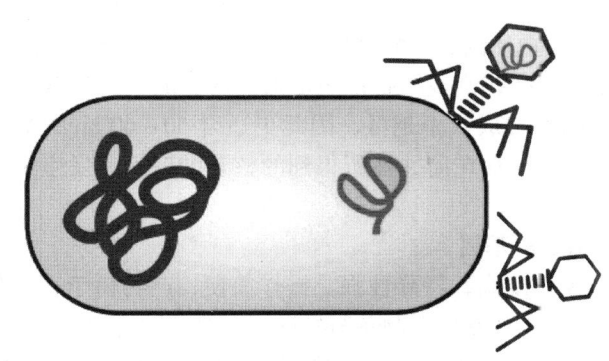

图 3.3　噬菌体侵染细菌示意

（3）黏粒载体

黏粒载体（cosmid vector）也称为柯斯质粒，是由 λ 噬菌体的 cos 序列、质粒的复制子序列及抗生素抗性基因序列组合，人工构建而成的一类具有更强克隆能力的质粒载体。

🔖科技视野 3-2

黏粒载体的特点

（4）人工染色体

人工染色体载体是利用真核生物染色体或原核生物基因组的功能元件构建的能克隆 50 kb 以上 DNA 片段的人工载体。其中有的载体既可用于克隆，又能直接转化，是进行基因功能研究的良好载体。近年来陆续发展起来的人工染色体载体有酵母人工染色体（yeast artificial chromosome，YAC）、细菌人工染色体（bacterial artificial chromosome，BAC）以及 P1 人工染色体（P1 artificial chromosome，PAC）等。

3.1.2　目的基因的获取

目的基因正确的获取是基因工程能否成功的关键制约因素，也是基因工程中的首要环节。因此，在浩瀚如海的基因中挑选我们需要的目的基因是一项十分重要的工作。目前采用获取目的基因的方法主要有从生物基因组中直接分离 DNA、人工合成 DNA 片段、PCR 法获得目的基因等，这些技术也离不开一些工具酶（表 3.1，详细可见第 2 章 2.1 节）。

（1）从生物基因组中直接分离 DNA

基因文库（gene library）是人工构建的某物种中全部 DNA 的集合体。如果这个文库只包含某种生物一部分基因，这种基因文库称作部分基因文库，例如 cDNA，首先得到 mRNA，再反转录得到 cDNA。

最常用的基因分离的方法是"鸟枪法"，具体是用限制性酶将供体细胞中的 DNA 切成许多片段，与载体相连后转入不同的受体细胞，然后 DNA 片段经过大量复制，最后通过一些方法将 DNA 片段分离。通常，利用探针原位杂交法和检测重组质粒，可以较为简单地获取 DNA 片段，若没有合适的探针可用，就如同盲人打鸟，工作量极大。鸟枪法具有一定的随机性，需要耗费大量精力，但操作较为简单。

（2）人工合成法

人工合成法主要有两种：一是反转录法，即用目的基因转录的 mRNA 作为模板，反转录成单链互补的 DNA 片段后再通过酶的作用形成 DNA 双链，进而获得目的基因。二是化学合成法，已知核苷酸序列且分子量较小的目的基因优先此方法。化学合成法是指，根据所知蛋白质的氨基酸序列，推测出它的核苷酸序列，然后用化学法直接合成。但化学合成法存在许多问题：一是太长的基因，尤其是超过 300 bp 的，合成效率低，而且链越长合成效率越低，因此更适合 50~60 bp 的基因片段；二是费用较高；三是由于密码子存在简并性所得到的核苷酸序列易发生突变导致合成难度加大。

（3）PCR 法获取目的基因

由于 PCR 反应灵敏度高，特异性强，操作简便，产物易于纯化分离，因此 PCR 已被广泛应用于目的基因的获取、制备与扩增。只要已知目的基因的序列组成，就可以采用 PCR 的方法从基因组中把该目的基因特异性地扩增出来。有时候甚至只知道目的基因的部分 DNA 序列，或者只知道其同源基因的序列，也可以根据同源区域设计引物扩增得到目的基因。可以说 PCR 技术已经成为扩增和制备目的基因的首选方法，利用 PCR 方法也可以获取未知序列的目的基因，例如反向 PCR 法。或者从 RNA 出发，通过反转录 PCR 获取目的基因。

表 3.1　重组 DNA 技术中常见酶

工具酶	功能
限制性内切核酸酶	特异性识别 DNA 序列，切割 DNA
DNA 连接酶	使 DNA 分子中相邻的 5′-磷酸基团和 3′-OH 之间形成磷酸二酯键
DNA 聚合酶	合成双链 DNA 的第二条链；DNA 序列分析；填补 3′ 端
反转录酶	合成 cDNA；代替 DNA 聚合酶填补 DNA 链
多聚核苷酸激酶	催化多聚核苷酸 5′-OH 磷酸化，或标记探针
末端转移酶	3′-OH 同质多聚物加尾
碱性磷酸酶	切除末端磷酸基团

3.2 载体与目的基因的连接

外源 DNA 片段和载体的连接需要依靠"剪刀"和"针线","剪刀"即限制性内切核酸酶（endonuclease），可剪切 DNA 片段，"针线"即 DNA 连接酶（DNA ligase），起到连接 DNA 和载体的作用。基因工程中常用的限制性内切核酸酶为 II 型酶，由于其切割 DNA 片段活性和甲基化作用是分开的，而且内切核酸酶又具有序列特异性，故在基因工程中广泛使用。

DNA 连接酶能催化双链 DNA 分子邻近位置的 3′–OH 和 5′–磷酸基团形成磷酸二酯键，促使具有黏性末端和平末端的载体和目的基因片段连接，形成重组 DNA 分子。

重组 DNA 的构建过程中克隆载体的选择和连接过程比较关键，选用克隆载体时注意以下几个关键点：一是使用强启动子的载体可以使目的基因更好的表达；二是克隆载体携带的单一酶切位点尽可能多；三是克隆载体的选用应与受体细胞息息相关。

目的基因和载体常见的连接方是通过黏性末端（sticky end）和平末端（blunt end）连接。此外，还有同聚物加尾连接法、人工接头连接法、加衔接物连接法等。以下主要介绍两种常见的方法，即黏性末端和平末端连接法。

大多数限制性内切核酸酶在识别和作用 DNA 序列时会将 DNA 变成两条单链末端的结构，这种末端的核苷酸序列是可以互补的，由氢键连接的，称之为黏性末端。具有黏性末端的 DNA 分子的连接方法一般有三种：一是具有相同黏性末端的目的 DNA 片段和载体 DNA 直接连接；二是用两种不同限制酶同时酶解一种特定 DNA 分子，产生不同黏性末端的 DNA 片段，其能定向插入载体 DNA 片段进行连接；三是非互补黏性末端 DNA 分子处理成平末端后再进行连接。

3.2.1 黏性末端连接法

（1）单酶切产生的相同黏性末端

这是由同一种限制性内切核酸酶分别酶切目的基因 DNA 片段和载体分子产生的，是最常见也最容易连接的情况，T4 DNA 连接酶可以直接把两个分子连接重组。但是由于目的基因和载体 DNA 两个分子的两端黏性末端都相同，目的基因正向连接或者倒转 180° 反向都能与载体连接上。

（2）双酶切产生的黏性末端

DNA 分子重组时为了保证目的片段只以一种正确的方向连接进入载体，往往尽可能选择两种具有不同黏性末端的酶分别酶切目的基因和载体，这种双酶切虽然使载体和目的 DNA 都产生两种不同的黏性末端，但是连接酶会选择把相同的黏性末端连接起来，从而保证目的基因只以一个方向连接入载体。例如目的基因一端用 *Eco*R I 酶切，另一端用 *Bam*H I 酶切，那么目的基因两端产生的黏性末端将会不同，载体也用同样的两个酶双酶切，那么目的基因 *Eco*R I 的末端会与载体 *Eco*R I 的末端连接，目的基因 *Bam*H I 的末端会与载体 *Bam*H I 的末端连接，目的基因与载体的连接就只会有一种正确的方向，而不会造成双向连接。

（3）双酶切产生的不同 5′ 突出末端

有时候在不得已的情况下，可能只能分别用一种酶酶切目的基因，另一种酶酶切载体。如果这时候两种酶都产生 5′ 突出的黏性末端，那么连接前往往要经过补平处理，用 Klenow 酶分别以突出的 5′ 端为模板，延伸 3′ 端至平末端后再连接。不过平末端的连接一样存在正连和反连两种情况。

3.2.2　平末端连接法

平末端是指 DNA 分子的两条链在限制酶的作用下断裂，断裂的位置为中心对称的一种平整末端类型。具有平末端的 DNA 可以进行连接，但效率低下，大约只有黏性末端连接效率的 1%。在基因工程中经常使用的 DNA 连接酶主要有大肠杆菌 DNA 连接酶和 T4 连接酶，T4 连接酶既可以缝合黏性末端又可缝合平末端，提高平末端连接效率的方式通常可以：一是提高 T4 连接酶的浓度；二是增加 DNA 片段的浓度；三是降低 ATP 浓度，以增强连接物与 DNA 结合；四是可以在平头末端增加人工接头，如利用末端转移酶（terminal deoxynucleotidyl transferase）分别在目的片段和载体分子的末端加上互补的多聚 A 和多聚 T 碱基，人工造成黏性互补末端，可以提高连接效率。此外，为了提高平末端的缝合效率，通常需要对载体和目的基因进行修饰，以提高连接效率。

3.2.3　影响 DNA 连接的因素

平末端连接酶连接切口 DNA 的最适反应温度是 37℃ 左右，在这个温度下，黏性末端之间退火形成的氢键不稳定。因此，黏性末端连接的最适反应温度应介于连接酶的最适反应温度和退火温度之间，一般认为 4～15℃ 比较合适。但是温度越低，连接反应速度越慢，效率越低，通常反应温度为 16℃。如需要用 4℃ 连接，则往往过夜。T4 DNA 连接酶的用量也会影响转化子的数目。在平末端 DNA 连接反应中，最适酶量大约是 1～2 个酶单位；而对于黏性末端的连接，在同样的条件下，酶浓度仅为 0.1 个单位时，就能得到最佳的转化效率。1 U（1 个酶活力单位）T4 DNA 连接酶的酶活性是指在最佳反应条件下反应 1 h，完全连接 1 μg λDNA 的 HindⅢ 片段所需的酶量。

3.3　宿主细胞的选择

宿主细胞（host cell）又称受体细胞，包括原核生物细胞和真核生物细胞，这两种都可作为宿主细胞，但并不是所有细胞都可作为宿主细胞，宿主细胞须具有这几个特征：一是重组 DNA 在宿主细胞内能稳定遗传，便于扩大培养和发酵；二是便于重组体（recombinant）的筛选；三是具有良好的安全性；四是具有较好的翻译后加工机制，便于真核目的基因的高效表达。因此在理论和生产中都具有较高的应用价值。

3.3.1　原核生物细胞

原核生物细胞是较为理想的受体细胞，一是大部分原核生物细胞没有坚硬细胞壁，便于外源 DNA 的进入；二是没有核膜，染色体 DNA 没有固定结合的蛋白质，这为外源 DNA 与裸露的染色体 DNA 重组减少了麻烦；三是基因组小，遗传背景简单，且不含线粒体和叶绿体基因组，便于对引入的外源基因进行遗传分析；四是原核生物多数为单细胞生物，容易获得一致性的实验材料，并且培养简单，繁殖迅速，实验周期短，重复实验快。因此普遍作为受体细胞用来构建基因组文库和 cDNA 文库，或者用来建立生产某种目的基因产物的工程菌，或者作为克隆载体的宿主菌。当然，以原核生物细胞来表达真核生物基因也存在一定的缺陷，许多未经修饰的真核生物基因往往不能在原核生物细胞内表达出具有生物活性的功能蛋白。这在一定程度上限制了利用原核受体细胞进行异源真核生物蛋白的表达和大规模生产。目前在实验生产中作为受体细胞的原核生物主要有大肠杆菌、枯草杆菌、蓝细菌（蓝藻）、棒状杆菌、链霉菌等。

3.3.2 真核生物细胞

真核生物细胞具备真核基因表达调控和表达产物加工的机制因此表达真核基因时，真核生物细胞优于原核生物细胞。动物细胞、植物细胞和真菌细胞都已被用作基因工程的受体细胞。

其中，植物细胞作为基因工程受体细胞除了真核生物细胞共有的特性外，最突出的优点就是其体细胞的全能性，即一个分离的活细胞在合适的培养条件下比较容易再分化成植株。这意味着一个获得外源基因的体细胞可以培养出能稳定遗传的植株或品系。不足之处是植物细胞有纤维素参与组成的坚硬细胞壁，不利于摄取重组 DNA 分子。但是采用农杆菌介导法或用基因枪、电击处理等方法，同样可使外源 DNA 进入植物细胞。现在用作基因工程受体的植物有水稻、棉花、玉米、马铃薯、烟草和拟南芥等。

动物细胞作为受体细胞，同样便于表达具有生物活性的外源真核基因产物。不过早期由于对动物的体细胞全能性的研究不够深入，所以多采用生殖细胞、受精卵细胞或胚细胞作为基因工程的受体细胞，现已获得了一些转基因动物。近年来由于干细胞的深入研究和多种克隆动物的成功，表明动物的体细胞同样可以用作转基因的受体细胞。目前用作基因工程受体的动物有猪、羊、牛、鱼、鼠、猴等。

真菌细胞是低等的真核细胞，由于其基因结构基因调控蛋白的修饰等都是以真核细胞的方式进行，所以在基因工程中常作为真核生物基因的受体细胞，其中较为常用的是酵母细胞。酵母属于单细胞真菌，是外源真核基因理想的表达系统。酵母作为基因工程受体细胞，除了真核生物细胞共有的特性外，还具有以下优点：基因结构相对简单，对其基因表达调控机制研究得比较清楚，便于基因工程操作；培养简单，适于大规模发酵生产成本低廉；外源基因表达产物能分泌到培养基中，便于产物的提取和加工；不产生毒素，是安全的受体细胞。在基因工程中，酵母菌具有极为重要的经济开发价值和学术意义。

3.4 重组 DNA 导入受体细胞

应用案例 3-1

重组 DNA 分子导入受体细胞的方法

想要获取最终的高效表达产物，重组 DNA 导入宿主细胞是必不可少的一步，目的基因导入宿主细胞的方法有许多，包括转化、转导、显微注射、电穿孔等不同的方式。转化和转导主要适用于细菌和酵母，显微注射和电穿孔适用于高等动植物的真核细胞，其他转化方法请见应用案例 3-1。

转化过程包括感受态细胞的制备和转化处理，感受态细胞（competent cell）是指处于能摄取外界 DNA 分子的生理状态的细胞。大肠杆菌是目前应用得最广泛的基因克隆载体，也多被用来转化重组 DNA 分子，其转化的操作程序是：将 DNA 分子与经 $CaCl_2$ 处理的大肠杆菌细胞——感受态细胞在冰浴中培养一段时间，在 42℃水浴中热刺激，DNA 分子可通过细胞壁的孔洞中进入细胞，孔洞随后被宿主细胞修复，具体转化过程见图 3.4。

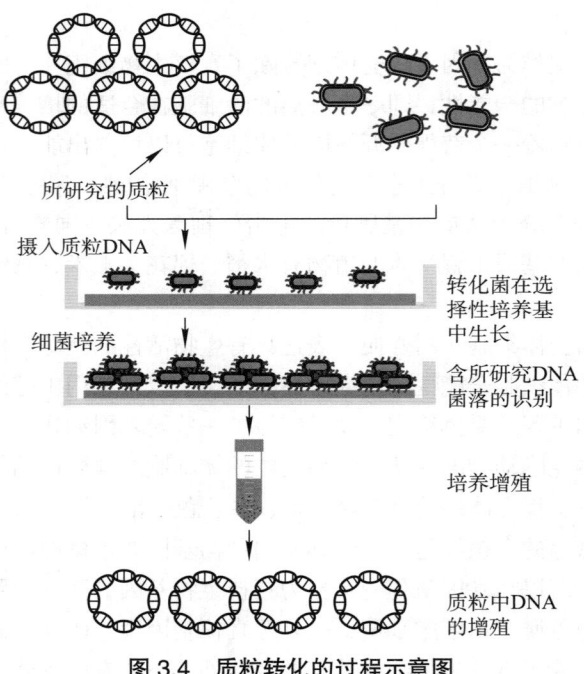

图 3.4 质粒转化的过程示意图

3.5 重组子的筛选与亚克隆

3.5.1 重组子筛选

转化子（transformant）是指外源 DNA 分子导入后能稳定存在的受体细胞，重组子（recombinant）是指含有目的基因的重组 DNA 分子的转化子。受体细胞经转化或转导处理后，真正获得目的基因并能有效表达的克隆一般来说只是一小部分，而绝大部分仍是原来的受体细胞，或者是不含目的基因的转化子。为了从处理后的大量受体细胞中分离出真正的重组子，需要对其进行筛选和鉴定。此外，在基因工程中目的基因与载体重组中会伴随一些非期望的反应，如载体的自身环化、载体与非目的 DNA 连接等，当它们与重组子一起导入宿主细胞后，就会出现很多可能，如不含有任何外源 DNA 片段的受体细胞、含非目的 DNA 的受体细胞、含目的 DNA 的受体细胞、含有自身环化载体的受体细胞、含有载体与非目的 DNA 重组子的受体细胞及含有目的 DNA 重组子的受体细胞等，要想将含有目的基因的重组子的转化细胞从这些混合细胞中分开，需要设计出最易于筛选重组子克隆的方案并加以验证。

转化子的筛选主要是依据载体、受体细胞和外源基因三者在 DNA、RNA、蛋白质水平上表现的特性、差异性，从不同的层次、利用不同的方法进行选择。常见筛选方法有如下几种：

（1）根据载体的遗传标记基因筛选

在基因工程中，通常载体 DNA 分子中会有一种或两种选择标记基因在受体细胞里表达，让其表达出特殊的遗传性状，作为筛选的依据。具体做法是将转化后的受体细胞接种在选择培养基上，让它在最适环境下生长，根据菌落生长状况挑选我们需要的转化子。常用的选择标记基因主要是抗性基因和表达产物可以发光或使底物显色的基因，相应的选择条件是可以被抗性基因产物分解的抗生素和除草剂，可以使基因产物发光的光线，或者是可以使基因产物显色的试剂。

抗生素筛选法是菌株对某种抗生素敏感，而质粒上带有该抗性基因（如氨苄西林、卡那霉素、四环素、链霉素等），这样只有阳性转化子才能在含该抗生素的培养基上长出，以达到筛选重组子的目的（图 3.5）。

（2）根据报告基因筛选

报告基因（reporter gene）是一种编码可被检测的蛋白质或酶的基因，其表达产

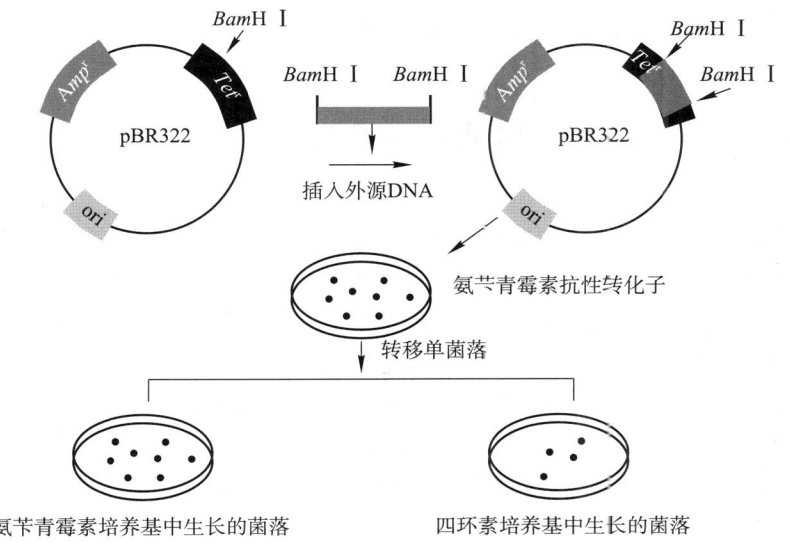

图 3.5　插入失活法筛选重组 pBR322 质粒

物应便于检测和分析，并且灵敏度高。将报告基因和表达基因序列融合形成嵌合基因，表达后利用报告基因表达产物来筛选出转化子。常用的报告基因包括荧光素酶（luciferase）、氯霉素乙酰转移酶（chloramphenicol acetyltransferase，CAT）、β-半乳糖苷酶（β-galactosidase）、分泌性人胎盘碱性磷酸酶（SEAP）和绿色荧光蛋白（green fluorescent protein，GFP）等。

◆ 应用案例 3-2

常见的报告基因

（3）酶切电泳检测

根据载体上的标记基因很容易筛选已经转入载体分子的受体细胞和没有接受载体分子的受体细胞，所以标记基因筛选是鉴定阳性转化子的第一步。但是仅仅根据标记基因筛选，有时候并不能区分空载体和重组载体，因此还需要更精确的鉴定重组子和阳性转化子的方法。酶切电泳检测可以根据载体的分子大小和结构变化来区分空载体和重组载体，是目前很常用的检测重组载体的方法。DNA 的重组过程必然伴随着分子结构的变化。依据结构变化的特征分析筛选重组子也是一条重要途径。通过电泳观察、限制酶谱分析、PCR 扩增检测等技术，均可以通过结构变化特征确定重组子克隆。但由于这些技术基本上是对转化子个体操作，更适合小批量转化子或在初筛基础上进一步对重组子的检测与鉴定。

3.5.2　亚克隆

亚克隆（subclone）是指在原有克隆的基础上再克隆的过程。亚克隆分为细胞克隆和分子克隆，细胞亚克隆是将正培养的细胞进行筛选，筛选出具有特定性质的细胞后进行培养的过程。分子亚克隆则是由于初步克隆的外源 DNA 片段较长，需要从大的克隆片段中获取目的基因小片段的过程。

在分子克隆中，从大片段的克隆中选取特定小片段再克隆，初步克隆的外源片段往往较长，含有许多目的基因片段以外的 DNA 片段，需要将目的基因所对应的一小段 DNA 找出来。对已经获得的目的 DNA 片段进行重新克隆，其目的在于对目的 DNA 进行进一步分析，或者进行重组改造等。

亚克隆的基本过程包括：①目的 DNA 片段和载体的制备；②目的 DNA 片段和载体的连接；③连接产物的转化；④重组子的筛选。

3.6　基因编辑新技术——CRISPR/Cas

基因编辑（gene editing）技术又称为基因组编辑（genome editing）技术或基因组工程（genome engineering），是一种能对生物体基因组中的特定目标基因进行特异性编辑的基因工程技术，主要通过对特定 DNA 片段的敲除、插入、修饰等作用，来改变目标基因的表达。该技术需要使用经改造后的"分子剪刀"：核酸酶（nuclease），它可以通过位点特异性来切割基因组 DNA，进而使特定位点处产生 DNA 双链断裂（double strand breakage），由此导致细胞启动自身的修复系统如内源性的非同源末端连接（non-homologous end joining）或同源重组（homologous recombination）来修复断裂的 DNA 双链。

在基因组内特定位点创建 DSB 是基因编辑技术的关键，因此核酸酶对 DNA 的切割作用十分重要，目前经过生物工程改造已开发出了四种核酸酶，分别为巨型核酸酶（meganuclease）、锌指核酸酶（zinc finger nuclease，ZFN）、转录激活样效应因子核酸酶（transcription activator–like effector nuclease，TALEN）和成簇规律间隔短回文重复（clustered regularly interspaced short palindromic repeat，CRISPR）序列及其相关蛋白（CRISPR associated protein，Cas 蛋白）中包含的核酸酶，即 CRISPR/Cas 系统。

其中巨型核酸酶是一种天然的脱氧核糖核酸内切酶，由于其识别切割位点较大，在给定的基因组中仅发生一次，限制了该酶的应用；ZFN 和 TALEN 均为人工融合而成，ZFN 需要设计一种锌指结构域，TALEN 则需要一个 TAL 效应子 DNA 结合结构域，它们均须与核酸酶的一个 DNA 切割结构域融合才可实现对特定 DNA 序列的靶向切割，操作较为复杂，成本较高，应用并不广泛；而 CRISPR/Cas 是一种原核生物的获得性免疫系统，主要通过碱基互补配对原则来识别并切割靶 DNA 序列，成本低、快捷高效且操作简便，是应用最广泛的基因编辑工具，以下作详细介绍。

3.6.1 CRISPR/Cas 系统的结构与类型

CRISPR/Cas 系统主要由三个部分构成，分别为 CRISPR 序列、前导序列（leader）以及 CRISPR 相关基因（CRISPR–associated gene，Cas 基因）序列（图 3.6）。

CRISPR 序列长度为 23~50 个碱基，包括重复序列与间隔序列。CRISPR 相关基因可编码 Cas 蛋白，Cas 蛋白具有解旋酶和核酸酶结构域，可以对 DNA 或 RNA 进行切割，在抵御外源入侵时发挥重要作用。对于不同类型的 CRISPR/Cas 系统，它的 Cas 蛋白组合不同，所发挥的作用也会发生变化。CRISPR/Cas 系统主要可分为Ⅰ、Ⅱ、Ⅲ三种类型，其中：类型Ⅰ以及类型Ⅲ的 CRISPR/Cas 系统在发挥作用时需要多种 Cas 蛋白如 Cas6 蛋白家族的参与，最终需要形成多 Cas 蛋白复合物来切割靶基因 DNA，操作较复杂；而类型Ⅱ中一个 Cas9 蛋白即可同时完成加工产生 crRNA 以及切割靶基因 DNA 两个操作，相比于Ⅰ、Ⅲ型要更为简便，使用也更广泛。以下的介绍则主要以 CRISPR/Cas Ⅱ型系统为例。

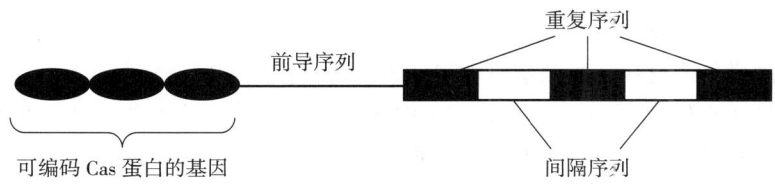

图 3.6　CRISPR/Cas 系统的结构示意图

3.6.2 CRISPR/Cas 系统的原理

CRISPR 序列是原核生物基因组内的一段规律间隔的短回文重复序列，并且重复序列（repeat）之间都有间隔序列（spacer）隔开，形成重复–间隔序列结构单位（图 3.7）。这种间隔序列可以特异性地识别外源核酸。

$$\text{CGGTTTA}\underline{\text{TCCCCGCT}}\overset{\text{GG}}{\underset{\text{AA}}{}}\underline{\text{CGCGGGG}}\text{AACTC}$$

图 3.7　CRISPR 序列示意图

CRISPR 基因编辑系统是通过携带间隔序列的向导 RNA（sgRNA）将 Cas 蛋白（如 Cas9、Cpf1）引导定位到目标基因位点，其中 Cas 蛋白可以切割 CRISPR 序列经转录后形成的前体 RNA，即 CRISPR 衍生 RNA（CRISPR-derived RNA，crRNA），实现对微生物进行多基因的精确编辑和调控。CRISPR/Cas 系统作为一项原核生物的自我修复系统，它抵御外来入侵的过程可分为以下三个阶段：

① 获得 CRISPR 的间隔序列　细菌的 CRISPR/Cas 系统可以在外源入侵的噬菌体或质粒 DNA 上特异性捕获一段序列，即原型间隔序列（protospacer），通常将原型间隔序列的 5′ 或 3′ 端延伸的序列称为原型间隔序列毗邻基序（protospacer adjacent motif，PAM），它一般与原型间隔序列相隔 1~4 个碱基，当有外源 DNA 入侵细胞时，CRISPR/Cas 系统中的 Cas1 和 Cas2 编码的蛋白会会对该 DNA 进行识别，并在过程中寻找到该 DNA 的 PAM 区域，CRISPR 将以该 PAM 区域附近的 DNA 序列作为候选的原型间隔序列。在识别后，Cas1/2 蛋白复合物会对选择出的间隔序列进行剪切处理，同时，会有一部分酶将原型间隔序列加工到一定长度后整合到自身基因组的重复序列之间，即可获得高度可变的间隔区域，随着 DNA 的复制新合成一段重复 – 间隔序列。

② CRISPR/Cas 基因座的表达和 crRNA 的成熟　CRISPR/Cas 基因座由一个编码 Cas 蛋白的操纵子以及一个重复 – 间隔序列（CRISPR 序列）组成，后者首先被转录形成前体 CRISPR RNA（pre-crRNA），其中包括大部分的重复 – 间隔序列，CRISPR/Cas 系统对 CRISPR 序列的切割需要先合成一段小分子 RNA 序列，称为反式激活 crRNA（tracrRNA），它的序列中有 25 个碱基可以与 pre-crRNA 的序列中的重复序列配对结合形成双链复合物，该复合物可以被 Cas9 蛋白和双链 RNA 特异性核酸酶切割，产生成熟的 crRNA。

③ CRISPR 系统切割外源核酸　上一步中合成的成熟 crRNA、tracrRNA 和 Cas9 蛋白三者将结合形成一种核糖核蛋白复合物，其中 crRNA 中的间隔序列可以与目的基因 DNA 互补配对，并引导该复合物与之结合，其上的 Cas9 蛋白就可以识别目的基因上的 PAM 旁的原型间隔序列，并从中对目的基因 DNA 进行切割，最终降解外源质粒 DNA 或者入侵的噬菌体。

通过这样一个自我修复系统，即可实现对靶基因的编辑。实际应用中，我们可以把 tracrRNA、编码 Cas9 蛋白的基因和 CRISPR 重复序列三者构建在同一表达质粒上，然后通过定位待编辑目的基因的 PAM 序列，寻找其原型间隔序列，根据该序列在体外合成间隔序列，并将其插入上述表达质粒中与 CRISPR 重复序列连接，经过转录后，通过 Cas9 蛋白就可以实现对目的 DNA 序列的定点切割。

3.6.3　基于 CRISPR/Cas 系统的新型编辑技术

尽管传统的 CRISPR/Cas 系统可以较好地对多种生物基因组 DNA 进行编辑，但脱靶效应仍然无法避免，为更好地实现基因编辑过程，科学家们开发了一系列基于 CRISPR/Cas 系统的新型编辑技术，如碱基编辑器（base editor）、先导编辑器（prime editor）和 Cas13 效应器等技术，这些衍生的新型编辑技术既具有 CRISPR 核酸酶的可编程性和灵活性，又可以在其上加以扩展延伸，使基因编辑不仅限于要依赖传统的 DSB 才能实现。

科技视野 3-3
基于 CRISPR/Cas
系统的新型编辑
技术

目前，CRISPR/Cas 及其衍生的基因编辑技术已被广泛应用于药物靶点筛查、基因功能研究、基因治疗等领域，展现出了十分广阔的应用前景。

▌ 小结

在生物技术迅速发展的 21 世纪，基因工程技术得到了日新月异的提高，其应用涉及我们日常的方方面面，包括农工业生产、食品安全、环境治理、医疗等领域，且都取得了重大的突破与成就。基因工程技术是通过对基因进行改造和操作，从分子水平揭示生物的本质与功能，为人类需求进行服务的技术，该技术的进展与创新也大大拓宽了分子生物学的研究领域。通过本章的学习，旨在使学生对基因工程技术的具体操作有深刻的了解，并对基因工程的发展方向及应用前景有明确的认识。

❓ 思考题

1. 简述载体需要具备的条件。
2. 外源基因导入大肠杆菌细胞有哪些方法？
3. 载体与目的基因的连接方法有哪些？
4. 简述 CRISPR 基因编辑技术原理及其相关衍生技术。

📖 推荐阅读

1. 郑振宇，王秀利. 基因工程［M］. 武汉：华中科技大学出版社，2015：156–188.
本书从基因的基本概念出发，把基因工程的技术成就和学科发展动态结合到了每一章节中。
2. 宋思扬，左正宏. 生物技术概论［M］. 5 版. 北京：科学出版社，2019：25–45.
本书全面介绍了现代生物技术的概念、原理、研究方法、发展方向及其实际应用。

更多网上学习资源

◆ 教学课件　　◆ 自测题　　◆ 参考文献

第**4**章 基因工程应用与安全伦理

基因工程技术是现代生物工程技术的核心，其应用范围十分广泛，涉及农业、工业、医学等领域，与人们的生活紧密相关，对人类社会的进步起到了很关键的作用。然而，我们在享受基因工程技术带来好处的同时，同样也在面临着基因工程技术带来的危险，如基因扩散、"超级杂草"出现、转基因食品安全等问题。如何正确规范的使用基因工程技术成为重中之重。

Gene engineering technology is the core of modern bioengineering technology, which has a wide range of application, involving agriculture, industry, medicine and other fields. It is related to people's lives closely and plays a key role in the progress of human society. However, while enjoying the benefits brought by genetic engineering technology, we are also facing the caused risks including gene dispersal, "super weeds" appearing, the safety of genetically modified food and other issues. How to regulate the use of genetic engineering technology properly has become the top priority nowadays.

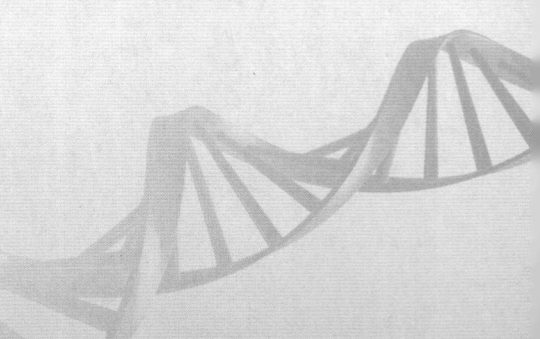

▶▶ **知识导图**

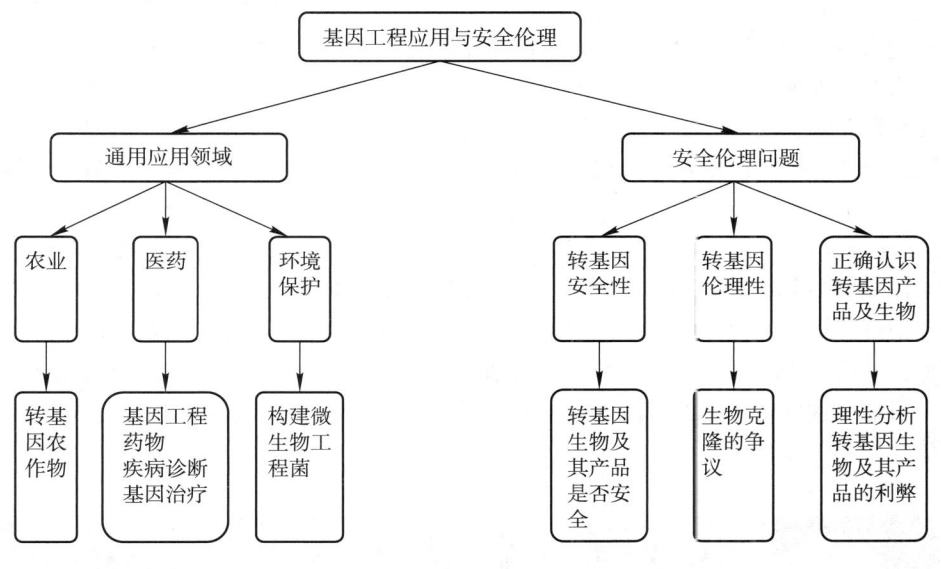

▶▶ **学习指南**

➢ 了解：基因工程技术对国计民生发展的影响，包括积极和消极影响两个方面。

➢ 重点：基因工程技术在农业、医药和环境保护方面的应用，基因工程技术面临的安全性和伦理性问题。

➢ 难点：如何正确看待基因工程技术这把"双刃剑"。

4.1 通用应用领域

基因工程自诞生时起，便受到了科学界广泛的重视，同时也得到了农业、医药、食品、环保、材料等领域工作者的高度关注。经过几十年的发展，基因工程由实验室进入应用阶段，基因工程产业也被喻为朝阳产业，具有巨大的发展前景，许多国家都投有巨资资助研究和开发项目。

4.1.1 基因工程在农业方面的应用

基因工程在农业方面的应用最为活跃，主要用于培育具有优良性状的动物和农作物，如培育抗虫、抗病害、抗除草剂、耐盐、抗干旱作物、农产品品质改良、提高营养物质含量。传统的杂交育种方法周期非常长，而且准确性差。基因工程方法具有极高的准确性，基因的转移不再限于同一物种之间，动物、植物、微生物之间也可发生

◆ 科学史话 4-1
转基因作物的发展

基因转移。目前的基因工程作物主要有马铃薯、棉花、玉米、大豆、番茄等，这些作物已通过一些国家的审批程序，并开始了大面积种植。转基因植物表达病虫害抗性基因，对于控制病虫害的发生危害具有重要意义，也是转基因作物培育的一个重要方向。越来越多的基因工程植物进入了商品化生产阶段，并且取得了良好的效果。在过去，农田长期使用大量的农药，不仅破坏了当地生态环境的平衡，可能会将农药有毒物质残留于农作物中，给人类的健康带来危害。利用基因工程技术，对植物中的关键基因进行改造，可以增强植株抗虫害能力以及对环境的抗逆性，增强对细菌和真菌等微生物的抗性，从而保证植株正常的生理状态。苏云金芽孢杆菌（*Bacillus thuringiensis*）是一种需氧、能够形成孢子的革兰氏阳性菌，在孢子形成的期间能够产生昆虫病原细菌伴孢晶体蛋白或 δ- 内毒素，对多种害虫有毒杀活性。目前，苏云金芽孢杆菌被认为是最成功的微生物杀虫剂。通过克隆这种毒蛋白的基因，将其导入其他作物植物细胞内，从而使其他植物细胞也能产生这种蛋白，达到防治病虫害的效果。目前，这种毒蛋白的基因已经被转入了马铃薯、棉花等多种植物中，并取得了良好的效果（图 4.1）。

转基因番茄　　　　　　　　　　　　　　转基因棉花

图 4.1　转基因番茄与棉花

与此同时，动物转基因技术也迅速发展起来。目前已出现许多动物转基因的技术与方法。包括反转录病毒感染法、DNA 显微注射法、基因打靶技术、精子载体法以及体细胞核移植法等。转基因应用于动物主要用来改良动物性状，如提高动物的经济和营养价值、提高动物的抗病能力等。2017 年，世界首例"带有抗猪瘟病毒基因的克隆猪"在吉林大学农学部诞生，被国内媒体报道为首次培育"带有抗猪瘟病毒基因的克隆猪"获得成功。2018 年，欧洲的一项相关研究亦通过转基因技术培育出对高致死性病毒有抗性的"超级猪"。近期则有相关外媒报道称，几年内转基因猪肉和加工食品即会流入市场。

4.1.2　基因工程在医药方面的应用

科技视野 4-1
基因工程在医药方面的应用

基因工程技术的发展，促进了医学科学研究的发展，对一些如肿瘤、病毒等难解决问题带来了新的研究手段与方法，在人类疾病的诊断、治疗和研究中起到了革命性的推动作用。基因工程在医学上目前主要应用于生产基因工程药物、疾病诊断、基因治疗等方面。基因工程药物有激素与细胞分裂素、生理调节因子、血液制品、疫苗、单克隆抗体几类，如人胰岛素、人生长激素、人促红细胞生成素、人尿激酶、组织纤溶酶激活剂、乙肝疫苗、干扰素等药物已经可以用基因工程的方法生产。基因工程技术解决了一些常规方法不能生产或者价格昂贵药品的生产技术问题，并开发了如胰岛素和干扰素等特效药物，这些药物对于一些严重威胁人类健康的疾病具有重要的作用，并且在降低毒副作用方面显著优于传统药品。基因工程技术还研制出了实用性强、灵敏度高的临床诊断新设备，如免疫诊断试剂盒等，并找到了一些疑难杂症的发病机理以及治疗的全新方法。

4.1.3 基因工程在环境保护方面的应用

随着人类文明的进步，地球的环境问题也日益严重，人类向大自然排放了越来越多的有害与难降解的物质，产生了众多不利于环境保护的化合物，尤其是"白色污染"（图 4.2）。为了减轻塑料购物袋对环境的危害，目前，我国在全国范围内禁止生产、销售、使用厚度小于 0.025 mm 的塑料购物袋，禁止生产和销售一次性发泡塑料餐具、一次性塑料棉签。然而，世界依然面临着严重白色污染。聚 3– 羟基丁酸酯（PHB）具有生物可降解性和生物相容性等性能，在医药、食品和农业等领域具有广阔的应用前景。目前，可采用基因工程手段构建超量表达 PHB 的大肠杆菌工程菌，用于生产生物可降解塑料，在美国、英国、德国和日本已经成功。生物聚合物薄膜是由生物衍生产品制成的薄膜，是可生物降解的薄膜产品，全球生物聚合物薄膜生产企业主要集中在欧美地区，代表企业如 Avery Dennison Corporation、Taghleef Industries 等。2021 年全球生物聚合物薄膜市场规模约 40.7 亿美元，预计 2022—2028 年该规模将保持 8.4% 的复合增长率较快增长。此外，基因工程还在清洁能源的生产有广泛的应用，如利用植物基因工程可生产生物柴油，可代替高污染的传统柴油。使用转基因技术，改变细菌、酵母等菌种代谢途径，来生产乙醇。

图 4.2 堆积成山的"白色污染"

4.2 安全性和伦理问题与对策

目前，基因工程会使基因对生物环境和人类健康带来怎样的后果难以预料，当前的科学水平也不能精确并合理地解释转基因产品可能产生的所有效应，对于公众对转基因产品的质疑难以给出准确合理的解释。基因工程相关的安全性和伦理问题主要集中在对于转基因产品和生物克隆的认识差异。

4.2.1 转基因安全性的争论

转基因产品给人类带来巨大收益的同时，也伴随着巨大的风险，目前最让大家关心的是，转基因产品对人类的健康是否有害，特别是难以发现的潜在危害，对我们所赖以生存的生态系统是否有潜在威胁等。目前全世界争论的焦点都聚集于转基因生物安全问题。

⬥ 科学史话 4–2
生物安全的由来

转基因食品对人类健康的影响。当我们遇到转基因食品时，转基因食品是否安全、对人体的健康是否有害、是否会以食物链的传播方式进入人体等问题引起了较大的关注（图 4.3）。对于长期使用转基因食品是否安全，正方观点认为：目前市场所批准的转基因食品，均已通过严格的测定，符合安全质量标准；目前为止，并没有报道出转基因食品给人类带来的损伤，那就是安全的。反方

图 4.3 转基因食品的争议

观点认为：目前的转基因食品，并没有进行长期的毒性测定，有些毒性需要慢慢积累；美国曾经发生过猪疫苗的转基因玉米污染人食用的玉米和大豆的事件，今后还会有形形色色其他转基因作物通过基因漂流进入人类的食物链。对于转基因食物的安全性问题，我们应采取客观辩证的态度去看待，不能盲目支持或反对。

转基因生物对生态的影响。不断地向生态系统释放转基因的动植物，是否会影响物种的多样性、是否会出现"超级杂草"、是否会提高其耐药性等安全性问题被提出。大量的实践和试验证明，转基因作物可以直接对靶标生物起作用。但随着转基因抗病、抗虫作物大规模种植，病毒素大量积累，经过长期的自然选择，将促使害虫体内产生抗性，转基因作物抗病抗虫效果则会降低。同时，近缘种的基因漂移和害虫抗性的产生，也使得"超级杂草"和"超级害虫"出现的可能性增加；例如，加拿大就发现了能抗三种除草剂的油菜自生苗。

4.2.2 转基因伦理性的争论

基因工程技术同时也会带来伦理道德上的影响，生物克隆是伦理层面上最尖锐的问题之一。对胚胎克隆实验，在许多国家是被明确立法禁止的，一些国家包括我国在内，对胚胎实验采取严格管理下的审慎态度。其中，克隆人的伦理性问题最为严肃，

中国反对以克隆人为目的的任何实验和举动。对此问题，主要是基于以下几个方面的考虑：①克隆人是对人权和人尊严的挑战，主张克隆人是把人"物化"，严重违反了人权。②违反生物进化的自然发展规律，克隆人是将有性生殖倒退到无性生殖。③扰乱社会家庭的正常伦理定位。④克隆人的安全性在伦理上难以确认。

4.2.3　正确认识转基因产品及生物

大自然给予了人类的一切，但是天然物种固有的经济效益并不能完全和人类的发展相契合。在基因工程技术迅速腾飞的今天，人们开始定向地改造物种的某种属性，使其达到最有利于人类的一面。随着转基因生物及其产品的问世，人们争论的焦点逐渐聚集在转基因产品的安全性上。有许多的反对者，他们认为转基因生物破坏生态平衡，而且转基因食品是否安全，目前仍是一个值得探究的问题。也有许多支持者，他们认为，转基因生物可以给人类带来巨大的益处，如生产药物、提高谷物产量等等。据报道，虽然世界各国目前已经试验的转基因生物超过 4 500 种，但获得政府批准上市的品种很少，估计还不到 1%。故此，对于一些功能未明的转基因生物，特别是人类直接食用的转基因作物，科学家和政府始终是采取慎之又慎的科学态度，严格限制其在安全性评价允许发放的范围之内，防止外源基因扩散可能带来的负面效应。

近代中国由于科学技术的落后，而遭受西方列强的欺凌，教训十分惨痛。因此，作为一名科研工作者，在转基因技术应用上：一方面我们要有严谨的科学态度，一步一个脚印，把科研做实做稳；另一方面，我们又要加大转基因技术研究的深度与广度，保持转基因技术的充分储备，应对未来国外转基因技术的入侵与垄断，使我国在转基因高新技术领域立于发展高地。无疑，发展生物转基因技术对于维护我国长远的政治利益与经济利益，均具有重大意义。

> 科技视野 4-2
> 转基因作物的安全性评价原则及内容

▍小结

基因工程是现代生物技术的核心组成部分，它的出现带动了生物技术的全面发展。经过几十年的发展，基因工程技术已走出实验室，已成功应用到医药和工农业生产各个领域，形成了具有巨大社会效益和经济效益的基因工程制药产业，也产生了许多具有优良性状的转基因农作物和转基因动物新品种，并且为新型生物能源的开发、新型环保工业的设计展现了十分诱人的前景。基因工程虽可以按照人类的愿望，设计出新的遗传物质并创造出新的生物类型或者改良物种，但从人类历史发展的经验来看，科学技术给人类社会带来福音的同时，都潜藏着对人类自身或生存环境造成危害的一面，基因工程也不例外。在追求高收益的同时，如何让基因工程最大化地造福人类社会，是一个值得思考的问题。严格遵守基因工程管理方法，树立安全性和伦理学的意识，从利弊两方面来考虑基因工程技术的应用，并作出安全性评价，将基因工程技术应用到造福人类发展的一面，这才是基因工程技术应有的发展方式。

? 思考题

1. 简述基因工程的通用应用领域。

2. 如何正确看待转基因食品的安全性?

3. 结合当代世界形势,谈一谈你是如何理解基因工程技术与人类社会之间的关系的。

推荐阅读

1. 郑振宇,王秀利.基因工程[M].武汉:华中科技大学出版社,2015:8–15.

本书从基因的基本概念出发,把基因工程的技术成就和学科发展动态结合到了每一章节中。

2. 袁婺洲.基因工程[M].2 版.北京:化学工业出版社,2019:5–10.

本书第一次详细介绍了基因工程在基因功能研究中的应用,将基因工程技术与功能基因组学相结合。

更多网上学习资源

◆ 教学课件　　◆ 自测题　　◆ 参考文献

第二篇

细胞工程

第5章 细胞工程概述

　　细胞工程起始于19世纪动植物组织的培养，主要在细胞、细胞器、胚胎水平上利用生物资源和创造新物种。细胞工程是现代生物技术的重要组成部分，与基因工程、酶工程、发酵工程和糖工程一起构成了现代生物技术体系。细胞工程为基因工程和发酵工程产品生产提供重组改良的动植物细胞，为酶工程、糖工程提供蛋白质原料。以体细胞克隆、干细胞、组织工程等为代表的细胞工程技术处于当今生物技术发展的前沿。本章简要介绍细胞工程的定义、发展历史以及相关的理论基础。

　　Cell engineering arose from the cultivation of animal and plant tissues in the 19th century, which mainly utilizes biological resources and creates new species at the level of cells, organelles and embryos. Cell engineering is the major component of the modern biotechnology, and together with genetic engineering, enzyme technology, fermentation technology and glyco-engineering, constitute the modern biotechnology system. Cell engineering provides modified recombinant animal and plant cells for products of genetic engineering and fermentation engineering, while supplying protein raw materials for enzyme technology and glyco-engineering. Cell engineering, as represented by somatic cell cloning, stem cells and tissue engineering, has been at the forefront of the biotechnology development. Cell engineering technologies represented by somatic cell cloning, stem cells, and tissue engineering are the frontier field of current biotechnology development. This chapter presents a brief introduction of the definition, development history and related theoretical basis of cell engineering.

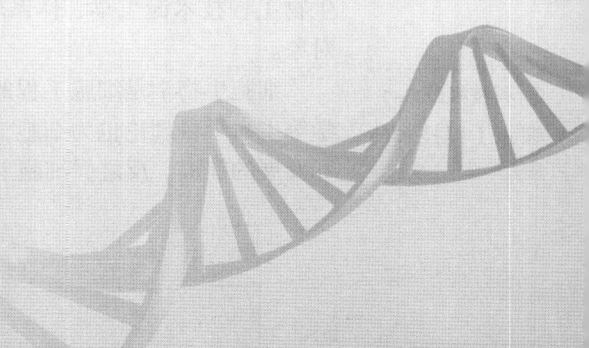

▶▶ 知识导图

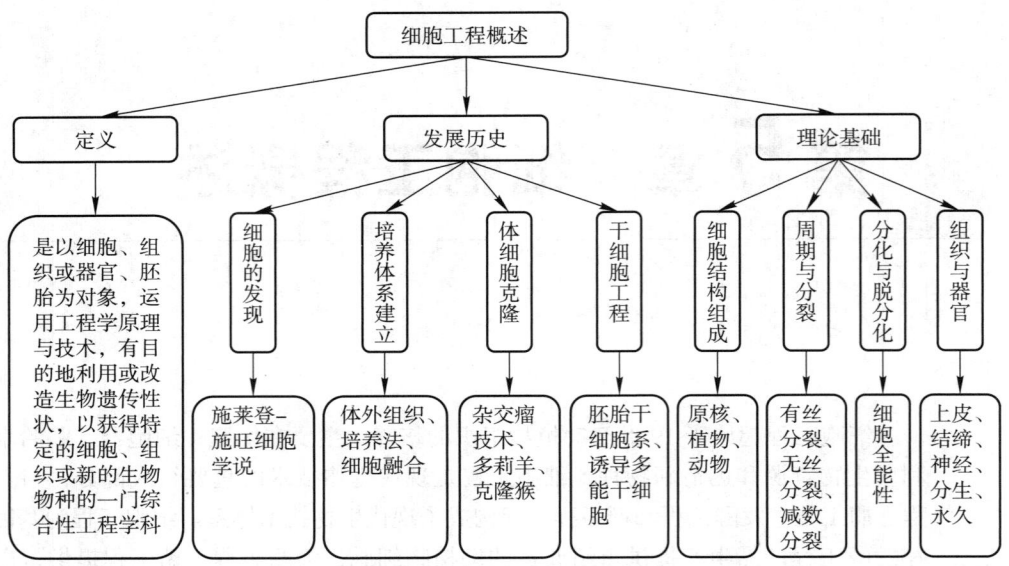

▶▶ 学习指南

> ➤ 了解：细胞工程的定义与发展历史。
> ➤ 重点：动物细胞和植物细胞结构差异。
> ➤ 难点：细胞周期与细胞分化。

5.1 细胞工程定义

　　细胞工程（cell engineering）是以细胞、组织或器官、胚胎为对象，运用工程学原理与技术，有目的地利用或改造生物遗传性状，以获得特定的细胞、组织或新的生物物种的一门综合性工程学科。作为生物工程的重要组成技术之一，细胞工程根据其工程改造的对象，可分为微生物细胞工程、植物细胞工程、动物细胞工程。由于微生物工程技术诞生早、体系较完善，本书所讲的细胞工程主要以动植物为主要研究对象。

　　细胞生物学是细胞工程的重要理论基础。此外，发育生物学、遗传学、分子生物学等生命学科理论也为细胞工程提供理论支撑。这些学科的发展是细胞工程技术建立和发展的前提。反之，细胞工程又为这些学科提供实验材料和技术。

🔖科技视野 5-1
细胞工程技术的
应用

5.2　细胞工程发展历史

5.2.1　细胞的发现

英国学者胡克（Robert Hooke）于 1665 年用自制的显微镜（放大倍数 40～140 倍）观察了软木（栎树皮）的薄片，第一次描述了植物细胞的结构，并首次借用拉丁文 *cellar*（小室）这个词，来描述其看到的类似蜂巢状结构（实际只是观察到纤维质的细胞壁）。后来英文用 *cell* 这个词，中文译为"细胞"。此后不久，荷兰学者列文虎克（Antony van Leeuwenhoek）用设计的高倍放大镜先后观察了许多动植物的活细胞与原生动物，并于 1674 年在蛙鱼的血液中发现了红细胞。

1838—1839 年，德国植物学家施莱登（Schleiden）和动物学家施旺（Schwann）根据自己研究和总结前人的工作，首次提出了细胞学说（cell theory）。他们认为"一切生物从单细胞到高等动植物都是由细胞组成的；细胞是生物形态结构和功能活动的基本单位"。之后，德国科学家魏尔肖（Virchow）补充了细胞学说，认为所有的细胞都来自已有细胞的分裂。细胞学说的建立提出了生物界的统一性和生命的共同起源，与能量守恒定律、达尔文的进化论并列为 19 世纪自然科学的"三大发现"，大大推进了人类对整个自然界的认识，有力地促进了自然科学和哲学的进步。

5.2.2　细胞培养体系的建立

1859 年，法国学者 Vulpian 最早尝试将蛙胚尾部组织切下培养，结果观察到了组织的生长和分化现象。1907 年，Harrison 以淋巴液为培养基成功地在试管中培养了蛙胚神经组织达数周，创立了体外组织培养法。人们运用此种技术对动物组织培养中的细胞融合现象做了许多观察。其中一个突出的成就是，1958 年冈田善雄利用高浓度的麻疹病毒能够使悬浮培养中的动物肿瘤细胞迅速地融合起来，形成多核的巨细胞。至 1965 年 Harris 和 Watkins 的经典研究工作，证明了灭活的病毒在控制的条件下可以用来诱导动物细胞的融合；亲缘关系较远的不同种的动物细胞之间，也可以被诱导融合产生出新型的杂交细胞，从而为培育具有双亲优良性状的新生命类型的细胞工程奠定了技术基础。

1960 年，英国诺丁汉大学 Cocking 教授创造性地应用酶解的方法，首次成功地从番茄幼苗的根部制备得到大量的原生质体。在此基础上，1972 年，美国科学家 Carlson 等人用 $NaNO_3$ 作为融合诱导剂将来自不同种的两个烟草原生质体进行融合，获得了世界上第一个体细胞杂种植株。此后，Keller、高国楠和 Zimmermann 为首的三个科学家小组，从不同方面改良和发展了植物体细胞融合技术。目前，最常用的植物细胞融合技术，有高国楠（1974）建立的使用化学融合剂聚乙二醇（PEG）的融合技术，Zimmermann（1978）和 Senda（1979）创立和发展的电融合技术以及 Schweiger（1987）将电融合与微培养结合起来的技术。近年来，在植物细胞融合研究方面的突出进展是建立了单对细胞融合体系培养技术，并基本上解决了融合细胞的选择问题。现在，植物原生质体及其应用的研究已成为植物细胞工程中最活跃的研究领域之一。

5.2.3　杂交瘤技术与体细胞克隆建立

1975 年，Kohler 和 Milstein 首次建立了小鼠淋巴细胞杂交瘤技术，将骨髓瘤细胞与 B 淋巴细胞融合，获得了既能产生单一抗体又能在体外无限生长的杂合细胞，在生物医学领域做出了重大贡献，由此荣获了 1984 年诺贝尔生理学或医学奖。

1997 年，苏格兰 PPL（Pharmaceutical Protein Limited）生物技术有限公司和英国学者维尔穆特（Wilmut）等用体细胞核克隆出绵羊"多莉"（Dolly），证明了高等动物体细胞的全能性。在世界各国掀起了一股使用体细胞克隆动物的热潮。2017 年 11 月 27 日，世界上首个体细胞克隆猴"中中"在中国科学院神经科学研究所、脑科学与智能技术卓越创新中心非人灵长类平台诞生，同年 12 月 5 日，第二只克隆猴"华华"诞生。该成果标志着中国率先开启以体细胞克隆猴作为实验动物模型的新时代，实现了我国在非人灵长类研究领域由国际"并跑"到"领跑"的转变。

5.2.4　干细胞工程起源

1961 年，Till 和 McCulloch 发现骨髓移植治疗疾病的秘密在于骨髓中存在的造血干细胞，并首次描述了造血干细胞具有多项分化潜能和自我更新的能力。1964 年，Pierce 等发现取自小鼠畸胎瘤的细胞具有多功能性。1981 年，Evans 和 Kanfman 分离得到了小鼠胚胎干细胞（embryo-derived stem cell 或 embryonic stem cell，ES 细胞）。1998 年，美国 Thomson 教授成功获得了具有无限增殖和全能分化潜力的人胚胎干细胞，并建立了长期体外培养的人胚胎干细胞系。这一成就打开了体外生产所有类型的可供移植治疗的人体细胞、组织乃至器官的大门。2006 年日本学者山中伸弥（Shinya Yamanaka）通过基因重新编程，让人类的普通皮肤细胞重返干细胞的状态形成了诱导多能干细胞（iPSC），打破了干细胞研究的伦理问题对于再生医学具有重要意义，荣获了 2012 年诺贝尔生理学或医学奖。2018 年日本政府批准了日本京都大学利用 iPSC 治疗帕金森病的临床研究技术，这是首次 iPSC 被用于治疗人类帕金森病。

科技视野 5-2
人类胚胎干细胞分化与功能研究进展

5.3　细胞工程理论基础

5.3.1　细胞的结构组成

细胞（cell）是生命结构和功能的基本单位，是生命活动的基本单位。除病毒以外，生物体都由细胞组成。所有细胞可分为两大类：原核细胞（prokaryotic cell）和真核细胞（eukaryotic cell），都含有细胞膜、细胞质和细胞核三个基本部分。原核细胞内遗传物质 DNA 区域没有核膜包被，没有典型的细胞核和细胞器，结构简单。如细菌、蓝细菌就属于原核细胞（图 5.1），细胞内具有细胞壁、细胞膜、细胞质、核糖体和拟核，细菌细胞外被有鞭毛或纤毛。

真核细胞结构较原核细胞复杂，细胞核内有染色质、核仁和核基质，细胞质中含有核糖体、线粒体、内质网、高尔基体等细胞器（图 5.2）。动物细胞和植物细胞具有基本相同的结构体系与功能体系，如细胞膜、细胞核、线粒体、核糖体、内质网、高

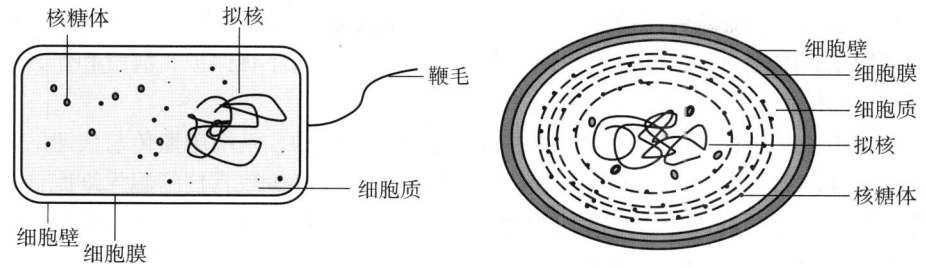

图 5.1 细菌细胞（左）与蓝细菌细胞（右）结构模式图

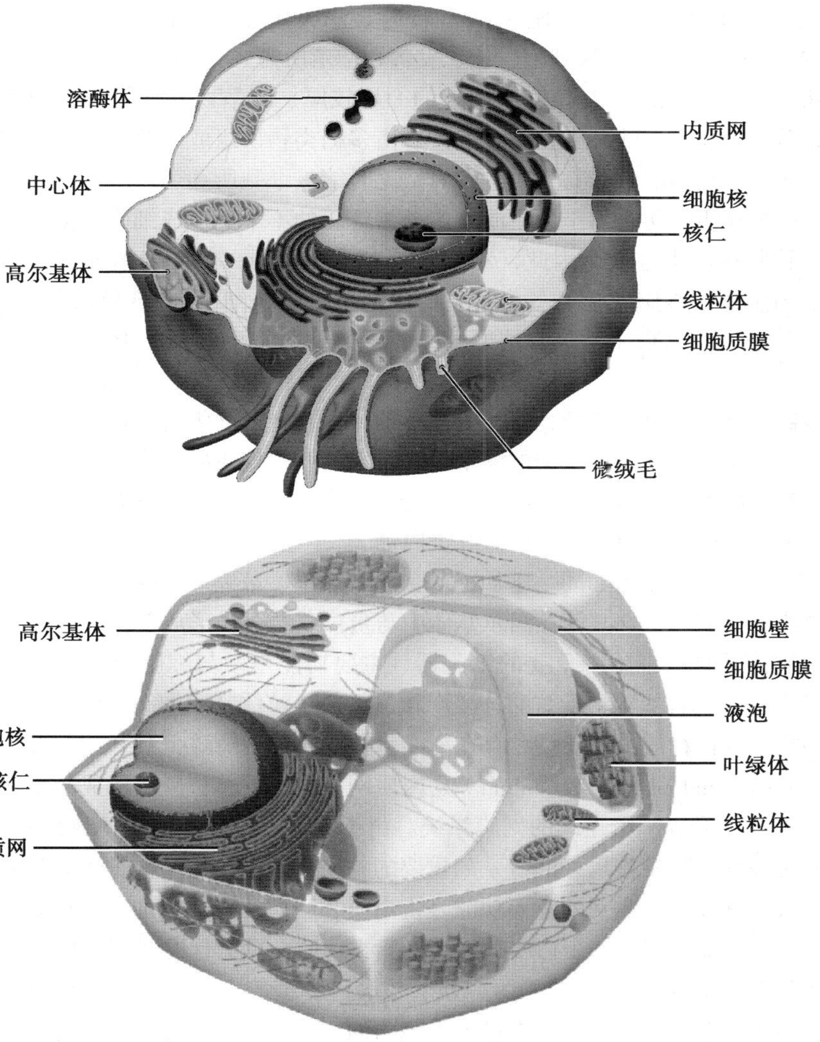

核糖体 拟核 鞭毛 细胞质 细胞壁 细胞膜

细胞壁 细胞膜 细胞质 拟核 核糖体

溶酶体 内质网 中心体 细胞核 核仁 高尔基体 线粒体 细胞质膜 微绒毛

高尔基体 细胞壁 细胞质膜 液泡 细胞核 核仁 叶绿体 内质网 线粒体

图 5.2 动物细胞（上）和植物细胞（下）亚显微结构模式图

尔基体和溶酶体，但植物细胞特有细胞壁、叶绿体、液泡；动物细胞特有中心体。

　　细胞膜又称质膜（plasma），是位于原生质体外围、紧贴细胞壁的膜结构，作用是保护内部。组成质膜的主要物质是蛋白质和脂类，以及少量的多糖、微量的核酸、金属离子和水。细胞膜的功能很多，具有选择性地进行细胞内外物质交换和识别同种、异种细胞的能力。其起决定作用的是糖蛋白。糖蛋白还有保护、润滑和作为细胞识别受体的作用。

细胞核（nucleus）是真核细胞内最大、最重要的结构，是细胞遗传与代谢的调控中心，是真核细胞区别于原核细胞最显著的标志之一（极少数真核细胞无细胞核，如哺乳动物的成熟的红细胞，高等植物成熟的筛管细胞等）。其主要功能有两个：遗传和发育，前者表现为通过染色体复制和细胞分裂，维持物种的世代连续性；后者表现为通过调节基因表达的时空顺序，控制细胞的分化，完成个体的发育。它是遗传信息的贮存、复制和表达的主要场所。为维持生命活动，不断转录遗传信息。首先按DNA 上的碱基顺序转录成信使 RNA 和转运 RNA，输送到细胞质内，在核糖体上将信息 RNA 翻译成蛋白质，供细胞生长、发育和增殖所需。

细胞壁（cell wall）是位于细胞外的一层较厚、较坚韧并略具弹性的结构，其成分为黏质复合物，有的种类在壁外还具有由多糖类物质组成的荚膜，起保护作用。荚膜本身还作为细胞的营养物质，在营养缺乏时能被细胞所利用。所有的细胞壁对细胞都具有保护作用，防止由于原生质体内外渗透压的不平衡造成细胞的损伤。由于细胞壁具有较坚韧的支撑性，因此，对细胞起着支撑作用，保持着细胞的外形。除此以外，不同生物的细胞壁还有各自独特的功能。例如，细菌细胞壁能够介导细胞间相互作用，进而侵入宿主，具有抗原性；能够协助细胞运动和分裂；能够防止大分子入侵。

核糖体是合成蛋白质的场所。附着核糖体主要合成向细胞外输送和分泌性的蛋白质，如抗体、酶原与蛋白质类的激素等。游离的核糖体主要合成细胞的结构蛋白、基质蛋白与细胞本身所需的酶蛋白，即合成细胞生长与繁殖所需的蛋白分子，此外还参与合成一些特殊蛋白质，如血红蛋白等。

高尔基体整体作用如同一座加工厂，除了加工、浓缩和运输蛋白质外，还能合成一些物质，如糖类。这些糖在高尔基体中与蛋白质结合，形成各种糖蛋白。

线粒体是真核细胞中重要的细胞器，主要功能是参与细胞内物质氧化和呼吸作用。细胞内糖、氨基酸、脂肪酸分解产物最终在线粒体基质彻底氧化，并经线粒体内膜上的呼吸链把释放出的能量贮存在高能化合物腺苷三磷酸（ATP）中。

内质网（endoplasmic reticulum）是内质网是由一层单位膜所形成的囊状、泡状和管状结构，并形成一个连续的网膜系统。由于它靠近细胞质的内侧，故称为内质网。内质网是细胞内除核酸以外的一系列重要的物质，如蛋白质、脂类（如甘油三酯）和糖类合成的基地。内质网的主要功能是蛋白质和脂质的合成、加工、包装和运输，包括蛋白质的合成与转运、蛋白质的加工、脂类代谢与糖类代谢和解毒作用。

溶酶体（lysosome）是分解蛋白质、核酸、多糖等生物大分子的细胞器。溶酶体在细胞中的功能，是分解从外界进入细胞内的物质，也可消化自身的局部细胞质或细胞器，当细胞衰老时，其溶酶体破裂，释放出水解酶，消化整个细胞而使其死亡。

叶绿体是植物细胞特有而重要的细胞器，主要功能是光合作用，即利用二氧化碳与水合成糖类，并释放氧气的过程。

液泡是植物细胞的代谢库，起调节细胞内环境的作用。它是由脂蛋白膜包围而形成的，内部是水、无机盐、糖和色素等物质，溶液的浓度可以达到很高的程度。

中心体（centrosome）是动物细胞中一种重要的细胞器，每个中心体主要含有两个中心粒，是细胞分裂时内部活动的中心。它总是立于细胞核附近的细胞质中，接近于细胞的中心，因此叫中心体。中心体与细胞的有丝分裂有关。在有丝分裂中，中心体建立两极纺锤体，确保细胞分裂过程的对称性和双极性，而这一功能对染色体的精确分离是必需的。在维持整个细胞的极性、为细胞器的定向运输提供建筑框、参与细胞的成型和运动上，中心体和微管都起着主要作用。

5.3.2　细胞周期与分裂

细胞增殖是细胞生命活动的重要特征之一。细胞增殖最直观的表现是细胞分裂，即由原来的一个亲代细胞变为两个子代细胞，使细胞数量增加。细胞增殖过程即被称为细胞周期（cell cycle），或称为细胞分裂周期。细胞周期是一个由物质准备到细胞分裂高度受控、周而复始的连续过程，通常可分为间期和分裂期（M 期）两个阶段，间期包括 G_1 期（DNA 合成前期）、S 期（DNA 合成期）、G_2 期（DNA 合成后期）（图5.3）。细胞在正常情况下，沿着 G_1—S—G_2—M 期跨线运行，在 G_1 期细胞完成必要的物质准备，在 S 期完成染色体 DNA 的复制，在 G_2 期进行检查及修复以保证 DNA 复制的准确性；在 M 期，细胞有丝分裂（mitosis）又经过前期、中期、后期、末期，一个连续变化过程，完成遗传物质到子细胞中的均等分配，细胞一分为二，成为两个子细胞。

前期（prophase）：染色质丝高度螺旋化，逐渐形成染色体，短而粗。两个中心体向相反方向移动，在细胞中形成两极，并发出许多纺锤丝，形成一个梭形纺锤体。核膜逐渐解体，核仁逐渐消失。

中期（metaphase）：染色体的形态固定和数目清晰，纺锤体清晰可见。每条染色体的着丝点两侧都有纺锤丝附着在上面牵引染色体运动，使每条染色体的着丝点排列在细胞中央的一个平面上。这个平面与纺锤体的中轴相垂直，类似于地球上赤道的位

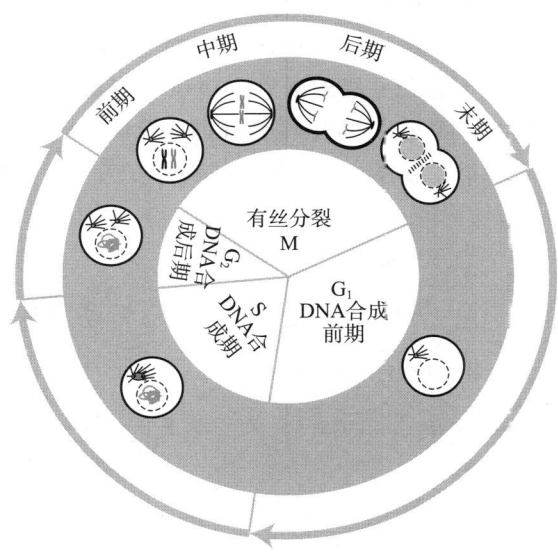

图 5.3　标准的细胞周期与有丝分裂示意图

置，所以叫作赤道板。

后期（anaphase），每一个着丝点分裂成两个，原来连接在同一个着丝点上的两条姐妹染色单体也随着分离开来，成为两条子染色体，并由纺锤丝牵引分别向细胞的两极移动，使细胞的两极各有一套形态和数目相同的染色体。

末期（telophase），染色体到达两极后解螺旋形成染色质，纺锤丝消失，核膜、核仁重建，细胞一个分裂成两个子细胞。

细胞分裂（cell division）除上述提到介绍的有丝分裂外，还存在无丝分裂和减数分裂。

无丝分裂（amitosis），最早是在 1841 年由 Remak 在鸡胚的血细胞中观察到，是最简单的细胞分裂方式，大多以横裂或纵裂方式由一个细胞变成两个细胞。在低等植物中普遍存在，在高等植物中也常见，如胚乳细胞（胚乳发育过程愈伤组织形成）、表皮细胞、根冠，总之薄壁细胞占大多数。

减数分裂（meiosis），是生殖细胞成熟时特有的分裂方式，染色体复制一次后经过两次分裂，子细胞的染色体数目比亲代细胞减少一半（图 5.4）。减数分裂的全过程划分为 4 个阶段：间期 I、减数分裂 I、间期 II 和减数分裂 II。

间期 I：是原始生殖细胞进入减数分裂之前的物质准备阶段，同有丝分裂类似，包括 G_1、S 和 G_2 三期。

减数分裂 I：即第一次减数分裂，与体细胞有丝分裂有许多相似之处，其过程也可人为地划分为前期 I、中期 I、后期 I 和末期 I。但减少分裂 I 鲜明的特点主要表现为前期 I 的同源染色体配对和基因重组以及其后的染色体分离方式等。

前期 I：染色体变化比较复杂，持续时间比较长。在高等生物，时间可持续数周、数月、数年，甚至数十年。在低等生物，其时间相对较短，但比有丝分裂前期持续时间长得多。根据染色体的形态变化可以划分为细线期、偶线期、粗线期、双线期和终变期 5 个亚期。

中期 I：核膜破裂，纺锤体微管侵入核区，捕获分散于核中的四分体，四分体向赤道方向移动，最终排列在赤道面上，形成赤道板。

后期 I：同源染色体对分离并向两极移动，移向两极的每个同源染色体含有两条姐妹染色单体。其结果是到达每一极的染色体 DNA 含量由 $4n$ 变为 $2n$。两套同源染色体在功能上是等价的，解除配对的同源染色体向两极移动是一个随机分配、自由组合的过程，因而到达两极的染色体会出现众多的组合方式。如人类细胞有 23 对染色

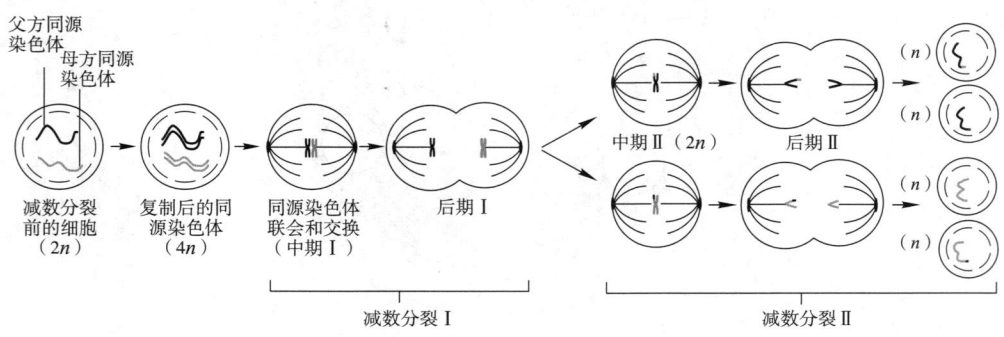

图 5.4　减数分裂示意图

体，从理论上讲将会产生 2^{23} 种不同的排列方式。如此庞大的排列方式，即使不发生基因重组，得到遗传上完全相同的配子概率也只有八百四十万分之一。再加上基因重组和精子与卵子的随机结合，要获得遗传上完全相司的子代个体几乎是不可能的，除非是同卵双生个体，其遗传性状可能相同。

末期 I：染色体达到两极，逐渐解旋伸展，核仁、核膜重建，细胞质开始分裂，形成两个间期子细胞。此时的间期细胞与一般间期细胞的重要区别是它们不再进行 DNA 复制，也没有 G_1、S 和 G_2 期时相之分，且持续时间较短，立即进入第二次减数分裂。

减数分裂 II 过程与有丝分裂过程非常相似，即经过前期 II、中期 II、后期 II 和末期 II。每个过程中细胞形态变化也与有丝分裂过程相似，经过减数分裂 II 共形成 4 个子细胞，每一子细胞的染色体数目只有母细胞的一半，即形成了单倍体的生殖细胞（ n ）。雌雄生殖细胞结合（受精），使染色体数目恢复为二倍体（ $2n$ ），这便是新生命的开始。

5.3.3　细胞分化与脱分化

细胞全能性（totipotency）是指已经分化的细胞含有个体发育的全部遗传物质，具有发育成完整生物体的潜能。细胞全能性首先在植物中被证实，1958 年，Steward 等利用胡萝卜根韧皮部组织培养出完整的新植株，证明高度分化的植物组织仍保持着发育成完整植株的能力，能以无性繁殖方式繁衍后代。1997 年，动物细胞核移植，克隆羊多莉的诞生证明了胚胎细胞及高度分化的体细胞具有全能性。

从理论上讲，任何一个活的植物细胞只要有完整的膜系统和核，即使是高度成熟和分化的细胞，在适当条件下都具有向分生状态逆转的能力，从而表现出其全能性。但不同细胞全能性的表达难易程度有所不同，研究发现植物细胞全能性的表达能力与细胞分化的程度呈负相关，从强到弱依次为：生长点细胞 > 形成层细胞 > 薄壁细胞 > 特化细胞。主要原因是越老的细胞，基因表达越受到严格的制约，其丧失功能或不表现功能的基因会越多。

细胞分化（differentiation）是指在个体发育过程中，不同部位的细胞形态结构和生理功能发生改变，形成不同的组织和器官。细胞分化能力的强弱称为发育潜能。植物成熟种子胚胎中的所有细胞几乎都保持着未分化的状态，具有旺盛的分裂能力，成为胚性细胞。在适宜的条件下，种子开始萌发，胚性细胞不断分裂，数目迅速增加；随着时间的推移，细胞的发育方式发生不同变化，形态和功能也发生变化，有的形成根、茎、叶的细胞；有的仍然保持分裂能力，形成分生组织；有的则失去分裂能力，形成成熟组织。细胞分化是组织分化和器官分化的基础，是离体培养再分化和植株再生得以实现的基础。

细胞分化的实质是基因的差异表达，是组织特异性基因按照一定顺序表达的结果。一些特定的组织特异性基因表达的结果生产一种类型的分化细胞。组织特异性基因（tissue-specific gene），又称奢侈基因（luxury gene），是在各种组织中进行不同的选择性表达的基因，与各类细胞的特殊性有直接关系。例如肌细胞的肌动蛋白基因和肌球蛋白基因、红细胞的血红蛋白基因等。细胞分化不仅发生在胚胎发育中，而且一直都进行着，以补充因衰老和死亡减少的细胞。经过细胞分化可以形成不同的细胞群，从而使不同的细胞具有不同的功能，使生物体的代谢更高效，从而使个体更能适应环境而生存。

细胞脱分化（dedifferentiation）又称去分化，是指分化细胞失去特有的结构和功能变为具有未分化细胞特性的过程，即分化的细胞在适当条件下转变为胚性状态而重新获得分裂能力过程，即细胞"返老还童"。不同生物的细胞脱分化能力不同，通常采用人工诱导技术诱导体细胞的脱分化。

细胞再分化（redifferentiation）是指由已经过脱分化的细胞产生各种不同类型的分化细胞的过程。表现为由无结构和特定功能的细胞转变成具有一定结构、执行一定功能的组织和器官，从而构成一个完整的植物体或植物器官。在脱分化和再分化的过程中，细胞的全能性得以表达。离体培养植物组织或细胞再生植株就是通过细胞脱分化和再分化实现的。

5.3.4　组织与器官

组织（tissue）是相同来源的细胞群组成的结构功能单位。动物组织可分为 4 大类：①上皮组织由密集的细胞组成，细胞形状较规则，细胞间质少，覆盖在身体表面和体内各种囊、管、腔的内表面。②结缔组织由细胞、纤维和细胞外间质组成，根据形态结构可分为固有结缔组织、软骨组织、骨组织和血液。③肌肉组织由有收缩能力的肌肉细胞构成，根据结构和功能可分为骨骼肌、心肌和平滑肌。④神经组织由神经细胞（神经元）和神经胶质细胞组成。

植物组织可分为分生组织和永久组织两大类。①分生组织是一种具有持续或周期性分裂能力的细胞群，常被用作植物细胞和组织培养的材料；②永久组织是指细胞分化而失去分裂能力，成为特定功能的细胞组织。

器官（organ）是由不同的组织按照一定规律和空间布局形成的生物体局部的特定形态结构。哺乳动物具有典型的心、肺、胃、脑等器官。被子植物具有典型的根、茎、叶、花、果实和种子等器官。

▍小结

本章主要叙述了细胞工程的定义、发展历史和理论基础。细胞工程是以细胞、组织或器官、胚胎为对象，运用工程学原理与技术，有目的地利用或改造生物遗传性状，以获得特定的细胞、组织或新的生物物种的一门综合性工程学科。细胞工程起源于细胞的发现，并在此基础上建立了细胞培养体系，衍生发展了杂交瘤技术与体细胞克隆和干细胞工程。细胞工程的理论基础在于细胞，包括细胞的结构、周期与分裂、分化与脱分化以及分化的细胞组合形成组织和器官。细胞工程是生物工程的重要组成技术之一，为生物工程提供实验原料。

❓ 思考题

1. 简述动物细胞和植物细胞结构的异同点。

2. 什么细胞周期？细胞周期各时相的主要变化是什么？

3. 比较有丝分裂和无丝分裂的异同点。

4. 何谓细胞分化？其本质是什么？

📖 推荐阅读

1. 李瑶 . 细胞生物学［M］. 2 版 . 上海：复旦大学出版社，2022　1–401.

本书由复旦大学生命科学院组织编写，在系统阐述细胞各部分的结构和功能的基础上，重点介绍了物质运输、信息传递、能量转换、周期调控、分化发育、癌变、免疫、衰老与凋亡等细胞的重大生命活动。

2. 李志勇 . 细胞工程学［M］. 2 版 . 北京：高等教育出版社，2020：1–240.

本书从细胞工程理论基础、优良动植物的人工繁殖、新品种培育、细胞工程生物制品、组织修复五个方面介绍细胞工程理论与技术的知识、细胞工程生物制品技术等，以及一些前沿技术、最新进展和学科交叉内容。

更多网上学习资源

◆ 教学课件　　◆ 自测题　　◆ 参考文献

第6章 植物细胞工程

　　植物细胞组织培养是植物基因工程的基础，也是现代生物技术的重要组成部分，其领域发展起来的各种技术极大地促进了植物基因工程和现代生物技术的发展；因其简单实用、成效显著而广泛应用于农业、林业、花卉业、果木业、草业、中药业及现代生物技术。本章主要介绍了植物细胞组织培养体系、体细胞杂交和植物转基因相关内容。

　　Plant cell tissue culture is the basis of plant genetic engineering, and also an important part of modern biotechnology. Various technologies developed in this field have greatly promoted the development of plant genetic engineering and modern biotechnology; as it is simple, practical and functional, plant cell tissue culture has wide range applications in agriculture, forestry, flower industry, fruit industry, grass industry, traditional Chinese medicine industry and modern biotechnology. This chapter mainly introduces related contents of the plant cell tissue culture system, somatic cell hybridization and plant transgene.

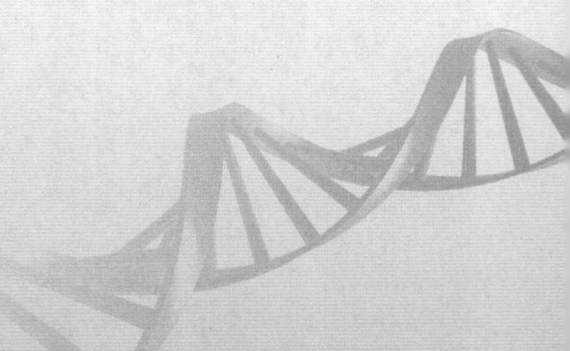

▶▶ **知识导图**

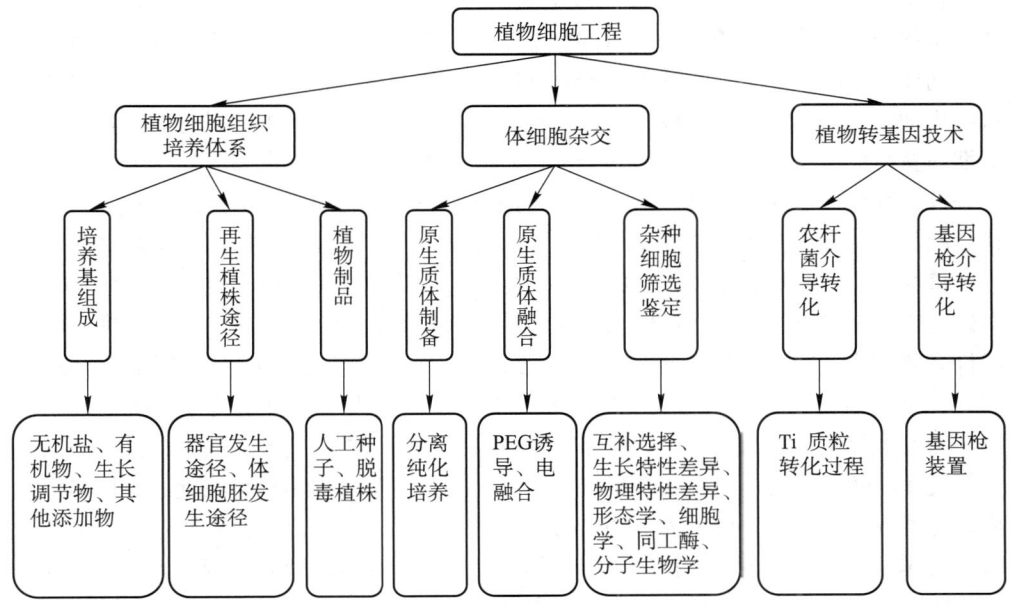

▶▶ **学习指南**

> 了解：植物组织培养体系的建立。
> 重点：原生质体的制备与融合。
> 难点：农杆菌介导植物转基因。

6.1 植物细胞组织培养体系

植物细胞培养（plant cell culture）是在离体条件下，将分离的植物细胞通过继代培养增殖，获得大量细胞群体的一种技术。植物细胞培养生长具有如下特点：①植物细胞平均直径比微生物细胞大 30~100 倍，一般为 10~200 μm；②植物细胞很少以单一细胞形式悬浮生长，通常以一定细胞数的非均相细胞团方式存在；③植物细胞具有纤维素细胞壁和大液泡，很容易被剪切力损伤；④与微生物细胞比较，植物细胞生长速度缓慢，操作周期长，分批培养一般需要 2~3 周，半连续或连续培养一般长达 2~3 个月；⑤植物细胞培养基成分丰富复杂，适合微生物生长，防止染菌困难；⑥植物细胞培养需要光照，通过光合作用合成有机物，O_2 和 CO_2 的含量和传递对细胞培养影响较大。

植物组织培养（plant tissue culture）是指分离一个或数个体细胞或植物体的一部分在无菌条件下培养，使其经历脱分化、愈伤组织形成、再分化等过程直至形成完整新植株的技术。植物组织培养的理论基础是细胞全能性（cell totipotency），每一个活细胞都包含植物生长发育所必需的全部基因，都具有再生成一个完全的有机体的潜力。同样，植物的一个器官或部分器官在脱离母体之后，在一定的条件下，可以通过自身生理结构的调整再次形成完整的植物个体。利用组织培养方法进行离体培养可在短期内获得大量遗传性一致的植物个体，具有以下优点：①周期短，便于人工控制培养条件；繁殖速度快，经济效益高；②占用空间小，不受地区、季节限制；③繁殖珍稀、濒危苗木和突变体，是优良品种培育的有效途径；④利于保持原料品种的特性。

植物细胞组织培养推动了植物遗传、生理、生化和病理学的研究，已成为植物科学研究中的常规方法。植物离体快繁比常规方法快数万倍至百万倍，目前世界上已建成许多年产百万苗木的组织培养工厂，已成为一个新兴产业，组培苗市场已国际化。此外，利用植物细胞组织的大规模培养，可用于生产大量有价值的植物次生代谢物质，为人类提供药品、色素、调味品、香料、兴奋剂、杀虫剂等。例如，日本已采用大规模发酵罐成功培养植物细胞生产紫草宁、人参皂苷。利用植物细胞组织培养进行离体低温或冷冻保存，可大大节约人力、物力和土地，还可以挽救那些濒危物种。同时，离体保存的材料不受各种病虫害侵染，而且不受季节的限制，所以利于种质资源的地区间及国际的交换。目前，我国已在数处建立了植物种质资源离体保存设施。总之，植物细胞组织培养是生物工程的基础和关键环节之一，并且它在农业生产中的实际应用越来越广泛，发挥着越来越重要的作用。

◆ 应用案例 6–1
濒危植物南川木
菠萝组织培养

6.1.1   培养基

培养基（medium）是人工配制的可满足离体培养组织或细胞生长和繁殖的营养物质。合适的培养基是决定植物组织培养成败的关键因素之一。一个完善的植物培养基配方中，除了植物生长所需的水分外，还应包括无机元素（inorganic element）、有机营养物、生长调节物质，才能提供植物离体材料正常生长发育所需的营养物质。

（1）无机元素（无机盐）

根据植物生长需求量的多少，无机元素分为大量元素和微量元素。大量元素是指培养基中浓度大于 0.5 mmol/L 的元素，包括碳（C）、氢（H）和氧（O）、氮（N）、磷（P）、硫（S）、钙（Ca）、钾（K）、镁（Mg），它们是植物细胞中构成核酸、蛋白质、酶系统、叶绿体和生物膜所必不可少的元素。氮在培养基中多以 KNO_3 或 $Ca(NO_3)_2$ 的硝酸盐离子形式满足培养物对氮素的需求，一般补加（NH_4）$_2SO_4$ 以满足酸性植物培养需求。磷是植物的必需元素之一，参与植物生命活动中核酸和蛋白质合成、光合作用、呼吸作用以及能量的贮存、转化与释放等重要生理生化过程，因此在组织培养中培养物需要大量的磷。微量元素是指培养基中浓度小于 0.5 mmol/L 的元素，包括铁（Fe）、锰（Mn）、铜（Cu）、锌（Zn）、硼（B）和铝（Al）等，这些微量元素是许多酶和辅酶的组成成分，对于蛋白质或酶的生物活性十分重要，并参与生物过程的调节。

（2）有机物

组织培养中使用的有机营养成分主要有四类，即糖类、维生素类、氨基酸类和天然有机添加物类，它们是促进培养细胞生长和分化所必需的有机碳、氮等营养物质。

植物组织培养中被培养的外植体，由于其光合作用能力较低，需要在培养基中添加碳源作为生长发育的能源，通常以蔗糖最常用，效果最好。糖类在培养基中除了作为碳源和能源外，还具有维持渗透压的作用，一般蔗糖的需求浓度为 30～100 g/L 之间。此外，为了使组织很好的生长，在培养基中常常必须补加几种维生素和氨基酸。其中硫胺素（thiamine，VB_1）一般认为是一种必需的成分。在其他各种维生素中，已知吡哆醇（pyridoxin，VB_6）、烟酸（nicotinic acid，Vpp）、生物素（biotin，VH）、泛酸钙（Ca-pantothenate）和肌醇也能显著地改善植物组织生长状况。

（3）生长调节物质

培养基的各种成分中，影响最大的是植物生长调节物质。由上述无机元素和有机营养构成的培养基仅保证了培养物的生存与最低的生理活动，只有补充适当的植物生长调节物质时，才能诱导细胞分裂的启动，愈伤组织的生长及根、芽的分化和胚状体的发育。植物激素（phytohormone）是植物自然状态下产生的、对生长发育有显著作用的微量有机物质，包括生长素（auxin）、细胞分裂素（cytokinin）、赤霉素（gibberellin，GA）、乙烯和生长抑制素。植物激素对植物生长发育的作用具有双重性，即只有适宜浓度才可以发挥生物效应，过低不起作用，过高产生抑制。在植物组织离体培养过程中，生长素和细胞分裂素通常一起使用，使用量在 0.1～10 mg/L 之间。生物素的主要生理作用是刺激细胞分裂和诱导根的分化，常用的生长素有吲哚乙酸（IAA）、2,4-二氯苯氧乙酸（2,4-D）、萘乙酸（NAA）、吲哚丁酸（IBA）等。细胞分裂素，顾名思义，主要的生理作用是引起细胞分裂，诱导芽的形成和促进芽的生长，例如玉米素、人工合成分裂素——6-苄氨基嘌呤（BA）等。赤霉素能促进种子发芽、植物生长。

（4）其他添加物

加入丙酮酸或者三羧酸循环中间产物如柠檬酸、琥珀酸、苹果酸，能够保证植物细胞在以铵盐作为单一氮源的培养基上生长，耐受钾盐的能力也会提高，也能促进低密度接种的细胞和原生质体的生长。复合物质通常可以作为细胞的生长调节剂，例如酵母抽提液、麦芽抽提液、椰子汁和水果汁等。添加抗生素可防治细菌或真菌污染。在配制固体或半固体培养时需要添加琼脂，添加量一般为 0.6%～1%。活性炭可以吸附培养过程中产生的有害物质，一般添加浓度在 5% 左右。

6.1.2　植物组织培养再生植株途径

植物组织培养再生植株过程是细胞再分化的过程，可以通过两条途径完成：一是器官发生途径，二是体细胞胚发生途径（图 6.1）。

（1）器官发生途径

器官发生（organogenesis）途径是由愈伤组织或外植体分化形成不定根或不定芽等器官，获得再生植株的过程。在自然界中，许多植物的无性繁殖（如嫁接、插条等）都属于器官发生途径的发育方式。外植体（explant）是指用于离体培养的活的植物组织、器官等材料。合适的外植体选择对于再生植株的培育非常重要，一般来说，来源于生长活跃或生长潜力大的植物组织或器官的外植体更有利于诱导分化形成长出芽、根、花等器官，最后形成完整植株。由外植体或单个细胞形成愈伤组织到再生植株一般要经过 4 个步骤：

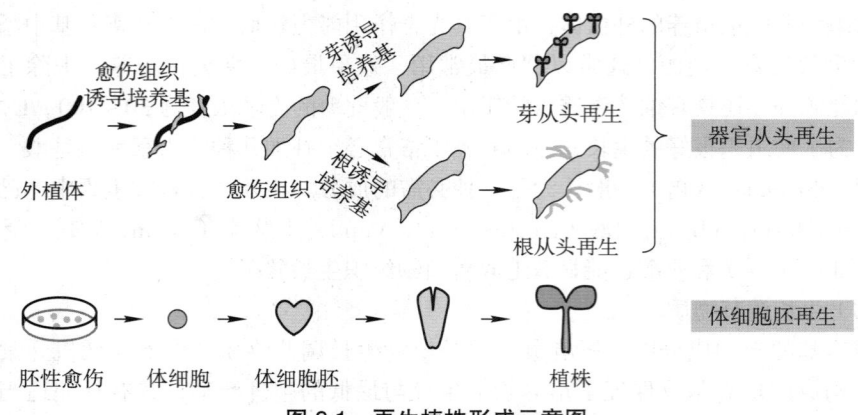

图 6.1 再生植株形成示意图

① **诱导外植体细胞脱分化和分裂启动**　用于培养的植物离体组织由已经分化成熟的细胞组成，这些细胞大部分已经丧失分裂能力，因此需要向培养基中添加一定浓度、种类和比例的外源激素，一般选择高浓度的生长素（如 NAA、IAA、2,4-D）或细胞分裂素启动诱导外植体细胞脱分化，重新获得分裂能力。

② **愈伤组织诱导**　脱分化的细胞经过细胞分裂会产生无组织结构、无明显极性的松散的细胞团，称之为愈伤组织（callus）。质量好的愈伤组织多呈淡黄（绿）色或无色、疏密适中。该阶段一般需要降低激素浓度，甚至某些情况不需要生长素和分裂素。理论上任何植物的任何部位都可以诱导产生愈伤组织，但不同植物、同一植物的不同部位诱导产生愈伤组织的能力是不同的，例如红豆杉，其幼茎是最好的外植体材料。另外培养基的种类、培养基中激素的种类、浓度以及环境因素都会影响愈伤组织的诱导。

③ **拟分生组织形成**　愈伤组织随后被转入有利于有序生长的条件下培养，细胞内部开始发生一系列形态和生理变化，分化出形态和功能不同的细胞。此时，表层细胞分裂减慢，内部细胞也开始分裂。在若干部位出现类似形成层的细胞群，通常称为"生长中心"，又称为"拟分生组织"。该过程是器官发生的一个转变时期。

④ **器官形成**　拟分生组织形成后，在适宜的生长素和分裂素的调控下，细胞进一步分化出相应的组织和器官。器官形成有三种方式：①愈伤组织先分化成芽，然后在芽的基部长出根，进而发育成完整的再生植株；②愈伤组织先分化成根，然后在根上产生不定芽，再形成完整植株；③愈伤组织的不同部位同时生根发芽，随后发育成再生植株。

（2）体细胞胚发生途径

体细胞胚（somatic embryo），又叫胚状体，是指植物体细胞在离体培养条件下没有经过受精过程而形成的胚胎类似物。胚状体是组织培养的产物，属于无性胚，起源于非合子细胞，因此不同于合子胚；胚状体的形成经历了胚胎发育过程，完全不同于组织培养的器官发生中芽与根的分化。体细胞胚发生途径是指体细胞在离体培养过程中经过了胚胎发育，进而形成再生植株的过程。其途径大体上可分为两类：直接途径和间接途径。直接途径就是从外植体某个部位直接诱导分化出体细胞胚，如山茶种子的子叶在培养中可直接从子叶基部的表皮细胞上产生体细胞胚。间接途径是培养的材料在培养条件下，首先形成愈伤组织，其后在愈伤组织表面分化成体细胞胚。

6.1.3　植物制品

6.1.3.1　人工种子

　　人工种子（artificial seed）是将植物离体培养产生的体细胞胚（胚状体）包埋在含有营养成分和保护功能的物质中，在适宜条件下发芽出苗。人工种子结构上由外向里包括三部分（图6.2）：①人工种皮（artificial seed coat），保护水分免于丧失和防止外部物理力量的冲击；②人工胚乳（artificial endosperm），含有胚状体萌发时必需的营养成分和某些植物激素；③胚状体。

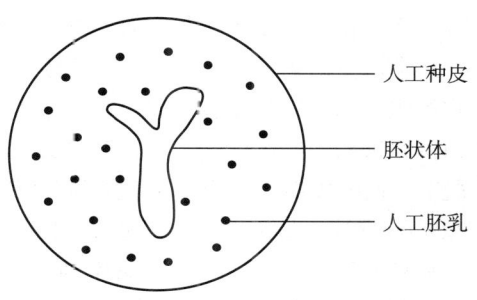

图6.2　人工种子结构示意图

　　人工种子技术是建立在组织培养技术基础上，利用化学材料对胚状体进行包埋等方法而建立起来的技术，具有容易制备、育种周期短、成本低、可直接播种等优点，有望代替组织培养技术成为濒危植物、经济作物繁殖和优良品种选育的新技术。人工种子的制作包括胚状体的同步化调控、人工胚乳配制和人工种皮包埋。

　　（1）体细胞胚同步化调控

　　是利用一定的方法将体细胞胚的分化程度控制在某一生长阶段，最终得到大小相同、形态及分化程度相近的胚状体。目前，常用的体细胞胚同步化方法主要有物理方法和化学方法两种，其中物理方法主要有过筛分级分选、密度梯度离心、低温培养、渗透压调节等，化学方法主要有饥饿法、抑制剂法、外源激素调控等。

　　（2）人工胚乳配制

　　人工胚乳主要由无机盐、糖类、氨基酸、激素等成分组成。由于培养基成分含有营养物质而易污染，人工胚乳中通常还需添加防腐剂、抗生素及农药来提高其防腐性能。

　　（3）人工种皮包埋

　　人工种皮具有保护胚状体的功能，具有无毒、良好通气性、生物相容性、适合运输等特点。目前适宜作为人工种皮的基质材料有海藻酸钠、果胶酸钠、琼脂、明胶、树胶等，这些材料各有优势，目前常用的是海藻酸钠，具有或胶容易、操作条件温和、使用方便、无毒、成本低廉等优点。但也存在易粘连、易渗漏、易失水、吸水回涨性差、机械强度差等缺点。因此开发理想的人工种皮材料仍是一个重要课题。

　　人工种子的包埋方法主要有干燥法、液胶包埋法和离子交换法三种：

　　①　干燥法　是指利用聚氧乙烯等高聚物对胚状体进行包埋，干燥后休眠的人工种子可以长时间保存，人工种子需要长时间贮藏时可用这种方法。

　　②　液胶包埋法　是将体细胞胚混合到温度较高的胶液中，然后将含有胚状体的胶液滴注到有小坑的模板上，待温度下降即可形成胶丸状的人工种子。

　　③　离子交换法　是指通过离子交换的方法使外种皮固化后形成一个坚硬的外壳，将繁殖体包埋起来，最终形成一个具有一定机械强度的凝胶颗粒。目前，最常用的方

法是将胚状体用海藻酸钠包埋后，再转到 $CaCl_2$ 溶液中与 Ca^{2+} 发生离子交换，最后形成球状胶囊。

6.1.3.2 脱毒植株

很多植物都带有病毒，尤其是一些无性繁殖植物，例如马铃薯、甘草、草莓、大蒜等经济作物，以及菊花、郁金香、康乃馨、百合等无性繁衍的花卉。病毒的侵染和积累会严重影响植物的生长，导致经济作物和花卉的质量、产量大幅度降低。通过植物组织培养方法脱除植物体内的全部或部分病原物后，可以消除其对植株的危害，使植株原来的一些优良性状重新表现出来，有效提高植物生长指标和经济指标。如大蒜脱毒后植物株生长茂盛，株高、茎粗均比未脱毒植株明显增加，产量增加32% ~ 110%，且消除了病毒感染引起的病斑。甘薯脱毒后营养生长旺盛，分枝多，薯块整齐，皮色鲜艳，大中薯率高，增产幅度达到16% ~ 150%。马铃薯、草莓、葡萄、芋头等脱毒后产量也增加20% ~ 50%，且含糖量也显著增加。

◆ 应用案例 6–2
脱毒甘薯

传统植物脱毒方法一般是指热处理或化学药剂处理，主要依据温度、药剂和处理时间，就能使寄主体内病毒的浓度降低运行速度减慢或失活，而寄生细胞仍然存活并加快分裂和生长，使生长点附近不带病毒，从而达到脱毒的目的。但这种方法有时很难掌握，一方面是植物体内的病毒种类很多，而热处理和化学处理的只是对其敏感的病毒，有些不敏感病毒去除得很慢或很难消除。如马铃薯 X 病毒要在 35℃下 2 个月才能钝化。另一方面温度或药品浓度过低、过高或处理时间过长、过短都达不到去病毒的效果或者会伤害植株。

现有的组织培养和细胞工程脱毒技术包括茎尖培养、微体嫁接法、愈伤组织诱导脱毒、珠心胚培养法和花药培养脱毒。其中茎尖培养是最有效的、应用范围最广的植物脱毒方法，具有周期短、效率高的特点。切取茎尖的大小与脱毒效果相关，茎尖越小，病毒含量越低，越容易脱毒成果，但其营养成分含量也低，培养时对培养基要求越高，剥离技术要求越高。茎尖通常取材 0.2 ~ 0.5 mm。采用茎尖培养脱毒法，必须将植物种类、病毒种类、剥离茎尖大小及培养基营养组成四个方面统一起来考虑，才能收到理想的脱毒效果。

6.2 体细胞杂交

体细胞杂交（somatic hybridization），又称植物原生质体融合，是指将不同来源的植物原生质体（除去细胞壁的细胞）相融合并使之分化再生、形成新物种或新品种的技术。为克服植物有性杂交不亲和性、打破物种之间的生殖隔离、扩大遗传变异的一种有效手段。体细胞杂交包括一些步骤：原生质体制备、原生质体融合、杂种细胞筛选鉴定。

6.2.1 植物原生质体制备

植物原生质体（protoplast）是去除细胞壁后裸露的细胞。植物原生质体的特点如下：①细胞壁不复存在，外层只存留细胞膜，比较容易摄取外来的遗传物质，如DNA；②便于进行细胞融合，形成杂交细胞；③与完整细胞一样具有全能性，仍可产生细胞壁，经诱导分化成完整个体。因此，原生质是植物细胞工程育种的重要原料，利用它可以实现体细胞杂交，细胞突变体筛选，以及细胞对外源基因、DNA 片段、细胞器、染色体的捕获等。植物原生质体的制备包括植物原生质体分离、植物原生质体纯化和植物原生质体培养。

（1）植物原生质体分离

与动物细胞不同，植物细胞外部有一层坚硬的细胞壁，细胞壁的主要成分为纤维素、半纤维素、果胶质和少量蛋白质等。从植物中分离原生质体首先要脱去植物细胞的细胞壁。原生质体分离的方法主要有两种：机械分离法和酶解分离法。

① 机械分离法　常用于分离藻类原生质体。细胞在高渗糖溶液中发生轻微质壁分离，原生质收缩成球形后，再用机械法磨碎组织，原生质体会从受损的细胞壁中释放出来。该方法缺点是获得完整的原生质的数量比较少，利用此法产生原生质体的植物种类有限。优点是可避免酶制剂对原生质的破坏作用。

② 酶解分离法　用细胞壁降解酶，脱出植物细胞壁，获得原生质体的方法，常用的细胞壁降解酶包括：纤维素酶、半纤维素酶、果胶酶、蜗牛酶等。该方法优点是可以应用于几乎所有植物及植物材料，以获得大量的原生质体。缺点是这些酶制剂常污染有核酸酶、蛋白酶、过氧化物酶以及酚类物质，会影响原生质体的活力。因此酶解法分离原生质体要注意根据植物种类的细胞壁结构，选择合适的酶种类和浓度。

（2）植物原生质体纯化

原生质体纯化即净化，供体植物材料经酶解处理消化后，得到的是一种混合物，除了含有完整的未受损的原生质体外，还含有未被酶解的细胞、破裂的原生质体、细胞器及其他碎片等成分，这些成分在原生质体培养中，会引起干扰作用，纯化原生质体常用的方法有沉降法、漂浮法和不连续梯度离心法。

① 沉降法　该方法利用相对密度原理，低速离心使原生质体沉于底部。首先用适当孔径（30～40 μm）的微孔滤膜过滤酶混合液，除去未消化的组织细胞等，低速（150 g 以下）离心 3～5 min，使原生质体沉淀，弃去含细胞碎皮的上清液和酶液。然后用液体培养基或甘露醇溶液悬浮洗涤原生质体，重复 2～3 次。最后将原生质体悬浮在 1～2 mL 的液体培养基中备用。该方法的优点是纯化收集方便，原生质体丢失少。缺点是原生质体纯度不高。该方法是目前最为广泛采用的方法。

② 漂浮法　该方法原理是根据原生质体和细胞或细胞碎片的相对密度不同，分离出原生质体。原生质体的相对密度较小，在较高浓度的溶液中离心后会漂浮在液面上。在无菌条件下，把 5～6 mL 浓度较高的溶液（如 20% 蔗糖溶液）加入 10 mL 的离心管，其上轻轻滴入 1～2 mL 酶 – 原生质体混合液，锡箔纸封口，在 150 g 下离心 5 min，使破碎的细胞或组织残片沉于底部，而原生质体浮于离心管上部的液面上。用吸管收集原生质体液层，用液体培养基或含有 $CaCl_2 \cdot 2H_2O$ 的甘露醇溶液洗涤 2～3 次。最后将纯化的原生质体悬浮于 1～2 mL 的液体音养基中备用。该方法的优点是获得的原生质体纯度高。缺点是原生质体的收率低，且由于所月的糖或糖醇溶液较浓，可能会使部分原生质体破裂。采用该方法的关键是糖或糖醇的含量以及离心速度。

③ 不连续梯度离心法　在离心管中首先放入不同浓度的 Ficoll 溶液，构成不同的浓度梯度，在上部滴入 1～2 mL 酶 – 原生质体混合液，在 150 g 下离心 5 min，不同相对密度的原生质体漂浮在不同的浓度界面上，用吸管收集原生质体，悬浮洗涤

备用。该方法的优点是获得的原生质体大小均匀一致、纯度高；并且在原生质体分离和纯化中保持着相同的渗透强度，避免了渗透冲击造成的破损，原生质体存活力高。缺点是操作繁杂，原生质体的收率低。

（3）植物原生质体培养

植物原生质体的培养方法大体上可分为液体浅层培养、固体平板培养和固液双层培养等几种类型（图 6.3）。

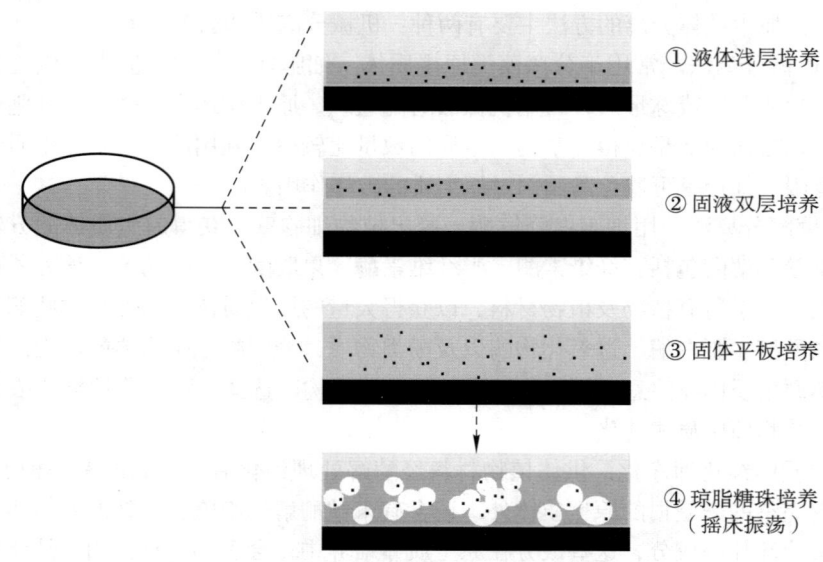

图 6.3　植物原生质体培养示意图

① 液体浅层培养（liquid thin layer culture）　是目前较常用的原生质体培养方法，一般适用于容易分裂的原生质体。原生质体纯化后，将原生质体悬浮于液体培养基中；再取少许在培养皿底部形成很薄的一层，封口进行培养。此法的特点操作简单，在培养过程中容易添加新的培养液。但其不足是原生质体容易发生粘连，难以定点观察，由于需经常加入新鲜培养基，容易造成污染。

② 固液双层培养法（liquid over solid culture）　结合液体浅层培养和固体培养的优点，在培养皿底部先铺一层固体培养基，待凝固后再在其上进行液体浅层培养。固体培养基中的营养成分可以被液体层中的原生质体吸收利用，而原生质体产生的有毒物质可以被固体培养基吸收。

③ 固体培养（solid culture）　也称为琼脂糖平板法或包埋培养法（embedding culture）。将原生质体悬浮于液体培养基后，与凝固剂（主要是琼脂或低熔点琼脂糖）按一定比例混合，在培养皿底部形成一薄层，凝固后封口培养。现在主要采用低熔点（30℃）琼脂糖作为包埋机，有研究表明琼脂糖对多种植物原生质体的分裂和再生有促进作用。此外，琼脂糖珠培养可以改进培养物的通气和营养环境，从而促进原生质体分裂及细胞团的形成。

6.2.2 植物原生质体融合

植物原生质体融合的发展建立在成熟可靠的融合方法上，体细胞杂交从自然的自发融合发展到将化学试剂（聚乙二醇、$NaNO_3$）诱寻、电刺激、微束激光、微矩阵芯片和空间物理场等各种化学和物理技术。目前，最常用的植物细胞融合技术当属聚乙二醇（PEG）诱导融合和电融合方法。

（1）聚乙二醇诱导融合

由华裔加拿大籍科学家高国楠发现，于1974年首次采用PEG对大麦与大豆、大豆与豌豆、大豆与烟草等的原生质体进行诱导融合，异种细胞融合率达到10%~35%，开拓了植物细胞融合的研究。常用的聚乙二醇分子量在1 000以下是一种水溶性的高分子多聚体，有带负电荷的醚键，具有轻微的负极性，可以与具有正极性基团的水、蛋白质和糖类等形成氢键，并在原生质体之间形成分子桥，使原生质体发生粘连和融合。后来发现在高Ca^{2+}和pH溶液作用下，将与原生质膜结合的PEG分子洗脱，将进一步加剧电荷平衡失调，从而提高细胞融合效率。因此，PEG–高pH–高浓度Ca^{2+}诱导融合方法成为异种常用的细胞融合方法（图6.4），其优点是不受物种限制、成本低、不需要特殊设备、异核融合效率高。缺点是融合过程操作比较烦琐、PEG也可能对细胞有害。

（2）电融合

电融合（electrofusion）是指利用电场来诱导细胞彼此连接成串，再施加瞬间脉冲促使质膜发生可逆性电击穿，促进细胞融合。该方法是由Senda（1979）和

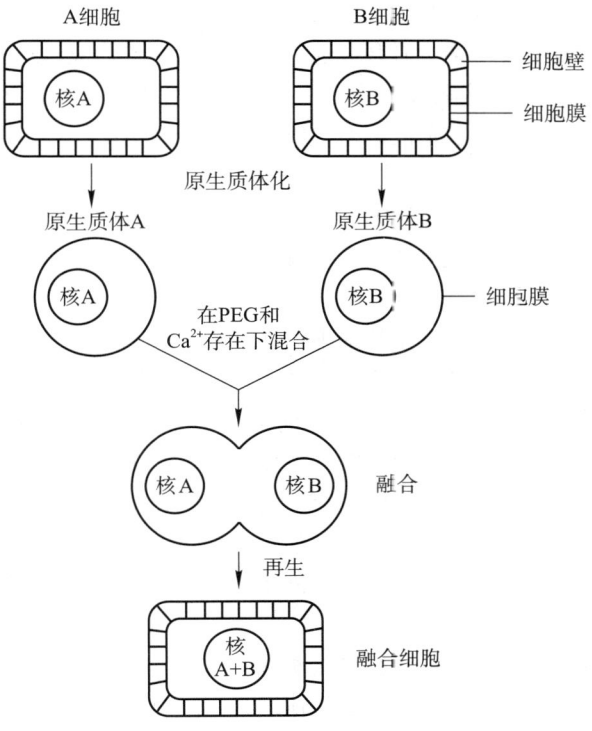

图6.4 PEG法诱导原生质体融合过程

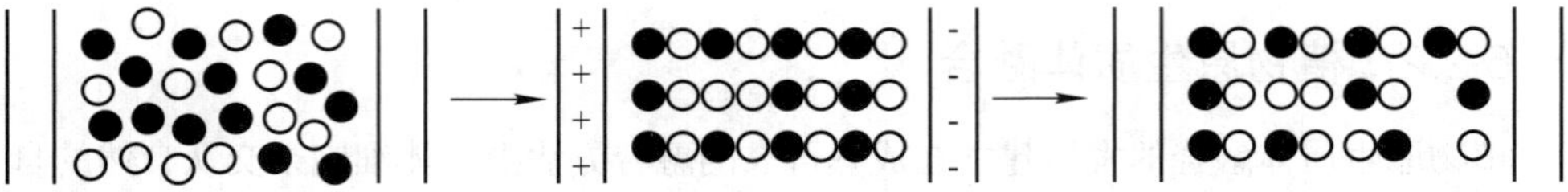

在融合小室中的混合原生质体　　原生质体沿着电场方向排列成串珠状　　在电脉冲作用下原生质体发生融合

图 6.5　植物原生质体电融合示意图

Zimmermann（1981）发现并建立的。如图 6.5 所示，将原生质体悬浮液滴入电融合小室中，先给两极以交变电流，使原生质体沿着电场方向排列成串，接着给予瞬间高强度的电脉冲，使原生质体膜局部破损而导致融合；最后将电融合后的产物移入恢复培养基中进行培养。

与 PEG 诱导融合相比，电融合具有融合效率高、操作简便、易于控制、重复性强、对细胞伤害小等优点，并且现在已经开发出商业的电融合仪装置，得到广泛应用。

6.2.3　杂种细胞筛选鉴定

如何从细胞融合产物中筛选出杂种细胞是体细胞杂交成功的另一关键技术。杂种选择采用互补选择法，以遗传标记、细胞对营养反应差异以及生化特性表现差异为基础，既可利用自然存在的遗传、细胞、生理、生化上的不同作为标记，也可利用人工诱变的突变体，如抗药性、对生态条件下的敏感反应、叶绿体缺少、营养缺陷等巧妙地组成互补选择体系，构成一次性或多极性选择的程序。

（1）互补选择法

互补选择法是利用两个亲本具有不同的遗传与生理等特性，在特定培养条件下，只有能产生互补作用的杂种细胞才能生长，而未发生互补作用的非杂种体细胞即双亲不能生长发育。该方法要求亲本有某些遗传缺失、营养缺陷或对药物的不同抗性等前提条件。例如：Wijbrandi 等融合了具有卡那霉素抗性但无再生能力的番茄原生质体与具有较高再生能力的秘鲁番茄的原生质体，将融合原生质体经卡那霉素选择培养基培养，获得了体细胞杂种。

（2）利用生长特性差异的选择方法

利用原生质体对培养基成分的要求以及生长特性的差异，淘汰双亲原生质体和同源融合体，保留杂种细胞。

（3）利用物理特性差异选择杂种细胞

双亲原生质体的形态特征可以作为异核体挑选的依据，如形态的大小、颜色、漂浮密度、电泳迁移度、形成的愈伤组织等的差异。对于肉眼难以观察到差别的原生质体可用不同活性荧光染料标记，再根据双亲原生质体在荧光显微镜下的差别鉴别异核体。例如，叶肉细胞与培养细胞的颜色有显著差异，在融合处理后可在显微镜下用显微分离（micro-isolation）的方法，将杂种细胞逐个挑出。

这种方法的缺点是物理特性常常难以满足，分离工作量大，挑选出来极少数细胞不容易增殖等。

杂种细胞的筛选仅提供了细胞杂种真实性的间接证据。由于初始融合产物的遗传物质可能被排除，或在培养过程中会发生体细胞克隆变异等现象，因而还必须对获得的杂种细胞进行严格的鉴定，并分析与亲本之间的区别与联系。体细胞杂种的鉴定主要用形态学、细胞学、同工酶、分子生物学等方法进行。

① 形态学鉴定方法　形态学鉴定方法是最常用、最直接、最快速的鉴定方法，利用杂种植株与双亲在表现型上的差异进行比较分析，如叶片大小形状，花的形状与颜色，叶脉、叶柄、花梗及表皮毛有无等。单根据形态学特征常常不能正确判断杂种的真实性，因为细胞在长期的培养过程中有时发生体细胞无性系变异，也会出现各种各样的形态变异，因此此法只能作为参考并结合其他方法使用。

② 细胞学鉴定　以亲本染色体为对照，对体细胞杂种的染色体数目、染色体长短、染色体形态变化以及在等分裂与减数分裂时染色体配对是否正常进行鉴定。理论上如果染色体不丢失，杂种细胞中染色体数目应为双亲染色体数目之和。基因组原位杂交（genomic *in situ* hybridization，GISH）是近年来广泛应用于植物体细胞杂种遗传鉴定的分子细胞学方法。

③ 同工酶鉴定方法　同工酶（isozyme）是指功能相同的酶的多重分子形态，它们是基因产物，体细胞杂种的同工酶谱常常表现为融合双亲谱带的总和，同时表现双方特有的酶带，有时也会丢失部分亲本带。同工酶鉴定体细胞杂交常用的酶有酯酶、氨肽酶、过氧化氢酶、醇脱氢酶等。

④ 分子生物学鉴定方法　随着分子生物学的发展，分子标记技术已广泛应用于体细胞杂种的鉴定。常用的分子生物学鉴定方法有限制性片段长度多态性（restriction fragment length polymorphism，RFLP）、扩增片段长度多态性（amplified fragment length polymorphism，AFLP）、随机扩增多态性DNA（random amplified polymorphic DNA，RAPD）等。

6.3　植物转基因

植物转基因是指通过化学、物理以及生物途径有目的地将外源基因或DNA片段导入受体植物基因组中，使其后代植株中得以稳定整合、表达与遗传的过程。这个被导入的外源基因称为转基因（transgene），所得到的植株称为转基因植物（transgenic plant）。植物转基因技术包括：目的基因的克隆，外源基因的导入和转基因植物的再生。植物基因导入可采用生物学方法和非生物学方法。生物学方法包括农杆菌介导的基因转移、植物病毒介导的基因转移，其中应用最多的是农杆菌介导的基因转移。非生物学方法包括化学介导法、电击、显微注射、脂质体、超声波、基因枪等方法介导的基因转移，其中，基因枪介导转化法较为常用。

6.3.1　农杆菌介导转化法

农杆菌是一类普遍存在于土壤中的革兰氏阴性菌，能生活在植物的根表面并依赖渗透出的营养物质生存。常用于植物转基因的农杆菌主要有根癌农杆菌和发根农杆菌两种。根癌农杆菌染色体外的遗传物质为Ti质粒（图6.6），为双链共价闭合的环状DNA分子，其大小为180~240 kb，其中T-DNA（transferred DNA）区为12~24 kb，Vir区（致病区）有35 kb，T-DNA上有 *tms*、*tmr* 和 *tmt* 三套基因，分别编码合成植物生长素、分裂素和生物碱的酶。在T-DNA两端各有一个25 bp的末端重复序列LB

和 RB，在 T-DNA 的切除及整合过程中起着重要作用。T-DNA 区可高效整合到植物受体细胞的染色体上并得到表达。

利用这一特点，将目的基因插入经过改造的 T-DNA 区，借助农杆菌的感染实现外源基因向植物细胞的转移与整合，然后通过细胞和组织培养技术，再生出转基因植株。发根农杆菌中含有 Ri 质粒，其与 Ti 质粒类似，能够携带目的基因转移并整合至植物细胞中，使其产生发根。农杆菌介导的转化过程如下（图 6.7）：

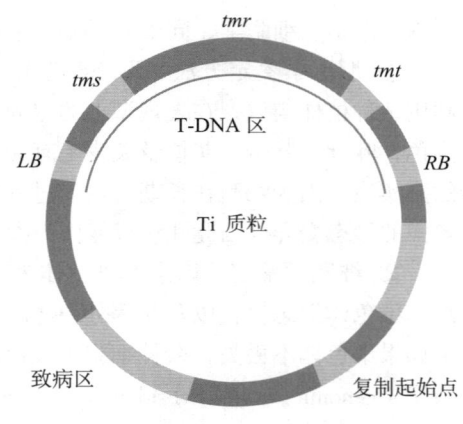

图 6.6 Ti 质粒示意图

① 农杆菌对植物细胞表面特定部位的识别和附着　农杆菌侵染植物首先是吸附植物表面伤口，受伤植物分泌的酚类小分子化合物（如乙酰丁香酮）可以诱导 Ti 质粒上控制 T-DNA 转移的 Vir 基因活化并表达。

② T-DNA 进行复制和转移　Vir 产物能诱导 Ti 质粒复制产生一条新的 T-DNA 转移的 Vir 基因活化并表达。

③ T-DNA 的整合　进入植物细胞的 T-DNA，在 VirD2 和 VirE2 核定位信号（NLS）引导下以 VirD2 为先导被转运进入细胞核，转入细胞核的 T-DNA，以单或多拷贝的形式随即整合到植物染色体上。

◆ 应用案例 6-3
根癌农杆菌介导的水稻

④ 将短暂共培养的受体洗去根癌农杆菌，在含有适量抗生素的培养基上培养，筛选具有抗生素抗性标记的转化细胞，然后用特定培养基诱导这些细胞形成基因植株。双子叶植物经常采用这种方法。大多数单子叶植物因为不能诱导 Ti 质粒 Vir 区基

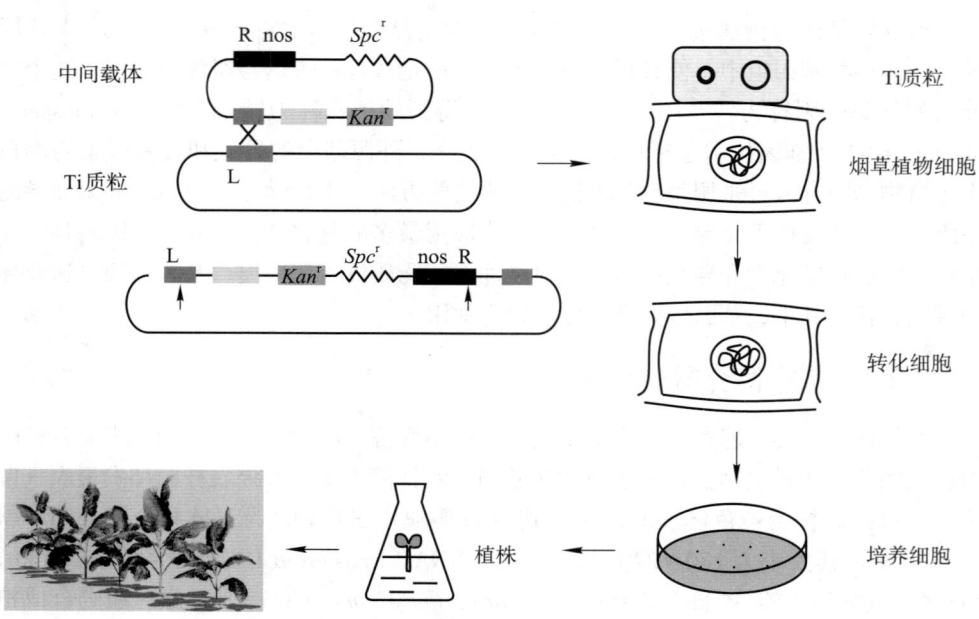

图 6.7 农杆菌介导转基因流程

因表达信号分子，应用受到限制。

6.3.2　基因枪介导转化法

基因枪法（gene gun bombardment），又称为生物弹法、微粒枪法或微粒轰击法，将外源目的DNA包裹在直径 1~4 μm 的钨粉或金粉微粒中，再利用基因枪装置（图 6.8），以火药爆炸力、电弧放电蒸发浪或高压气体作为动力，将微粒加速到 300~600 m/s，穿过植物的细胞壁和细胞膜到达细胞中，目的基因以一种未知的方式整合到植物基因组并得以表达，再通过细胞和组织培养技术，再生出植株。目前已利用基因枪法获得了转化基因烟草、水稻、玉米、小麦、大豆等植物。该方法对于植物受体材料无严格要求、具有操作简便、转化时间短、外源基因片段大等优点，但存在转化效率较低，轰击过程有可能造成外源基因断裂等不足。

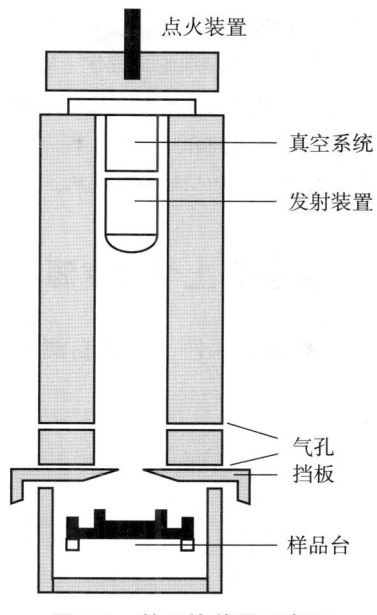

点火装置
真空系统
发射装置
气孔
挡板
样品台

图 6.8　基因枪装置示意图

小结

本章主要叙述了植物细胞与组织培养体系的建立，体细胞杂交和植物转基因技术的研究与进展。本章首先讲述了植物细胞组织培养本系，包括植物细胞培养的培养基组成、植物组织培养再生植株途径以及两种植物制品。而后介绍了植物体细胞杂交技术和植物转基因技术。这些技术极大地促进了植物基因工程和现代植物科学研究，并广泛应用于现代农业、林业等领域，发挥着越来越重要的作用。

❓ 思考题

1. 什么是植物细胞组织培养？细胞分裂素在植物组织培养中有何作用？
2. 如何获得去病毒植株？
3. 体细胞杂交的主要流程是什么？
4. 简述根瘤农杆菌进行基因转化的步骤和原理。

📖 推荐阅读

1. 胡尚连，尹静．植物细胞工程［M］．北京：科学出版社，2018：1-324.

本书以植物细胞工程基本原理为切入点，以植物细胞工程的无菌操作技术、植物离体快速繁殖和脱毒技术为骨架，做到理论基础知识与实验技术并重，深入浅出，充分体现植物细胞工程作为综合性学科具有的多学科渗透融合的内涵，同时纳入了植物细胞工程研究领域近些年来取得的成果与成就，还讨论了该领域存在的问题和今后的发展趋势，使学生能够更好地掌握植物细胞工程研究领域的发展动态。

2. 李志勇. 细胞工程学［M］. 2 版. 北京：高等教育出版社，2020：1–240.

本书从细胞工程理论基础、优良动植物的人工繁殖、新品种培育、细胞工程生物制品、组织修复五个方面介绍细胞工程理论与技术的知识、细胞工程生物制品技术等，以及一些前沿技术、最新进展和学科交叉内容。

更多网上学习资源

◆ 教学课件　　◆ 自测题　　◆ 参考文献

第 7 章　动物细胞与组织培养

　　动物细胞与组织培养已成为现代生物技术的重要分支之一，用于生产原核细胞宿主不能合成的代谢产物，以及人用和兽用的重要蛋白质药物和疫苗。同时动物细胞与组织培养也为新型药物研究提供细胞筛选模型，为干细胞工程、胚胎工程、克隆动物的培育等提供支撑技术。本章主要讨论动物细胞与组织培养体系的建立、转基因技术、单克隆抗体和杂交瘤技术以及干细胞研究与进展。

The animal cell and tissue culture has become one of the key branches of modern biotechnology for the production of metabolites that cannot be synthesized by the prokaryotic host cells，as well as important protein drugs and vaccines for human and veterinary usage. Meanwhile，it also provides cell screening models for novel drug research，and support technologies for stem cell engineering，embryonic engineering and the breeding animals. This chapter focused on the establishment of animal cell and tissue culture systems，transgenic technology，monoclonal antibody，hybridoma technology，and stem cell research and advances.

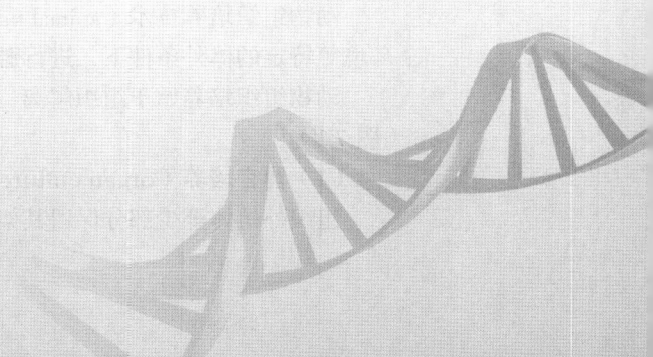

▶▶ **知识导图**

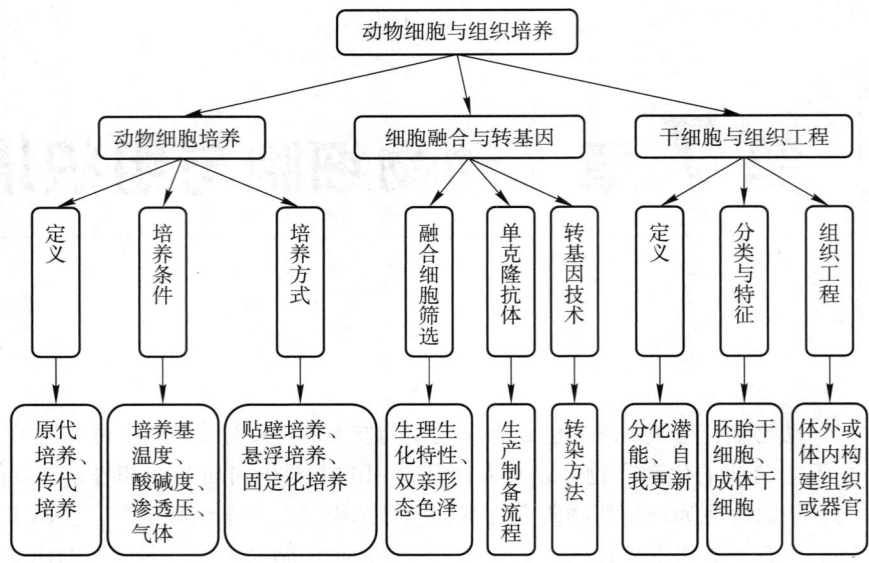

▶▶ **学习指南**

➢ 了解：动物细胞培养体系与干细胞工程。
➢ 重点：动物细胞融合与单克隆抗体制备。
➢ 难点：动物转基因技术。

7.1　动物细胞培养体系

7.1.1　动物细胞与组织培养定义

动物细胞培养（animal cell culture），指从动物机体中取出的组织经胰蛋白酶或胶原蛋白酶处理分散成单个细胞后放在适宜的培养基中生长和增殖的过程。

动物组织培养技术（animal tissue culture）指从动物体内提取组织于模拟体内生理环境等特定的体外条件下，进行孵育培养，使之生存和生长的技术。

动物组织培养始于组织解离，根据解剖程度，原代培养物可以分为三种主要类型（图 7.1）。

（1）器官培养（organ culture）
组织外植体至少部分保留其架构。

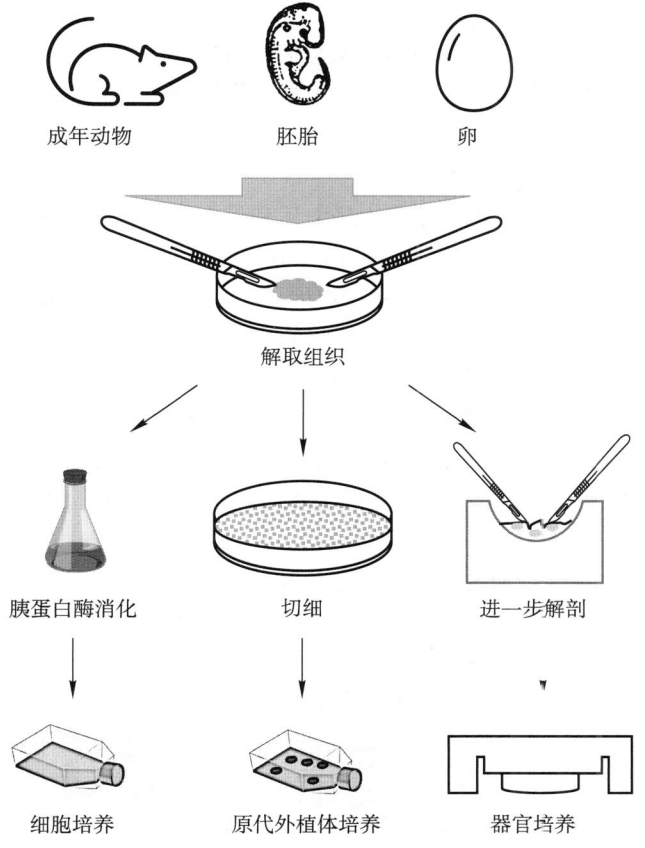

成年动物   胚胎   卵

解取组织

胰蛋白酶消化   切细   进一步解剖

细胞培养   原代外植体培养   器官垟养

图 7.1 动物组织培养示意图

（2）原代外植体培养（primary explant culture）

将组织碎片置于液体/固体界面，在附着后细胞的生长和迁移发生于固体基质。

（3）细胞培养（cell culture）

原代外植体的组织或生长物经机械或酶消化分散到细胞悬液中。细胞悬液可以培养为黏附单层或非黏附悬浮液。

动物细胞体外培养一般经过组织获得与消化、接种、原代培养、传代培养几个环节。传代培养（passage culture/subculture）是指原代培养的细胞继续转接培养的过程。通过传代培养可以实现细胞体外大量增殖以及细胞系的建立。每进行一次分离培养为传一代。"一代"是指从细胞接种培养到分离再培养期间的一段时间。培养一代细胞约能倍增 3~6 次。通常情况下，传至 5~10 代以内的细胞称为次代培养细胞，传至 10~20 代以上的细胞称为传代细胞系。一般情况下，当传代 10~50 次后，细胞增殖逐渐缓慢，最终完全停止，之后进入衰退期。

7.1.2 动物细胞体外培养条件

（1）培养基

动物细胞培养基是提供细胞生长、增殖和代谢或维持细胞正常生理功能的营养物质和原料。根据组成成分的性质可分为天然培养基、合成培养基、无血清培养基三大类。

天然培养基　是指来源动物体液或从机体中分离、提取而制成的培养基。在动物细胞培养中使用的天然培养基包括血清、血浆、淋巴液、组织提取液、鸡胚汁等。天然培养基营养丰富、培养效果好，但成分复杂、批次差异大、来源有限，还可能受到病原体污染。

血清（serum）　是目前细胞培养中最常用和最有效的天然培养基成分。血清主要来源于牛血清和马血清等，其中牛血清还可分为胎牛血清、新生牛血清和小牛血清。血清是血浆中除去纤维蛋白原及某些凝血因子后所分离出的淡黄色透明液体，含有许多支持细胞生长和维持细胞生物学性状的成分，包括蛋白质、氨基酸、葡萄糖、激素、生长因子等。尽管目前动物细胞培养中大多需要使用血清，但是血清的使用仍存在以下问题：①来源有限，价格昂贵，特别是胎牛血清。②批次间不稳定，存在病原体污染的风险。③动物血清成分复杂且不稳定，使细胞生长过程不易检测控制。④存在大量蛋白质和未知成分，对后期培养产物的分离、纯化及检测造成一定困难。

合成培养基　是通过模拟动物体液成分和细胞生长所学组分，人工配制开发的适宜动物细胞体外培养的培养基，其培养基组成成分明确，培养基配方恒定，便于对细胞培养过程进行分析和调控。由于成分相对简单，若要支持细胞生长和增殖，通常需要在合成培养基中添加 5% ~ 20% 的血清。目前常用的商业化合成培养基包括：M199、MEM、DMEM、RPMI1640、F12 等。

◈ 科技视野 7-1
细胞无血清培养现状

无血清培养基（serum free medium，SFM）一般是由基础培养基和血清替代物。许多合成培养基都可以作为无血清培养基的基础培养基，较常用的是 DMEM/F12 培养基。血清替代物主要包括贴壁成分、促生长因子、结合蛋白与转运蛋白、酶抑制剂等以代替血清的功能，支持细胞生长。

（2）温度

大多数哺乳动物细胞及其衍生细胞系通常在 36.5℃ 下培养，昆虫细胞的培养温度为 26.5℃，冷水鱼和温水鱼细胞的培养温度为 20℃ 和 26℃，鸟类细胞的培养温度为 38.5℃。偏离培养的适宜温度，会影响细胞的生长及代谢。如果培养温度达 43℃ 以上，细胞很快便会死亡。相比之下，细胞对低温的耐受性要比对高温的耐受性强。低温会降低细胞生长代谢率，恢复适宜培养温度后细胞能继续生长。因此，细胞储存通常采用冷冻保存技术进行。

（3）酸碱度

合适的 pH 是细胞生存的必要条件之一，细胞种类不同对 pH 的要求不同，哺乳动物细胞 pH 在 7.1 ~ 7.3，昆虫细胞为 6.1 ~ 6.3。一般而言，当 pH 低于 6.8 或高于 7.6 时细胞生长会受到影响，甚至导致死亡。动物细胞生长过程中不断消耗葡萄糖，生成乳酸和 CO_2，培养液的 pH 逐渐下降，常采用添加含有 $NaHCO_3$ 的 PBS、HEPES（羟乙基哌嗪乙烷磺酸）溶液等缓冲液维持培养液的 pH 稳定。

（4）渗透压

动物细胞没有细胞壁，因此对培养基的渗透压非常敏感。在高渗透压或低渗透压溶液中细胞会发生皱缩或肿胀，甚至破裂。一般而言，培养液的渗透压在

260～320 mOsm/kg① 范围内适合大多数动物细胞的体外生长。培养液的渗透压可以通过调节培养液中无机盐离子的浓度和种类进行。

（5）气体

氧气和 CO_2 是影响动物细胞体外培养的主要气体成分。所有哺乳动物细胞的新陈代谢都需要氧气，缺氧易导致细胞生长不良。氧浓度过高也会对细胞产生毒性，抑制细胞生长。通常培养箱中的氧气含量是通过在培养箱中保持 90%～95% 的空气来维持。CO_2 既是细胞的代谢产物，也为细胞生长必需，还可起调节 pH 的作用。一般空气混合物中的 CO_2 水平控制在 0 至 10% 的范围。

7.1.3 动物细胞培养方式

动物细胞培养可以分为贴壁培养、悬浮培养和固定化培养三大类。

（1）贴壁培养

贴壁培养（adherent culture）是指细胞贴附在一定的固相介质表面进行的培养。细胞需贴附于不起化学作用的物质（如玻璃、塑料等）表面生长，才能生存、生长并维持其功能，这种类型的细胞被称为贴壁依赖性细胞。大多数动物细胞均属于此类细胞。一般此种细胞贴壁培养形态常呈现上皮样细胞型和成纤维样细胞型（图 7.2）。

（2）悬浮培养

悬浮培养（suspension culture）指细胞在培养容器中自由悬浮培养。主要适用于非贴壁依赖性细胞培养，如杂交瘤细胞、血液白细胞、淋巴细胞和某些肿瘤细胞等。这些细胞在离体培养时不需要附着物，只需悬浮于培养液中就可以良好生长（图 7.2）。

（3）固定化培养

固定化培养（immobilized culture）是利用物理或化学方法使细胞限制于某一特定空间范围内进行培养的技术。该技术既适用于贴壁依赖性细胞也适用于非贴壁依赖性细胞，具有培养基更新方便、细胞生长密度高、抗剪切力和抗污染能力强、产物易于收集和分离纯化、免疫隔离等优点。固定化培养属于包埋培养方式，目前已有的固定化培养方式包括微载体培养、中空纤维培养以及微囊培养三种。

📖 科技视野 7-2
大规模哺乳动物细胞培养工程的现状与展望

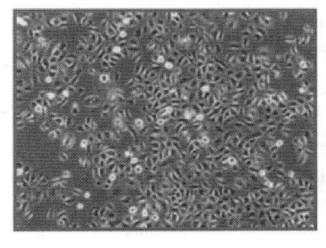 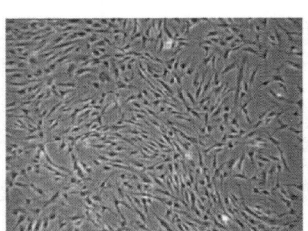 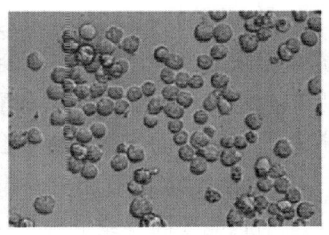

上皮细胞　　　　　　成纤维细胞　　　　　　悬浮细胞

图 7.2　不同细胞的形态

---

① 1 Osm/kg 指 1 kg 溶液中含有的溶解粒子数为 1 mol。

7.2 动物细胞融合与转基因

7.2.1 融合方法与筛选

（1）动物细胞融合方法

1965年Harris等的研究发现：灭活的病毒在控制条件下可以诱导动物细胞的融合；亲缘关系较远的不同种的动物细胞之间也可以被诱导融合；形成的融合细胞在适宜的条件下可以继续存活下去。动物细胞融合技术的建立实现了动物种间的细胞杂交，现已广泛应用于制备单克隆抗体、研究肿瘤发生机制等方面。动物细胞融合与植物原生质体融合类似，可采用病毒诱导、化学诱导与电融合诱导。其中，化学诱导和电融合诱导细胞融合，参考第6章植物原生质体融合章节。

病毒诱导细胞融合的原理是病毒会与宿主细胞膜直接融合，同时进入两个细胞，这样就会打破两个细胞膜的隔阂，引发细胞质的交流，进而达到细胞融合的目的。现已知的能诱导细胞融合的病毒种类很多，包括仙台病毒、疱疹病毒、牛痘病毒和副黏液病毒等。病毒诱导法需要提前大量培养病毒，随后再灭活后使用，操作烦琐，且病毒灭活不充分会感染操作者与亲本细胞。因此，目前已经很少使用病毒诱导法进行细胞融合。

（2）融合细胞的筛选

细胞融合处理液中含有纷繁杂乱的多种类型细胞，如未融合的亲本细胞、同源细胞自身的融合体、非同源细胞间的融合体、含有双亲不同比例核物质的融合体、具有不同胞质来源的杂合细胞、有细胞核但带有少量异种细胞质的细胞等。因此，需要通过分离筛选得到所需的融合细胞。

融合细胞的具体筛选方法有：

① 抗药性筛选　利用细胞对药物敏感性的差异，筛选融合细胞。例如：两亲本分别具有氨苄青霉素与卡那霉素抗性，则在含有两种抗生素的培养基上，只有融合细胞可在含有两种抗生素的培养基上生长，亲本细胞均会死亡。

② 营养互补筛选　细胞在缺乏一种或几种营养成分时不能生长繁殖，即属于营养营养缺陷型细胞。利用两亲本细胞营养互补作用原理可以筛选融合细胞。例如：两亲本分别为色氨酸缺陷型和酪氨酸缺陷型，则融合细胞可在不含色氨酸和酪氨酸的培养基上存活，而亲本细胞均会死亡。

③ 温度敏感筛选　一般的细胞能在3～40℃的温度范围内生长，但温度敏感性突变细胞能在高温或低温下生长。例如：两亲本分别是温度敏感突变型菌株和只能在37℃环境生长的具有氨苄青霉素抗性的菌株，则只有融合细胞才能在高温和含有氨苄青霉素的培养基上生长。

④ 物理特性筛选　利用细胞在形态、大小、颜色上的差别可以在倒置显微镜下用微管挑选融合细胞，也可利用密度差异，采用离心法分离融合细胞。

⑤ 荧光标记法　对于颜色、形态均不能区分的情况，可利用不同颜色的荧光染料分别标记两亲本，而后在荧光显微镜下挑选分离或采用流式细胞仪分离。

7.2.2 杂交瘤技术与单克隆抗体制备

1975 年，英国剑桥大学的 Kohler 和 Milstein 合作将已适应于体外的小鼠骨髓瘤细胞与经绵羊红细胞免疫的小鼠脾细胞（B 淋巴细胞）进行融合，发现融合细胞形成的杂交瘤细胞具有双亲细胞的特征：既能像骨髓瘤细胞一样在体外无限增殖，又能持续分泌特异性抗体。通过克隆化培养获得纯的细胞就可以生产高纯度的单克隆抗体（monoclonal antibody，McAb），由此建立了杂交瘤技术（hydridoma technology）。单克隆抗体制备流程包括：动物免疫、细胞融合、杂交瘤细胞选择性培养、单克隆抗体检测、杂交瘤细胞克隆化培养、单克隆抗体大量生产等几个步骤（图 7.3）。

（1）动物免疫

其目的是激活并产生足够多能识别目的抗原的 B 淋巴细胞。

（2）细胞融合

通常选用来自 BALB/C 小鼠的骨髓瘤细胞，且一般是 HGPRT（次黄嘌呤磷酸核糖转移酶）或 TK（胸腺嘧啶核苷激酶）缺陷型。经复苏培养后骨髓瘤细胞与 B 淋巴

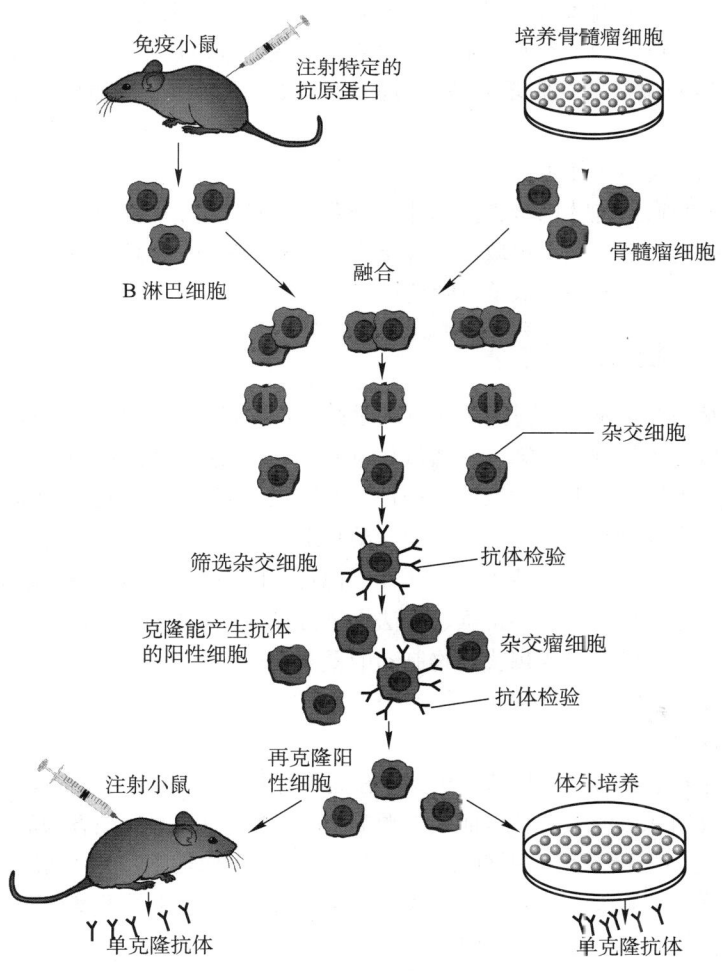

图 7.3 基于细胞杂交瘤技术的单克隆抗体生产流程

细胞采用 PEG 诱导进行细胞融合。基本流程是：骨髓瘤细胞与 B 淋巴细胞按 1∶10 或 1∶5 的比例混合，在 37℃水浴中振荡混匀的同时添加预热的 50% PEG（分子量为 1 000 或 4 000），随后加入预热的无血清 RPMI1640 培养液终止细胞融合，离心沉淀细胞。

（3）杂交瘤细胞选择性培养

杂交瘤细胞的筛选普遍采用 HAT 培养基筛选得到。HAT 培养基中含有三种关键成分：次黄嘌呤（hypoxanthine，H）、氨基蝶呤（aminopterin，A）、胸腺嘧啶核苷（thymidine，T）。在 HAT 培养基中，氨基蝶呤可以阻断细胞正常合成 DNA，骨髓瘤细胞由于 HGPRT 或 TK 缺陷不能补救合成 DNA，故无法在 HAT 培养基中生存。而融合后获得杂交瘤细胞从淋巴细胞获得了 HGPRT 或 TK 可通过该酶补救合成 DNA，因此杂交瘤细胞可在 HAT 培养基中存活并繁殖。

（4）单克隆抗体检测

根据抗原性质、抗体类型，常选用如酶联免疫吸附（ELISA）、放射免疫法、荧光激活细胞分类仪、间接免疫荧光抗体法、蛋白印迹等方法检测。

（5）杂交瘤细胞克隆化培养

检测到分泌目标抗体后，利用单个细胞克隆化培养从细胞群体中选育出遗传稳定的能分泌特异性抗体的杂交瘤细胞，淘汰非特异性的或遗传不稳定的杂交瘤细胞。常用的克隆化培养包括软琼脂培养法、有限稀释法、单细胞显微操作、流式细胞仪分离法。

（6）单克隆抗体大量生产

主要有杂交瘤细胞体内接种法和体外培养法两种。体内接种法：小鼠体内注射杂交瘤细胞，收集血清或腹水提取单克隆单体。体外培养法：通过生物反应器大量培养杂交瘤细胞，从上清液中获取单克隆抗体。

7.2.3　动物转基因技术

动物转基因技术是指通过遗传工程的手段对动物基因组进行人为的改造，有目的地对生物的遗传基因进行修饰，并通过相应的动物育种技术使得这些经修饰改造后的基因在世代间得以稳定遗传和表达的一种技术手段。转基因的动物细胞系主要用于大规模培养、生产动物来源的蛋白质，因为动物细胞会产生许多如糖基化、磷酸化、乙酰化等翻译后修饰，这是保持生物学活性、稳定性的前提。而微生物表达系统合成的复杂真核蛋白存在折叠方式不正确、无法提供翻译后加工修饰等缺陷。因此，动物细胞蛋白质表达系统已经成为现代生物制药的重要途径。目前动物细胞转染（接受外源基因）方法主要有物理、化学和生物方法三种。

（1）物理法

包括电穿孔法和显微注射法。电穿孔法是利用脉冲电场提高细胞膜的通透性、在细胞膜上形成纳米级的微孔，从而使外源 DNA 扩散至细胞中。该方法简单、效率高。显微注射法是一个更简单、更直接的过程。在显微操作器下，用一根带有抽吸装置的微量移液管将细胞固定，另外一个吸有 DNA 片段或者携带外源基因载体的注射器，刺入细胞，将外源 DNA 注入靶细胞。

（2）化学法

其主要原理是通过改变细胞膜的通透性或增加外源 DNA 与细胞的吸附而实现基因转移。主要包括 DEAE– 葡聚糖法、磷酸钙 –DNA 共沉淀法和脂质体载体包埋法等。其中脂质体载体包埋法则是利用脂质体（人工膜泡）作为体内外物质传送的载体，将需要转移的外源 DNA 或 RNA 包裹于脂质体内。由于脂质体具有与细胞膜类似的磷脂双分子层结构，故能与受体细胞膜融合，从而将外源 DNA 转入受体细胞（图 7.4）。

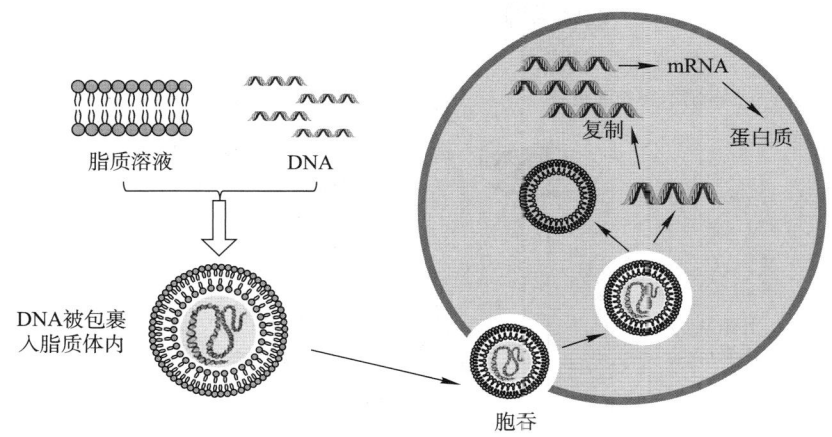

脂质溶液　　DNA

DNA被包裹
入脂质体内

胞吞

mRNA

复制

蛋白质

图 7.4　脂质体载体包埋法原理

（3）生物法

主要是病毒介导的基因转移。目前常用的病毒载体包括 DNA 病毒载体（猿猴病毒、腺病毒载体、牛痘病毒载体等）和反转录病毒载体等。以腺病毒为例，腺病毒为双链 DNA 病毒，基因组 DNA 全长 36 kb，其包装上限为原基因组的 105%，即 37.8 kb，具有安全性好、不整合入染色体、不导致肿瘤发生、宿主范围广、对受体细胞分裂周期要求不严、外源基因在载体上容易高效表达等优点。反转录病毒是一种整合型的单链 RNA 病毒。病毒进入细胞后，RNA 首先编码出反转录酶，在该酶作用下，病毒 RNA 反转录为双链 DNA 分子，DNA 通过一种尚未明确的机制整合到宿主细胞 DNA 中（图 7.5）。反转录病毒载体通常含有一个选择性标记，由于病毒大部分结构基因已经被去除，因此缺少野生型病毒所具有的复制功能，但却能感染培养的靶细胞，反转录出 DNA 并插入靶细胞基因组中，获得稳定、有效的转染。

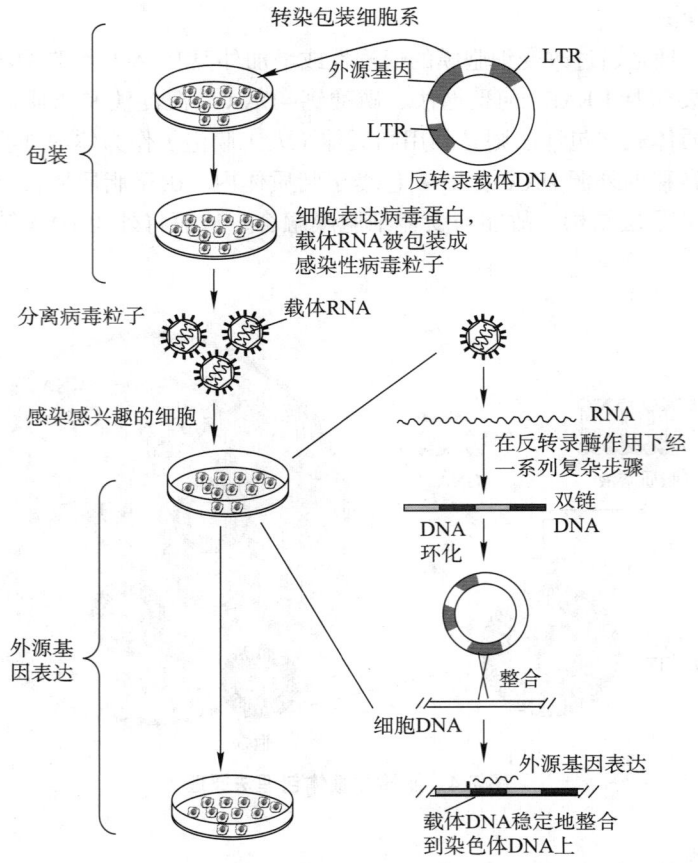

图 7.5 反转录病毒法基因转移

7.3 干细胞与组织工程

7.3.1 干细胞的定义

干细胞（stem cell）是一类具有分化潜力的自我更新的细胞，具有再生、替代、修复和分化能力，在个体发育和疾病发生中扮演着重要角色，是再生治疗中的关键细胞，干细胞群的功能即为控制和维持细胞的再生。一般来说，在干细胞和其终末分化的子代细胞之间存在着被称为"定向祖细胞"的中间祖细胞群，它们具有有限的扩增能力和限制性分化潜能。这些细胞群的功能是增加干细胞每次分裂后产生的分化细胞的数量。干细胞具有自我更新的能力，在成体的器官中，干细胞可以通过不断分裂来修复组织，或者是像在哺乳动物脑组织中那样处于静止的状态。干细胞在其发育期间能够通过对称性地分裂以扩增它们的数量，或者通过非对称性分裂进行自我更新和产生更多不同分化类型的祖细胞。

7.3.2 干细胞的分类与特征

根据个体发育过程中出现的先后次序不一样，可以分为胚胎干细胞和成体干细胞。

① 胚胎干细胞（embryonic stem cell，ESC） 在各种干细胞的研究与应用中，胚胎干细胞最引人注目。胚胎干细胞是指由胚胎内细胞团或原始生殖细胞经体外抑制培养而筛选出的细胞。此外，胚胎干细胞还可以利用体细胞核转移技术来获得。胚胎干细胞具有发育全能性，在理论上可以诱导分化为机体中所有种类的细胞；胚胎干细胞在体外可以大量扩增、筛选、冻存和复苏而不会丧失其原有的特性。

② 成体干细胞（adult stem cell，RSC） 成体干细胞是指存在于一种已经分化组织中的未分化细胞，这种细胞能够自我更新并且能够特化形成组成该类型组织的细胞。成体干细胞存在于机体的各种组织器官中。发现的成体干细胞主要有：造血干细胞、骨髓间充质干细胞、神经干细胞、肝干细胞、肌肉卫星细胞、皮肤表皮干细胞、肠上皮干细胞、视网膜干细胞、胰腺干细胞等。

干细胞具有多重特征，主要表现为：

① 自我更新特征 干细胞具有分裂和自我复制能力，子代细胞维持干细胞的原始特征，且其自我更新可通过对称分裂和不对称分裂两种形式进行。

② 增殖特征 一般情况下，干细胞处于休眠或缓慢增殖状态，当干细胞进入分化期时，其增殖速度才开始逐渐加快。缓慢增殖可减少基因发生突变的可能性，且利于干细胞对特定的外界信号做出反应，以决定进行增殖还是进入特异的分化程序。此外，干细胞还主要通过不对称分裂来实现自我更新，维持自身数目的恒定。

③ 分化特征 不同干细胞的分化潜能不同，根据其分化能力强弱，干细胞可分为单能干细胞（monopotent stem cell）、多能干细胞（multipotent stem cell）与全能干细胞（totipotent stem cell）。单能干细胞常被用来描述在成体组织、器官中的一类细胞。此类细胞仅能分化成单一类型的干细胞，例如表皮干细胞只能分化产生表皮角质形成细胞。多能干细胞是指能够形成两种或两种以上类型细胞的干细胞，但其失去了发育成完整个体的能力，发育潜能受到一定的限制。骨髓造血干细胞即为典型的多能干细胞，其可分化为红细胞、巨噬细胞、粒细胞、淋巴细胞等多种类型的细胞。全能干细胞则是指具有自我更新和无限分化潜能的干细胞，有着能够形成完整个体的分化潜能。如胚胎干细胞，具有与早期胚胎细胞相似的形态特征和很强的分化能力，可以无限增殖并分化成为全身200多种细胞类型，进一步形成机体的所有组织、器官。

7.3.3 组织工程

组织、器官的丧失或功能障碍是人类健康所面临的主要危害之一，也是人类疾病和死亡的最直接原因。目前临床上常用的治疗方法包括自体组织移植、异体组织移植和人工代用品移植。自体组织移植必须牺牲人体部分正常组织为代价；异体组织移植则存在免疫排异反应和供体严重不足等问题；人工组织代用品近年来应用较广泛，但仍存在异物反应和感染等风险。因此，如何从根本上解决组织、器官丧失和功能障碍一直是生命科学和生物医学努力探索的国际性前沿课题。组织工程（tissue engineering），是一门以细胞生物学和材料科学相结合，进行体外或体内构建组织或器官的新兴学科。目前研究相对比较成熟的组织工程化产品有组织工程骨、组织工程肌腱、组织工程皮肤、组织工程血管等。

与传统组织移植或生物材料替代相比，组织工程的最大优点在于：①通过构建结构完整、功能完全、具有生命力的健康活体组织，对病损组织进行形态、结构和功能的全面重建；②所形成的机体自身组织在体内与机体正常组织整合良好，可对体内各种生物学刺激产生应答，并可达到永久性替代；③可用最少量的组织细胞（甚至可用组织穿刺的方法获得），经体外培养扩增后，修复体积较大的组织缺损；达到无损伤修复创伤和真正意义上的功能重建；④可根据组织、器官缺损情况，构建相应形态与结构的组织，达到完美的形态修复。

组织工程学的发展离不开基础生命科学、临床医学、材料学、力学、工程学等多学科的发展与交叉渗透，同时也依靠包括分子生物学、克隆、转基因、干细胞、生物材料、生物力学、3D 打印等各种现代技术的应用。

🖳科技视野 7-3
生物 3D 打印在器官再造中的前沿热点和研究进展

小结

本章主要叙述了动物细胞与组织培养体系的建立、转基因技术、单克隆抗体和杂交瘤技术以及干细胞研究与进展。讲述方式由浅入深，循序渐进。从生物体结构和功能的最基本单元——细胞开始先分小节介绍了如何分离培养单个细胞，体外培养所需条件，悬浮培养、贴壁培养、固定化培养等培养方式。而后介绍的动物细胞融合与融合细胞的筛选技术为制备单克隆抗体提供前提，该手段具备纯度高、特异性强等优势，亦可用于对各种免疫细胞及其他组织细胞表面分子的检测，这对免疫细胞的分离、鉴定及分类及研究各种膜表面分子的结构与功能都具有重要意义。文末介绍的干细胞是一类具有自我更新和分化潜能的细胞，是肿瘤、器官移植、心血管疾病和其他多种疾病研究和治疗的重要手段，其不仅能治疗各类恶性疾病、还可降低器官移植的风险、对抗癌症等。近年来干细胞治疗已经成为全球生命科学前沿最重视研究领域之一，关于它的每一个研究成果，都是为人类健康做加法，为疾病做减法。

❓ 思考题

1. 动物细胞培养和植物细胞培养有什么异同？
2. 单克隆抗体制备的一般流程。
3. 干细胞的分类与特征。

📖 推荐阅读

1. 李志勇 . 细胞工程学［M］. 2 版 . 北京：高等教育出版社，2020：1-240.

本书从细胞工程理论基础、优良动植物的人工繁殖、新品种培育、细胞工程生物制品、组织修复五个方面介绍细胞工程理论与技术的知识、细胞工程生物制品技术等，以及一些前沿技术、最新进展和学科交叉内容。

2. 余龙江，细胞工程原理与技术［M］.北京：高等教育出版社，2017：1-240.

本书系统介绍了细胞工程基本原理、关键技术及其应用实践，以及该领域的最新研究成果。

3. 堵国成，生物工艺学［M］.北京：高等教育出版社，2021:1-296.

本书以生物学工艺为主线，系统介绍生物工艺相关理论与实践知识。

更多网上学习资源

◆ 教学课件　　◆ 自测题　　◆ 参考文献

第**8**章 细胞工程应用与安全伦理

　　作为生物技术的重要组成部分之一，细胞工程可以按照人们的设计蓝图，在细胞水平上的遗传操作以改变生物的结构与功能。因此，细胞工程可以获取新性状、新个体、新物质或产品，在优质植物快速培育与繁殖，快速繁殖优良、濒危动物品种以及利用动植物细胞培养生产活性产物、药品等方面具有重要作用。因此本章主要阐述基于细胞工程在食品与人类医疗与健康等领域的应用，以及由转基因等细胞工程应用延伸引发的，在环境生态和社会伦理等方面造成的潜在危害。

　　As one of the important components of biotechnology, cell engineering can change the structure and function of organisms by genetic manipulation at the cellular level according to people's design blueprint. Therefore, cell engineering can obtain new traits, new individuals, new substances or products, and play an important role in the rapid cultivation and reproduction of high-quality plants, rapid reproduction of excellent, endangered animal species, and the use of animal and plant cell culture to produce active products and medicines. Therefore, this chapter mainly expounds the application of cell engineering in the fields of food and human medicine and health, and the potential harm caused by the transgenic and other cell engineering applications in the aspects of environmental ecology and social ethics.

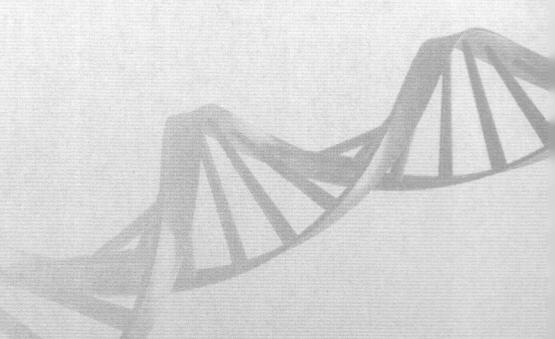

▶▶ **知识导图**

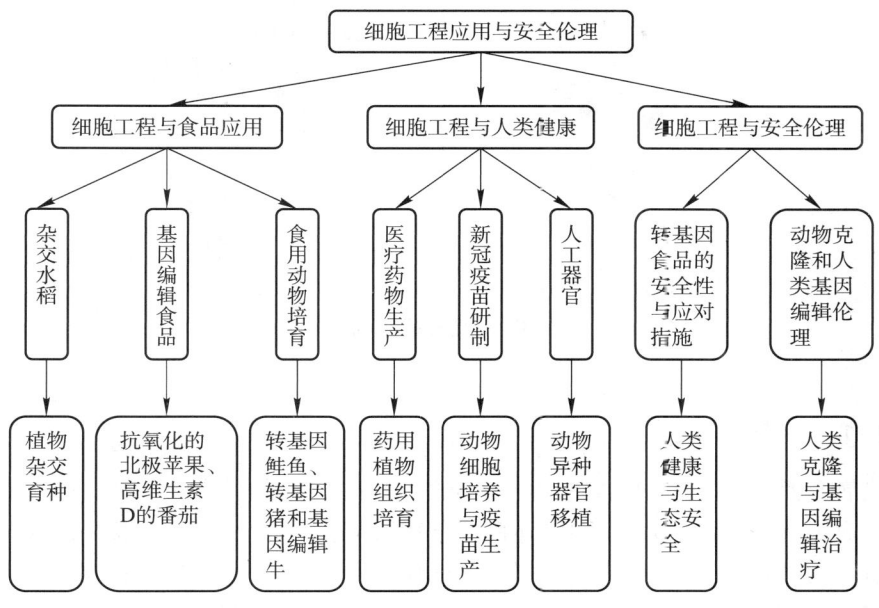

▶▶ **学习指南**

➢ 了解：细胞工程在食品领域的应用及其优势。
➢ 了解：细胞工程在人类健康与医疗领域的应用实例及其优势。
➢ 难点：辩证的思维理解细胞工程技术的安全伦理问题。

8.1　细胞工程与农业、食品应用

　　在食品领域，基于细胞工程技术可以培育出更快更优质的产品。例如，1984年美国生物学家利用体细胞杂交技术，将番茄与马铃薯进行体细胞融合，培育了第一株杂交植物"番茄薯"。最初生物学家预想该植株在地下部分（根部）结马铃薯，在地上部分结番茄（图8.1）。后续种植实验表明番茄薯既不结番茄也不结马铃薯。通过生物学家后续研究，发现该植株确实含有番茄和马铃薯的基因，但由于基因表达干扰致使基因表达不完全，导致果实性状没有出现。尽管番茄薯并没有表现出预想的性状，但该实验仍具有划时代的意义，揭示了细胞工程育种的应用。经过不断的研究，细胞工程技术应用于农作物与畜牧业育种领域取得了一系列重大的进展，其开发应用研究新成果已广泛应用于食品生产，促进了农业和畜牧业科技进步与生产发展。

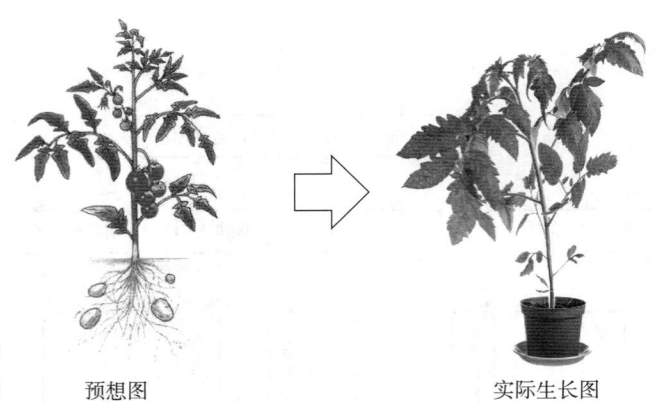

预想图　　　　　　　　　　　实际生长图

图 8.1　番茄薯植株图

8.1.1　杂交水稻

　　杂种是两个具有某些所需性状的不同纯系亲本进行杂交所生产的杂交子。而杂合体在一种或多种性状上优于两个亲本的现象被称为杂种优势，这种现象在自然界中普遍存在。为提高农作物的产量、抗逆性等性状，利用杂交优势进行植物或动物品种培育，这种认知古代就有，如 2000 年前中国人就用母马和公驴交配而获得体力强大的杂种——役骡。近代以来，随着生物技术的发展，人类从基因表达上对杂种优势有了新的认知，如显性表达。因此，生物学家开展了新的杂交手段，其中最引人瞩目的成果之一就是中国的杂交水稻。

　　水稻是人类重要的粮食作物之一，其总产量占世界粮食作物产量第三位，低于玉米和小麦。全世界有一半的人口食用稻，主要在亚洲、欧洲南部、热带美洲及非洲部分地区。增加主粮——水稻的产量是科学家关注的重点之一。

　　1960 年，中国科学家袁隆平（图 8.2）在试验中发现，水稻的杂交种有优势，认定这是提高水稻产量的重要途径。1966 年，袁隆平在《科学通报》上发表论文《水稻的雄性不孕性》，提出了通过培育不育系、保持系、恢复系来利用水稻杂种优势的设想。杂交水稻的首要挑战在于水稻是自花授粉植物，作为水稻的生殖器官，每一个稻穗上都有许多小花，每朵小花中既有雌蕊又有雄蕊，颖花打开时，花药开裂，将花粉撒落到柱头上，实现自花授粉。进行杂交育种，必须阻断自花授粉。经过多年的努力寻找，袁隆平团队的李必湖于 1970 年在海南三亚发现了 1 株雄性不育株，这为批量生产不育系种子获得了宝贵的基因源。袁隆平将该株水稻称为"野败"型不育系。1973 年杂交水稻实现了三系配套，并很快育成了"南优""威优""汕优"等系列籼型杂交水稻高产组合，比常规水稻增产 20% 左右。1995 年，袁隆平院士带领团队成功育成了以光温敏雄性不育系为遗传工具的两系法杂交水稻，进一步提高了杂交

图 8.2　杂交水稻之父——袁隆平院士

水稻的产量。之后，袁隆平带领团队利用遗传工程雄性不育系成功培育出第三代杂交水稻，一季稻杂交组合的产量潜力达到 1 200 公斤/亩，为世界粮食安全做出了卓越贡献，被誉为"杂交水稻之父"。

延伸阅读 8-1
袁隆平和我国杂交水稻研究简史

8.1.2　基因编辑农产品

当苹果被切开之后，苹果的果肉接触空气之后，其颜色会在较短的时间内变深，这是由于果肉中的酚类物质在多酚氧化酶的催化下与氧气反应，产生了黑色素，造成了苹果的褐化。苹果的褐变影响了其风味、外观甚至营养成分。为降低苹果褐化带来的不利影响，加拿大 Okanagan Specialty Fruits 公司的研究人员利用基因沉默技术，让苹果中的四种多酚氧化酶的表达处于关闭状态，使苹果褐化的时间延长到了三周，延长了苹果的保鲜时间。这种苹果被命名为北极苹果（Arctic Apple）（图 8.3）。2017 年12 月，北极苹果获得了美国农业部的商业化许可证。2019 年 2 月 25 日美国食品药物管理局（FDA）发布了对该转基因苹果的食用安全性评价报告，该北极苹果的成分、安全性及其他参数与目前市场同类产品无实质性差异。

常规苹果　　　　　　　北极苹果

图 8.3　苹果切开褐变程度示意

除了苹果之外，基因编辑的高维生素 D 的番茄也被成功培育。维生素 D 在骨骼发育中发挥着关键作用，同时维生素 D 也可以在体内再转化为具有类固醇激素生物活性的产物，影响包括大脑在内多个器官信号传导过程。因此，维生素 D 缺乏会导致免疫功能低下，并与微量营养元素缺乏、癌症、帕金森、神经认知功能下降等疾病风险相关。人体维生素 D 的获取来源主要是通过饮食，如含脂肪高的海鱼、动物肝、蛋黄、奶油相对较多。但这些食物价格比较昂贵。尽管一些植物中也含有天然产生维生素 D 的一些前体，但它们会在之后被转化为调节植物生长的化学物质，因此导致难以积累维生素 D。为了解决维生素 D 摄取不足的问题，2022 年，约翰英纳斯中心Cathie Martin 研究组人员报道了通过利用基因编辑技术对番茄中维生素原 D_3 的累积过程进行了工程学改造，从而实现了以番茄作为维生素 D 生产工厂的可能性（图 8.4）。

植物 7-DHC（7- 脱氢胆固醇，7-dehydrocholesterol）在番茄等植物叶片中可以合成，主要是参与胆固醇和甾体糖生物碱（steroidal glycoalkaloid，SGA）合成过程。番茄叶片在紫外线暴露下的会产生维生素 D_3。番茄叶片中虽然会产生 7-DHC，但是通常不会累积在果实里。而在番茄中存在一种 7-DHC 还原酶 Sl7-DR2 可以将 7-DHC

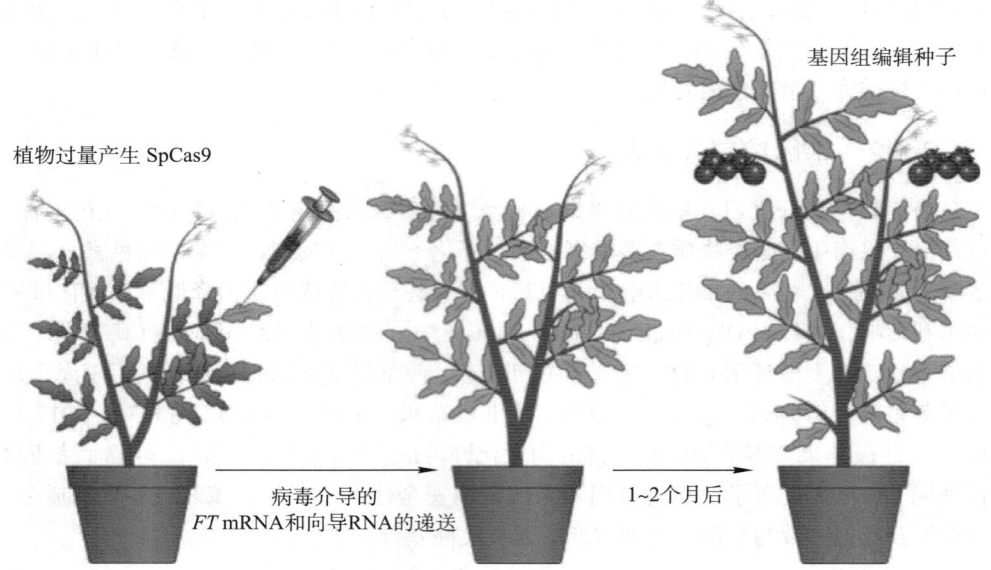

植物过量产生 SpCas9

基因组编辑种子

病毒介导的
FT mRNA和向导RNA的递送

1~2个月后

图 8.4 基于基因编辑的富含维生素 D 的番茄

转化为胆固醇，用于叶片和果实中番茄碱的合成。研究人员通过 CRISPR/Cas9 基因组编辑技术敲除 Sl7–DR2 等位基因，从而促进 7–DHC 的积累；紫外线辐射表明积累的 7–HDC 可转化为维生素 D。因此，富含维生素原 D 的番茄为丰富植物饮食以及素食的群体提供了一种新的植物来源。

8.1.3 食用动物培育

至 2022 年为止，美国 FDA 先后批准了三种可被人类食用的转基因动物：转基因鲑鱼、转基因猪和基因编辑牛（图 8.5）。

转基因鲑鱼

GalSafe猪

基因编辑牛

图 8.5 可食用的转基因动物

鲑鱼（又称三文鱼）因为肉质肥美，广受人们的欢迎和喜爱。但大西洋鲑鱼生长缓慢，只有在夏季才会分泌生长激素，致使鲑鱼需要经过 4~5 年的生长，才能长到 3~4 kg。为了提高鲑鱼的生长速度，Aqua Bounty 公司的研究人员将海洋大头鱼和奇努克鲑的生长激素基因导入鲑鱼中，使转基因鲑鱼在夏季之外的季节也会产生生长激素，提高鲑鱼的生长速度。这种转基因鲑鱼一般能在 18 个月内长到 24 英寸（约合

0.6 m）长，3 kg 重，足以进入市场。目前转基因鲑鱼都是雌性而且不育的，在理论上避免了与野生鲑鱼杂交的风险用于规避生物安全。2012 年 12 月，FDA 正式公布了一份针对转基因鲑鱼的评估报告，指出转基因鲑鱼不会对自然产生可预见的风险；并批准了位于美国马萨诸塞州梅纳德的 Aqua Bounty 公司销售该转基因鲑鱼，该转基因鲑鱼成为世界上首个可被食用的转基因动物。

红肉过敏即 α- 半乳糖综合征，患有该过敏症状的人群在食用猪肉、牛肉或羊肉等红肉动物时，肉中含有的 α- 半乳糖会使患者产生轻度甚至重度的过敏反应。为了让红肉过敏患者可以放心食用，美国 Revivicor 公司通过基因工程手段，敲除了在猪细胞表面添加 α- 半乳糖的蛋白酶，获得了不含 "α- 半乳糖" 的转基因猪，又称 "GalSafe（半乳糖安全）猪"。除了食用之外，转基因猪也可以制作很多医疗产品，比如肝素抗凝剂、生物心脏瓣膜等等，可以有效避免过敏患者产生更严重的免疫排斥反应。2020 年 12 月 4 日，"GalSafe 猪" 获得 FDA 的批准，既可食用也可用来生产医疗产品。FDA 对转基因猪肉的安全性及其转基因猪的后代进行了全面评估，确定它在食品用途上是安全的，并确认这些后代的产品中也没有检测到 α- 半乳糖。这是 FDA 批准的首个可以同时用于人类食物消费和作为潜在疗法来源的转基因动物。

2022 年 3 月，FDA 宣布来自两头经过 CRISPR 编辑的肉牛的产品不会对 "人、动物、食品供应和环境" 构成风险，批准首个基因编辑肉牛产品进入市场。该基因编辑牛由 Recombinetics 公司培养研发和培养的，该基因编辑肉牛含有催乳素受体（PRLR）基因突变，导致催乳素受体蛋白缩短和 "光滑" 毛发表型，使动物能够更好地抵御热带高温，更容易增重，从而使肉类生产效率更高。同时，该牛的基因编辑性状可以遗传，因此它们的精液和胚胎可以用来生产具有相同短毛的后代。该产品将快速推向全球市场，预计未来两年内可供普通消费者购买。

8.2 细胞工程与人类健康

细胞工程是以细胞为研究对象，应用生命科学理论，借助工程学原理和技术，有目的地利用或改造生物遗传性状。而细胞是生物体的基本结构和功能单位，对细胞的培养技术是研究活细胞生命形态及其生物学功能的有效方法，这也是基因表达调控和分子生物学的有效研究手段。因此，细胞工程在医学研究中的重要技术手段，也是生产医疗药品的常用技术工具。本节将介绍一些基于动植物细胞工程技术的用于临床医学与药用的应用实例。

8.2.1 医疗药物生产

随着人口的增长导致了药用植物的需求逐渐增加，这促使人们对植物资源进行了过度开发，导致了药用植物资源逐渐减少。而基于植物细胞工程的植物细胞培养技术是利用植物细胞体系通过现代生物工程手段进行工业规模生产，以获得各种产品的一门新兴技术。这种植物细胞培养技术不会受到外界环境等一系列客观因素的影响，实现了短时间内大规模的细胞培养，以便于后期的研究发展与应用。因此植物细胞培养在珍稀植物资源生产以及生物转化方面具有不可替代的优势，为此世界各国的科学家在该领域进行了大量的研究。

紫杉醇是在 20 世纪 60 年代早期从太平洋紫杉中分离出来的一种二萜类生物碱，是目前用于治疗各种癌症（包括宫颈癌、乳腺癌、肺癌、头颈部癌以及和艾滋病相关的卡波西肉瘤）的最好药物。目前紫杉醇主要从红豆杉树皮中分离提取，但红豆杉种质资源匮乏，且紫杉醇仅占树皮干重的 0.017%，因此采用植物细胞工程技术被认为是提高紫杉醇产率、缓解对红豆杉稀缺资源保护的压力、解决紫杉醇药源紧缺的一种最有效方法。日本从短叶红豆杉和东北红豆杉中进行愈伤组织的诱导、筛选得到的细胞株，细胞可在 4 周培养时间内增殖 5 倍，同时紫杉醇含量达到 0.05%，比原来的红豆杉树皮紫杉醇含量增加了 10 倍。

除了药用植物细胞培养之外，为了获取大量的植物生产次级代谢产物，毛状根和不定根培养技术也引起了人们的关注，不定根、毛状根已经成功地应用于大规模培养。人参不定根培养已经达到 30 000 L，金丝桃不定根已经达到 500 L，紫锥菊不定根已经达到 1 000 L。韩国 CBN 生物科技公司，每年生产大约 40～45 吨人参不定根，这是一个利用植物组织培养生产药品、食品和化妆品的成功范例。据统计，近 1 000 种药用植物的离体培养技术获得成功，提供了超过 600 种的活性成分，并且人参、青蒿素的离体培养生产已经达到了工业化水平。

8.2.2 新冠疫苗研制

新型冠状病毒肺炎（COVID-19）自 2019 年以来，逐渐形成全球大流行的传播趋势。截至 2023 年 11 月 8 日，全球累计确诊病例超 7.7 亿，死亡病例超 697 万。新型冠状病毒肺炎以发热、干咳、乏力等为主要表现，少数患者伴有鼻塞、流涕、腹泻等上呼吸道和消化道症状，其传播途径主要为直接传播、气溶胶传播和接触传播。为防止新冠病毒传播，接种疫苗成为有效的手段之一。2020 年 1 月 24 日，中国疾控中心成功分离中国首株新型冠状病毒毒种，以此开启的新冠病毒疫苗的研发。截至 2022 年 3 月，在中国上市的新冠疫苗已经达到 6 个，其中包括灭活疫苗、腺病毒载体疫苗和 CHO 细胞重组蛋白疫苗。灭活病毒疫苗的研发工艺主要是通过在细胞基质上对病毒进行培养，然后用物理或化学方法将具有感染性的病毒杀死但同时保持其抗原颗粒的完整性，使其失去致病力而保留抗原性。灭活疫苗既可由整个病毒或细菌组成，也

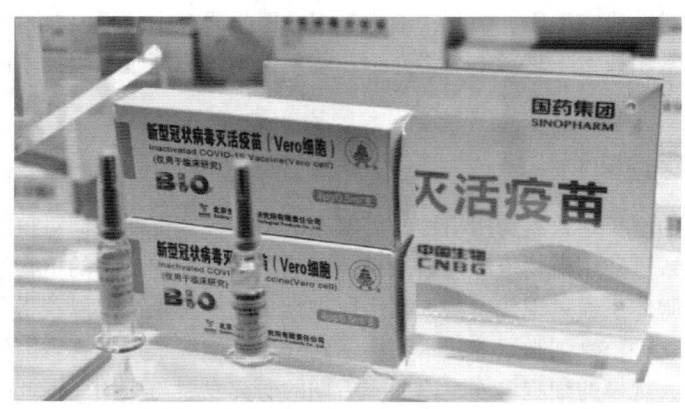

图 8.6 新冠灭活疫苗

延伸阅读 8-2
全球新型冠状病
毒疫苗研发进展

可由它们的裂解片段组成为裂解疫苗。

制备灭活疫苗，首先需要大规模培养病毒。科兴中维以 Vero 细胞为载体，培养新冠病毒。Vero 细胞是研究人员从非洲绿猴的肾脏上皮细胞中分离培养获得的，该细胞可以经过多次分裂而不会衰老，可充当新冠病毒的大规模培养的生物反应器。培养获取的病毒经过灭活、纯化、配比、灌装和包装就可完成灭活疫苗的生产。

截至 2022 年 3 月，中国已经向 120 多个国家和国际组织提供了超过 21 亿剂疫苗，占中国以外全球疫苗使用总量的 1/3。其中 2021 年 6 月 1 日，中国科兴新冠灭活疫苗获世卫组织紧急使用授权；世卫组织宣布将中国科兴新冠疫苗列入"紧急使用清单"。

8.2.3 人工器官

据统计，我国每年约有 30 万人在等待器官移植，但每年又有 2 万余人可以完成移植。限制器官移植的是由于可供移植的器官数量稀少。为解决器官移植所需，异种器官移植成为有效的手段之一。异种器官移植，即用手术的方法将某一种属个体的器官或组织移植到另一种属个体的某一部位。只要人体接受这些"异种器官移植"不引起严重的免疫系统反应，就将形成源源不断的人体移植器官来源，从而有效解决人体移植器官严重短缺的现状。

2022 年初，末期心脏病患者 David Bennett 由于身体太差，不符合常规心脏移植的条件。因此，在由 FDA 根据同情性使用条款授权条件下，美国马里兰大学医学院使用通过基因编辑的猪心脏作为异种心脏，来替换并治疗 David Bennett 的心脏病。供体猪总共进行 10 项基因编辑。其中，为避免免疫排斥反应，猪体内 3 个会导致人体产生快速免疫排斥反应的基因被剔除。同时，人体中 6 个帮助免疫系统接受猪器官的基因被插入猪的基因组中。最后，为防止猪心过度生长，还有 1 个猪基因也被剔除。尽管接受猪心脏移植的 David Bennett 在手术的两个月后意外去世，但这是一项具有开

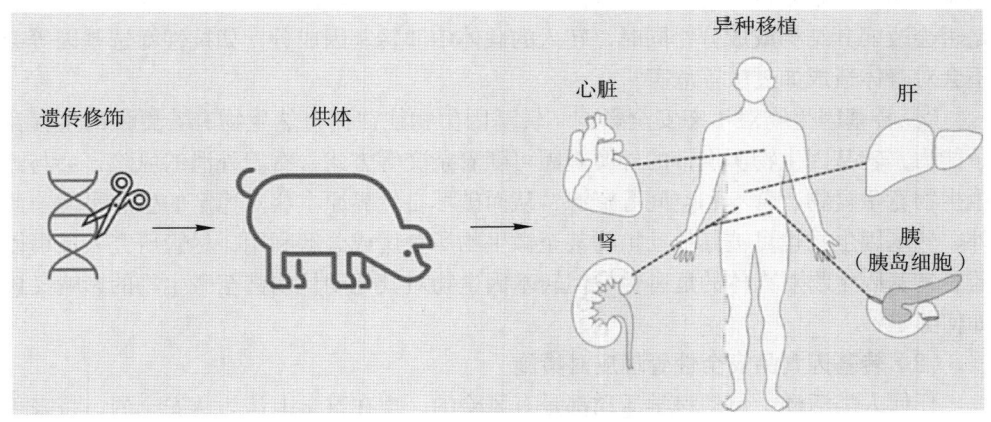

图 8.7　基因编辑猪及异种器官移植

拓意义的实验，为解决器官短缺提供了潜在的巨大希望。

8.3 细胞工程与安全伦理

随着现代生物技术的飞速发展，细胞工程技术对动植物品种培育和生产人类医疗与健康用品有着极大的贡献，给人类提供了更高产量、更优质的产品。但科学技术是一把双刃剑，应用细胞工程的转基因技术、基于动物细胞培养技术的人造生命等等，这些对自然与社会都有着潜在的危害甚至是灾难性的影响。因此，本节将简要介绍转基因食品的安全性以及人造生命带来的伦理与社会冲突。

8.3.1 转基因食品的安全性与应对措施

（1）转基因食品的安全性问题

转基因食品（genetically modified food，GMF）是利用现代分子生物技术，将某些生物的基因转移到其他物种中，改造生物的遗传物质，使其在外观、营养价值、消费品质等方面向人们所要求的方向转变，将其直接食用或作为原料加工生产的食品。利用转基因技术来生产满足人类期望的食品，不仅提供了更高的产量，也提供了更优质更健康的食品。转基因食品供给在食品中逐渐增加，如：根据国际贸易数据统计，欧盟 2020 年转基因大豆进口量占其大豆总消费量的 81%；而据美国杂货商协会（GMA）统计，美国 75% ~ 80% 的食品都含有转基因成分。美国是全球最大的转基因作物消费国，目前美国已经批准了 22 种转基因作物产业化，每年种植转基因作物7 440 万公顷左右，占其耕地面积的 40% 以上，其中玉米、大豆、棉花、甜菜等转基因品种种植面积均超过 90%。随着越来越多的转基因食品走上餐桌，对其安全性的争论日益激烈，人们对转基因食品安全性问题的担心主要集中在以下两个方面：

① 食用转基因食品对人类健康影响　转基因食品中的基因以及该基因翻译而来的蛋白质等也是来自生物体，但基因重组之后，转入的基因及表达产物在新的物种中是否会改变其结构或成分？同时，转入的载体中非转基因成分，如抗性筛选基因等会不会对身体造成如过敏等危害？

② 转基因生物对生态安全影响　转基因生物往往比自然生物有着更强的生存竞争能力，转基因生物所携带的外源基因可随着杂交等方式，有着外泄的风险，会与野生生物竞争食物、营养和空间等资源，从而破坏自然界原本相对稳定的生态平衡。此外，转基因生物也可被其他动植物甚至微生物所食用或分解利用，尽管研究人员可以监管转基因生物对人体的危害性，但转基因生物对其他动植物甚至微生物的影响又该如何鉴定？

（2）转基因食品安全性管理应对措施

任何人类活动，包括科学活动都是有风险的，现在科学上认为是安全的，将来可能会发现不安全因素；现在认为不安全，随着科技的进步，未来会找到新的技术化有害为有利。因此，对待转基因食品必须有科学的态度，对其进行深入研究，才能判断其是否具有危害性。从现有的已发生的转基因食品安全"事件"（转 Bt 基因和抗农达作物）来看，起因均是科学家公布了某个说明转基因食品存在风险的实验数据，尚未得到确认或更全面的数据时，被某些反生物技术组织加以"断章取义"的引用和宣传。公众通常由于缺乏评价转基因食品的安全性所必需的基础知识和科学素养，从而受到误导引起恐慌。目前，转基因食品必须通过严格的安全性评价和审批才能上市，对于转基因食品的管理，在国际上大体可以分为两种模式：

（1）以美国为代表的"科学原则"

美国政府始终坚持将科学作为构建管理制度的基础，对转基因食品的监管亦沿用了类似"无罪推定"的原则。若是没有可靠、现实的科学证据论证转基因食品的危害时，便认定其是安全无害的。在美国，针对转基因食品的监管主要由三个部门组成：①农业部：监管转基因家禽等食品的质量安全；②环境保护局：监督转基因食品与环境安全；③食品药物管理局（FDA）：负责转基因食品的研发、生产、销售的全过程的监管，承担安全性咨询评价、上市审批管理、食品标识等职责。这三个部门共同监督管理转基因食品。

（2）以欧盟为代表的"预防原则"

与美国相比，欧盟对于转基因的管理则要严格得多。欧盟对转基因食品采取"预防原则"，即在科学不确定的情况下，积极采取措施预防，而非等到风险必然发生或者已经造成严重侵害时再采取补救措施。因此，欧盟的《食品安全白皮书》提出要建立"从农场到餐桌"的全程追踪体系，即对转基因食品从生产到流通进行全程的监管，每位转基因食品的经营者均必须向生产链上的下一经营者以书面说明的形式，提供转基因成分的完整有效信息。且除最终消费者之外，接受者必须保存相关资料 5 年以上。该种全程可溯的追踪体系，实现了对转基因信息的全程封闭管理，一旦发生侵权责任，监管机构能够有据可查，第一时间掌握相关食品的流通情况，进而尽快召回相关问题食品，将危害降至最低。

中国对于转基因食品的监管主要分两个阶段：第一阶段是对转基因食品原料（即转基因生物）的管理；第二阶段是对转基因食品标识的管理。前者由农业农村部负责对转基因食品安全的监管，后者由农业农村部与市场监督管理总局共同负责对转基因产品的标识。转基因食品缓解了粮食危机，也提供了更优质的食品。尽管目前对转基因食品的安全性隐患还有待争议，但相关的研究、政策与监管可以极大避免有隐患的转基因食品出现在消费者的手中。完善监管体系，加强对转基因食品的研究与安全性评价，让消费者对转基因有着更正确的认知，这将有效地促进转基因食品的研究，并使产业发展更为顺畅也更为健康。

◆ **延伸阅读 8-3**
浅谈转基因食品安全性

8.3.2 动物克隆和人类基因编辑伦理

自 1997 年首个体细胞核移植克隆动物多莉羊出生以来，利用体细胞克隆技术不仅诞生了如小鼠、兔、猫、狗等实验动物和马、牛、猪、骆驼等大型家畜，还诞生了与人类相近的灵长类动物克隆猴。克隆技术领域研究的伟大突破，为人类面临重大脑疾病的机理研究、干预、诊治带来了前所未有的光明前景，但同时也引发了人们对克隆人的恐慌，主要集中于伦理道德观背道而驰：第一，克隆人颠覆了人类千百年来遵循的有性繁殖方式，由人为操作下制造出来的生命，在西方更是受到许多宗教组织强烈反对。第二，克隆人的身份难以认定，与被克隆者之间的关系无法纳入现有血缘确定关系的伦理体系。第三，人类繁殖后代过程不再需要两性共同参与，将对现有社会关系、家庭结构造成难以承受的巨大冲击。第四，克隆人可能因为自己的特殊身份产生心理缺陷，形成新的社会问题。

但是，"克隆人出现的伦理问题应该正视，但没理由因此反对科技的进步"。人类社会自身的发展告诉我们，科技带动人们观念的更新是历史的进步。历史上输血技术、器官移植等都曾带来极大的伦理争论。当首位试管婴儿于 1978 年出生时，更是掀起了巨大伦理争论风波，但截至 2018 年，全世界试管婴儿已经超过 800 万，他们基本都健康正常，包括孕育后代，现今大众对试管婴儿的态度也开始转变。2010 年，试管婴儿技术的创立者罗伯特·爱德华兹还因此获得了诺贝尔生理学或医学奖。关于克隆人，我们应该以严肃的科学态度理性看待，通过克隆人的立法，将其纳入严格的规范化管理中。目前全世界已有 23 个国家明令禁止克隆人，欧盟委员会发表声明反对克隆人，并且现在和将来都不会对克隆人研究提供任何资助。美国国议通过了全面禁止克隆人相关法案。日本禁止将用人体细胞移植到未受精卵中而制造的克隆胚胎移植到人或动物的子宫内。中国也明确宣布不赞成、不允许、不支持任何将克隆技术用于人类的研究工作，并将加强对治疗性克隆研究的管理和控制。

CRISPR 基因编辑技术是近年来生物技术领域的热点，在医学领域，CRISPR 已展现了巨大潜力，人体治疗方面，中国走在世界最前沿。2016 年，华西医院的研究团队已开启了全球首个 CRISPR 技术的人体应用，以对抗各种癌症、艾滋病病毒和人乳头瘤病毒。同年美国也批准了 CRISPR 技术应用于人体，并允许评估 CRISPR 技术治疗多发性骨髓瘤、黑色素瘤和肉瘤患者的安全性。瑞士基因组编辑公司 CRISPR Therapeutics 借助 CRISPR 基因编辑技术改造缺陷基因，用于研究治疗 β- 地中海贫血的遗传性血液疾病，帮助患者的血红蛋白恢复正常。

目前，CRISPR 应用于人体治疗面临的主要安全性问题主要有三个：①脱靶效应，即基因编辑在目标之外的基因序列起作用，这是需要面临的最主要的安全性问题；②马赛克效应，即 CRISPR 治疗后，患者体内可能存在着基因编辑细胞和未经过基因编辑的细胞；③ CRISPR 治疗可能会引发患者免疫系统的不良反应。2018 年 11 月 26 日，中国南方科技大学副教授贺建奎宣布一对名为露露与娜娜的基因组编辑婴儿健康诞生，这两个婴儿的基因经过修改，能够天然抵抗艾滋病病毒（HIV）。这一消息迅速引起全世界激烈反弹，百余位中国科学家发表联署声明，对于在现阶段不经严格伦理和安全性审查，贸然尝试做可遗传的人体胚胎基因编辑的任何尝试，表示坚决反对，强烈谴责。反对的理由大体可以总结为：第一，艾滋病的防范已有多种成熟办法，而这次基因修改使两个孩子面临巨大的不确定性。第二，这次实验使人类面临风险，因为被修改的基因将通过两个孩子最终融入人类的基因池。第三，这次实验粗暴突破了科学应有的伦理程序，在程序上无法接受。2019 年 1 月 21 日，卫健委发布关于"基因编辑婴儿事件"调查结果的回应表示，该事件严重违反国家法律法规和伦理准则，并强调科学研究和应用活动应当本着高度负责任的精神，严格按照有关法律法规和伦理准则进行。同日，科技部官网则回应指出，"已全面暂停相关人员的科技活动，并将依据调查事实和事件定性，支持配合相关部门对涉事人员及机构依法依规进行严肃处理"，并表示下一步将与有关部门一道，共同推动完善相关法律法规，健全包括生命科学在内的科研伦理审查制度。

小结

本章主要叙述了细胞工程在食品和人类健康等领域的应用，并简要阐述了细胞工程应用在食品安全和社会伦理等方面的隐患。在食品领域，细胞工程可以培育出生长更快或更优质的植物或动物产品，这包括了杂交水稻和转基因鲑鱼等产品。植物或动物细胞工程技术是生成高效医疗用品的常用技术工具，包括紫杉醇和病毒疫苗等。此外，细胞工程培育的转基因食品可能在人类健康和生态上造成不利影响。为此转基因食品的生产和上市在各国之间都受到严格的管理。而动物细胞工程可培育人类身体组织或器官，甚至克隆人或对人进行基因编辑，这不可避免地带来了社会伦理问题。对此，我们需要完善相关的法律法规，健全科学伦理审查制度，尽可能减少细胞工程的隐患并让细胞工程更好地为人类服务。

? 思考题

1. 举例说明细胞工程在食品上的作用。
2. 举例说明细胞工程在人类医疗与健康中的作用。
3. 举例说明细胞工程技术所带来的隐患。

推荐阅读

1. 宋思扬，左正宏 . 生物技术概论［M］. 5 版 . 北京：科学出版社，2019：1–333.
本书全面介绍了现代生物技术的概念、原理、研究方法、发展方向及其实际应用。
2. 郑小林 . 生物医学工程伦理［M］. 北京：电子工业出版社，2020：1–260.
本书全面介绍了生物医学工程问题，并在附录中给出相关的重要国际准则和政府文件。

更多网上学习资源

◆ 教学课件　　　◆ 自测题　　　◆ 参考文献

第三篇

酶技术

第 9 章 酶的性质与催化

　　酶是催化化学反应的各种生物催化剂的总称，在生命体内催化各种重要的生物反应。一般情况下，酶以蛋白质的形式存在。除此之外，一些剪切核酸分子的生物催化剂是具有三维结构的 RNA 分子，它们也被称为核酶。几乎所有的生物都含有酶，它们在生命活动的物质代谢和能量代谢中起到不可替代的作用。本章介绍酶的基本性质、大致分类、反应动力学等基本知识。

　　Enzymes are catalysts which could catalyze different kinds of chemical reactions, and that are associated with almost all kinds of important bioconversion in organisms. Usually, enzymes are proteins; however, the RNA molecules with three-dimensional structures and cleavage activity against nuclear acids are entitled as Ribozyme. All organisms contain enzymes, and they play vitals roles in the material and energy metabolisms in life. This chapter is to introduce the basic properties, general classification as well as reaction kinetics of enzymes.

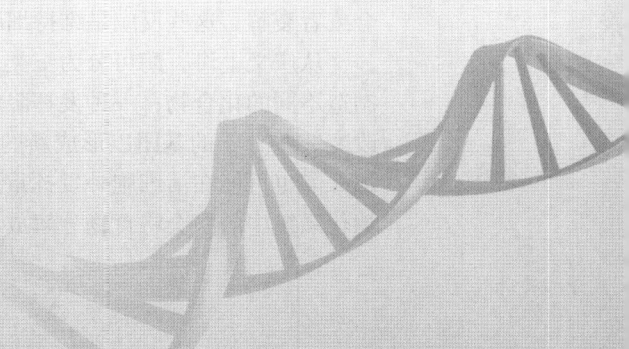

▶▶ **知识导图**

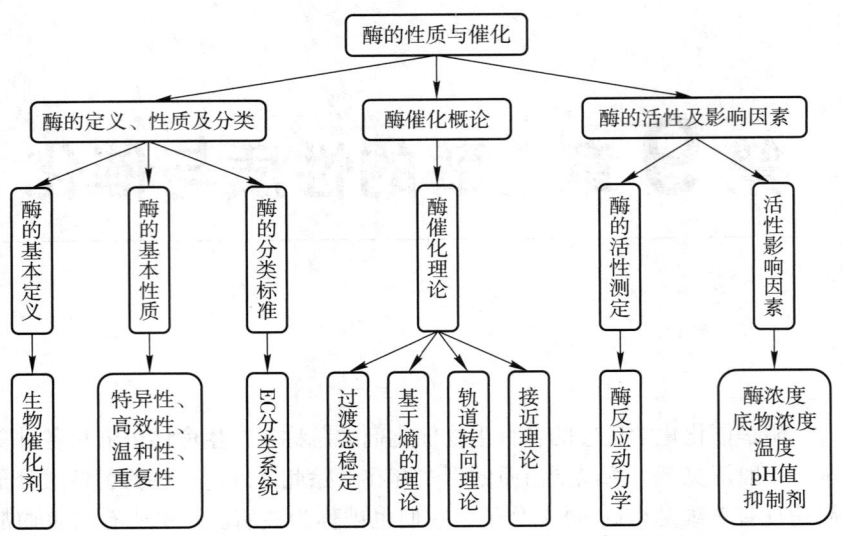

▶▶ **学习指南**

➢ 了解：酶的定义以及发展历史。
➢ 重点：酶的基本性质、反应动力学以及分类。
➢ 难点：酶的工业化应用。

9.1　酶的定义、性质和分类

9.1.1　酶的定义

酶（enzyme）作为具有序列特性以及三维结构的生物大分子，是自然界中神奇而重要的物质。首先，酶是由活细胞表达的，用于催化（catalyze）生命体新陈代谢所必需的生化反应。一个活细胞的内部，同时进行着不同的生物反应，不同分子间的结合或者裂解，这些反应是维持细胞生存的关键，而酶是这些反应的生物催化剂。

从广义上讲，酶可分为三类。一种承担合成作用以帮助将特定分子连接在一起以制造不同的化合物；一种发挥降解作用，将特定分子分解成单独的分子；另一种可能改变一些分子的基团以形成新的物质。如果从细胞中温和提取而不失去其催化活性，那么酶也可能在活细胞外发挥重要作用。最好的例子之一是酶消化系统。例如，人体消化系统中的酶会将食物分解成可以被我们身体吸收的小分子。从我们的消化系统中提取的酶也可以用于将淀粉、蛋白质和脂肪分解成小分子物质。

此外，酶又可根据其生物功能的不同，进一步分类为氧化还原酶（oxidoreductase）、转移酶（transferase）、水解酶（hydrolase）、裂解酶（lyase）、异构酶（isomerase）以及连接酶（ligase）等。大部分酶以蛋白质形式存在，少数酶是由蛋白质、糖类、脂质甚至是核酸组成的，具有非常复杂的结构和特定的活性。此外，在一些酶中检测到不止一个催化位点，具有显著不同的活性（例如谷氨酰胺合成酶和DNA 聚合酶 I）。

9.1.2　酶的性质

（1）特异性

一种酶能够做特定的催化工作，例如，蛋白酶分解蛋白质但不针对脂肪或淀粉。一般来说，一种酶总是只执行一种催化功能，也就是说，一种特殊的酶促反应几乎不会产生副作用。这也解释了为什么在一个生命中存在这么多不同类型的酶。迄今为止，已经鉴定了数千种不同的酶，其中一些是三级结构的蛋白质，没有或有辅酶因子，还有一些可能具有由许多亚基组成的四级结构并具有复杂的功能。

（2）高效性

酶分子不仅工作努力，而且工作速度惊人。例如，人类肝脏中有一种酶可以帮助过氧化氢分解成水和氧气，从而保护我们的健康。一个酶分子可以在 1 min 内分解 500 万个过氧化氢分子。大肠杆菌的产生周期在合适的条件下可能短至 20 min，可见酶对细胞的工作效率。

（3）温和性

酶是一种生物大分子，仅在温和的生理条件下起作用。绝大部分酶不能耐受剧烈的反应条件，仅有极少数的耐热酶可在 80~90℃下发挥催化作用。酶促反应的温和性为其应用提供了极大的优势，例如，淀粉的化学水解需要高温和低 pH 条件，这会导致能耗和反应器损坏，而淀粉酶对同一淀粉的水解仅需在 37℃中性条件下就可发生。

🔖科技视野 9-1
淀粉酶解

（4）重复性

一种酶只能执行一项特定的工作，但它可以在最佳条件下一遍又一遍地执行相同的工作，甚至数百万次，而不会被消耗掉。在进行体外酶促反应时，最好遵循动力学模型，确保反应在最佳温度和 pH 条件下进行。酶分子的固定化会延长这些生物催化剂的持续时间。

9.1.3　酶的分类

目前，大约有 3 000 种酶已被表征。国际生物化学和分子生物学联盟制定了酶的命名法，即 EC 编号，使一种酶只有一种名称。该命名法以 4 个阿拉伯数字来代表一种酶，例如 α-1,4-葡萄糖 -4-葡萄糖水解酶，标示为 EC3.2.1.1，其中 EC 代表国际酶学委员会，第一个数字代表酶的大类。第一个数字根据其机制对酶进行了广泛的分类。

（1）EC 1：氧化还原酶

氧化还原酶催化涉及氢原子或电子转移的氧化和还原反应，在生物体中起着至关重要的作用。该大类酶可以进一步分为以下 4 个类别。

脱氢酶（dehydrogenase）催化氢从底物转移到烟酰胺腺嘌呤二核苷酸（NAD^+）辅因子。例如乳酸脱氢酶，它催化以下反应：

$$乳酸 + NAD^+ = 丙酮酸 + NADH + H^+$$

氧化酶（oxidase）催化氢从底物转移到分子氧，产生副产物过氧化氢。FAD 依赖性葡萄糖氧化酶，它催化以下反应：

$$D-葡萄糖 + O_2 = 葡糖酸内酯 + H_2O_2$$

过氧化物酶（peroxidase）催化过氧化氢对底物的氧化。例如辣根过氧化物酶，它催化多种不同还原物质（染料、胺、氢醌等）的氧化和过氧化氢的伴随还原。下面的反应说明了在过氧化氢存在下中性二茂铁氧化成铁鎓：

$$2\left[Fe(Cp)_2\right] + H_2O_2 + 2H^+ = 2\left[Fe(Cp)_2\right]^+ + 2H_2O$$

加氧酶（oxygenase）通过分子氧催化底物氧化。在这种情况下，反应的还原产物是水而不是过氧化氢。例如由乳酸 –2– 单加氧酶催化的乳酸氧化为乙酸盐：

$$乳酸 + O_2 = 乙酸 + CO_2 + H_2O$$

（2）EC 2：转移酶

转移酶将含 C、N、P 或 S 的基团（烷基、酰基、醛、氨基、磷酸酯或葡糖基）从一种底物转移到另一种底物。主要分为几个重要类别。

甲基转移酶（methyltranferase）是一种将甲基从供体转移到受体的转移酶。甲基化通常发生在 DNA 中的核酸碱基或蛋白质结构中的氨基酸上。甲基转移酶使用与 S– 腺苷甲硫氨酸（SAM）中的硫结合的反应性甲基作为甲基供体（例如 DNA 甲基转移酶、组蛋白甲基转移酶、5– 甲基四氢叶酸 – 高半胱氨酸甲基转移酶、O– 甲基转移酶）。

酰基转移酶（acyltransferase）是一种作用于酰基的转移酶（例如磷酸甘油酯 O–酰基转移酶、卵磷脂 – 胆固醇酰基转移酶）。

糖基转移酶（glycotransferase）可将单糖单位从活化的核苷酸糖（也称为"糖基供体"）转移到糖基受体分子（通常是醇）。糖基转移的结果可以是糖苷、寡糖或多糖。一些糖基转移酶催化向无机磷酸盐或水的转移。糖基转移也可能发生在蛋白质残基上，通常转移到酪氨酸、丝氨酸或苏氨酸以产生 O– 连接的糖蛋白，或转移到天冬酰胺以产生 N– 连接的糖蛋白。

磷酸转移酶（phosphotransferase）是一类催化磷酸化反应的酶。它们催化的反应的一般形式是：

$$A--P + B \rightarrow B--P + A$$

其中 P 是磷酸基团，A 和 B 分别是供体和接受分子。

硫转移酶（sulfertransferase）是一种作用于硫原子的转移酶。一个例子是催化化学反应的硫代硫酸盐硫转移酶：

$$硫代硫酸盐 + 氰化物 = 亚硫酸盐 + 硫氰酸盐$$

（3）EC 3：水解酶

水解酶催化裂解反应或反向片段缩合。根据所裂解键的类型，分为肽酶、酯酶、脂肪酶、糖苷酶、磷酸酶等。这类酶包括：胆固醇酯酶、碱性磷酸酶和葡糖淀粉酶。

（4）EC 4：**裂解酶**

裂解酶通过水解和氧化以外的方式切割各种键；它们以非水解方式从底物中去除基团，同时形成双键，或者在双键上添加新基团。

（5）EC 5：**异构酶**

异构酶催化单个分子内的异构化（分子内重排），细分为：

外消旋酶（racemase）在仅具有一个不对称中心的底物中催化不对称碳原子的立体化学反转。

差向异构酶（epimerase）催化具有多个不对称中心的底物中不对称碳原子构型的立体化学反转，从而使差向异构体相互转化。

顺式 / 反式异构酶（cis/trans isomerase）作为几何异构或构型异构或 E/Z 异构在有机化学反应中起着至关重要的作用。它是一种描述分子内官能团取向的立体异构形式。通常，此类异构体含有双键，不能旋转，但它们也可以由环结构产生，其中键的旋转受到很大限制。顺式和反式异构体存在于有机分子和无机配位络合物中。

变位酶（mutase）是催化同一分子内官能团从一个位置转移到另一个位置的酶。例如双磷酸甘油酸变位酶，它出现在红细胞中，在糖酵解中起作用，将 3- 磷酸甘油酸转变为 2- 磷酸甘油酸。

（6）EC 6：**连接酶**

在生物化学中，连接酶（来自拉丁语动词 ligāre——"结合"或"黏合在一起"）可以通过形成新的化学键来催化两个大分子的连接，通常伴随着小分子的水解。连接酶在不水解或氧化的情况下分裂 C—C、C—O、C—N、C—S 和 C—卤素键。该反应通常伴随着高能量化合物的消耗，例如 ATP 和其他核苷三磷酸。例如丙酮酸羧化酶，它催化以下反应：

$$\text{丙酮酸} + HCO_3^- + ATP = \text{草酰乙酸盐} + ADP + P_i$$

（7）EC 7：**易位酶**

易位酶是用来描述催化离子 / 分子跨膜运动或在膜内分离的酶。例如，催化氢离子、无机阳离子及其螯合物、无机阴离子、氨基酸和多肽、糖类，以及它们的衍生物，其他与三磷酸核苷水解结合的化合物的转运。

9.2 酶催化概述

酶能够在温和条件下催化化学反应，且具有较高的特异性和较强的反应速率。这些反应发生在生物体的不同代谢途径中，为工业中高效和经济的生物催化转化提供了巨大的机会。从广义上讲，酶催化可以定义为游离酶和固定化酶在生物化学和药物生产中的应用。更狭义的定义将酶催化限制为允许在竞争性大规模生物过程中使用酶的技术概念。

9.2.1 酶催化基本理论

（1）过渡态稳定

酶反应速度快是因为过渡态稳定（transition-state stabilization）。"快"是指酶催化下的反应速度比没有酶时快 $10^8 \sim 10^{12}$ 倍。酶设法将过渡态能量从未催化反应的能量降低到酶 – 底物复合物 ES 中的能量。

最经典的酶过渡态稳定模型之一来自 α/β 水解酶。在肽键水解的过程中，酰胺的羰基氧在四面体中间体中完全变成阴离子。这意味着氧在中间体过渡态的形成中承担了部分阴离子电荷。然后通过在活性位点的"氧阴离子空穴"（oxyanio hole）中的氢键来稳定发展中的阴离子电荷。

◆ 科学史话 9–1
热力学第二定律
的发现

（2）基于熵的理论

统计力学中的熵（entropy）是对系统可能排列的特定方式数量的度量，通常被视为"无序"的度量，即熵越大，无序度越高。根据热力学第二定律，孤立的系统中熵永远不会减少，因为孤立系统会自发地向热力学平衡转化——熵增。目前，熵是酶高效催化反应的一种合理化解释，其理论是，底物结合在酶的活性位点的一个作用是增加反应的可能性，并且减少对熵损失的要求，这可以解释底物反应速率的大幅增加。依据热力学理论，在反应之前将两个反应实体放在一起通常会导致熵损失，从而对反应速率造成负面作用。然而，当底物被紧紧地固定在酶的活性位点上时，不再需要冻结平移和旋转运动，这个系统无限接近孤立的系统，熵的损失大幅降低，而系统内无序度能够保持在较高的水平，从而加速了酶和底物之间的反应。按照这个合理化的概念，酶催化高效性可以用熵来解释。

（3）轨道转向理论

于 1972 年提出的轨道转向（orbital steering）理论是对酶催化作用的一种巧妙解释。这个想法是只有在酶与底物两个相关轨道的"反应锥"重叠后才会发生成功的反应。简单的几何考虑表明，如果锥体的立体角仅为 $10°$，那么使两个锥体接触会导致 10^4 倍的速率增加（相对于反应面覆盖整个球体时，因此所有随机碰撞都是有效的）。如果反应锥确实很小，并且如果在活性位点存在两对这样的重叠锥，则可以实现许多酶的典型 10^8 倍速率催化。

（4）接近理论

Bruice 于 1976 年提出的"接近"（proximity）理论可用来解释酶催化过程。从化学角度来说，分子内反应和酶催化反应通常都有快速的反应速率，因为反应实体彼此靠近，这是直观上合理的。由于分子内反应比分子间反应快得多，将酶催化反应与分子内反应联系起来是很自然的。因此，分子内反应很快，因为共价键将反应实体保持在附近，而酶促反应很快，因为 ES 复合物中的非共价力达到了同样的效果。

9.2.2　酶催化过程

酶技术已进入一个全新的发展阶段，新技术的开发以及对基础生物学和生物信息学的深入理解开始在更大程度上影响生物催化剂的发现、开发、纯化和应用。这一发展产生了新的酶应用，并提高了酶技术在工业中的影响。

（1）筛选

生物催化过程通常从寻找适合酶技术应用的目标反应或现有工业过程开始。第一步是选择合适的生物催化剂。在传统的工艺开发中，酶的特性（从相当有限的资源中挑选）通常严重限制了工艺的操作。然而，筛选方面的新发展现在可以从过程的最佳参数开始，建立所需生物催化剂的规格，并筛选理想生物催化剂的自然生物多样性。

（2）酶的表征

DNA 测序技术的快速发展使得将来所有与工业相关的生物体都可能被完全测序，只要可以建立序列和功能之间的联系，就可以立即获得有用的基因。

（3）生物催化剂改造

近年来，大量酶分子的结构与功能得到深入的表征，这使得更多的模板可用于模拟大多数新酶的结构。这将有助于推动自然进化过程中无法达到的特定变化，例如用于固定的表面结构。与此同时，定向进化现在可以为我们提供适合特殊生产过程的酶。酶也可以通过化学方法进行修饰，引入金属或修饰的辅因子，从而产生新的催化活性。基于酶催化知识设计的人工酶和化学催化剂也在快速"进化"，未来可能会很好地补充或取代天然酶。在生物体水平上，序列和结构知识可以与代谢途径分析和工程相结合，以构建将碳流导向特定化合物的菌株，用于化学品的商业生产。一个众所周知的例子是靛蓝染料的生物技术生产，这一过程由 Genencor 公司接近商业化。

9.3 酶活性及影响因素

酶能够催化反应将底物转化为产物，衡量这种能力的单位即为活性。

9.3.1 酶的活性测定

Lenor Michaelis 和 Maude Menten 在 1913 年提出的酶催化反应理论是基于酶（催化剂，E）和底物（反应物，S）通过可逆反应形成复合物（ES）的假设。当实际上不存在产物时，复合物以反应速率 k_2 转化为产物（P）。

> 科学史话 9-2
> Michaelis–Menten
> 理论的提出

$$S + E \underset{k_{-1}}{\overset{k_1}{\rightleftarrows}} ES \xrightarrow{k_2} P + E \tag{9.1}$$

在酶活性测量的常用条件下，可以认为 ES 的常数在观察到的反应期间足够恒定（稳态假设，Briggs 和 Haldane）：

$$\frac{d[ES]}{dt} = 0 = k_1[E][S] - k_{-1}[ES] - k_2[ES] \tag{9.2}$$

计算酶的总浓度：

$$[E_t] = [E] + [ES] \tag{9.3}$$

从而获得：

$$0 = k_1([E_t] - [ES])[S] - k_{-1}[ES] - k_2[ES] \tag{9.4}$$

或

$$[ES] = \frac{k_1[E_t][S]}{k_{-1} + k_2 + k_1[S]} \tag{9.5}$$

定义米氏常数 K_m 为：

$$K_m = \frac{k_{-1} + k_2}{k_1} \tag{9.6}$$

以 [ES] 中间体来定义反应速率：

$$v = k_2[ES] \tag{9.7}$$

当所有酶分子都被底物饱和时，定义最大反应速率 $v_{\max}$：

$$[ES] = [E_t]$$
$$v = k_2[E_t] \tag{9.8}$$

从而获得米氏方程（Michaelis & Menten equation）：

$$v = \frac{v_{\max}[S]}{K_m + [S]} \tag{9.9}$$

这显示了反应速率对底物浓度的依赖性（一级反应）。这种关系如图 9.1 所示。

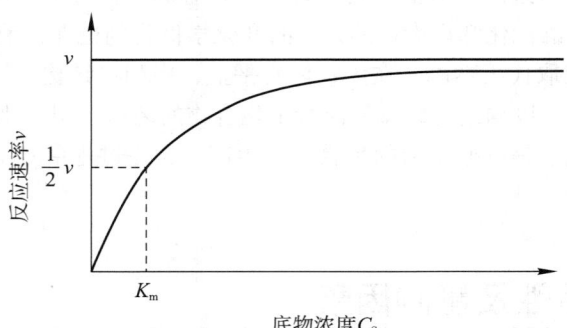

图 9.1　酶催化速率与底物浓度的相关性

在双底物的酶催化反应中，可推导获得如下方程：

$$v = \frac{v_{\max}}{1 + \dfrac{K_{m1}}{[S_1]} + \dfrac{K_{m2}}{[S_2]} + \dfrac{K_{m(1,2)}}{[S_1 S_2]}} \tag{9.10}$$

这被定义为二级反应。然而，如果第二底物的浓度保持在各自米氏常数的许多倍的水平，那么分母的第三项和第四项实际上为零并且方程与方程（9.9）相同，此时可用一级反应的米氏方程来进行计算。

（1）米氏常数

从方程（9.9）可以得出，米氏常数等于最大反应速率一半时的底物浓度。K_m 值可以通过将实验测量的反应速率与各种底物浓度作图来获得（图 9.1）。也可以根据 Lineweaver 和 Burk 的绘图，对米氏方程方程两端取倒数后绘图。更简便的方法是使用 Origin 或 Matlab 等软件的生物技术工具包，基于米氏方程进行非线性拟合求得常数。

$$\frac{1}{v} = \frac{K_m}{v_{\max}[S]} + \frac{1}{v_{\max}} \tag{9.11}$$

如图 9.2 所示，横坐标和纵坐标的交叉点允许确定 K_m 和 $v_{\max}$ 的值。米氏常数接近酶 ± 底物复合物的解离常数 K_s，因此对于估计个体反应动力学很有价值。酶的米氏常数通常为 $10^{-6} \sim 10^{-2}$ mol/L；低 K_m 表示酶和底物之间具有高亲和力。

对某一种特定的酶而言，米氏常数为恒定值，而 $v_{\max}$ 与反应体系中酶的浓度呈对应的关系，而非恒定值。

（2）摩尔或分子活性

酶催化反应的效率由摩尔活性表示，其定义为在标准化条件下一个酶分子在 1 min 内转化的底物分子数。如果已知特定酶的分子量，则可以根据其比活性计算出该值。

例如，乙酰胆碱酯酶（E.C. 3.1.1.7）与过
氧化氢酶（E.C. 1.11.1.6）在各自最适反
应条件下的摩尔活性峰值分别为 1.106 和
5.106。

（3）酶活性测定

反应速率作为催化活性的衡量标准，
作为生物催化剂，酶可提高反应速率或
推动其进行。因此，测量底物的转化率 v
以确定催化活性。酶动力学的相应公式
在方程（9.9）和（9.10）中给出。如果

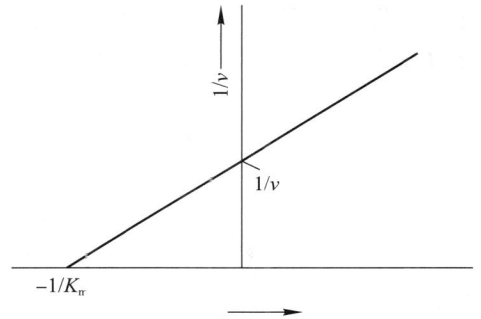

图 9.2　双倒数法求取米氏常数

在方程（9.9）中，底物浓度保持在远高于米氏常数的水平（$[S] > K_m$），则所有酶都
被底物饱和，反应以常数和最大速率 $v = v_{max}$ 进行（零级反应）。因此，催化活性线性
依赖于所用酶的量。在酶活性测量中应尽量达到这种情况。

（4）酶活性单位的定义

最初，酶活性单位是由首先发现和描述酶的研究人员定义的。因此，在较早的文
献中，酶活性以任意单位表示，例如吸光度的变化、还原基团的增加、以 mg 或 μmol
表示的转化底物量。这些参数与不同的时间单位有关，例如 1 min、30 min 或 1 h。为
了获得每种酶的标准化值，1961 年国际生物化学联合会酶委员会将国际单位 U 定义
为在优化的标准条件下每分钟催化转化 1 mol 底物的酶的活性。对于基本 SI 单位，国
际临床化学家联合会（IFCC）的数量和单位专家组（EPQU）与国际纯粹和应用化学
联合会（IUPAC）的临床化学数量和单位委员会（CQUCC）将基本单位"katal"定
义为在测定系统中每秒催化 1 mol 底物所需任何酶的量。然而，这并不常用。在测定
酶活时，必须说明每次测定的反应温度。一般来说，在 0~40℃ 的范围内，温度每升
高 10℃，酶催化反应的速率大约会增加一倍。必须精确控制温度并保持恒定以实现
可重复的结果。然而，由于实际原因，许多酶反应无法通过测量消耗的底物或形成
的产物的化学计量来监测。因此，特定酶的催化活性可能无法以国际单位表示。分
子生物学中使用的大多数酶的单位定义相当随意。例如，DNA 限制性内切核酸酶
（EC 3.1.21.3）的单位定义为产生典型切割模式的酶的催化活性，可在电泳后检测到，
具有精确量（通常为 1 μg）的特定的 DNA 在规定的孵育条件下。定义此类酶活性的
其他参数是核酸的降解或核苷酸向核酸中的掺入，以 μg、nmol、吸光度单位或碱基
对数表示。出于实际原因，可以选择不同的时间段，例如 1、10、30 或 60 min 作为
参考。

9.3.2　酶活性影响因素

酶动力学理论的知识在酶分析中很重要，以便了解基本的酶促机理和选择合适的
酶分析方法。选择用于测量酶活性的条件与选择用于测量其底物浓度的条件不同。有
几个因素会影响酶促反应进行的速度——温度、pH、酶浓度、底物浓度以及任何抑
制剂和活化剂的存在。

（1）酶浓度

为了研究增加酶浓度对反应速率的影响，底物必须过量存在，即反应必须与底物

浓度无关，该情况下为零级反应。在指定的时间段内形成的产物量的任何变化将取决于存在的酶的水平。从图 9.3 上看，这可以表示为：

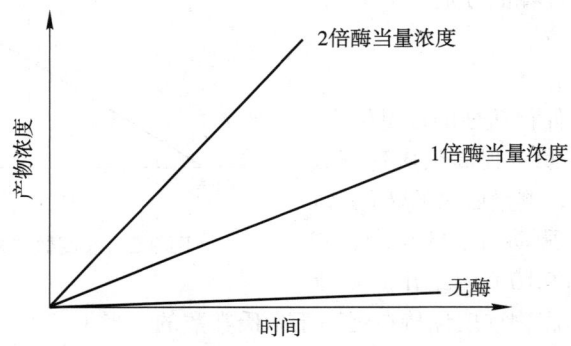

图 9.3 零级反应速率与底物浓度关系

这些反应被称为"零级"，因为速率与底物浓度无关，并且等于某个常数 k。产物的形成以与时间成线性的速率进行。添加更多底物并不能提高速率。在零级动力学中，允许检测运行双倍时间会导致双倍的产物量。

表 9.1 反应级数与底物浓度的相关性

级数	反应速率方程	说明
零级	速率 $= k$	速率与底物浓度无关
一级	速率 $= k[S]$	速率与底物浓度成正比
二级	速率 $= k[S][S] = k[S]^2$	速率与底物浓度的平方成正比
二级	速率 $= k[S_1][S_2]$	速率与两种底物浓度的乘积成正比

反应中存在的酶量通过其催化的活性来衡量。活性和浓度之间的关系受许多因素的影响，例如温度、pH 等。必须合理设计酶测定实验，使其催化的活性与存在的酶量成正比，酶浓度是唯一的限制因素。只有当反应在零级以下时才满足。在图 9.4

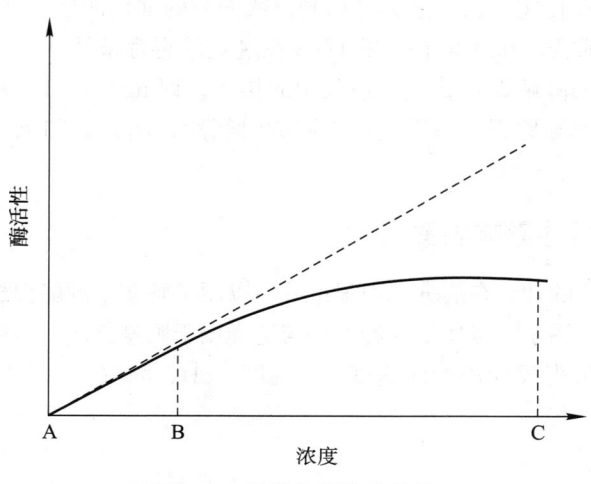

图 9.4 活性与酶浓度关系

中，活性与 AB 区域内的浓度成正比，但与 BC 区域内的浓度无关。当底物浓度不受限制时，酶活性通常最大。

当酶促反应产物的浓度随时间作图时，会产生类似的曲线，如图 9.5 所示。

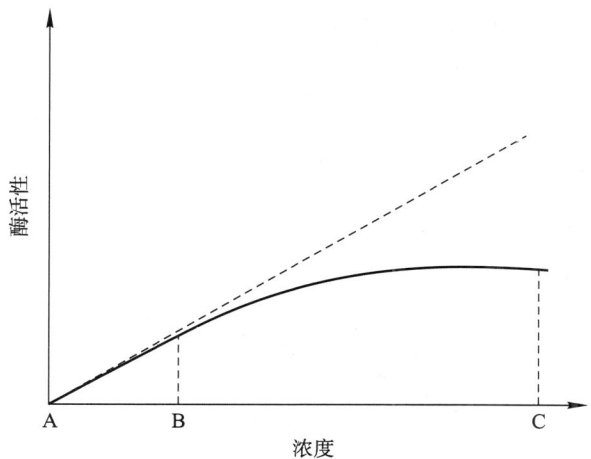

图 9.5　反应速率与底物浓度关系

在 A 和 B 之间，曲线代表零级反应；也就是说，其中速率随时间恒定。随着底物用完，酶的活性位点不再饱和，底物浓度变为限速，反应变为 B 和 C 之间的一级反应。为了理想地测量酶活性，必须在反应处于零级以下的曲线部分进行测量。由于底物浓度最高，因此反应最有可能最初处于这种情况。为了确定反应已经达到这一部分，必须对产物（或底物）浓度进行多次测量。

图 9.6 说明了酶测定中可能遇到的三种类型的反应，并显示了如果只进行单次测量可能会遇到的问题。B 是代表零级反应的直线，它允许准确测定部分或全部反应时间的酶活性。A 代表显示的反应类型。该反应最初为零级，然后变慢，可能是由于底物耗尽或产物抑制。这种类型的反应有时称为"先导"反应。真正的"潜在"活动由虚线表示。曲线 C 代表具有初始"滞后"相的反应。虚线再次表示潜在的可测量活

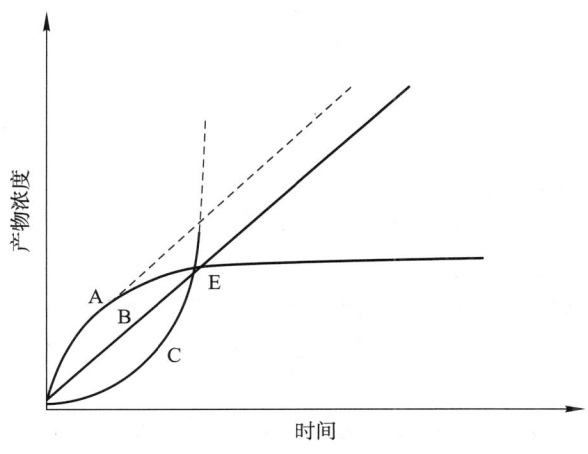

图 9.6　超前、滞后和线性反应

动。多次测定产品浓度可以绘制每条曲线并确定真实活性，即所有三个样品都具有相同的酶浓度，在 E 处的单一终点确定会导致错误的结论。

（2）底物浓度

实验表明，如果酶的量保持恒定，然后逐渐增加底物的底物浓度，反应速率将增加，直至达到最大值。在此之后，底物浓度的增加不会增加速率。如图 9.7 所示。

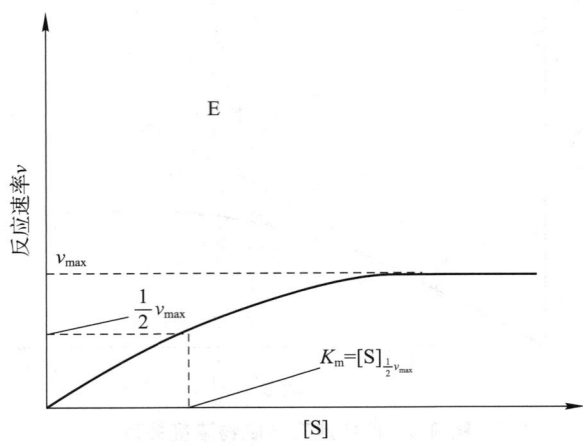

图 9.7　底物浓度对酶反应速率的影响

理论上，当达到该最大速率时，所有可用的酶都已转化为 ES，即酶 – 底物复合物。图中的这一点被指定为 v_{max}。使用这个最大速率和方程（9.12），

$$S + E \xrightleftharpoons[k_{-1}]{k_1} ES \xrightarrow{k_2} P + E \tag{9.12}$$

Michaelis 推导了一组方程，根据可测量的实验室数据根据反应速率计算酶活性。米氏常数 K_m 定义为最大速率 1/2 处的底物浓度。使用这个常数和 K_m 也可以定义为：

$$K_m = \frac{k_{-1} + k_2}{k_1} \tag{9.13}$$

k_1、k_{-1} 和 k_2 是方程（9.1）中的速率常数。Michaelis 根据该常数和底物浓度推导了以下反应速率表达式：

$$v_t = \frac{v_{max}[S]}{K_m + [S]} \tag{9.14}$$

其中，

v_t = 即时反应速率

$[S]$ = 此时的底物浓度

v_{max} = 在这组实验条件（pH、温度等）下的最大值

K_m = 所研究的特定酶的米氏常数

常用酶的米氏常数是恒定值，米氏常数与以下性质密切相关：

① K_m 小表示酶只需要少量底物即可达到饱和。因此，在相对低的底物浓度下达到最大速率。

② 大 K_m 表示需要高底物浓度才能实现最大反应速率。

③ 大多数情况下，酶作为催化剂的具有最低 K_m 的底物通常被认为是酶的天然

底物。

（3）温度

与大多数化学反应一样，酶催化反应的速率随着温度升高而增加。温度升高 10℃会使大多数酶的活性增加 50%～100%。降低 1～2℃的反应温度变化可能会导致结果发生 10%～20% 的变化。在酶促反应的情况下，由于许多酶受到高温的不利影响，这一点变得复杂。如图 9.8 所示，反应速率随温度升高达到最大值，然后随着温度的进一步升高而突然下降。由于大多数动物酶在高于 40℃的温度下会迅速变性，因此大多数酶的测定都在略低于该温度的情况下进行。一段时间后，即使在中等温度下，酶也会失活。酶在 5℃或更低的温度下储存通常是最合适的。一些酶在冷冻时会失去活性。

（4）pH

通常，酶的活性受 pH 值变化的影响。最有利的 pH——酶最活跃的点——被称为最适 pH。如图 9.9 所示。

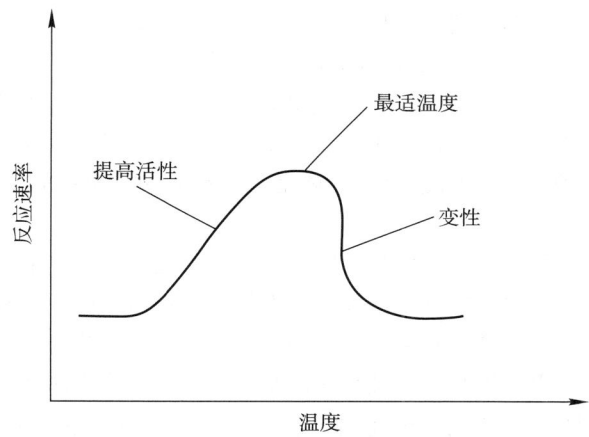

图 9.8　温度对酶反应速率的影响

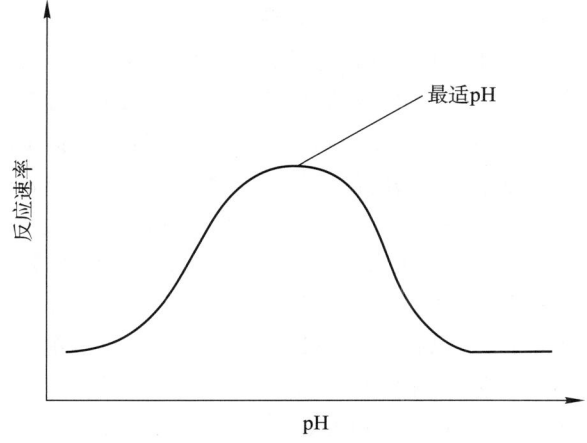

图 9.9　温度对酶反应速率的影响

极高或极低的 pH 通常会导致大多数酶完全丧失活性。pH 也是影响酶稳定性的一个因素。与活性一样，每种酶也有一个 pH 最佳稳定性区域。

各种不同酶的最适 pH 会有很大差异，如表 9.2 所示。

（5）酶抑制剂

酶抑制剂（enzyme inhibitor）是与酶结合并降低其活性的分子。并非所有与酶结合的分子都是抑制剂。酶激活剂与酶结合可增加其酶活性，而酶底物与酶结合可将该底物转化为酶正常催化循环中的产物。由于阻断酶的活性可以杀死病原体或纠正代谢失衡，因此基于酶抑制机制开发了许多药物，例如除草剂和杀虫剂。

抑制剂的结合可以阻止底物进入酶的活性位点和阻碍酶催化其反应。抑制剂结合是可逆的或不可逆的。不可逆抑制剂（irreversible inhibitor）通常与酶反应并使其发生化学变化（例如通过共价键形成）。这些抑制剂修饰酶活性所需的关键氨基酸残基。相比之下，可逆抑制剂（reversible inhibitor）以非共价方式结合，并且根据这些抑制剂是结合酶、酶–底物复合物还是两者都结合，产生不同类型的抑制。

许多药物分子是酶抑制剂，因此它们的发现和改进是生物化学和药理学研究的活跃领域。药用酶抑制剂通常通过其特异性（不与其他蛋白质结合）和效力（其解离常数，表示抑制酶所需的浓度）来判断。高特异性和效力确保药物几乎没有副作用，因此毒性低。酶抑制剂也天然存在并参与代谢调节。例如，代谢途径中的某些酶被下游产物抑制是正常现象。当产品开始积聚时，这种类型的负反馈会减慢通向通路的流量，并且是维持细胞内稳态的重要方式。其他细胞酶抑制剂是特异性结合并抑制酶靶标的蛋白质。这可以帮助控制可能对细胞造成损害的酶，例如蛋白酶或核酸酶；一个典型的例子是核糖核酸酶抑制剂，它以已知最紧密的蛋白质–蛋白质相互作用之一与核糖核酸酶结合。天然酶抑制剂也可以是毒剂，用作防御掠食者或杀死猎物。

可逆酶抑制剂有四种类型，它们根据酶底物浓度变化对抑制剂的影响进行分类：

① 竞争性抑制（competitive inhibition）　底物和抑制剂不能同时与酶结合。这通常是由于抑制剂对底物也结合的酶的活性位点具有亲和力，底物和抑制剂竞争进入酶的活性位点。这种类型的抑制可以通过足够高浓度的底物（v_{max} 保持恒定）来克服，即通过与抑制剂竞争。然而，表观 K_m 会增加，因为需要更高浓度的底物才能达到 K_m 点或 v_{max} 的一半。竞争性抑制剂的结构通常与真实底物相似（图 9.10）。

② 反竞争性抑制（uncompetitive inhibition）　抑制剂仅与酶–底物复合物结合，它不应与非竞争性抑制剂混淆。这种类型的抑制导致 v_{max} 降低（最大速率因去除活化复合物而降低）和 K_m 降低（由于 Le Chatelier 原理）导致更好的结合效率和 ES 复合物的有效消除，从而降低了 K_m 表示更高的结合亲和力。

③ 混合抑制（mixed inhibition）　抑制剂可以与酶的底物同时结合。然而，抑制

表 9.2　酶的最适反应 pH

酶	最适反应 pH
脂肪酶（胰腺）	8.0
脂肪酶（胃）	4.0 ~ 5.0
脂肪酶（蓖麻）	4.7
胃蛋白酶	1.5 ~ 1.6
胰蛋白酶	7.8 ~ 8.7
脲酶	7.0
转化酶	4.5
麦芽糖酶	6.1 ~ 6.8
淀粉酶（胰腺）	6.0 ~ 7.0
淀粉酶（麦芽）	4.6 ~ 5.2
过氧化氢酶	7.0

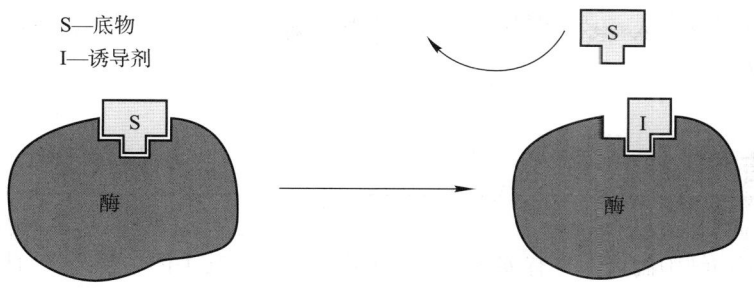

S—底物
I—诱导剂

图 9.10　竞争型抑制剂对酶与底物结合的影响

剂的结合会影响底物的结合，反之亦然。这种类型的抑制可以减少，但不能通过增加底物浓度来克服。虽然混合型抑制剂有可能在活性位点结合，但这种类型的抑制通常是由变构效应引起的，其中抑制剂与酶的不同位点结合。与该变构位点结合的抑制剂会改变酶的构象（即三级结构或三维形状），从而降低底物对活性位点的亲和力。

④ 非竞争性抑制（noncompetitive inhibition）　一种混合抑制形式，其中抑制剂与酶的结合降低了酶的活性，但不影响底物的结合。因此，抑制程度仅取决于抑制剂的浓度。由于反应无法有效进行，v_{max} 将降低，但 K_m 将与底物的实际结合保持一致，根据定义，仍将正常发挥作用。

可逆抑制（reversible inhibition）可以通过抑制剂与酶和酶-底物复合物的结合及其对酶动力学常数的影响定量描述。在经典米氏方程中，酶（E）与其底物（S）结合形成酶-底物复合物 ES。在催化下，该复合物分解以释放产物 P 和游离酶。抑制剂（I）可以分别以解离常数 K_i 或 K_i' 与 E 或 ES 结合。每种抑制剂与不同的原理相关：①竞争性抑制剂可以与 E 结合，但不能与 ES 结合。竞争性抑制增加 K_m（即抑制剂干扰底物结合），但不影响 v_{max}（抑制剂不会阻碍 ES 中的催化，因为它不能与 ES 结合）。②非竞争性抑制剂对 E 和 ES 具有相同的亲和力（$K_i = K_i'$）。非竞争性抑制不会改变 K_m（即它不影响底物结合）但会降低 v_{max}（即抑制剂结合阻碍催化）。③混合型抑制剂与 E 和 ES 结合，但它们对这两种形式的酶的亲和力不同（$K_i \neq K_i'$）。因此，混合型抑制剂会干扰底物结合（增加 K_m）并阻碍 ES 复合物中的催化作用（减少 v_{max}）。

不可逆抑制剂通常对酶进行共价修饰，因此产生的抑制作用无法逆转。不可逆抑制剂通常含有反应性官能团，例如氮芥、醛、卤代烷烃、烯烃、迈克尔受体、苯磺酸盐或氟磷酸盐。这些亲电子基团与氨基酸侧链反应形成共价加合物。修饰的残基是侧链含有羟基或巯基等亲核基团的残基，这些氨基酸包括丝氨酸、半胱氨酸、苏氨酸和酪氨酸。不可逆抑制不同于不可逆的酶失活。不可逆抑制剂通常对一类酶具有特异性，并且不会使所有蛋白质失活；它们不是通过破坏蛋白质结构来发挥作用，而是通过专门改变目标的活性位点来发挥作用。例如，极端的 pH 或温度通常会导致所有蛋白质结构发生变性，但这是一种非特异性效应。类似地，一些非特异性化学处理会破坏蛋白质结构，例如，在浓盐酸中加热会水解将蛋白质结合在一起的肽键，释放出游离氨基酸。不可逆抑制剂显示出时间依赖性抑制作用，因此它们的效力不能用 IC_{50} 值来表征。这是因为在不可逆抑制剂的给定浓度下，活性酶的量将根据抑制剂与酶预温育的时间长短而不同。相反，使用 $k_{obs}/[I]$ 值，其中 k_{obs} 是观察到的伪一级失活率，

[I] 是抑制剂的浓度。只要抑制剂不与酶饱和结合，$k_{obs}/[I]$ 参数就有效（在这种情况下 $k_{obs} = k_{i(nact)}$）。

小结

酶是生物细胞制造的具有催化能力的生物大分子，其主体主要为蛋白质形式。依据其催化反应的特性，酶被归类为各种类型，且来源广泛。酶催化反应具有专一性、高效性、温和性、重复性等特征，在淀粉液化、造纸、纺织、皮革、洗涤、食品以及医药行业具有广泛的应用，创造了巨大的经济价值。

思考题

1. 简述酶的定义与分类。
2. 简述酶活性测定的方法以及影响酶活性的因素。
3. 简述酶的来源以及类型。
4. 简述典型工业用酶的范例及其社会与经济效益。

推荐阅读

1. 刘仲敏.现代应用生物技术［M］.北京：化学工业出版社，2004：1-629.

本书从多个角度向读者全面系统介绍了现代生物技术的概念、原理、研究方法、发展趋势及应用，有助于了解酶工程。

2. 戚以政.生物反应工程［M］.北京：化学工业出版社，2004：1-128.

本书详述了酶催化反应动力学，还适当补充了近年来所发表的有关研究成果，可供参考。

3. 陈石根.酶学［M］.上海：复旦大学出版社，2001：1-432.

本书对酶学涉及的基础内容进行了详细介绍，有助于全面地对酶工程进行了解。

4. 郑穗平.酶学［M］.北京：科学出版社，2009：1-206.

本书从"酶是具有生物催化功能的生物大分子，根据其组成的不同可以分为蛋白类酶（P酶）和核酸类酶（R酶）两大类酶"的概念出发，阐明了酶学的基本理论与基本知识，对酶工程的研究具有重要指导作用。

更多网上学习资源

◆ 教学课件　　◆ 自测题　　◆ 参考文献

第**10**章 酶的分离纯化

掌握生物酶类的制备技术，是生物技术发展进步的重要先决条件。酶的获取主要涉及回收与纯化，欲达到提纯目标酶的目的，通常需要根据不同酶类的性质，设计回收与纯化流程。酶制备过程涉及多个步骤，有的步骤本身就是不同技术的组合。在每个步骤中，酶的回收率与纯度都不可能达到100%，这意味着目标酶的得率必将有一定程度的流失，甚至酶的活性也会受到一定的影响。掌握酶制备的各种基本原理与技术，有的放矢地选择最合适的技术组合，尽量减少操作步骤，缩短提取周期，优化操作流程并加大过程控制，才有可能减少酶的失活，提高酶终产物的回收率和纯度，使得酶生产的效益达到最大化。

To master the preparational technology of biological enzymes plays vital roles in the development of biotechnology. The preparation of enzymes involves recovery and purification, and to purify target enzymes, the recovering and purifying processes should be designed based on the natural properties of different enzymes. The preparation processes of enzymes are usually combined with multiple steps associated with different mechanisms and technologies. Usually, the recovery and purification of target enzyme could not reach 100% in each step, which means that the yield and activity will be consumed in the whole process. With different kind of principles and technologies, to design the adaptive preparation process, and to reduce the operation step and cycle, could help to optimize the whole process and control and to promote the recovery and purity of target enzymes, and finally the benefits of the enzyme production could be maximized.

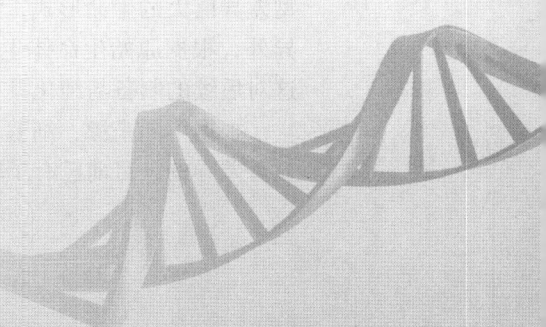

▶▶ **知识导图**

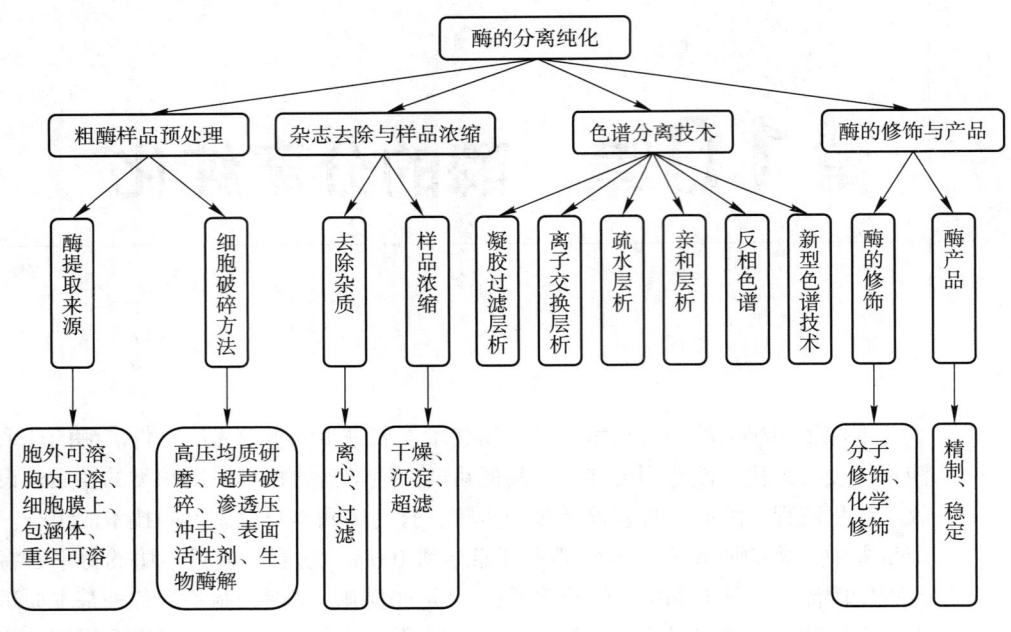

▶▶ **学习指南**

➢ 了解：酶的分离策略。
➢ 重点：酶分离纯化各步骤的原理与应用。
➢ 难点：特定酶的制备过程设计。

10.1　粗酶样品预处理

10.1.1　酶的来源与提取策略

　　酶是由生物体表达的催化生命过程必需反应的生物大分子。自然界中，存在各类型差异巨大的生命形式，其生产的酶分子除了在序列、结构、功能等方面具有较大差异外，根据原始生命体生存的环境差异，用于提取酶的原始材料也存在巨大的差别，这对后续的制备与纯化具有极大的影响。

　　根据不同来源，细菌、植物或哺乳动物、细胞内或细胞外，酶的提取程序是存在显著差异的，目前已有了较为标准化的策略。

（1）分泌到细胞膜外的酶

这种酶类通常为可溶性蛋白，在细胞内合成后由于携带了信号肽，能够通过细胞膜上的转运系统被分泌到胞外，更容易被回收。例如，在微生物酶固体发酵的情况下，提取的第一步通常涉及用水浸泡发酵固体培养基和收集酶浸液。

（2）细胞内的可溶性酶

这种酶类在细胞内合成后不能够通过细胞膜上的转运系统被分泌到胞外，在提取时则必须涉及细胞破碎过程，并且可以使用多种技术来温和地破坏细胞或生物组织。由于细胞破裂通常会导致蛋白水解酶的释放并导致温度升高，因此提取技术的选择取决于可用设备和操作规模以及样品类型。提取应尽快进行，在低于环境温度下，在合适的缓冲液存在下以保持 pH 和离子强度，样品应保持稳定状态。其中：①针对微生物来源的酶可采取高压均质、研磨或超声破碎等方法，除去核酸以及细胞碎片；②针对微生物来源的酶可采取辅助酶解、苯酚浸提、均质、液氮研磨等方法破碎细胞；③而针对动物组织，则需要采用匀浆、搅拌、酸碱浸提等方式将酶从细胞中抽提。

（3）膜上或低溶解性的酶

由于细胞以及细胞器的膜通常为脂类双分子层结构，膜结构内部具有较大的疏水性，而结合在膜上的酶分子通常具有较大的疏水区域，这决定了其较低的水溶性。其中：①针对动植物的组织，需要通过匀浆、剪切等手段完成细胞破碎，且在不使用溶剂或酸碱浸提的情况下，通过离心获取细胞碎片；②针对微生物细胞，则需在细胞破碎后，小心提取细胞膜碎片以及细胞器。最终，使用表面活性剂处理上述细胞碎片以及细胞器，将膜结合以及可溶性酶提取到液相。

（4）可溶性的重组酶

该类酶通过基因重组技术在宿主细胞内根据其表达的方式，使用不同方法进行提取：①细胞破碎后通过离心在上清中获取胞内可溶性酶，并去除核酸；②使用离心或过滤去除细胞，获得分泌到培养基内的可溶性酶；③使用溶菌酶处理细胞释放细胞周质内的可溶性酶；④破碎细胞后使用密度梯度离心获得细胞器，并提取结合在细胞器内的酶。

（5）不可溶的重组酶

该类酶在宿主细胞内无法完成正确的折叠，主要以沉淀的形式存在，被命名为包涵体（inclusion body）。包涵体由于产量大，提取工艺相对简单粗放，目前在工业用酶领域具有较大的应用。在将宿主细胞破碎后，通过离心获取含有包涵体和细胞碎片的固体，并通过表面活性剂（十二烷基磺酸钠等）以及变性剂（尿素、盐酸胍等）洗涤，将细胞碎片去除，从而获得纯度较高的包涵体蛋白。最终，通过复性的过程将错误折叠的包涵体重新转化为接近或具有天然结构的酶分子。

10.1.2　细胞破碎的方法

细胞破碎（cell disruption）是从原始材料中提取酶的重要手段。除了被分泌到细胞外的可溶性酶类，其他胞内可溶性、膜上以及胞内不可溶性的酶类，在制备过程中都需要将细胞进行充分的破碎。基于细胞类型以及酶种类的差异，目前主要发展了机械式以及非机械式的细胞破碎技术（表 10.1）。

（1）机械式细胞破碎方法

① 高压均质（high pressure homogenization） Manton–Gaulin 式均质机最早由 Gaulin 于 1899 年在发明，最早用于乳品加工。该类型的设备为阀门式均质机，混合液在 10~40 MPa 的高压下，通过 10~300 μm 宽的阀间缝隙，液体在狭缝间的流速能够到达 100 m/s，细胞在极短的时间内被湍流和层流剪切力破碎。该类型的均质机适用于酵母、大肠杆菌、丝状真菌以及动植物细胞的破碎。

表 10.1　细胞破碎的方法	
机械式	非机械式
1. 高压均质 　　Manton–Gaulin 式 　　French–press 式	1. 化学破碎
	2. 冻融
	3. 渗透压冲击
2. 研磨 　　珠磨式 　　液氮研磨	4. 表面活性剂
	5. 酶解
3. 超声波	

French–press 式均质机为孔式均质机，细胞悬浮液在 10~300 MPa 的高压下，快速通过直径为 10~300 μm 的孔，喷射到静止的撞击环上，瞬时的急速碰撞以及高剪切力破坏细胞的结构。该类型设备适用于不同原核及真核细胞的破碎。

② 研磨（grinding） 珠磨法（ball mill）是一种常用的细胞破碎方法，细胞悬浊液加入到珠磨机的内腔后，需要加入一定粒径的玻璃珠、石英砂或氧化铝微球等研磨材料一起快速的研磨，通过微粒形态的研磨材料对细胞的碰撞与剪切对细胞的整体形态进行破坏，从而完成细胞破碎的过程。而搅拌研磨产生的热量，则由珠磨机自带的冷却装置进行转移，保证研磨过程中产生的热量不会对酶分子的结构与功能造成影响。该方式适用于大多数细胞的破碎。

液氮可以使样本的组织或细胞瞬间到达低温状态，并使其变脆，通过研磨可以迅速释放出细胞内容物，适用于植物组织和酵母细胞的破碎。但该方法仅适用于实验室小规模的实验操作，无法应用于实际生产。

③ 超声波（ultrasonic） 超声波是超出了人耳听觉上限，振动频率在 20 000 Hz 以上的声波。超声波破碎的原理是将电能通过超声波发生器转化成声波的形态，并利用超声波发生时产生的能量在悬浮细胞的介质中生成密集的微气泡，并使其迅速炸裂，从而对细胞的结构进行破坏。超声波法能用于各种动植物细胞、病毒细胞、细菌及组织的破碎。

（2）非机械式细胞破碎方法

① 化学破碎法 针对不同类型的细胞，分别使用酸、碱溶液或者有机溶剂直接破坏细胞膜的构成，从而提取细胞内含物，包括胞内的酶类以及细胞器等。

② 冻融（freeze–thaw） 在没有大型细胞破碎设备的情况下，可将待处理细胞在低温下冷冻（−70~−20℃），然后迅速将其置于室温或中温环境中融化（25~40℃），并多次重复上述操作。在快速冷冻过程中，低温可能对细胞膜的磷脂双分子层结构造成一定的破坏；此外，快速低温能够使细胞内的水快速结冰形成冰晶造成细胞整体结构的膨胀，最终导致细胞的破碎。此方法仅适用于细胞膜结构较为脆弱的细胞，且破碎效率较低。此外，如果细胞内的目标酶分子对温度具有较大的敏感性，冻融法也并不适用。

③ 渗透压冲击（osmotic shock） 在经典的渗透压模型中，水和溶液由半透膜分隔。在两相平衡的过程中，水通过半透膜向溶液端转移。一般来说，溶液中的溶质

越高，其渗透压越高，水势能越低。而水的流向是由高势能向低势能进行，即水从低渗透压的组分向高渗透压的组分迁移。渗透压冲击法是一种相对温和的模式，即先将细胞置于高渗透压的环境中平衡（如 20% 的蔗糖溶液），此时细胞内的水向胞外的高渗透压环境转移，细胞形态快速收缩。完成平衡后，快速将细胞置于低渗透压的环境（如水），胞外的低渗透压环境的水能够迅速渗入高渗透压的细胞内部，造成细胞的快速膨胀并导致细胞破碎。此方法也仅适用于细胞膜结构较为脆弱的细胞，且破碎效率较低。

④ 表面活性剂（surfactant） 使用表面活性剂洗涤并破碎细胞，适用于提取细胞内重组表达的包涵体沉淀。在表面活性剂破坏了细胞的磷脂双分子层结构后，利用包涵体沉淀与微粒化悬浮的细胞碎片之间的密度差异，可通过离心获得纯度较高的包涵体成分，再进一步进行蛋白质复性处理。

⑤ 酶解 各种不同类型的细胞具有差异化的细胞壁组成，在使用其他机械法或非机械法破碎细胞时，细胞壁的组成对破碎效率具有较大的影响。常规的细胞壁含有纤维素、半纤维素、果胶质等成分，利用具有转移性水解能力的酶对特定的细胞壁进行部分或全部的水解或降解，再利用高压均质、超声波破碎等方式，能够有效提高细胞破碎效率。例如溶菌酶被用于革兰氏阳性菌（如枯草芽孢杆菌）细胞壁的降解，蜗牛酶被用于破坏酵母的细胞壁，而纤维素酶 / 半纤维素酶被用于处理植物细胞的细胞壁。该方法专一性强，处理温和，但酶的成本较高。

10.2 杂质去除与样品浓缩

为了获取胞内或胞外的酶，通常是分别从上清液或细胞破碎液中分离目标分子。由于细胞的体积较小，而且细胞碎片的密度与酶分子的密度之间差别较小，因此该步骤在某种程度上具有较大的难度。这种状态下的酶样品，在进行进一步的分离纯化之前，必须经过去除杂质以及样品浓缩的步骤。

10.2.1 去除杂质

工业中经常使用连续过滤（continuous filtration）来去除杂质。具有较大体积与较大密度的细胞（如酵母细胞），可以通过倾析（decantation）等简单的操作方式去除。目前，高效的连续式离心机已被开发并应用于分离各种类型的细胞和细胞碎片。其中，典型细菌细胞的直径为 0.5 μm，其沉降速度小于 1 mm/h，只有在离心场中沉淀才能实现高效的分离。

过滤速率是滤饼和介质中颗粒提供的过滤面积、压力、黏度和阻力的复杂函数。对于均一洁净的液体，所有这些项都是常数，该种流体在恒定压强下的流速也是恒定的。而累积滤液体积会随时间的增长而呈线性的增加，在悬浮液过滤过程中，形成的滤饼厚度和阻力都会增加导致流速的逐渐降低。由于生物材料的可压缩性，在过滤过程中可能会出现额外的困难。在这种情况下，滤饼产生的阻力增加，因此过滤速率取决于增加的压力。如果施加的压力超过一定限度，滤饼可能会塌陷并导致过滤材料的完全堵塞。

目前，常用的过滤方式有以下几种：

（1）加压过滤（pressure filtration）

板式过滤器和室式过滤器用于过滤少量溶液或在制备过程中去除沉淀物。该种过滤方式截留固体物质的能力是有限的，并且相当费力。然而，这些过滤器非常适用于少量体积酶溶液的精细过滤。

（2）真空过滤（vacuum filtration）

该方法通常是酶溶液过滤的首选方法，因为生物材料很容易压缩。真空过滤器通常用于快速有效地去除酶溶液中的沉淀物和固体。与加压过滤相比，真空提供了更强大的力量，因此整个过滤过程耗时较短。

（3）错流过滤（cross-flow filtration）

在这种模式下，输入液体平行于过滤区域流动，从而防止滤饼积聚导致的过滤阻力增加。为了保持足够高的过滤速率，该方法以保持膜上的高通量速率的形式消耗更多能量。各种高质量过滤膜材料的开发为这种方法带来巨大的应用前景。

10.2.2 样品浓缩

初始样本中的酶浓度通常较低，而体积又较大，因此，为了有效分离纯化酶，必须通过浓缩（concentration）来减少初始体积，减轻后续分离步骤的压力。在保证不使酶失活的温和条件下，真空蒸发、沉淀和超滤等方式被用于酶溶液的浓缩。

（1）减压蒸馏（vacuum distillation）

由于大多数酶分子对热不具备较强的耐受性，因此应仔细进行热处理以蒸发水分。在真空环境下，通常使用带有旋转容器或长管的蒸发器，通过形成薄液膜来最小化样品体积。

（2）沉淀（precipitation）

酶是具有由亲水以及疏水残基并通过一定的折叠形成的具有三维结构的多肽分子。许多溶剂和化学品可能与肽相互作用并改变其结构或表面化学性质，有时会导致蛋白质分子团聚形成不溶性分离物，因此，必须仔细选择沉淀步骤中使用的溶剂和化学品，以确保酶可以有效沉淀出来而不会失去它们原始的结构与功能。沉淀实际上是一种浓缩酶的简单方法，常用的溶剂可以是中性盐（硫酸铵）、有机溶剂（乙醇、丙酮）或聚合物（聚乙烯亚胺和聚乙二醇）。其次，将溶液的 pH 调整至酶分子的等电点（pI），也能够促进酶分子在溶液中沉淀析出。

（3）超滤（ultra-filtration）

带有特定孔径微孔的半透膜通过在超过渗透压时仅允许较小的分子通过，从而能够将溶剂分子与较大的酶分子分离，这是所有膜分离过程（表10.2）的原理，也包括了超滤。对于某种特定的超滤膜材料，其截留分子量（molecular weight cut-off，

表 10.2　膜分离的应用范围

方法	应用	分离范围（分子量）
微滤	浓缩微生物，去除细胞碎片	>1 000 000
超滤	浓缩酶、脱盐	>10 000
反渗透过滤	浓缩小分子、脱盐	>200

MWCO）决定了它针对不同分子量物质分离的应用范围。在酶的分离的过程中，错流过滤式超滤膜材料，已经被用于酶溶液的脱盐和浓缩。

10.3 色谱分离技术

色谱（chromatography）技术已成为实验室或相关企业纯化蛋白质必不可少的基础工具。各种色谱方式，如凝胶过滤色谱（gel filtration chromatography）、离子交换色谱（ion exchange chromatography）、疏水色谱（hydrophobic chromatography）、亲和色谱（affinity chromatography）以及反相色谱（reverse phase chromatography）等，均基于不同的原理建立，并具有不同的选择性，为纯化各种生物分子（包括用于商业目的的酶）提供了强大的工具。生物分子可根据其物理特性（大小、形状、电荷、亚基）、化学特性（共价结合、表面化学活性）或生物学特性（生物特异性亲和力）进行分离（表 10.3）。

（1）凝胶过滤色谱（分子筛色谱）

具有特定尺寸孔径的亲水性水不溶性凝胶基质被填充在色谱柱中以分离生物分子。在进行凝胶过滤色谱之前必须尽可能地浓缩起始样品溶液，并使其达到较高的浓度。因为凝胶过滤色谱的上样体积被限制为小于柱床体积的 10%。凝胶过滤色谱的填料具有自身的排阻范围，在运行过程中，分子根据大小和形状进行分离；大于凝胶中最大孔径的分子，即高于排阻极限，不能进入凝胶自身的孔径并首先从凝胶微球的缝隙中洗脱。而较小的分子根据其较小的尺寸和形状不同程度地进入凝胶微球的孔径中，在它们通过柱子的过程中被阻滞，并按照分子尺寸递减的顺序洗脱（图 10.1）。由于酶的形状和大小各不相同，因此凝胶色谱法对酶的纯化有很大帮助。

表 10.3 各种色谱方法的原理

生物分子的特性	色谱方法
电荷	离子交换色谱
形状、大小	凝胶过滤色谱
疏水性	疏水色谱
	反相色谱
天然相互作用	亲和色谱

（2）离子交换色谱

离子交换色谱是一种成熟的分离技术，它基于与蛋白质分子不同的表面电荷的相互作用。酶分子具有正电荷和负电荷，净电荷受 pH 值影响（图 10.2），该特性已被用于通过阴离子交换剂（带正电荷）或阳离子交换剂（带负电荷）分离蛋白质。上柱的样品通常是含有低离子强度的水溶液，样品分子和带相反电荷的色谱材料会相互吸引，最好用浓度逐渐增加的盐梯度进行洗脱。由于这种方法的浓缩效果，起始样品可以是低浓度的状态。

（3）疏水色谱

色谱介质来源于以 CNBr、环氧氯丙烷等活化剂活化的 Sepharose 等凝胶微球与不同链长的氨基烷烃的反应。该方法基于酶分子的疏水区域与色谱介质上的疏水基团的相互作用。当体系的盐浓度处于高水平时，酶分子表面的疏水区域与疏水介质发生吸附，而结合物质的分离是通过用逐步降低体系的盐梯度来实现的（图 10.3）。这种方法非常适用于进一步纯化通过用盐（如硫酸铵）沉淀回收的酶分子。

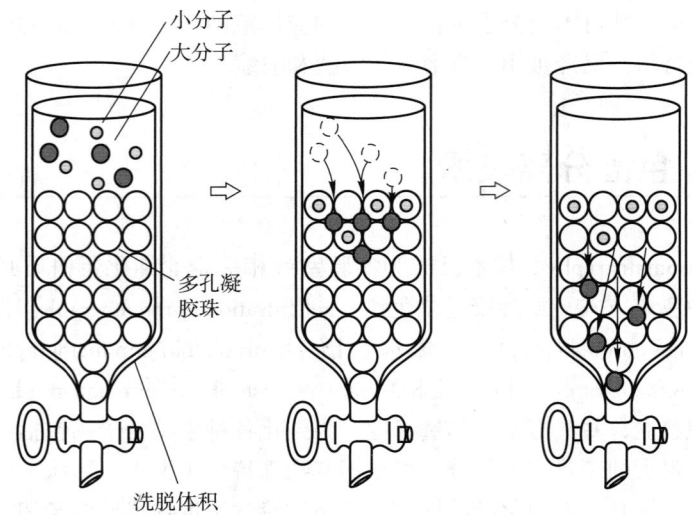

图 10.1 凝胶过滤色谱

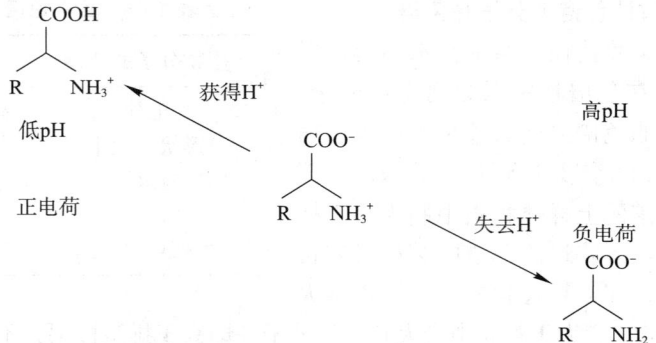

图 10.2 酶分子基础单位（氨基酸）的带电性

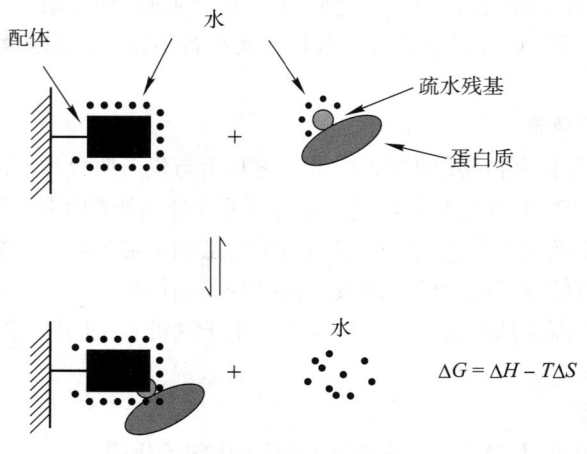

图 10.3 疏水色谱的原理

（4）亲和色谱

亲和色谱是一种基于天然分子间识别与作用的相对简单的方法，值得在工业酶提取中进一步开发。纯化的任何给定生物分子通常都有一个固有的识别位点，通过它可以识别天然或人工分子。如果这些识别对象中的一个固定在介质上装入柱床,则只需将细胞提取物样品通过亲和柱,即可将其用于选择性捕获生物分子。然后可以通过改变外部条件,例如 pH、离子强度、溶剂和温度来洗脱所需的生物分子,这有助于生物分子及其伴侣的复合物解离(图 10.4)。

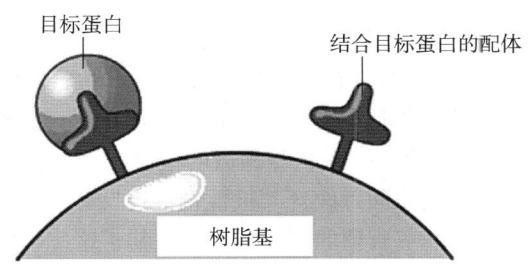

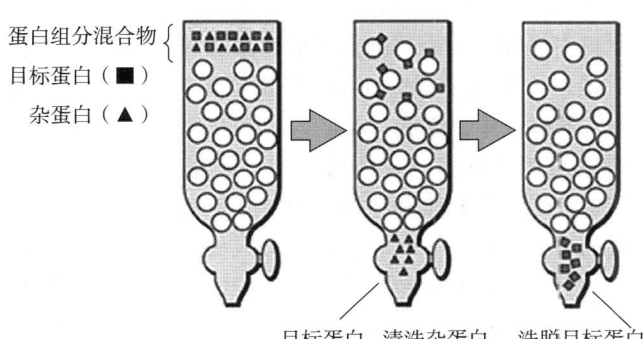

图 10.4　亲和色谱的原理

近年来,亲和色谱被广泛应用于生物相关行业,并根据应用的领域及特性发展出了较多的分支(表 10.4)。

其中,使用最广泛的是免疫亲和色谱,它利用抗体柱纯化抗原,或利用抗原柱纯化抗体。为了纯化自然资源中一些独特的酶,据报道使用抗体来结合目标酶或去除背

表 10.4　亲和色谱的发展与应用

1. 免疫亲和色谱	13. 亲和密度扰动
2. 疏水亲和色谱	14. 灌注亲和色谱
3. 高效亲和色谱	15. 离心亲和色谱
4. 凝集素亲和色谱	16. 亲和排斥色谱
5. 金属螯合亲和色谱	17. 亲和跟踪色谱
6. 共价亲和色谱	18. 嗜热色谱
7. 亲和电泳	19. 膜亲和色谱
8. 亲和毛细管电泳	20. 若亲和色谱
9. 染料亲和色谱	21. 受体亲和色谱
10. 亲和分配	22. 亲和素 – 生物素固定化系统
11. 过滤亲和转移色谱	23. 分子印迹亲和色谱
12. 亲和沉淀	24. 文库衍生亲和配体

景蛋白质。还存在许多其他方法，例如金属螯合亲和色谱，应用基因工程操作将各种亲和标签或尾部引入待纯化的生物分子。例如，在基因克隆过程中，通常会在编码目标酶 N 端或 C 端的 DNA 序列中添加 6 个组氨酸标签。通过宿主细胞将目标酶重组表达后，在分离过程中，仅通过一步与镍介质的亲和层析，就可以捕获大部分目标酶。

（5）反相色谱

反相色谱包括任何使用非极性固定相的色谱方法。所谓的"反相"一词具有历史背景，在 1970 年代，大多数液相色谱是在具有亲水性表面的非改性二氧化硅或氧化铝上进行的，对亲水性分子具有更强的亲和力，现在反相色谱也被认为是"常规色谱"，是被广泛用于生物、化工、医药等领域的检测方法。针对液相色谱介质，引入共价键将烷基链固定到介质表面并改变其极性在进行反相色谱时，极性分子首先被洗脱，而非极性分子被保留——所谓的"反相"正是基于这一事实而得名。

（6）新型色谱技术

扩张床吸附（expanded bed adsorption）是一种用于色谱的操作方式，所需蛋白质从含有颗粒的粗原料中提纯，不需单独的澄清、浓缩和初始纯化。吸附床的膨胀在吸附剂颗粒之间产生了一个距离，即增加了床中的空隙率（空隙体积分数），这使得在将原料上样到吸附柱的过程中，细胞、细胞碎片和其他颗粒可以不受阻碍地通过。

现在扩张床吸附可用于许多商业色谱介质，例如，STREAMLINE 吸附剂通过将向上的液体流施加到柱子上而膨胀和平衡。由于颗粒沉降速度和向上液体流动速度之间的平衡，当吸附剂颗粒悬浮在平衡状态时，形成稳定的流化床。在此阶段，色谱柱适配器位于色谱柱的上部。含有颗粒的、澄清度较低的进料与膨胀和平衡过程中使用的相同的向上流动被施加到膨胀床。目标蛋白与吸附剂结合，而细胞颗粒、碎片、微粒和污染物则不受阻碍地通过。暂时结合的固体材料，例如残留的细胞、碎片和其他类型的颗粒材料，将被向上的液体流从膨胀的吸附剂表面冲走。当所有弱吸附物质从膨胀床中被冲走时，液流停止，吸附剂颗粒迅速从柱子上沉降下来。然后将柱适配器降低到沉淀床的表面。通过合适的缓冲液反向流动冲洗，将捕获的蛋白质从沉淀床洗脱。洗脱液中的目标蛋白被浓缩、澄清、部分纯化，并准备通过填充床层析或其他技术进一步纯化。洗脱后，床层通过向下流洗涤至沉淀床而再生，使用特定于所应用的色谱原理类型的缓冲液。这个再生步骤去除了在正常洗脱阶段没有去除的更强结合的蛋白质（图 10.5）。

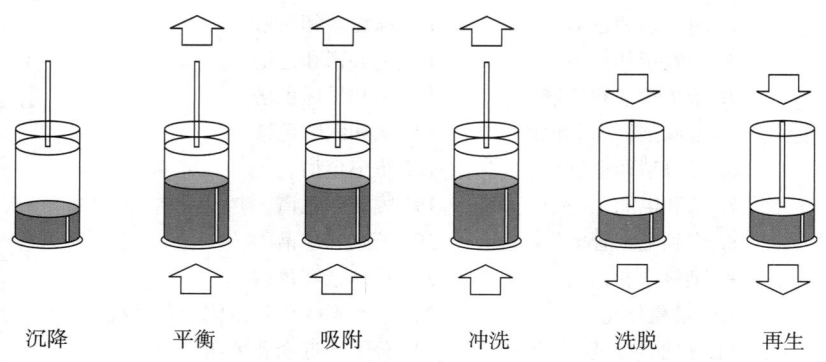

沉降　　平衡　　吸附　　冲洗　　洗脱　　再生

图 10.5　扩张床吸附的原理

模拟移动床色谱（simulated moving bed chromatography，SMBC）技术是高效液相色谱的一种变体，它用于分离难以或不可能通过其他方式分离的颗粒和化合物。这种新型分离方式是由用于无限延长固定相的阀和柱排列带来的。在制备色谱的移动床技术中，进料和回收是同时且连续的，但由于模拟移动床技术中连续移动床的实际困难，样品入口和分析物出口位置是不断移动，给人一种移动床的印象。真正的移动床色谱（moving bed chromatography，MBC）只是一个理论概念，它的模拟——SMBC 通过使用多种柱串联和复杂的阀布置来模拟固定相和流动相之间的逆流以分离二元混合物。这是通过一系列环状的色谱柱来完成的，通过连续的进样和与洗脱液流动方向同步切换色谱柱，在固定相和流动相之间实现逆流。洗脱液流经这个环，两个入口（用于进料和补充洗脱液）和两个出口（提取物和萃余液）定义四个分离区域（图 10.6）。

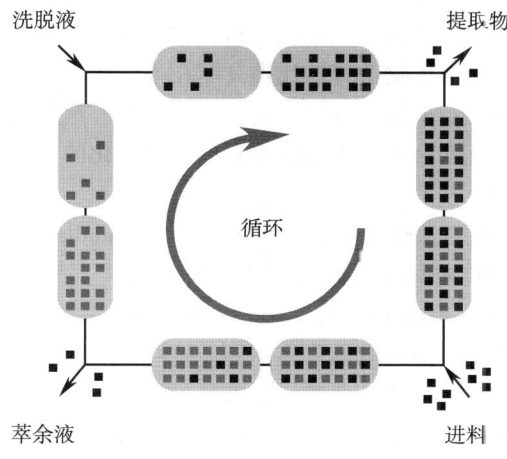

图 10.6 模拟移动床色谱的基本工艺流程

10.4 酶的修饰与产品

10.4.1 酶的修饰

酶是具有立体结构和生物活性的生物大分子，依据其来源以及功能，各种酶的天然活性、形态以及结构存在较大的差别。为了改变特定酶种的功能与性质，可通过分子修饰以及化学修饰来进行改造。

（1）分子修饰（molecular modification）

酶的功能取决于其结构，而结构取决于肽分子的序列。因此，改变编码酶分子的 DNA 序列能够创造一些改变酶学性质的机会。

定点突变（site-directed mutagenesis） 是指特定酶分子或其他蛋白质的氨基酸序列通过有意且精确地突变编码该分子的克隆基因而改变的方法。它是一种非常有用的技术，可用于蛋白质功能的研究、酶活性位点的鉴定以及新型蛋白质的设计。使用这种技术，可以将蛋白质序列中的单个氨基酸替换为具有不同化学性质的另一个氨基酸。通过这种方式，可以检查该位点特定氨基酸的功能。该过程的基本方案由

◆ **科学史话 10-1**
定点突变技术的建立

Michael Smith 开发，他因对寡核苷酸定点突变的建立及其在蛋白质研究和酶修饰方面的发展做出的基本贡献而获得 1993 年度诺贝尔化学奖。为了进行定点突变，必须在感兴趣的位点设计 DNA 引物，引物片段应包含必要的核苷酸改变，以影响蛋白质序列的变化。

定向进化（directed evolution） 在近二十年已被用作蛋白质工程合理设计的替代方法。蛋白质功能是复杂的，改善酶活性是一项艰巨的任务。我们现在可以提高现有的酶活性，改变酶的选择性，并使用定向进化从头进化功能。定向进化旨在通过模仿自然进化过程，从大量蛋白质变体中筛选或选择所需功能来产生具有新活性的蛋白质。经过过去二十年的优化，定向进化已经并将继续用于：①提高酶的稳定性和活性：酶通常在中性 pH 的水溶液中表现出最佳活性，通常需要进行修饰以用于工业和生物技术应用。②修改底物选择性：天然酶通常对其预期底物非常专一，并且通常需要修改或扩大其底物选择性以用于工业或生物技术应用。然而酶的结构和选择性之间的关系是复杂的，改变酶的底物选择性比提高酶在不同环境下的活性更困难。③从头进化活性：虽然天然酶已经催化了许多不同的化学转化，包括碳 – 碳键形成反应、水解反应和氧化反应，但从实践和学术角度来看，定向进化的最终目标是在许多方面活动的从头进化。

目前常用的定向进化方法包括了 DNA 混编（DNA shuffling）以及易错 PCR（error-prone PCR），这些方法在本书第一部分已经描述过。

融合表达（fusion expression） 近年来，大肠杆菌基因融合表达系统已经规避了使用这种细菌生产重组蛋白时固有的许多问题。这些系统还提供了一种强大的方法来识别具有所需结合特异性的肽或蛋白质。随着新的融合结构、纯化和检测标签、切割试剂以及在细菌表面展示肽的方法的引入，基因融合技术不断扩展。位于目标蛋白 C 端或 N 端的一种蛋白质或肽，可促进以下一个或几个特征：①提高溶解度，将目标蛋白的 N 端融合到可溶性融合伴侣的 C 端通常会提高目标蛋白的溶解度。②改进检测，目标蛋白与短肽（表位标签）、抗体（蛋白质印迹分析）或荧光蛋白的融合，促进目标蛋白在表达或纯化过程中的检测。③改进纯化，目标蛋白任一末端可与亲和树脂特异性结合以方便纯化。④特殊定位，通常位于目标蛋白的 N 端，作为将蛋白质发送到特定的细胞区域。⑤改进表达，目标蛋白 N 端与高表达融合配体 C 端的融合促进目标蛋白的高水平表达。

（2）化学修饰（chemical modification）

酶技术的广泛发展与应用激发了人们对增强酶功能和稳定性的兴趣，共价化学修饰是可用于改变蛋白质特性的原始方法，现在已成为定点诱变和定向进化定制蛋白质和酶的有力补充方法。

酶的交联（enzyme cross linking） 酶实际应用的挑战之一是提高稳定性，特别是对于在非水相应用的酶类。在这方面，已有报道利用双功能和多功能试剂完成酶分子间和分子内交联以提高其稳定性。Quiocho 和 Richards 首先使用戊二醛进行酶交联了羧肽酶并提高了其稳定性（图 10.7），其交联结构通过结晶和 X 射线衍射进行了验证。

单官能聚合物化学改性（chemical modification with monofunctional polymer） 与酶交联相反，用单官能试剂进行化学修饰允许酶分子结合特定的单体或聚合物官能

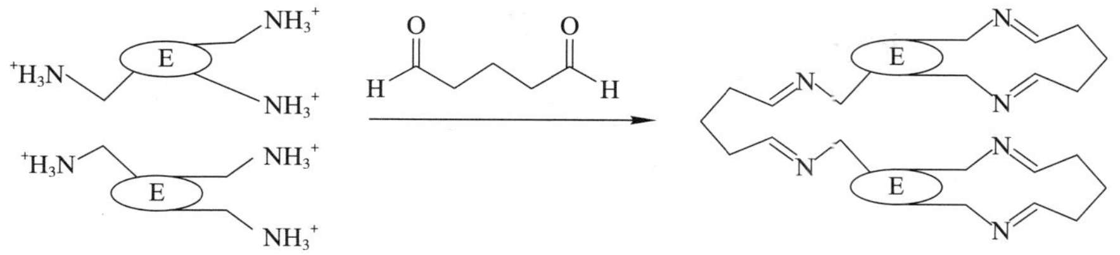

图 10.7 戊二醛交联酶分子

团。特别是用两性聚合物聚乙二醇（PEG）进行共价修饰已被用于酶修饰，以提高其在机溶剂中的耐受性，并且可用于制备具有低抗原性和高稳定性的具有治疗活性蛋白质。例如，三聚氯氰和对硝基苯基氯甲酸酯活化的 PEG 修饰 *Candia mgosa* 脂肪酶后（图 10.8），在异辛烷中表现出增强的稳定性，并且发现前者比后者更具活性。

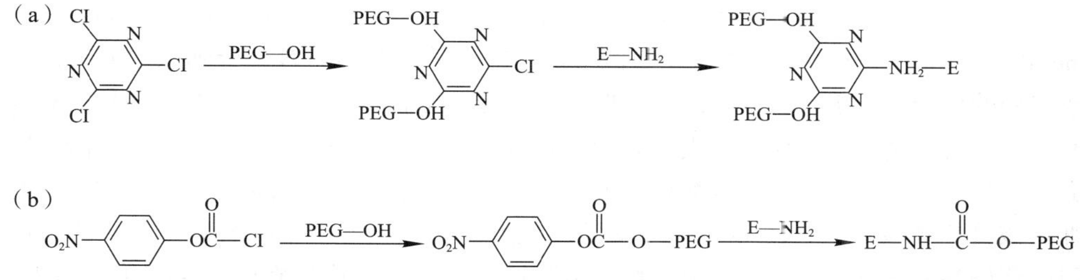

图 10.8 脂肪酶利用三聚氯氰（a）和对硝基苯基氯甲酸酯（b）活化的 PEG 进行修饰

　　小分子官能团的引入和原子置换（chemical introduction of small moieties and atom replacement） 被证明对酶的修饰是有益的。例如，未糖基化的核酸酶 RNase A 与产生 D- 葡糖胺的单糖基化酶和二糖基化酶化学偶联（图 10.9）。Asp53 和 Glu49 被确定为可能的糖基化位点。与天然酶相比，化学单糖基化的 RNase A 的比活性降低了80%，但与未糖基化的 RNase A 和天然的 vko 糖基化材料 RNase B 相比，其热稳定性增强，RNase B 在 Asn34 处糖基化并包含五种糖型。

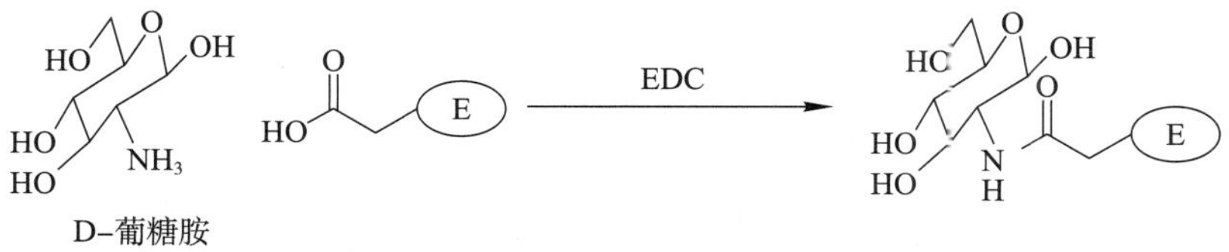

图 10.9 利用 D- 葡糖胺针对 RNase A 的 Asp53 和 Glu49 形成酰胺键

　　通过化学修饰引入辅因子（cofactor introduction by chemical modification） Kaiser 证明了化学修饰作为将辅因子连接到蛋白质模板上以诱导新酶活性的工具的潜力。在其相关的工作中，使用标准固相合成技术，源自 RNase S 的 C 肽的 Phe8 残基被替换为非天然氨基酸，其中包含维生素 B_6 辅因子（图 10.10）。在其催化的丙酮酸转氨为丙氨酸的反应过程中，与非共价连接的辅因子相比，经过化学修饰和重组的 RNase S 表现出比铜（Ⅱ）辅助快近 7 倍的反应速度。

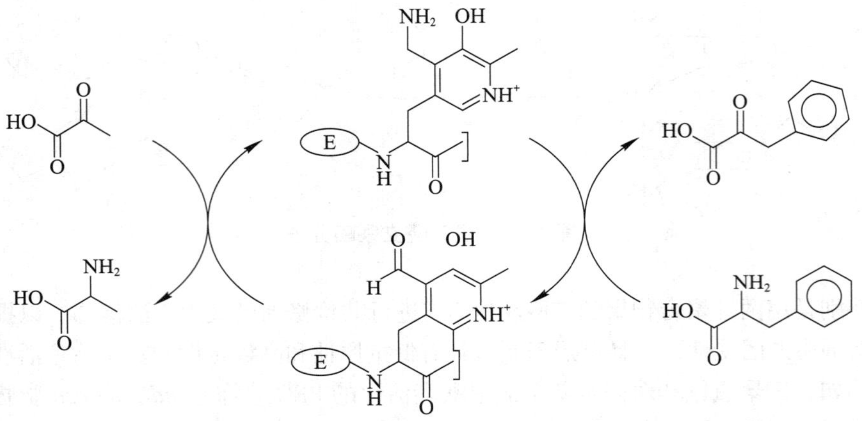

图 10.10 RNase S 与维生素 B₆ 辅因子共价连接

定点突变联合化学修饰（site-directed mutagenesis associated with chemical modification） 在这种方法中，化学家合成的非天然氨基酸将被整合到肽序列中，以改变酶的功能。以定点突变在酶或蛋白质中的受控位置引入任何所需的特定氨基酸残基，随后可以进行化学修饰以引入非天然氨基酸侧链。这种定点突变联合化学修饰的方法已被应用于改变碱性丝氨酸蛋白酶枯草杆菌蛋白酶 Badus lentus（SBL）的催化特性。该策略涉及通过定点诱变在关键活性位点位置引入一个半胱氨酸残基，然后用甲硫代磺酸盐试剂（CH_3SO_2S-R）将其硫代烷基化以产生化学修饰的突变酶（CMM）（图 10.11）。甲硫基磺酸盐试剂与巯基发生特异性和定量反应，而不与任何其他蛋白质官能团反应，从而产生均质产物。SBL 是这种方法的理想模板，因为它不含天然半胱氨酸。

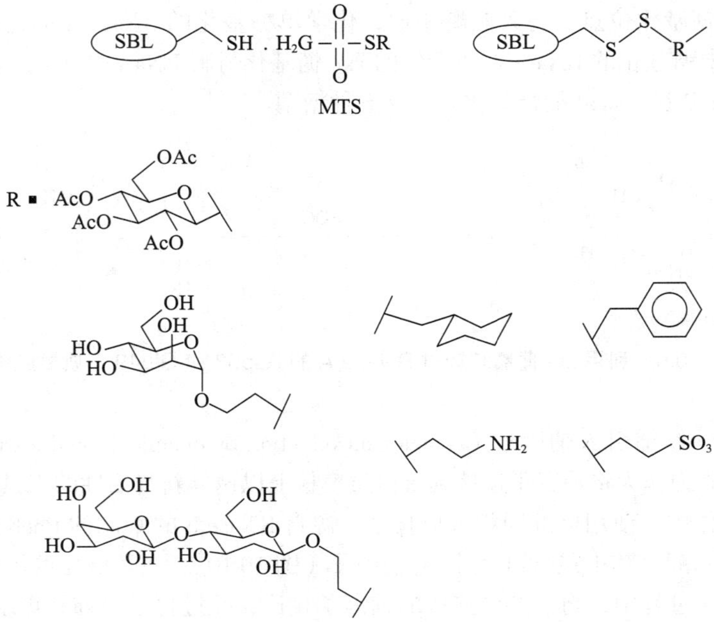

图 10.11 SBL 引入 Cys 残基后通过甲硫基磺酸盐试剂进行定点修饰

10.4.2 酶的产品

酶分子从原材料中被以较高纯度的分离纯化或修饰后，需要经过"精制"（polishing）的过程才能获得最终的产品。这里的精制是精炼或提纯的最后一步，在酶制备的精制阶段，重点几乎完全放在酶的高分辨率上以达到最终纯度。除了痕量杂质（如内毒素、核酸或病毒）、密切相关的物质（如产品的微异质结构变体、试剂或聚集体）外，大多数污染物和杂质已被去除。可能有必要牺牲样品负载甚至回收范围（通过峰值切割），以实现高分辨率。最终酶产物的回收策略也是一个高度优先事项，必须选择一种技术，以确保以最高收率进行回收，此阶段的产品损失比早期阶段的成本更高。

所选择的技术必须区分目标蛋白和任何残留的污染物。单独使用高选择性技术并不总能达到实现这种区分所需的高分辨率，通常需要选择具有小而均匀的微球尺寸的高效介质。基于酶的分子量，高分辨率凝胶过滤色谱和超滤是最常用的方法，即使是溶液中的盐也可以去除。但凝胶色谱柱容量低，耗时长，回收率低。此外，重复的超滤过程具有较高的损耗。因此，这些方法通常用于小规模提取。

反相色谱根据蛋白质和肽的不同疏水性来分离，是一种高选择性（高分辨率）技术，但通常需要使用有机溶剂。在有机溶剂环境中，一些蛋白质很容易变性。如果目标酶分子可以承受反相色谱的流动相环境，其也是精制步骤的有效选择之一。

理想状态下，酶产品应在缓冲条件下回收，以备下一步使用。但是，大多数情况下精制的酶在液态下相当不稳定，为了保持其结构与功能，应将一些特定的酶稳定剂添加到最终的纯化产品中。

通常情况下，酶以稳定的液体浓缩物或颗粒固体的形式保存、运输及销售。酶制剂的主要任务是最大限度地减少包装、运输、储存和应用过程中酶活性的损失。在工业应用中，酶经常暴露在潮湿、炎热或氧化的环境中，例如洗涤剂、纺织品整理配方以及食品和饮料加工。好的配方通过抵消失活的主要因素（尤其是在催化位点上）和蛋白质分子的变性来增强稳定性。蛋白质的变性通常是通过酶的三级分子结构在热或化学应力下物理展开而发生的。有时，微量的蛋白酶可能会导致纯化的蛋白质逐渐失去活性。一旦酶的结构开始松散并展开，它就变得非常容易失活和被蛋白酶水解。为了最大限度地减少酶分子的解折叠，合理的配方必须提供一个保护环境，使酶自身维持在一个紧凑的蛋白质结构中；可以通过添加与水相关的化合物（如糖、多元醇和溶致盐），优先从蛋白质表面排除水以稳定酶分子，从而最有效地实现这一点。对抗活性位点失活的最佳方法是确保配方中存在足量的任何所需辅因子，例如蛋白酶抑制剂，从配方中去除氧化剂或反应剂。

配方应满足几个关键的次要要求，包括防止微生物污染、避免物理沉淀或絮状物形成、尽量减少致敏粉尘或气溶胶的形成，以及优化最终酶产品以满足美学标准，例如避免颜色和气味的变化。其中许多问题应尽可能通过上游技术来解决，包括在发酵或酶回收过程中合理选择原材料。

🔖科技视野 10-2
蛋白质变性

🔖科技视野 10-3
微生物污染

小结

分离纯化得到高纯度的特定酶种是其工业化应用的基础，由于原始物料、细胞形态以及酶分子本身结构与功能的差异，其预处理、除杂、浓缩等过程需要差异化的定制。色谱技术是酶分离纯化的重要手段，根据原理可被分为各种不同的类型。可通过分子修饰或化学修饰对酶的稳定性与催化效能进行改造。最终酶产品的配置，需要将其精制到较高的纯度并通过合理的配方保持其结构与功能的稳定性。

? 思考题

1. 简述酶的预处理方式。
2. 简述酶制备过程中杂质去除与浓缩的方法。
3. 简述色谱技术的分类与原理。
4. 简述酶的修饰技术以及终端产品的配置。

推荐阅读

1. 夏其昌. 蛋白质化学研究技术与进展［M］. 北京：科学出版社，1999：1–136.
本书介绍了酶的基本概念、分离纯化的具体操作技巧，具有指导与借鉴作用。
2. 陶慰孙. 蛋白质分子基础［M］. 北京：高等教育出版社，1999：1–440.
本书详述了蛋白质分离纯化的一般程序，对酶的分离纯化工程具有重要的技术指导作用。
3. 徐凤采. 酶工程［M］. 北京：中国农业出版社，2000：1–148.
本书对酶工程涉及的基础内容进行了详细介绍，包含了酶的分离纯化操作及原理，有助于全面了解酶的分离纯化。
4. 俞俊棠. 生物工艺学［M］. 上海：华东理工大学出版社，2000：1–300.
本书以产品生产中共性工艺技术的理论和实践为主线，同时选取若干典型生产过程具体介绍，内容包括成熟的和较新的生物过程的基本原理，其中包含生物质分离和纯化原理篇，有助于全面了解酶的分离纯化原理。

更多网上学习资源

◆ 教学课件　　◆ 自测题　　◆ 参考文献

第11章 酶学新技术

　　酶作为生物催化剂，具有反应条件温和、绿色环保等优点，但存在活性不强、稳定性不好等缺点。对天然酶进行设计改造，提升其工业应用属性，具有重要的基础研究意义及应用价值。酶具有一定程度的可进化能力，可被人为进化；不同类型酶的改造难度不一致，反映了酶的可进化能力不同。如何精准定位酶蛋白关键氨基酸残基位点，通过位点突变解锁其可进化能力并赋予人工酶新颖的催化特性，尚缺乏有效的解决手段。本章介绍用于酶改造的前沿技术。

　　As biological catalysts, enzymes take the advantages of mild reaction conditions and environmental protection, however, they also have disadvantages such as weak activity and poor stability. Designing and transforming natural enzymes to improve their industrial application properties is of great significance for basic research and application. Enzymes can be evolved artificially with a certain degree of evolvability. The engineering difficulty is inconsistent among various types of enzymes, reflecting the different evolvability of enzymes. There are still insufficient effective solutions to precisely locate the key amino acid residues of the enzyme, unlock its evolvable ability through site mutation, and endow the artificial enzyme with novel catalytic properties. This chapter would introduce cutting-edge technologies for enzymatic engineering.

▶▶ **知识导图**

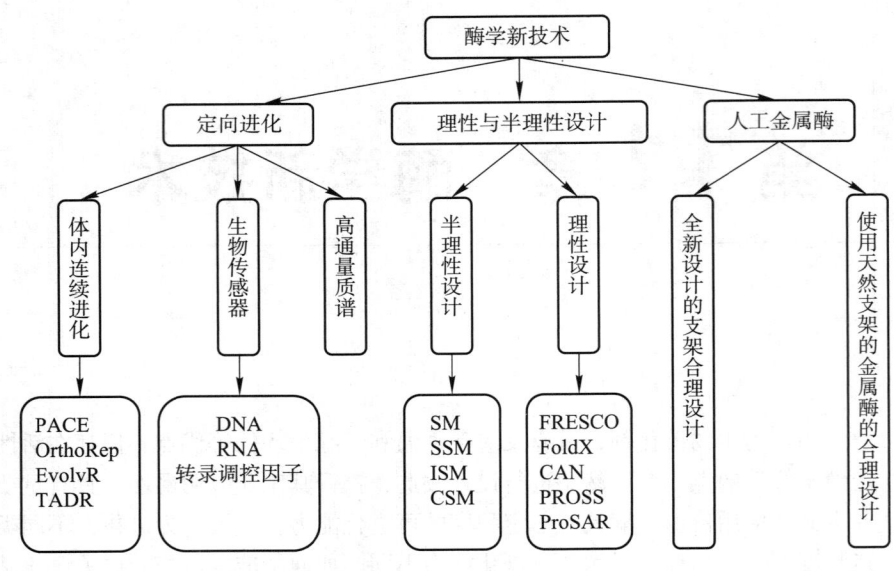

▶▶ **学习指南**

➢ 了解：酶催化的应用过程。
➢ 重点：酶定向进化的基本理论、策略。
➢ 难点：特定酶的进化手段的实际设计与应用。

11.1 定向进化

🖥️科技视野 11-1
酶的定向进化

🐾科学史话 11-1
诺贝尔奖得主弗
兰西斯·阿诺德

　　定向进化是设计新的生物分子和细胞功能的有效方法，与理性设计方法不同，定向进化利用多样性和进化，通过应用基因和基因组的突变、选择和放大的达尔文循环来塑造生物物质的行为。定向进化领域对进化过程产生了重要见解，以及在生物技术和医学领域产生了有用且广泛应用的 RNA、蛋白质和系统。典型的定向进化流程如图 11.1 所示。首先通过不同的手段在蛋白质对应的基因上引入突变以实现序列全局的一小部分覆盖；其次，将突变基因转送至微生物，并使相应的突变体蛋白质得以表达；然后使用不同的测试方法筛选出具有更好目标性能的蛋白质突变体，并通过测序手段确定其基因与蛋白质序列；最后以获得的最优突变体为母本，进入下一个"突变 - 筛选"的循环，直至达到预期的蛋白质性能。

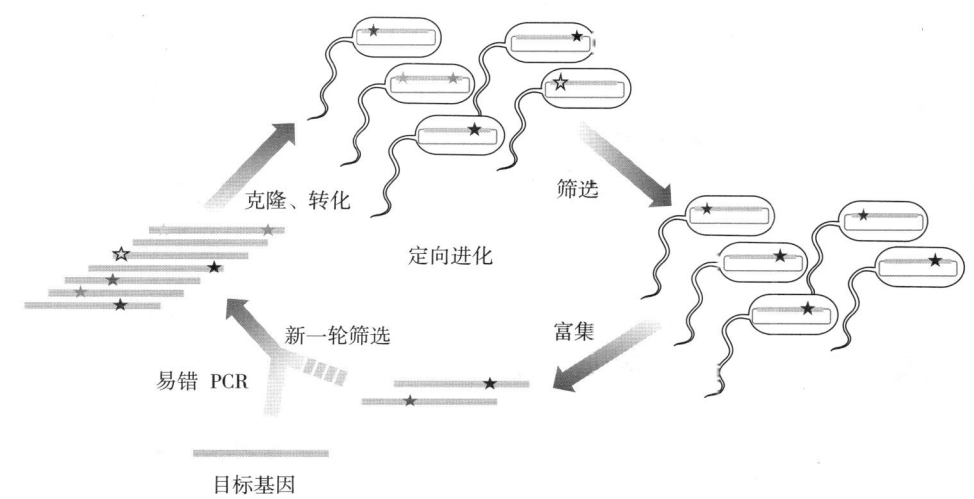

图 11.1 定向进化流程

11.1.1 体内连续进化

为了模拟进化过程，经典的定向进化方法对感兴趣的基因进行体外多样化循环，将得到的基因库转化为细胞，并选择所需的功能。这个周期的每一次迭代都被定义为一轮进化，选择的严格性随着轮次的增加而增加，无论是通过自动竞争还是通过改变条件手动（或两者兼而有之），这个过程可以使目标酶越来越接近所需的功能。

但在这个经典的定向进化过程中，多样化大多发生在体外，但表达和选择应该发生在体内，每一轮体外突变、转化和体内选择都需要几天或几周的时间；其次，有限的 DNA 转化效率影响了文库多样性，这降低了在序列空间中找到最优解的可能性。再次，可同时运行的进化实验的数量很少，因为体外突变、克隆和转化在实验上是繁重的，需要大量的人力成本。

体内持续定向进化的一个新兴领域试图通过对目标基因进行持续多样化和完全在活细胞内进行选择来克服这些缺点。在具有选择压力的条件下，通过细胞的基本连续传代，目标蛋白可以快速而持续地进化。这消除了体外和体内步骤之间的劳动密集型循环，创造了一种仅受宿主细胞的生长时间和可培养细胞数量限制的定向进化的新范式。在大多数定向进化的宿主生物中，如大肠杆菌和酿酒酵母，代时很快（20 ~ 100分钟），可以培养的细胞数量很大，因此连续系统的潜在力量是巨大的。此外，体内连续定向进化适用于高通量实验，因为连续传代是直接的，可以大规模自动化或使用生物反应器转换为连续培养。图 11.2 展示了体内易错 PCR 的突变流程。

11.1.2 生物传感器

生物传感器是检测细胞分析物并由此传递与刺激相关的可测量信号的生物元件。自首次使用电极形式中所含的氧化酶进行葡萄糖监测以来，一系列核酸、抗体、细胞受体甚至细胞器已逐步整合到与医疗保健、食品控制和环境监测相关的生物传感角色中。生物传感器发展的早期应用主要集中在医学诊断和质量检测。最近，由于生物传感器设计和发现技术的进步，以及蛋白质和代谢工程生产各种增值化学品的潜力，利

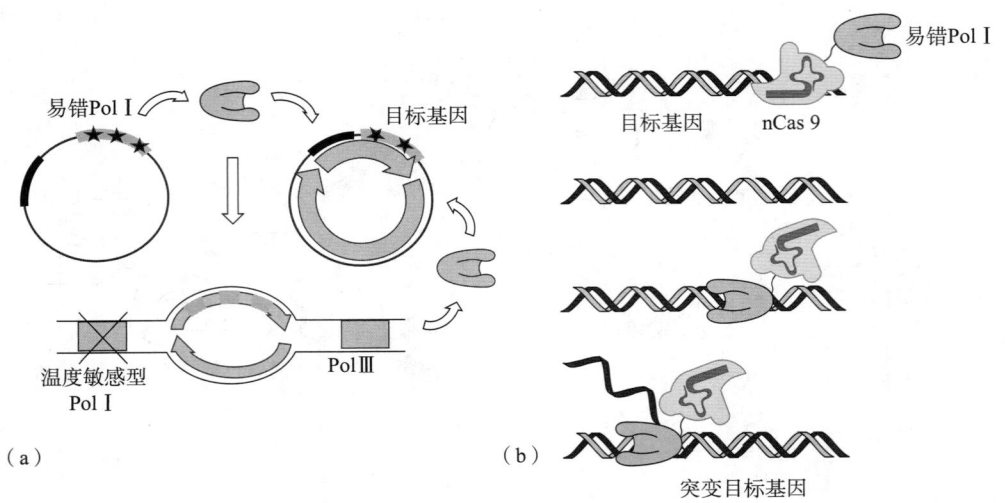

图 11.2 基于体内易错 PCR 的突变流程

用生物传感器检测代谢物的势头越来越大。

生物传感器可应用于通过表达宿主增殖所需的基因，将模糊性状与适应度优势相结合，从而弥合这种关联差距。重要的是，在细胞内传感报告系统中，针对目的蛋白和宿主之间的有害相互作用施加选择性压力，从而要求阳性候选物在整个宿主蛋白质组的背景下发挥作用。类似地，生物传感器可以连接到报告系统，将活性水平或化学浓度转换为可测量的比色、发光和荧光响应。多年来，已经开发了各种方法来突破突变体库分析的限制。特别是，通过促进实施高通量筛选和选择方法以改进生物催化剂，生物传感器在细胞底盘内的应用已成为各种定向蛋白质进化平台的重要使能工具。此外，体内表征策略可以绕过与蛋白质纯化和体外验证相关的困难。随着生物合成途径中酶的优化变得更加相关，体内生物传感器也为相关蛋白质靶标的进化提供了有吸引力的多重表型筛选解决方案（图 11.3）。

虽然生物传感器的历史可以追溯到近 60 年前，但是大多数是基于少量天然存在的调节元件，如核糖开关和转录因子，已经设计出生物传感器。最近，通过理性设计或随机诱变方法修饰结合特异性和正交性，新型生物传感器正在迅速发展。然而，生

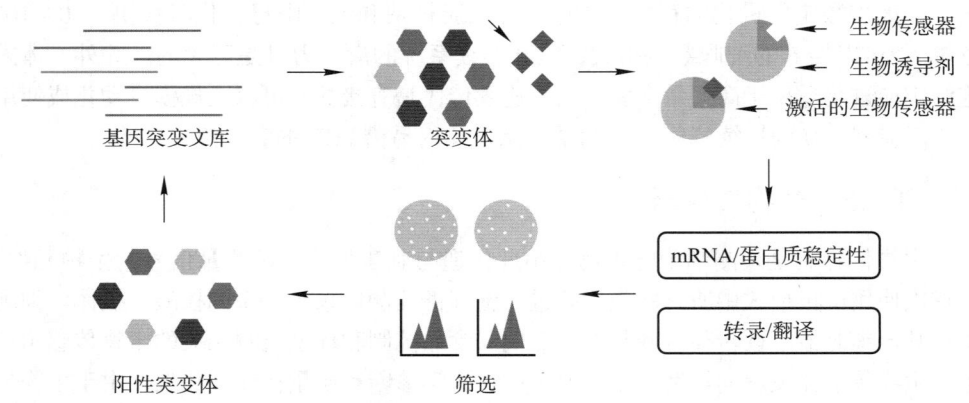

图 11.3 生物传感器介导的体外突变

物催化剂及其相应产品的种类远远超过了现有的传感和识别元件，因此仍然需要传感器的发现和工程化。目前，用于体内蛋白质定向进化的生物传感器大致可分为两组：基于核酸和蛋白质的生物传感器，其中基于核酸的生物传感器见图 11.4。

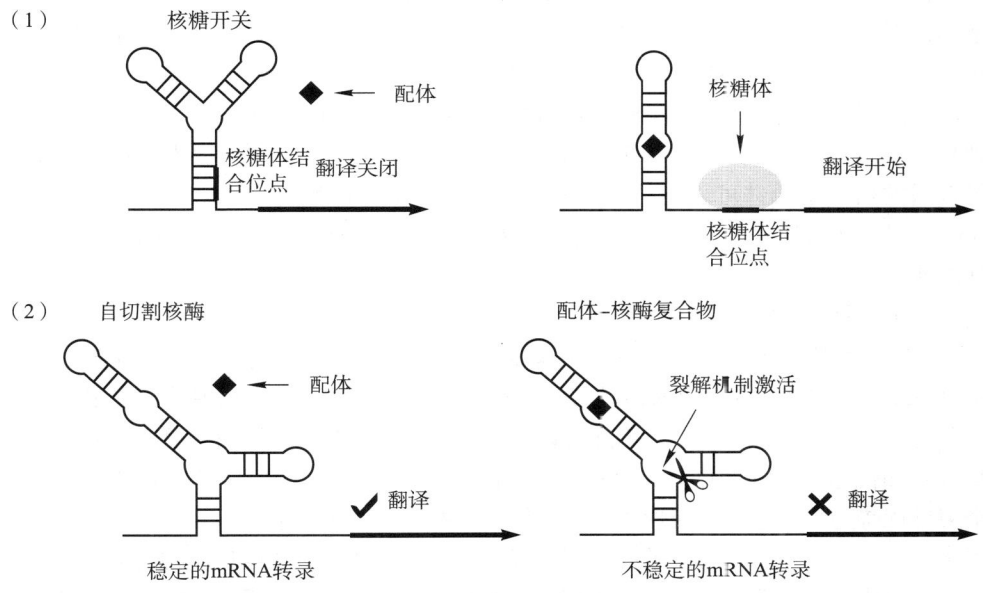

图 11.4　基于核酸的生物传感器

（1）RNA 型生物传感器

在自然界中，RNA 遗传控制元件以核糖开关的形式存在，通常与 mRNA 相关联，以调节其表达水平。当配体在核糖开关的适体区域结合时，表达平台通常会发生构象变化，这可能会破坏转录物的稳定性或影响 mRNA 翻译的速率。在某些情况下，代谢产物间的相互作用会激活 RNA 转录物中的自裂解机制，这在 glmS 核酶中得到了特别深入的研究；由此，代谢物葡糖胺 –6– 磷酸（GlcN6P）作为辅酶促进 RNA 降解。鉴于其在反馈抑制模型中对配体结合活性的依赖性，glmS 核酶已作为有用的生物传感器模板用于目标蛋白的定向进化。除了全长核糖开关之外，还将天然适体结构域与报告系统或必需基因偶联，以构建合成 RNA 生物传感器，用于高通量筛选或选择生物数据酶。对各种核心代谢产物和辅因子有反应的核糖开关的鉴定和表征扩展了蛋白质优化的范围。同时，合成适配子的发展也扩大了可用于次级代谢产物和配体体内检测的生物传感域的范围。

细菌和真菌的次级代谢提供了丰富的天然产物来源，这些产物表现出一系列的抗微生物、抗癌和免疫抑制特性。生物传感器介导的定向进化方法可以提供一种便捷的途径，优化这些相关替代途径中一些关键中间体的催化元素。

（2）DNA 型生物传感器

与 RNA 生物传感器相比，独立的 DNA 生物传感器在定向蛋白质进化方面不太常见。单链 DNA 适体已被用于体外代谢产物检测，但遗传编码的 DNA 适体在宿主细胞中的稳定性仍是一个重大挑战。目前，体内 DNA 生物传感元件仅限于与报告基因连接的代谢产物响应性启动子，这些装置一般构成启用转录因子的生物传感器设置的一部分。通过开发转录组分析工具和基于算法的染色质免疫沉淀分析，许多代谢产物响应启动子已在全基因组范围内得到表征。其中一些为了检测代谢产物和化合物如赖氨酸、麦角固醇和 1- 丁醇，已经将启动子元件结合到生物传感器设计中，目的是在它们各自的途径中催化增强。然而，一个关键的考虑因素是启动子所实施的宿主系统的选择，因为这可能影响其应答水平。例如，在谷氨酸棒杆菌中，发现 pA、pN 和 LysE 相关启动子对赖氨酸敏感，最高可达每升数克；然而，在大肠杆菌系统中，只有 pA 启动子能够引出适用于高通量筛选赖氨酸过量产生者的动态范围。为了实现信号输入到报告子输出的有效转导，就用于筛选或选择的底盘而言，在生物传感器设计中选择合适的启动子元件可能是至关重要的。展望未来，在蛋白质优化工作中使用基于 DNA 的生物传感器时，识别新的代谢产物响应性启动子和设计上下文响应性调节元件的能力应得到扩展。

（3）转录因子型生物传感器

在所有生物系统中，转录因子在基因表达的控制中起主要作用，主要是通过调节 RNA 聚合酶与 DNA 的结合来启动转录。由于小分子对转录因子的变构控制是自然界中普遍存在的一种传感机制，因此可以很容易地利用这些调节蛋白来监测细胞环境中化合物和代谢产物的浓度。与 RNA 核糖开关不同，基于转录因子的生物传感器的一个关键优势是信号放大的特性；由此配体浓度的微小变化可以影响多个遗传转录物的下游表达，导致用于增强灵敏度的有序读出。这种特性与生物催化产物的低水平检测以及蛋白质或酶新活性的进化高度相关。然而，转录因子在基因组环境中可以有多个结合位点；因此，在生物传感应用中实施转录因子之前，对靶区域的全面调查和对调控网络的理解通常是必要的。

鉴于在发现新的转录因子和表征相关启动子元件方面所做的大量有意义的工作，越来越多的配体结合工具已可用于蛋白质优化。例如，最近鉴定的 3- 羟基丙酸（3-HP）和苯酚特异性转录因子已用于生物传感器设计，以高通量筛选和选择其各自生物合成途径中的酶变体。3-HP 是一种重要的平台化学品，用作聚合物生产的原料，并且在重组大肠杆菌中已经建立了从甘油进行生物合成的经济途径。然而，一个关键的限制在于一种重要的 α- 酮戊二酸半醛脱氢酶（KGSADH）的催化活性较低，从而导致 3- 羟基丙醛的积累和最终的细胞毒性。

11.1.3　高通量质谱

对于蛋白质，质谱（mass spectrum）主要用于表征催化活性、配体结合和结构三个性质。质谱非常适合研究导致质量差异的底物 – 产物转化。配体结合可以通过测量残留和 / 或洗脱分子的结合和洗脱策略来研究，或通过直接监测由于形成蛋白质 – 配体复合物而引起的质量位移来研究。结构分析通常需要先进的质谱方法，例如使用离子迁移率质谱来区分蛋白质的整体形状和堆积。由于这些分析能力，质谱测量可用于辅助以配体结合和催化特性为目标的蛋白质工程活动（图 11.5）。

当样品含有复杂的蛋白质混合物、相关的轻组分和酶底物 / 产物时，由于其质量分辨能力，质谱通过同时监测各种反应物种提供了无与伦比的信息。此外，质谱测量通常不需要标记，因此不需要昂贵的替代底物便可将反应进程与分光光度或放射性信号耦合间接测定。此外，质谱的高选择性和灵敏度使得能够使用多路和微型化反

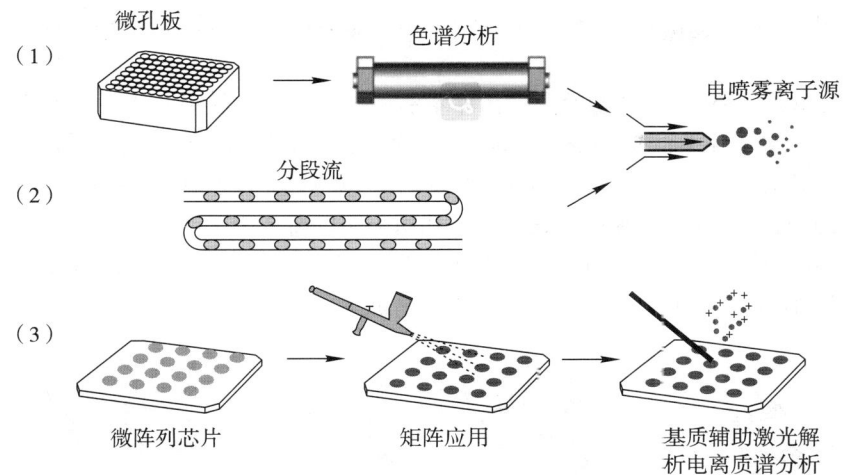

（1）微孔板　色谱分析　电喷雾离子源

（2）分段流

（3）微阵列芯片　矩阵应用　基质辅助激光解析电离质谱分析

图 11.5　基于质谱的蛋白质分析流程

应。与其他分析方法相比，基于质谱的分析的这些特点在增加分析读出信息含量的同时，减少了分析时间和成本，因此有利于更多地使用质谱作为研究和工程化蛋白质的一般方法。

此外，质谱已被用于设计更具挑战性的酶性质，如对映选择性。与具有不同分子量的鼠李糖脂同系物不同，对映异构体具有相同的质量，无法通过质谱进行区分。为了克服这一挑战，Reetz 组以光学纯形式对一种对映异构体进行了同位素标记，然后以 1∶1 的方式将其与其他未标记的对映异构体混合。使用伪对映异构体或伪前手性化合物作为底物，可实现手性底物和所得产物的质谱分离，其离子强度可用于监测不对称反应。

11.2　理性设计与半理性设计

11.2.1　半理性酶设计的迭代饱和诱变

化学、立体和区域选择性是可持续合成有机化学的中心主题，催化而非化学计量过程是优选的。在选择生物催化时，有机化学家和生物技术学家通常对以非天然化合物为底物的选择性催化转化感兴趣，事实上已经报道了许多工业过程。几十年来，基于酶的技术在使用非天然底物时的主要缺点包括以下经常观察到的局限性：①底物范围窄（活性不足）；②对映选择性或非对映选择性差；③区域选择性差；④稳健性不足。

在过去的 20 年里，酶的定向进化发展到了可以解决和解决所有这些问题的地步。定向进化包括诱变 / 表达 / 筛选（或选择）的递归循环，最常用的基因诱变技术是易错 PCR（error-prone PCR，epPCR）、饱和诱变（saturation mutagenesis，SM）和 DNA 混编（重组技术）。如果选择单个残基位点，则相应的单个 SM 实验称为单位点饱和诱变（site-saturation mutagenesis，SSM），如果通过适当的残基分组设计多残基随机位点的 SM，在这种情况下，称为组合饱和诱变（combinational saturation mutagenesis，CSM）。

当 SSM 或 CSM 产生的初始突变体库不能提供充分改良的突变体时，可使用迭代饱和诱变（iterative saturation mutagenesis，ISM）优化立体选择性和 / 或活性，ISM 是一种通过多位点或单位点饱和诱变依次选择和饱和氨基酸残基的技术（图 11.6）。后来，ISM 过程也被用于操纵区域选择性，并用于在以高 B 因子为特征的远程残基上使用 SM 增强热稳定性。随着随机分配位点的增加，筛选步骤中 95% 文库覆盖率（或文库覆盖率的任何其他百分比）的过采样也会增加。

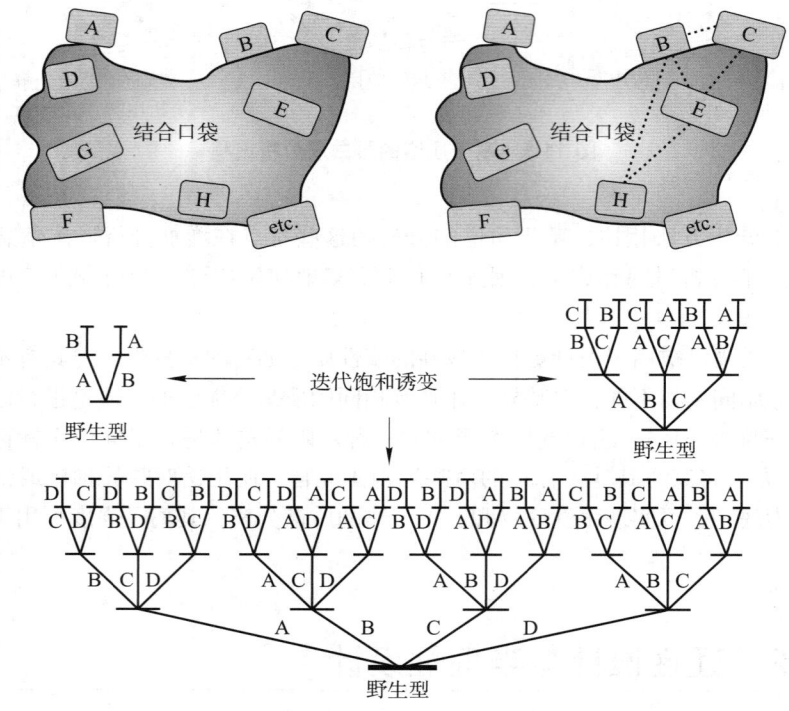

图 11.6　迭代饱和诱变流程

11.2.2　基于计算的蛋白质工程策略

定向进化和计算机辅助理性设计的结合为优化酶的特性提供了特别的希望，而这些特性还没有被自然选择所利用。由于不可能通过基于随机诱变方法的定向进化来探索天然蛋白质序列空间，因此从复杂分析中获得的计算机辅助的"小但聪明的"突变体库有望获得具有所需酶性质的变体。到目前为止，热稳定性、在共溶剂（如离子液体）中的耐受性、催化效率和产物选择性（如对映选择性、区域选择性）等性质通过计算机辅助理性设计方法都有成功改善。

（1）FRESCO

FRESCO 是一种基于扫描整个蛋白质结构来识别稳定二硫键和点突变的计算文库设计方法，通过分子动力学（molecular dynamics，MD）模拟来探索它们的作用，并为突变体库提供增强稳定性的良好机会的变体。FRESCO 需要 3D 蛋白质结构作为输入，以扫描整个蛋白质结构，从而识别稳定二硫键和点突变，并通过 MD 模拟探索它们的影响。以下步骤应用于 FRESCO 方法：首先，使用输入的三维蛋白质结构选择点突变，如果它们显著提高了蛋白质折叠的预测自由能。其次，通过对主链构象空间进行采样来设计二硫键，这使得实验上稳定二硫键的数量增加了两倍。再次，采用正交电子筛选步骤去除化学上不合理的取代和预测会增加蛋白质灵活性的取代。第四，实验筛选用于验证预测的突变体库。最后，基于使用 MD 模拟的稳定性能量和刚度分析，组合了大多数稳定变体。FRESCO 可用于增强热稳定性、底物特异性和耐溶剂性。相比之下，立体选择性、区域选择性、对映选择性和 pH 曲线等性质可能无法确定，因为稳定能量对于这些性质并不重要。然而，采用 FRESCO 方法对活性部位进行基于机理的几何优化，可以成功地重新设计芽孢杆菌中的天冬氨酸蛋白酶。总之，FRESCO 最适合用于增强酶的热稳定性。

（2）FoldX

FoldX 是一种基于经验力场的计算蛋白质设计方法，是为快速评估突变对蛋白质和核酸的稳定性、折叠和动力学的影响而发展起来的。FoldX 的关键应用包括能量最小化、电子诱变、计算自由能、预测替代结构之间的自由能变化，以及基于蛋白质的高分辨率三维结构对其进行丙氨酸扫描。它对用户友好，可以很容易地与图形用户界面一起用作蛋白质结构可视化的插件，这是另一个科学人工现实应用。FoldX 还能够计算野生型和具有多个残基取代的变体之间的能量差异。FoldX 已成功应用于不同的稳定性检测，尤其是在进行蛋白质设计以预测不同突变是否会破坏稳定性时。它在工程改造各种酶的热稳定性方面发挥了重要作用，包括来自油福氏假单胞菌的磷酸三酯酶，来自红球菌的柠檬烯 -1,2- 环氧水解酶，来自土曲霉的胺转氨酶等。同样，它也被成功地应用于预测各种酶的去稳定化变体，如来自热潜芽孢杆菌的嗜热碱脂肪酶，来自不溶腐质霉的纤维二糖水解酶 Cel6A，和来自多糖奈瑟氏球菌的糖苷水解酶。FoldX 需要 3D 蛋白质结构作为输入，以计算经验力场的稳定能，其中晶体结构质量对于精确计算至关重要。由于 FoldX 是一种基于能量的方法，它可以牢固地用于提高热稳定性，以及最有可能的其他类型的稳定性，如溶剂稳定性。然而，使用基于 FoldX 的计算可能无法获得独立于稳定性能的性质，如底物特异性、立体选择性、区域选择性、对映选择性和 pH 特征。总之，从我们的角度来看，FoldX 最适合用于增强酶的稳定性。

（3）CNA

CNA（contracting neighbor-node-set approach，收缩邻居节点集方法）是一种基于图论的刚性分析方法，通过进行热展开模拟来分析酶的全局和局部的柔性、刚性和稳定性特征。CNA 是一个用户友好的网络服务器为基础的工具，预测热稳定性的基础上，计算一套全球和局部指数从温度依赖性展开模拟。全局指数，包括流动模式密度、平均刚性簇大小，确定了结构从刚性状态转换到流动状态的相变点；这些相变点与酶的热稳定性有关。为了识别残留局部稳定性，广泛应用柔性指数、逾渗指数和刚性指数等局部指标来识别潜在的弱点敏感热稳定性。刚性指数为零表示该区域始终位于酶的柔性区域。相反，较低的刚性指数表示热展开模拟期间刚性簇的残余部分。同样，最低的逾渗指数表示酶的最稳定区域，而值零表示区域总是在酶的柔性区域。到目前为止，CNA 方法还没有广泛应用于各种酶来提高热稳定性，因此进一步的研究应该集中在 CNA 对提高热稳定性的意义上。CNA 只需要三维蛋白质结构作为输入进行热解折叠模拟，由于它是基于网络的三维结构分析，故被认为对晶体结构质量敏感。虽然这种方法尚未广泛应用于各种酶，但它对提高酶的热稳定性和溶剂稳定性是非常有用的。

（4）PROSS

PROSS 是一种杂交方法，其中对除活性或结合位点之外的整个蛋白质进行 Rosetta 设计和系统发育分析。该方法已成功应用于改善疟疾侵袭蛋白 RH5 的热稳定性、人丁酰胆碱酯酶的水解活性、磷酸三酯酶的催化效率等多种蛋白质性质。多序列比对和稳定性能量计算需要以三维蛋白质结构为输入，最多可在 15 个位置进行密度计算，由于它是基于网络的三维结构分析，它应该对晶体结构质量敏感。它从两步过滤所有可能作为相对于野生型天然状态的单点突变而不稳定的氨基酸身份开始。首先，根据同源物的多序列比对，它仅保留具有在天然多样性中发生的至少合理可能性的突变。其次，应用 Rosetta 建模来扫描所有通过第一个过滤器的身份，并消除破坏自然状态的单点突变。总之，PROSS 结合了一致性设计和原子建模的各个方面，因此可能引入正设计元素和负设计元素，包括解决热稳定性和可表达性的元素。PROSS 最适合用于改善溶解性、催化效率以及对高温、变性剂、蛋白酶和非生理 pH 的耐受性。使用这种方法可能无法获得独立于稳定性能量的性质，如底物特异性、立体选择性、区域选择性和对映选择性。

（5）ProSAR

ProSAR 方法学是一种基于定量结构 – 活性关系（QSAR）概念基础上的计算多元库设计和筛选策略。2007 年，Fox 等人首次通过应用基于偏最小二乘回归的机器学习策略，全面研究了 ProSAR 方法在蛋白质工程中的应用。ProSAR 模型是基于卤代醇脱卤酶开发的，具有用于生产乙基（R）–4– 氰基 –3– 羟基丁酸酯的潜力，是生产降胆固醇药物阿托伐他汀的起始原料。此后，ProSAR 在蛋白质工程领域的进展在社区中相当缓慢。近年来，基于快速傅里叶变换和偏最小二乘回归相结合的创新序列活性关系（iSAR）模型被开发出来，该模型利用氨基酸的理化性质来预测细胞色素 P450 和肠毒素的热稳定性、肿瘤坏死因子（TNF-α）的结合亲和力。模型显示出良好的预测质量；然而，测试集中出现的、训练集中没有出现的新突变还有待发现。在进一步的工作中，应用机器学习方法预测氨基酸间的相互作用，最终用于提高黑曲霉环氧化物水解酶的对映选择性。为了最小化实验测试大量蛋白质变体的费用，Arnold 及其同事将机器学习与定向进化相结合。机器学习指导的定向进化显示了文库上的富集，并有效地导航序列空间的大区域，以鉴定来自海洋红栖热菌的一氧化氮双加氧酶（NOD）的改进的对映体性质。总之，ProSAR 是一种基于变体特征 / 描述符和实验数据集的预测建模方法。因此，它可能适用于预测广泛的酶性质，包括酶的稳定性、立体选择性、区域选择性、对映选择性和化学选择性，反映了可靠和敏感的特征 / 描述符和实验数据集。图 11.7 展示了常见的计算辅助算法的蛋白质改造过程。

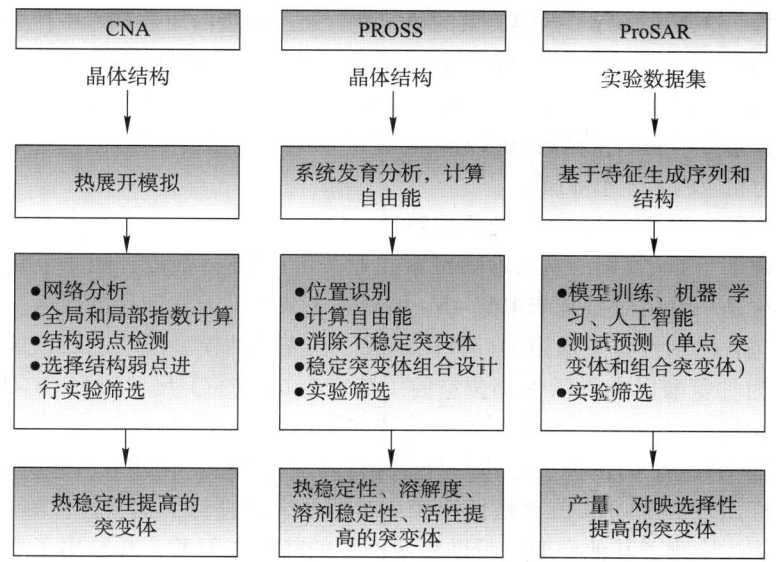

图 11.7 典型计算辅助算法的蛋白质改造流程

11.3 人工金属酶

大约一半的特征蛋白含有金属辅因子，常被用作蛋白质功能的组成部分。其中许多金属蛋白催化一些最具挑战性但在工业上有用的反应，如氮固定、氧还原以及区域和立体选择性有机转化。然而，存在一个问题，即这些酶在工业应用条件下并不总是稳定的，并且不能与所需的底物一起工作或产生预期的产物。工程将使我们在增加稳定性、改变底物特异性的同时，对金属酶的结构和反应机制有更深入的了解。有两种主要的方法来设计酶，通过理性的设计和定向进化。理性设计涉及使用预测，无论是手动还是借助计算，来设计酶的新功能或不同功能。定向进化利用随机突变或 DNA 混编来增强酶的功能，其方式无法通过理性的手段来预测。

🐾科技视野 11–2
人工酶

11.3.1 使用全新设计的支架理性设计金属酶

蛋白质从头设计一直与如何理解蛋白质折叠联系在一起。如果真正了解蛋白质折叠的过程，那么就可以基于氨基酸序列从头开始设计具有明确的二级和三级结构的新蛋白质。该领域的早期工作集中于利用在天然蛋白质中观察到的结构相互作用来设计简单、短的 α 螺旋肽，随后发展为设计 α 螺旋束。随着计算工具的发展，用于搜索更大数量的序列空间，并利用从蛋白质折叠研究中获得的知识预测基于其序列的蛋白质结构。这些全新设计的支架已被用于设计具有各种活性的新型金属酶。

（1）使用二亚胺辅助因子的苯酚氧化

将一个称为 Due Ferri（DF）的非血红素二亚胺中心设计成一个全新设计的四螺旋束，以显示苯酚氧化活性。二亚胺中心由四个谷氨酸和两个组氨酸残基配位。初始设计（DF1）不包括底物结合位点，因此进一步的工作是添加苯酚结合位点，从而创建了一种用于苯酚氧化的人工金属酶。为了产生底物结合位点，将四个亮氨酸残基突变为甘氨酸，这随后降低了四螺旋束的稳定性。通过在蛋白质数据库中搜索经常出现在 αR-αL-β 轮次中的序列，发现了 αR-αL-β 轮次中的补偿性突变，以提高稳定性。DF1 的 Val24-Lys25-Leu26 被 Thr24-His25-Asn26 取代，该新蛋白质被命名为 DF3。研究显示，结合了两当量铁的 DF3 经历可逆的双电子氧化还原循环，并催化 4- 氨基苯酚氧化为相应的苯醌单亚胺。

（2）使用二亚胺辅助因子氧化氢醌胺

另一种基于 DF 家族的从头非血红素二亚胺蛋白 DFsc 被设计用于催化芳基胺的羟基化，这是一种由对氨基苯甲酸 -N- 加氧酶（AurF）天然催化的反应。该支架的原始设计包含沿活性位点通道的四种丙氨酸。在先前的模型成功之后，这四种丙氨酸被突变为甘氨酸以允许活性部位空腔（指定为 G4DFsc）尺寸增加。G4DFsc 的二亚胺基位点与 AurF 的二亚胺基位点的比较表明，除 AurF 中的一个额外组氨酸配体（Ile100 位于 G4DFsc 的位置）之外，两者具有高度相似性。使用软件包分子软件库，扫描了允许出现 Ile100His 的补偿性突变。对两种突变进行了实验性检测：Tyr18Phe 和 Tyr18Leu。检测了其他突变以帮助稳定添加的额外组氨酸，并给出了一个新名称（3His-G4DFsc）。二铁中心与 O_2 反应生成 μ- 氧代二铁中心，在对茴香胺存在下生成产物 4- 亚硝基 -4'- 甲氧基二苯胺，即 N- 羟基化后亲核芳香取代的产物。

（3）使用锌辅因子的酯水解

酶法酯水解是一种反应，通常由具有羟基配体的路易斯酸金属催化。基于 TRI 肽支架设计了一种含有锌和汞辅因子的人工金属酶，含有 3 个半胱氨酸残基来配位 Hg（Ⅱ）和 3 个组氨酸残基来配位 Zn（Ⅱ）（[Hg（Ⅱ）S][Zn（Ⅱ）（OH）N（tril 9l 23h）3）（其中 S 表示半胱氨酸与硫的配位，N 表示组氨酸与氮的配位）。汞用于结构稳定，而锌是催化部位。锌由三个组氨酸残基和一个 aquo/hydroxo 配体配位，类似于碳酸酐酶的活性位点（CAⅡ）。使用对硝基苯乙酸酯的水解来评估催化性能。在 pH 9.5 下观察到的活性最高，还研究了 CO_2 水合活性，并对报道最快的合成配合物和天然 CAⅡ 进行了比较。

11.3.2 使用天然支架的金属酶的理性设计

（1）天然蛋白质的再设计

使用天然蛋白质作为支架设计人工金属酶有几个好处。首先，经过多年的进化，天然蛋白质尽管经过许多突变也保持稳定性。通过选择具有特定性质的已知支架，设计具有这些所需性质的酶变得更容易。使用天然蛋白质作为支架的另一个原因是许多蛋白质具有共同的三级折叠，这使得天然酶可以用更小、更稳定的蛋白质模拟，这些蛋白质具有相似的折叠，可用于研究天然酶和开发工业生物催化剂。

① 使用血红素 - 非血红素异双金属系统的氧还原 血红素铜氧化酶（HCO）负责 O_2 向 H_2O 的四电子四质子还原，即燃料电池中的氧化还原反应，通常由贵金属离子如铂催化。设计模拟 HCO 的人工酶将提供更深入的见解，了解大自然如何利用地球上丰富的金属离子，如铁和铜来催化氧化还原反应。抹香鲸肌红蛋白（Mb）已被用作 HCO 的结构和功能模型（通过活性位点比较指导诱变）。HCO 模型包含天然 Mb 血红素辅因子和由 29、43、64 位三个组氨酸协调的铜中心。一氧化氮还原酶（NOR）是一类具有相似活性位点和交叉反应性的相关蛋白质，也可以通过在 68 位添加额外

的谷氨酸残基以 Mb 为单位建模，这使得其与不同金属如锰、铁、钴、镍和锌的亲和力更高。金属离子在非血红素位点的配位将 Mb 转变为具有血红素和非血红素金属辅因子的异双金属系统，从而可以比较不同金属的 O_2 还原速率。当非血红素位点为空或与锌结合时，O_2 还原速率较低，但当铜结合在非血红素位点时，O_2 还原率最高。非血红素部位的锰、铁或钴的中等 O_2 还原率分别为 1.14、1.15 和 1.01。更重要的是，当一个保守的酪氨酸被引入到 Mb 模型中与天然 HCO 相似的位置时，结合 Mb 模型与其氧化还原伙伴（细胞色素 b_5）之间的界面设计以增加电子转移速率，得到的 Mb 模型显示出与天然 HCO 相当的催化氧化还原反应活性。当置于电极表面时，氧化还原反应活性甚至优于天然 HCO。

② 使用血红素辅因子的 C—H 功能化 C—H 键的酶功能化是一种在区域、立体和化学选择性领域向天然产物或药物添加官能团或修饰的有效方法。以含天然血红素辅因子的 Mb 为支架，在未保护的吲哚与 α- 重氮乙酸乙酯之间形成 C—C 键。为了增强活性和选择性，对活性位点周围的残基进行了突变，其中 H64V/V68A 突变是最佳结果。

（2）天然蛋白质中的辅因子置换

金属酶利用多种辅因子，如金属离子和金属配合物来发挥作用。通过用生物或非生物金属离子和金属络合物替代酶中的辅因子，可以改变、增强或完全改变该酶的活性。血红素和血红素样辅因子在生物学中非常常见，许多血红素蛋白通过辅因子重组提高其在人体细胞中的催化性能。为此，利用鸟嘌呤核苷酸结合蛋白偶联受体亚型 A2A 设计了一种人工金属酶。通过将能够配位 Cu（Ⅱ）的 1,10- 菲咯啉部分与 A2A 拮抗剂连接，可以将催化活性金属配合物引入 A2A。使用 A2A 法在活的人胚胎肾（HEK）细胞表面评估了环戊二烯和各种烯烃的 Diels-Alder 环加成的催化活性。

11.3.3 使用天然支架的金属酶的定向进化

用非生物因子替代金属酶的天然辅因子是创造具有新反应性的人工金属酶的最基本策略之一。但在很多情况下，其活性和选择性还需要通过定向进化策略进一步提高。

（1）使用 hCAⅡ 支架的氢化和加氢甲酰化

在自然界中，通常需要烟酰胺辅因子如 NAD（P）H 来氢化有机底物。然而，由于辅酶的成本很高，这在经济上并不可行。通过将金属复合物与结合配体连接，将它们锚定到蛋白质支架中，是引入新的天然反应性的一种策略。另一种方法是将金属直接连接到蛋白质支架上，但这受到非特异性结合的限制。Kazlauskas 和他的同事们在 2009 年克服了这个障碍，他们发现了一种将 Rh（Ⅰ）与碳酸酐酶联系起来的方法。通过定点突变蛋白质表面的 His 残基或对其进行化学修饰，可将非特异性结合降至最低。尽管这种催化剂的氢化速率比分离的金属络合物慢，但已证明它在非对映选择性方面更优越，顺反比约为 20：1。用取代碳酸酐酶活性位点中的锌的相同策略铑产生一种金属酶，它可以用合成气进行苯乙烯的无辅因子加氢甲酰化。这种新的金属酶进行转化的区域选择性比分离的金属催化剂高 40 倍，直链与支链醛产物的比例为 8.4：1。

（2）天然蛋白质中的共价锚定

在制备人工金属酶的各种方法中，共价锚定在金属催化剂和支架蛋白的柔性方面取得了关键进展。与人工金属酶形成的非共价方法不同，共价连接原则上允许使用任何所需的蛋白质作为支架，包括那些没有天然共因子的蛋白质。良好的交联应该具有高特异性和双正交性，并且可以容易地将金属复合物定位到期望的位置，而不改变支架蛋白的整体结构。与通过其他方法制备的人工 met– 同种异体酶一样，共价键也可能导致金属酶活性降低甚至没有活性，这主要是因为缺少进入点或确定的结合位点。定向进化是一种有希望的策略来解决这些问题，并提高通过共价键产生的人工金属酶的活性和选择性。

Lewis 等人报告了一种利用菌株促进的叠氮 – 炔烃环加成（SPAAC）构建人工金属酶的新方法。生物素 – 链霉亲和素技术依赖于利用应变促进的叠氮化物相互作用的自然结合来帮助锚定有机金属部分，与此不同，这种新方法在支架蛋白中引入了一个 p– 叠氮基 –L– 苯丙氨酸（Az）残基，并利用点击化学将其与双环壬烯取代的金属配合物共价连接。该反应的高效性使得金属复合物能够在蛋白质屏障内连接，SPAAC的双正交性消除了去除半胱氨酸等可能与常规生物偶联方法中使用的亲电试剂反应的残基的需要。使支架蛋白突变可以调节金属配合物的第二配位并控制其活性。使用这种方法构建的 Dirhodium 人工金属酶显示出催化重氮化合物分解为卡宾前体，以及它们插入 Si—H 键和烯烃。尽管这些反应的产率和对映选择性没有超过单独使用金属辅因子的产率和对映选择性，但该研究为人工金属酶构建和工程化提供了一种有前途的新方法的概念证明。

小结

本章介绍了定向改造的基本过程，并列举了基于体内进化的新型定向进化方式，还列举了当前主流的理性与半理性设计的方法策略，最后介绍了人工金属酶的相关前沿进展，合成生物学和计算机等手段已变成了蛋白质的"魔剪"，让科学家们按需设计改造，改变或颠覆蛋白质或酶的性质。

❓ 思考题

1. 简述酶体内连续进化的基本原理。
2. 简述酶理性设计与半理性设计的区别。
3. 简述人工酶改造的例子。

📖 推荐阅读

1. 罗贵民 . 酶工程［M］. 北京：化学工业出版社，2002：1–332.
本书主要介绍了化学酶工程和生物酶工程的研究领域和应用技术，有助于全方位了解酶学技术。

2. 袁勤生.应用酶学［M］.上海：华东理工大学出版社，1994　1–316.

本书在系统介绍酶学基础理论和酶实际应用的基础上，进一步阐述了近年来的新技术、新进展，有助于了解酶学新技术。

3. 吴庆余.基础生命科学［M］.2版.北京：高等教育出版社，2006：1–489.

本书基础与前沿并重，详述了推动生命科学向前发展的创新性研究，可提供参考作用。

4. 陈坚.环境生物技术［M］.北京：中国轻工业出版社，2017：1–500.

本书重点介绍了现代环境生物技术，可为酶学新技术提供参考作用。

更多网上学习资源

◆ 教学课件　　◆ 自测题　　◆ 参考文献

第12章　酶的生产与应用

在特定的条件下，酶借助其专一性强、催化效率高、作用条件温和等特点，通过酶催化作用，生成或去除某种特定的物质，造福人类健康、经济发展以及环境保护。酶的应用方法多种多样，从应用领域上分，可在医药健康、食品加工、轻工业、农业、能源、环境保护等领域的应用。本章对酶的来源以及在食品、轻工业等领域的应用作简要的介绍。

Under specific conditions, enzymes proceed to generate or remove specific substance through catalysis with strong specificity, high catalytic efficiency, and mild operating conditions, benefiting human health, economic development and environmental protection. Enzymes thus could be applied in a variety of ways. Based on the perspective of application fields, enzymes could be used in medicine and health, food processing, light industry, agriculture, energy, environmental protection and other fields. This chapter briefly introduces the sources of enzymes and their applications in food, light industry and other fields.

▶▶ **知识导图**

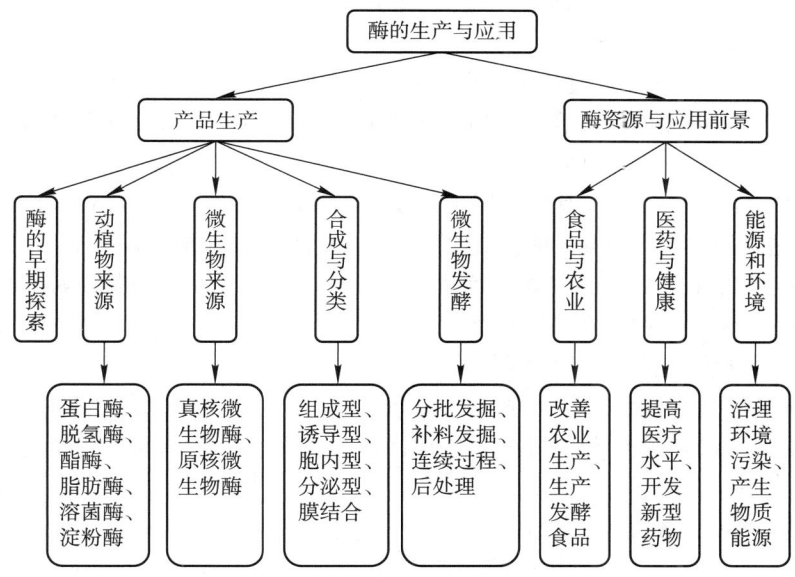

▶▶ **学习指南**

➤ 了解：酶的早期来源。
➤ 重点：酶的分类及生产方式。
➤ 难点：酶的工业化应用过程。

12.1 酶的生物合成

12.1.1 酶生产的早期探索

酶的生产是现代生物技术产业的核心，工业酶具有持续不断扩大的市场。人类自古以来就以富含酶的蔬菜的形式使用酶，或者作为用于各种目的的微生物，例如酿造、烘焙或奶酪生产。然而，直到 19 世纪才将各种生物转化归因于酶的作用。Anselme Payen 和 Jean–Franois Persoz 于 1833 年从麦芽中提取了一种酶复合物，称为"淀粉酶"，可将糊化淀粉转化为糖类，主要成分是麦芽糖。

现代酶生产的历史真正开始于 1874 年，丹麦化学家 Christian Hansen 首次通过用盐水溶液从干燥的小牛胃中提取凝乳酶（rennet），这是第一个用于工业目的的相对高纯度的酶制剂。

◆ **应用案例 12-1**
淀粉的生产

1894 年，Emil Fischer 通过正常程序从酵母中提取了转化酶（invertin），并表明它水解了 α- 甲基 -D- 葡萄糖苷，而不是 β- 甲基 -D- 葡萄糖苷。因此，Fischer 推导出重要的酶促机制——"锁钥理论"，他认为这是酶对底物产生化学作用的潜力的先决条件。

1898 年，Croft-Hill 通过让酵母提取物（α- 糖苷酶）作用于 40% 的葡萄糖溶液，首次进行了异麦芽糖的酶促合成。1900 年，Kastle 和 Loevenhart 表明脂肪酶对脂肪和其他酯的水解是一种可逆反应，酶促合成可以在酒精和酸的稀混合物中发生。该原理随后在 1902 年被 Fischer 及其同事用于合成多种糖苷。1897 年，Bertrand 观察到某些酶需要可透析的物质才能发挥催化活性，他将这些酶称为辅酶（coenzyme）。

1890 年代，J. Takamine 开始在后来著名的迈尔斯实验室分离细菌淀粉酶。1895 年，Boidin 发现了一种制造酒精的新工艺，称为"淀粉工艺"。这包括谷物的烹饪，用霉菌接种合成糖化酶，然后用酵母发酵。

在 20 世纪初，植物脂肪酶被生产出来，并用于从油和脂肪中生产脂肪酸，通常以每周 10 吨的规模生产。同样，自 1911 年以来，蛋白水解酶已成功用于啤酒的防寒。

在 1960 年代，酶的生产仅以适度的比例增长，正如细菌淀粉酶和蛋白酶的销售增长所反映的那样。当时领先的酶生产商 Novo Industri（现为 Novozymes）的酶部门的年营业额直到 1965 年才超过 100 万美元。然而，随着洗涤剂蛋白酶的出现，酶的使用量急剧增加，在 1960 年代后期，一种含蛋白酶的洗涤剂 Biotex 广泛应用于工业以及日常生活。同时，在淀粉加工中越来越多地使用利用葡糖淀粉酶生产葡萄糖的酸 / 酶工艺。

截至 2022 年，通过宏基因组挖掘、深度测序等基因挖掘手段，以及 X 射线衍射、核磁共振、冷冻电镜等酶的表征手段，目前 NCBI 数据库的基因已经达到 4×10^8 个，RSCB 数据库的酶数量已经达 10^5 个，极大促进了酶的应用（图 12.1）。

12.1.2 动植物来源的酶

尽管微生物作为酶的来源具有一定的优势，但一些植物和动物来源的酶具有更高的经济性。因为在这些来源中这些酶的含量足够高，而且还可以作为将廉价、可再生材料（如农业和屠宰废物）转化为增值产品的手段。从植物中分离的酶的例子包括几种蛋白酶（木瓜蛋白酶、无花果蛋白酶和菠萝蛋白酶）和过氧化物酶。乙醇酸氧化酶是一种过氧化物酶体氧化酶，已从许多绿色植物中分离出来，包括菠菜叶、豌豆、南瓜、黄瓜。乙醇酸氧化酶的产生和对乙醇酸的底物特异性的研究表明，菠菜叶中的酶在乙醇酸产生方面的产量和比活性最高。在许多植物中，从受损植物组织中释放羟基腈被认为是抵御草食动物攻击的防御策略或作为 L- 天冬酰胺生物合成的氮源。羟基腈裂解酶负责催化这些反应，并且它们最佳的天然底物氰醇通过组织或亚细胞水平的区室化与催化剂分离。在合成化学中，羟基腈裂解酶主要用于这一过程的逆反应。此外，凝乳酶是从动物组织中获得的最具工业意义的酶之一。从动物来源获得的其他酶，例如蛋白酶（如胰蛋白酶、胰凝乳蛋白酶和尿激酶）、乳酸脱氢酶、过氧化物酶和溶菌酶等，在工业、分析和治疗中具有多种应用。胰腺还制造淀粉酶（α- 淀粉酶），将膳食淀粉水解成二糖和三糖，再由其他酶转化为葡萄糖，为身体提供能量。

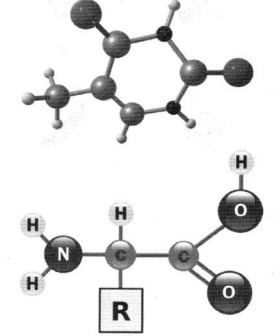

基因序列
NCBI 数据库：4×10^8

蛋白质结构
RSCB 数据库：10^5

实验方法	蛋白质	核酸	蛋白质/核酸复合物	其他	总数
X射线晶体学	106595	1820	5471	4	113890
核磁共振	10296	1190	241	8	11735
电子显微镜	1021	30	357	0	1418
混合	99	3	2	1	105
其他	181	4	5	13	204
总数	118192	3047	6087	26	127352

图 12.1 已发现及表征的酶的数量

脱氢酶具有很强的将羰基转化为光学纯醇的能力，因此成为有机合成中非常重要的催化剂。牛肝谷氨酸脱氢酶和马肝乙醇脱氢酶是高等真核生物资源的例子。从动物中已经分离出多种组织特异性脂肪酶和酯酶。猪胰脂肪酶是最便宜的脂肪酶，也是用于非天然底物动力学拆分的最广泛使用的脂肪酶之一。猪肝酯酶在前手性酯或外消旋酯的对映选择性水解中起关键作用。

12.1.3 微生物来源的酶

微生物是一种有吸引力的酶来源，因为它们可以通过成熟的发酵方法在相对较短的时间内大量培养，筛选在尽可能短的发酵时间内高产酶的生物体。工业上使用的菌株可以通过基因操作进行合理改造，以达到高水平的生产。

（1）原核微生物酶

大多受到工业界的欢迎，因为这些微生物的生命周期比较简单，生长期较短，更容易控制。一些原核微生物产生许多不同的酶，例如革兰氏阳性菌芽孢杆菌（*Bacillus*）是工业生产 α- 淀粉酶、蛋白酶、脂肪酶和纤维素酶最活跃的一类。淀粉酶是一种催化淀粉分解成糖的酶。含有大量淀粉但很少糖的食物，如米饭和马铃薯，在咀嚼时尝起来略带甜味，因为淀粉酶会将其中的一些淀粉在口中转化为糖。许多放线菌（*Actinomyces*）也能生产与细菌来源酶种具有差异化肽段序列和三维结构的酶种。从萨尔斯或特定海底火山区取样的一些原核菌株的酶被发现具有嗜热特性，可以开发成非常有用的工业生产者。此外，已经从革兰氏阳性菌或羽性菌中发现并提取了大量酶，其中一些酶被应用于基因工程用途。据报道，大多数限制性内切酶主要在原核生物中发现，例如来自大肠杆菌（*Escherichia coli*）的 *Eco*F I 、*Eco*R II 、*Eco*R V* 和 *Eco*P15I，来自解淀粉芽孢杆菌（*Bacillus amyloliquefaciens*）的 *Bam*H I ，来自流感嗜血杆菌（*Haemophilus influenzae*）的 *Hind* Ⅲ，来自栖热菌（*Thermus aquaticus*）的 *Taq* Ⅰ，来自 *Nocardia otitidis* 的 *Not* Ⅰ，来自流感嗜血杆菌（*Haemophilus influenzae*）、金黄色葡萄球菌（*Staphylococcus aureus*）的 *Sau* 3A，普通变形杆菌（*Proteus vulgaris*）的 *Pov* Ⅱ*、黏质沙雷氏菌（*Serratia marcescens*）的 *Sma* Ⅰ*、埃及嗜血杆菌（*Haemophilus aegyptius*）的 *Hae* Ⅲ*、鸡嗜血杆菌（*Haemophilus gallinarum*）的 *Hga* Ⅰ、藤黄节杆菌（*Arthrobacter luteus*）的 *Alu* Ⅰ*、肺炎链球菌（*Klebsiella pneumoniae*）的 *Kpn* Ⅰ、普罗维氏杆菌（*Providencia stuartii*）的 *Pst* Ⅰ，来自链霉菌（*Streptomyces achromogenes*）的 *Sal* Ⅰ，来自 *Sphaerotilus natans* 的 *Spe* Ⅰ，来自嗜色链霉菌（*Streptomyces phaeochromogenes*）的 *Sph* Ⅰ，来自结节链霉菌（*Streptomyces tubercidicus*）的 *Stu* Ⅰ，来自 *Xanthomonas badrii* 的 *Xba* Ⅰ。

（2）真核微生物酶

大量来自真核微生物的酶已被提取、表征并应用于工业用途：

① 糖苷水解酶（glycoside hydrolase） 真菌产生糖苷水解酶，已被广泛用于食品和化学工业。所谓的淀粉酶是糖苷水解酶，作用于 α-1,4- 糖苷键。特定的淀粉酶蛋白用不同的希腊字母表示。α- 淀粉酶是钙金属酶，在没有钙的情况下完全不能发挥作用。通过在淀粉链上的随机位置起作用，α- 淀粉酶分解长链淀粉，最终从直链淀粉中产生麦芽三糖和麦芽糖，或者从支链淀粉中产生麦芽糖、葡萄糖和"极限糊精"。因为它可以作用于底物的任何位点，α- 淀粉酶往往比 β- 淀粉酶起效更快。从非还原端开始，β- 淀粉酶催化第二个 α-1,4- 糖苷键的水解，一次裂解两个葡萄糖单元（麦芽糖）。在果实成熟过程中，β- 淀粉酶将淀粉分解成麦芽糖，从而产生成熟果实的甜味。此外，还可以从一些真菌中提取 γ- 淀粉酶。*Asgillus* 和 *Rhizop* 物种也是提供葡萄糖淀粉酶的合适生产者，葡萄糖淀粉酶从 α-1,4- 糖苷键或 α-1,6- 糖苷键的非还原端水解淀粉分子并释放葡萄糖。

② 蛋白水解酶（protease） 是将蛋白质分子水解成较短的肽或最终水解成氨基酸的一系列酶类。水解有两种不同的形式，内切蛋白酶在多肽内部切割蛋白质，外切蛋白酶从肽链末端一个一个地释放氨基酸。毛霉（*Mucor*）和曲霉（*Aspergillus*）的某些种类是极好的蛋白酶生产者。许多传统的发酵食品，如酱油、发酵豆腐，都是真菌蛋白酶作用于大豆原料的产物。

③ 纤维素酶（cellulase） 是指主要由真菌（也包括细菌和原生动物）产生的一类酶，具有催化纤维素分解的作用。木霉（*Trichoderma*）是著名的真菌之一，被称为纤维素的理想生产者。这种物种最早是从越南战争期间严重腐烂的士兵腰带中分离出来的。美国微生物学家的研究发现，正是里氏木霉（*Trichoderma reesei*）分泌的纤维素酶导致棉制腰带的腐烂，随后发掘了更多的纤维素酶，并投入生产。目前，纤维素酶广泛用于纺织工业和洗衣洗涤剂，且工业中使用的大部分纤维素酶来自真菌。

④ 果胶酶（pectinase） 是果胶水解酶的总称，胶裂解酶、果胶酶和聚半乳糖醛酸酶，在酿造中通常称为果胶酶。这些酶分解果胶，果胶是一种存在于植物细胞壁中的多糖底物。研究最多和广泛使用的商业果胶酶之一是聚半乳糖醛酸酶。这些酶很有用，因为果胶是果胶状基质，有助于将植物细胞黏合在一起，其中嵌入了其他细胞壁成分，如纤维素原纤维。因此，果胶酶通常用于涉及植物材料降解的过程，例如加速从水果中提取汁液。自 1960 年代以来，果胶酶也被用于葡萄酒生产。果胶酶在酿

造中的作用有两方面，首先它有助于分解植物（通常是水果）材料，因此有助于从麦芽浆中提取风味。其次，成品酒中果胶的存在会导致混浊或轻微混浊，而果胶酶用于分解混浊，从而使葡萄酒澄清。果胶酶可从黑曲霉（*Aspergillus niger*）等真菌中提取。真菌产生这些酶来分解植物的中间层，以便从植物组织中提取营养并插入真菌菌丝。

⑤ 噬菌体来源酶（viral enzyme）　病毒必须侵染宿主细胞，否则不能生长或复制，但通常利用宿主细胞的部分细胞器制造自己的酶并进入繁殖期。由于病毒的生命周期很短，病毒的酶必须非常活跃，这就引起了生物学家极大的关注。许多噬菌体酶现在已经成为商业化产品，例如：

T4 DNA 连接酶（T4 DNA Ligase）　从 T4 噬菌体的大肠杆菌宿主细胞中纯化而来。它催化的反应发生在一条 DNA 链的 3′– 羟基和伙伴链的磷酸基团之间，将两端 DNA 进行连接，ATP 为反应提供能量。DNA 连接只能在 DNA 片段的相容末端之间有效地发生，这种特异性可在一定程度上控制不同 DNA 片段在反应混合物中连接在一起。由于所有的克隆工作都涉及 DNA 的切割和连接，T4 DNA 连接酶现在广泛应用于所有分子生物学实验室。

反转录酶（reverse transcriptase）　是威斯康星大学麦迪逊分校的 Howard Temin 首次在病毒中发现的重要酶，同时在 1970 年于麻省理工学院由 David Baltimore 独立发现，又称 RNA 依赖性 DNA 聚合酶，是一种将单链 RNA 转录成 DNA 的 DNA 聚合酶。它也是一种依赖于 DNA 的 DNA 聚合酶，一旦 RNA 被反转录并通过其 RNase H 活性降解成单链 cDNA，它就会合成双螺旋 DNA 的第二条 DNA 链。正常转录涉及从 DNA 合成 RNA；反转录与此相反。该酶由反转录病毒编码和使用，病毒在复制过程中使用该酶。反转录 RNA 病毒，例如反转录病毒，使用该酶将其 RNA 基因组反转录为 DNA，然后将其整合到宿主基因组中并随之复制。反转录 DNA 病毒，例如嗜肝 DNA 病毒，可以让 RNA 作为模板来组装和制造 DNA 链。HIV 使用这种酶感染人类。如果没有反转录酶，病毒基因组将无法整合到宿主细胞中，从而导致无法复制。

12.1.4　酶的合成

除核酶外，大多数酶是在细胞质中翻译的蛋白质。即使是一个简单的原核细胞也拥有数百种不同的酶来维持其新陈代谢和繁殖。下面简单介绍一下酶生物合成的一些知识：

（1）组成型酶和诱导型酶

组成型酶（constitutive enzyme）在所有生理条件下由细胞组成型产生。因此，它们不受底物诱导或抑制的控制。无论生理需求或底物浓度如何，都会以恒定量产生组成型酶。它们不断合成，因为它们在维持细胞过程或结构中的关键作用是必不可少的。例如，三羧酸循环中的酶，包括柠檬酸合酶、乌头酸酶、异柠檬酸脱氢酶、α- 酮戊二酸脱氢酶、琥珀酸脱氢酶、苹果酸脱氢酶等，都可以视为组成酶。

诱导型酶（inducible enzyme）是那些仅在明确具有适应性价值的特定条件下表达的酶，与一直产生的组成型酶相反。诱导型酶用于应对不断变化的环境，例如不同种类的底物、变化的营养物质浓度和存在的有毒物质。具有水解功能的酶通常是可诱导的，只有当底物存在于它们的生活环境中时，细胞才开始合成相关的水解酶。在原核操纵子模型中，诱导子或阻遏物起转换作用，控制操纵子中诱导型酶基因的"开"或"关"。大肠杆菌 β- 半乳糖苷酶（β-galactosidase）是一种典型的诱导型酶，可由天然诱导剂乳糖或人工诱导剂 IPTG（异丙基 β-D-1- 硫代半乳糖苷）诱导。来自大肠杆菌乳糖操纵子的基因已被克隆到许多载体中，用于构建遗传标记和用于诱导控制。

（2）胞内酶、胞外酶和膜结合酶

胞内酶（endoenzyme）或细胞内酶是在产生它们的细胞内起作用的酶。因为大多数酶都属于这一类，该术语主要用于定义不能分泌到细胞外的酶。由于所有的酶都是在细胞内生物合成的，尽管其中一些酶可能会在以后分泌到细胞外，但单个酶可能同时具有内酶促和外酶促功能。胞内酶通常与细胞内的细胞器结合，例如三羧酸循环中的酶和氧化磷酸化酶几乎总是与线粒体相关；此外，用于蛋白质合成的酶通常与内质网中的核糖体有关。

胞外酶（exoenzyme）或细胞外酶是由细胞分泌并在细胞外起作用的酶。它们通常用于需要分解否则无法进入细胞的大分子，例如对大分子具有消化功能的酶，包括胃蛋白酶、淀粉酶、脂肪酶、胰凝乳蛋白酶和胰蛋白酶等。在酶生产领域，该术语也常用于指微生物分泌的水解消化酶。原核外酶的分泌机制现在已经很清楚了，已经发现酶原分子的翻译肽比分泌的要长，肽的 N 端部分，称为信号肽，通常由少数几个区域组成。通常包括三个区域：带正电的 N 端，称为碱性氨基末端；中间疏水序列，以中性氨基酸为主，能够形成一段 α 螺旋结构，是信号肽的主要功能区；较长的带负电荷的 C 端，含小分子氨基酸，是信号序列切割位点，也称加工区。信号肽通过形成特殊的通道与膜结合，肽的其余部分可以分泌出来。还有另一种酶，称为信号肽酶，镶嵌在膜上，准确切割信号肽和分泌片段。

膜结合酶（membrane enzyme）或膜定位酶是附着于细胞膜或细胞器的膜或与其相关的酶，如信号肽酶。超过一半的蛋白质与膜相互作用。膜酶产生多种对细胞功能必不可少的物质。例如，腺苷三磷酸双磷酸酶（腺苷二磷酸酶）是一种钙激活的质膜结合酶（镁也可以激活它）（EC3.6.1.5），可催化 ATP 水解以产生 AMP 和无机磷酸。NADPH 氧化酶是一种膜结合酶复合物。它可以在质膜以及吞噬体的膜中找到；透明质酸合成酶（HAS）是一种膜结合酶，它使用 UDP-α-N- 乙酰 -D- 葡糖胺和 UDP-α-D- 葡糖醛酸作为底物，在细胞表面产生葡糖胺聚糖透明质酸，并通过膜将其挤出到细胞外空间；谷氨酰氨肽酶是一种锌依赖性膜结合氨肽酶，可催化从多肽的 N 端裂解谷氨酸和天冬氨酸残基。

（3）克隆酶（cloned enzyme）的生物合成

通常，生产工业酶的基础是天然存在的微生物，生产具有某种特性的天然酶。在各种环境中对酶分子进行高效而费力的筛选，开发了自然界的多样性，从而产生了新的酶产品。在某些情况下，天然微生物的生产力已通过突变提高了 1 000 倍。动物或植物来源的酶可以独立于动物和植物组织的供应而生产。凝乳酶是小牛凝乳酶中的活性蛋白酶，已经通过发酵产生。在通常难以生长的外来微生物中以微量浓度发现的酶可以选择易于在廉价原材料上培养的宿主微生物并在易于纯化酶的培养基中生产。例如，由于厌氧培养的困难，厌氧微生物提供了当今无法获得的大量未开发的各种酶资源。基因工程技术能够实现物种之间的基因转移和基因修饰，提供了许多好处，这些好处很容易用于生产工业酶，即使在大规模发酵过程中也是如此。可以通过选择有效的基因构建来提高生产力。例子是每个细胞使用多个拷贝的结构基因，或使用强启动子或有效信号序列。通常在未充分表征的生物体中发现具有有趣特性的酶，或者与产生毒素的生物体或机会性致病生物体相关。现在可以通过将酶基因转移到更安全的宿主中来避免这种不确定性。基因工程为提高稳定性、活性或特异性的酶开辟了新途径。通过结构基因序列的改变，酶分子中的一个或多个氨基酸可以被其他氨基酸取代，从而改变酶的电荷和结构。例如，通过改变最畅销的洗涤剂蛋白酶 Savinase 中的两个氨基酸，创造了一种在漂白剂存在下稳定性大大提高的新酶。它现在以 Durazyme 的名称销售。

12.1.5 微生物发酵生产酶

发酵是一种生产工业用酶的有效方法，可以提高酶产量。它涉及使用微生物如细菌、酵母和真菌来生产酶。有必要选择一个好的生产菌株并保持其遗传稳定性。理想的酶生产菌株从来都不是天然的，为了满足工业目的，总是要打破生理平衡，只追求一种特定的酶以极高的量合成。几乎所有的工业酶生产者都是经过化学、物理甚至克隆处理诱变的突变体。经过几轮遗传改良，酶生产商逐渐符合工业标准：①在养分利用方面具有竞争力；②生产效率高；③具有较高的增长率；④对恶劣条件的容忍；⑤不易被污染；⑥具有较好的分离纯化性能。

工业菌株改良的策略和基本技术将在第四部分详细介绍。

发酵是工业酶制剂生产的关键过程。固/液态发酵过程都在工业中广泛应用。对于白酒生产，将谷物颗粒粉碎并用水吸收，制成块状，让原始微生物在其中生长，产生的酶足够丰富，可以分解大分子底物，产生的小分子可以转化为酒精和其他风味化合物，为酒提供独特的味道和风味。固体发酵也可用于将干草或秸秆回收成有用的生物产品，因为该过程似乎更简单且成本更低。但大多数酶的生产采用液态发酵，因为这个过程可以很好地控制并且容易重复进行工业化生产（图 12.2）。

液态发酵主要利用以下工艺：①分批发酵，这种模式下可用于一些酶的生产；②分批补料，通过发酵罐顶部的进料口将营养物质进一步加入罐内，延长发酵周期，提高生产效率；③连续过程，输入和输出量平衡，使发酵持续时间更长。

在 1970 年代，诺和诺德（Novo Nordisk）成功地为葡萄糖异构酶开发了一种完全连续的发酵工艺。据了解，这是酶连续大规模生产的第一个应用实例。连续发酵过程能够显著提高目标酶的生产水平。在该工艺中，生产率显著提高，因为可以在比分批工艺的循环时间短得多的平均停留时间下获得相同的单位体积产量。

◆ 应用案例 12-2
柠檬酸发酵

目前，工艺开发中最重要的任务是开发基因工程微生物的控制方法和工艺模式。新菌株的稳定性和生产力对发酵控制提出了新的挑战。近年来，先进的控制方法也被引入到下游加工步骤，以优化过程经济性并确保高、均匀的产品质量。目前最新的过程控制系统基于直接数字控制，分层系统通过易于更换的下层模块和工厂控制层的备用单元确保高可靠性。当前发酵技术的另一个发展是引入了用于实时监控酶发酵过程的专家系统（参见本书第四部分）。

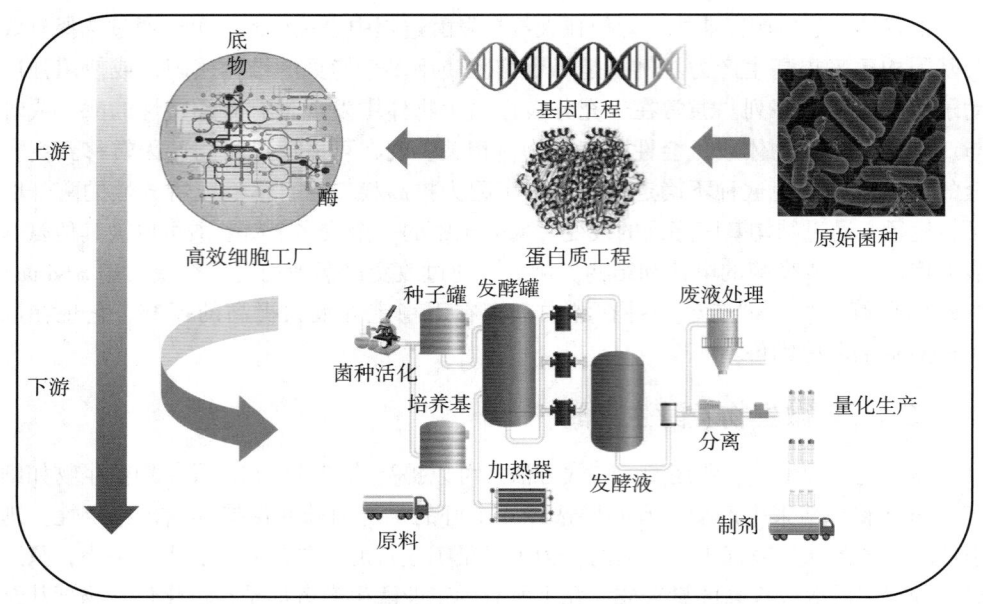

图 12.2 已发现及表征的酶的数量

12.2 酶资源与应用前景

12.2.1 酶的资源

生命体内，新组织的建立、旧组织的替换、食物转化为能量、废物处理、繁殖以产生后代——所有这些被称为"生命"的活动都是由酶催化的。动物、植物和微生物都是独立的生命体，它们无疑拥有一套完整的代谢酶。病毒也可能产生自己的酶，即使它们以寄生形式生活，具有修饰和利用宿主酶的能力，例如，从大肠杆菌噬菌体 T4 表达的 DNA 连接酶曾经是 DNA 连接的工具。本来，人们是从不同物种的细胞中提取酶，但最有效的获取酶的方法是微生物产生，因为微生物易于大规模培养。到目前为止，超过 99% 的酶是从微生物细胞商业化生产的。通过先进的基因克隆程序，将编码有用酶的动物或植物基因转移到某些经过充分研究的微生物宿主中并不困难，例如大肠杆菌（表 12.1）。

表 12.1 常见酶的来源

	生物	酶
植物	*Alfalfa*（苜蓿）	β-galactosidase（半乳糖苷酶）
	Horseradish（辣根）	peroxidase（过氧化物酶）
	Beet（甜菜）	glycomylase（糖化酶）
	Papaya（木瓜）	papain（木瓜蛋白酶）
	Papaya（木瓜）	chymopapain（木瓜凝乳蛋白酶）

续表

生物		酶
动物	*Bovin* pancrease（牛胰）	trypsin（胰蛋白酶）
	Bovin pancrease（牛胰）	r_bonuclease（核糖核酸酶）
	Bovin pancrease（牛胰）	RNase（RNA 酶）
	Bovin stomach（牛胃）	rennet（凝乳酶）
	Snake（蛇）	thrombin−like enzyme（类凝血酶）
	Leech（水蛭）	thrombin（凝血酶）
微生物	*Bacillus subtilis*（枯草芽孢杆菌）	*α*−amylase（淀粉酶）
	Aspergillus（曲霉）	*β*−amylase（淀粉酶）
	Aspergillus（曲霉）	acidic proteinase（酸性蛋白酶）
	Myrothecium（漆膜霉）	cellulase（纤维素酶）
	Candida（念珠菌）	lipase（脂肪酶）
噬菌体	*E. coli* phage T4（大肠杆菌 T4 噬菌体）	DNA ligase（DNA 连接酶）
	λ phage（λ 噬菌体）	lyase（裂解酶）
Recombinant	*E. coli*（大肠杆菌）	DNA polymerase Ⅰ（DNA 聚合酶Ⅰ）
	E. coli（大肠杆菌）	peroxidase（过氧化物酶）
	E. coli（大肠杆菌）	kinase（激酶）
	E. coli（大肠杆菌）	*Taq* DNA polymerase（*Taq* DNA 聚合酶）
	E. coli（大肠杆菌）	carboxypeptidase（羧肽酶）

12.2.2 酶的工业应用

目前，酶在各行各业都有了广泛应用（图 12.3）。

（1）淀粉液化（starch liquefaction）

麦芽来源的酶被用于在高温下液化淀粉，主要的 $α$− 淀粉酶的主要水解产物包括了葡萄糖和果糖。淀粉可被转化为高果糖玉米糖浆，由于它们的高甜度，被用于软饮料行业的甜味剂。液化工艺使用在高温下具有较好热稳定性的 $α$− 淀粉酶。目前，$α$− 淀粉酶在淀粉液化中的应用工艺已经相当成熟。在分批淀粉转化过程中，通常的做法是在淀粉浆达到糊化温度之前将 $α$− 淀粉酶添加到淀粉中。然后在淀粉糊冷却至约 65℃后添加第二份酶，麦芽 $α$− 淀粉酶活性的最高温度通常约 80℃。淀粉糖化过程见图 12.4。

（2）制浆造纸工艺（pulp and paper process）

在制浆造纸工艺中，大量的酶用于以下领域：

① 处理用于纸张表面涂层的淀粉：淀粉酶用于裂解淀粉分子以降低黏度，也用于表面施胶和涂料中的淀粉。

② 增强漂白：半纤维素酶（木聚糖酶）用于切割纤维中的半纤维素，使漂白过程更加有效。据报道，它能够减少多达 30% 的漂白化学品。此外，它还可以提高亮度。

◆ 应用案例 12−3

生物酶在制浆造纸过程中的应用

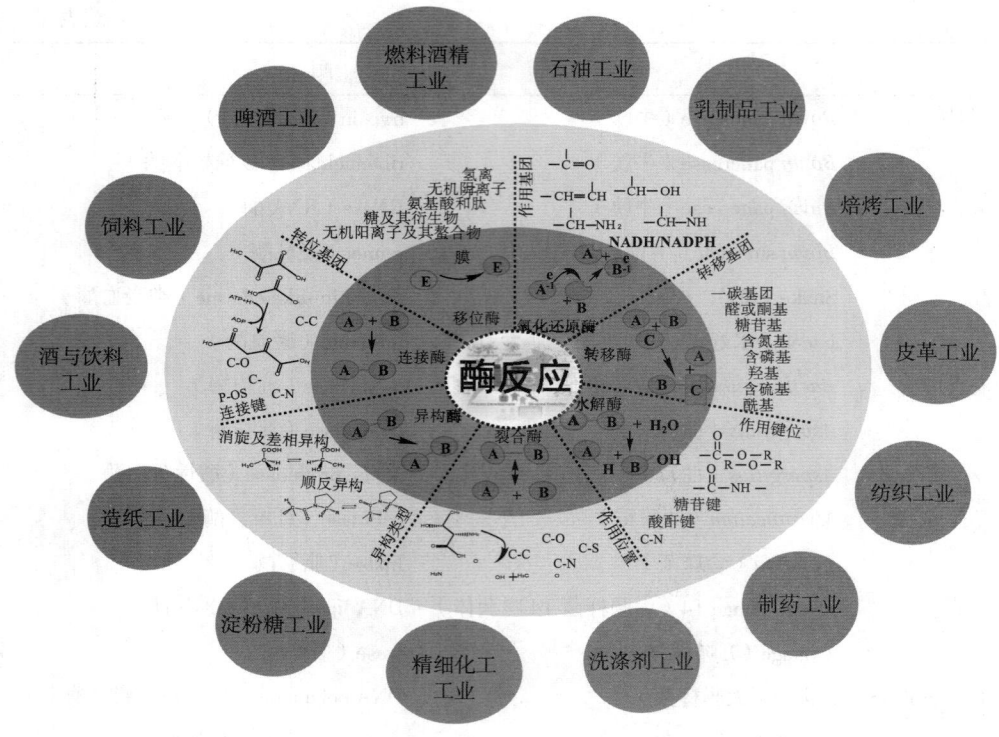

图 12.3 酶的工业应用

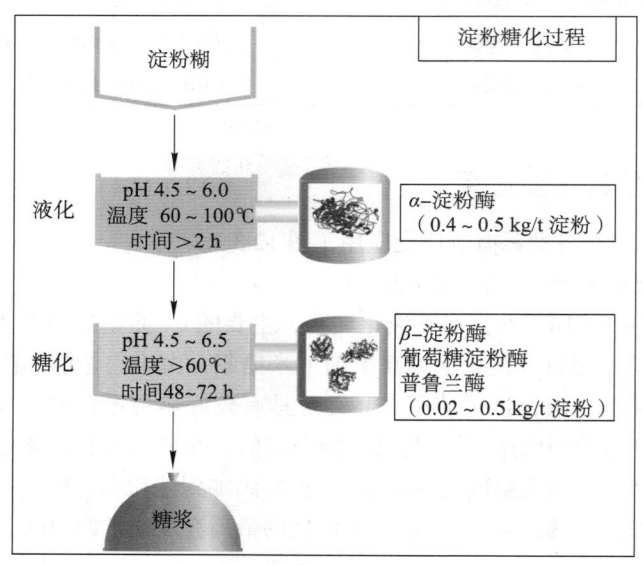

图 12.4 淀粉的糖化过程

③ 沥青处理：脂肪酶用于控制制浆过程中的沥青，它们可以将甘油三酯转化为在水中更稳定的脂肪酸，而不会造成过多的沉积。

④ 脱墨：纸张回收油墨和胶黏剂附着在纤维表面的纤维上，而纤维素酶和半纤维素酶被用于水解这些微纤维，释放黏合剂。据报道，酶辅助脱墨可去除 30% ~ 60% 的墨粉，并将亮度提高 4% ~ 5%。

⑤ 胶黏剂处理：酯酶用于破坏调色剂和黏合剂的聚合物中的酯键，它们可以提高纸张清洁度，并且可以减少沉积物，减少对聚合物的清理。这些酶也可用作滑石粉或溶剂型分散剂的替代品。

⑥ 碱替代：新闻纸脱墨的中性脱墨。苛性碱用于将再生纤维制浆以膨胀纤维，从而提高造纸潜力。纤维素酶可以与苛性碱结合使用或作为其替代品来膨胀纤维。

⑦ 降低炼油能耗：纤维素酶引起纤维素的部分解聚和纤维的溶胀，形成更柔软的纤维。此外，它们可以提高精炼效率，降低能耗或在更高的游离度下获得更高的强度。

⑧ 细粉水解：细粉在聚合物的水循环中积聚并导致排水、平整和纸张性能问题。纤维素酶可以水解这些细粒，使它们可溶。

⑨ 柔软组织：纤维素酶还可以通过水解纤维中的纤维素来提高柔软度，在纤维中产生薄弱点，使纤维变得柔韧。使用这些酶，柔软度可提高至25%。

⑩ 提高纸浆厂废水的生物降解性：纤维素酶和半纤维素酶用于降解纤维素和其他高分子量聚合物。据报道，生活污水的化学需氧量与生物需氧量比为2∶1，而造纸厂废水高达5∶1。因此，通过酶将纤维素细粒水解成更可生物降解的低分子量糖。

⑪ 清理/煮沸：淀粉酶用于处理淀粉制备/应用设备清理中的淀粉沉积物。蛋白酶用作生物分散剂或酶煮沸剂，切割沉积物中的蛋白质分子并溶解沉积物。

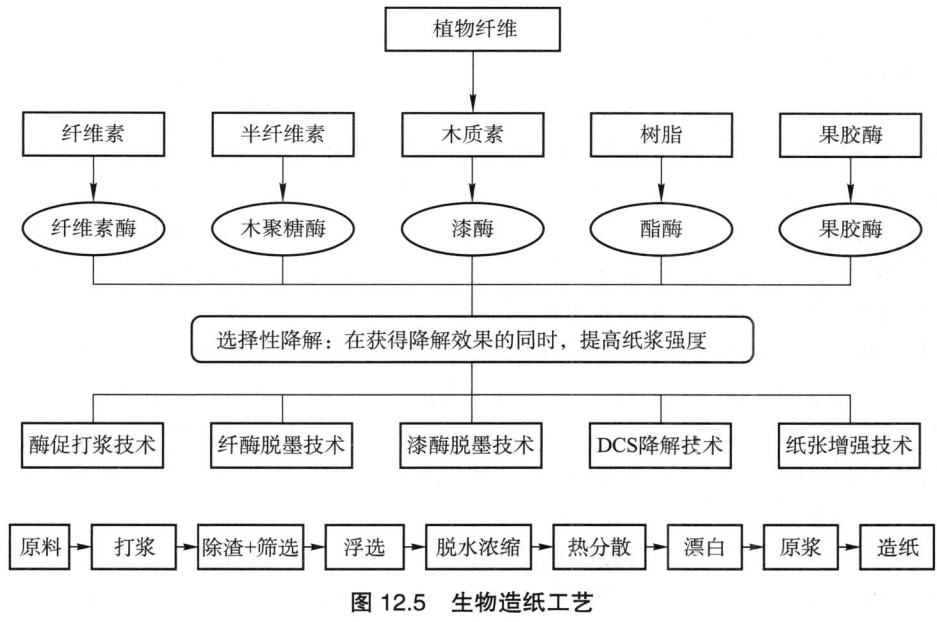

图 12.5 生物造纸工艺

（3）纺织工艺（textile process）

酶处理已广泛应用于纺织工业（图12.6），以改进生产方法和织物整理。该行业最古老的应用之一是使用淀粉酶去除淀粉，织物的经（纵向）线通常涂有淀粉，以防止它们在编织过程中断裂。煮练是通过从天然纤维素纤维中去除蜡、果胶、半纤维素和矿物盐等杂质来清洁织物的过程。研究表明，果胶就像纤维核心和蜡之间的胶水，但可以被碱性果胶酶破坏。因此可以获得润湿性的增加。纤维素酶可以实现传统上通过浮石的研磨作用实现的石洗外观，成功应用于牛仔布的处理。在诺维信公司称为生

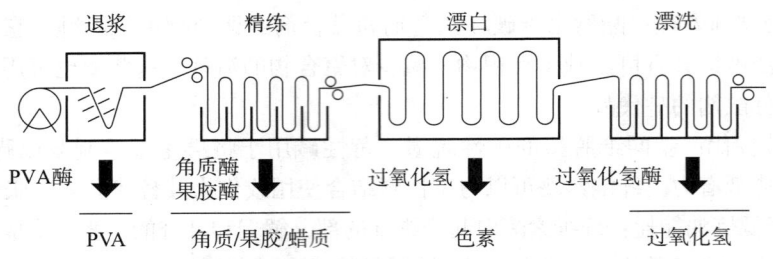

图 12.6 纺织加工中酶法染整及处理工艺

物精制的过程中，纤维素酶还用于防止起球并改善棉织物的光滑度和颜色亮度并获得更柔软的手感。过氧化氢酶用于降解棉花漂白后残留的过氧化氢，过氧化氢必须在染色前去除。蛋白酶用于羊毛处理和生丝脱胶。

（4）皮革工艺（leather process）

要使皮革柔软，必须进行软化，这意味着应从排皮革中去除一些蛋白质纤维。罗马作家普林尼在 2000 多年前曾报道过使用鸽子粪便进行这一过程。德国科学家 Ršhm 于 1908 年根据屠宰动物的胰腺提取物开发了标准化皮革处理制剂。它含有胰蛋白酶，是消化系统中发现的一种酶混合物。此后，所有皮革制剂都基于此类蛋白酶制剂，目前使用细菌和真菌蛋白酶代替。

（5）洗涤剂（washing reagent）

Ršhm 首次检测了衣物上沾染的污垢化学成分，他提出了用胰腺提取物洗衣服的方式，并于 1914 年开发了第一种酶促洗涤剂。但直到 1960 年代，酶洗涤剂才获得广泛接受。适合洗涤条件的碱性蛋白酶的大规模生产始于 1962 年，它不再是动物提取物，而是微生物发酵的产物。用于洗涤的酶通常由地衣芽孢杆菌产生，它们可在高 pH 和高达 60℃的温度下使用，并且都是相对非特异性的蛋白酶。它们攻击氨基酸的 C 端，产生易于被洗涤剂溶解的小肽。目前，人们对通过蛋白质工程开发更好的洗衣粉蛋白酶非常感兴趣，特别是在蛋白酶中设计抗氧化性。自 1990 年代以来，淀粉酶也被添加到洗涤剂中，以去除食品中的污渍。1988 年发布了第一种洗涤剂脂肪酶——第一种由转基因生物生产的商业酶。目前，超过 90% 的洗涤剂酶是由转基因生物制成的。近 20 年，洗涤剂行业一直是工业酶的最大市场，占世界酶销售额的 37%。除了洗衣粉，现在许多自动餐具洗涤剂也含有酶。

（6）奶酪生产（cheese making）

为了在生产过程中最大限度地提高效率并尽可能经济，酶分子必须与底物分子最大程度地接触。这可以通过混合合适浓度的酶和底物溶液来实现。然而，这意味着每生产一批产品就会损失酶。将热牛奶与凝乳酶按照 2 000∶1 混合后反应几小时，待牛奶凝结后，将凝乳块切割并加热，以排出乳清，加热时凝乳会纠结成大块，因此要将凝乳再切割，然后放在容器内进行多次翻转，排走剩余的乳清，最后将凝块捣碎及挤压，加入盐等调味，放入奶酪室内成熟。斯蒂尔顿奶酪中的"蓝色"是添加了洛克福青霉孢子产生的，奶酪在成熟一段时间后，被钢针穿许多孔，让空气进入，促进青霉菌生长，最终形成蓝纹奶酪。凝乳酶是由新生反刍动物在皱胃内壁产生的，用于凝结摄入的乳汁，从而在肠道中停留更长时间并更好地吸收。广泛用于奶酪的生产。

正如之前报道的那样，淀粉皮革、洗涤剂、奶酪、纸浆和造纸工业以及纺织品整理领域需要大量的酶。为了制备这些工业酶，微生物的发酵需要大规模操作。发酵设备的设计体积庞大。此外，这些工业用途需要较低的纯度；因此，其纯化过程比医用酶要简单得多。

（7）医药用酶（medical used enzyme）

由于酶是特定的生物催化剂，它们应该成为治疗代谢疾病的最理想的治疗剂。不幸的是，许多因素严重降低了这种潜在效用：（1）它们太大而不能简单地分布在身体的细胞内，这也是酶尚未成功应用于大量人类遗传疾病的主要原因。为了通过靶向酶来克服这一问题，正在开发多种方法，例如具有共价连接外部 β– 半乳糖残基的酶靶向肝细胞，而与靶特异性单克隆抗体共价偶联的酶被用于避免非特异性副反应。（2）它们通常是身体的外来蛋白质，具有抗原性，可以引发免疫反应，这可能会导致严重和危及生命的过敏反应，尤其是在持续使用时。在某些情况下，通过共价修饰将酶伪装成明显的非蛋白质分子，已经证明可以避免这个问题。经聚乙二醇共价连接修饰的天冬酰胺酶已显示保留其抗肿瘤作用，同时不具有免疫原性。显然，在治疗酶制剂中完全禁止存在毒素、热原和其他有害物质。由于酶在体内循环中的半衰期较短，有效寿命可能只有几分钟。通过使用共价修饰进行伪装，可以有效提高其稳定性。其他方法，包括人工脂质体、纳米微球等也可以延长酶的循环寿命，但它们通常会导致免疫反应增加，并且还可能导致血凝块。

与工业酶相反，医药用酶需要相对少量但具有非常高的纯度和特异性的治疗效果，这些酶通常具有低 K_m 和高 v_{max}，以便即使在非常低的酶和底物浓度下也能发挥最大效率。因此，谨慎选择此类酶的来源以避免任何不相容材料造成不希望的污染的可能性，并能够快速纯化。精细酶制剂通常作为冻干纯制剂出售，仅添加生物相容性缓冲盐和甘露醇稀释剂。此类酶的成本可能相当高，但仍可与竞争性治疗剂或治疗的成本相媲美。例如，尿激酶从人尿中制备用于溶解血凝块。酶的成本约为 100 美元 /mg，肺栓塞的治疗成本仅用酶就约为 10 000 美元。

医药用酶的主要潜在治疗应用是治疗癌症，天冬酰胺酶已被证明特别有希望用于治疗急性淋巴细胞白血病。其作用取决于肿瘤细胞缺乏天冬氨酸氨连接酶活性，这限制了它们合成正常非必需氨基酸 L– 天冬酰胺的能力。因此，人们被迫从体液中提取它。天冬酰胺酶的作用不会影响正常细胞的功能，这些细胞能够合成足够满足自身需要的物质，但会降低游离的外源浓度，从而在易感肿瘤细胞内诱导致命的饥饿状态。一项针对近 6 000 例急性淋巴细胞白血病的研究报告了静脉注射该酶后获得 60% 的完全缓解发生率。该酶通过静脉给药，它仅对降低血液中的天冬酰胺水平有效，其半衰期约为一天（在模型动物中）。通过使用聚乙二醇修饰的天冬酰胺酶，半衰期可增加 20 倍。与工业酶相比，医用酶的产量要小得多，然而，医疗用途要求高纯度，因此应严格限制下游工艺。

小结

酶是生物细胞制造的具有催化能力的生物大分子，其主体为蛋白质形式。依据其催化反应的特性，酶被归类为各种类型，且来源广泛。酶催化反应具有专一性、高效性、温和性、重复性等特征，在淀粉液化、造纸、纺织、皮革、洗涤、食品以及医药行业具有广泛的应用，创造了巨大的经济价值。

？ 思考题

1. 简述酶的来源以及类型。
2. 简述典型工业用酶的范例及其社会与经济效益。

推荐阅读

1. 郑裕国.生物加工过程与设备［M］.北京：化学工业出版社，2004：1-514.

本书力求理论与实践密切结合，突出重点，并反映生物加工过程与设备的国内外最新进展，可作为酶生产与应用的参考书。

2. 郭勇.酶的生产与应用［M］.北京：化学工业出版社，2003：1-243.

本书对酶的生产与应用进行了全面概述，具有重要的指导作用。

3. 周晓云.酶技术［M］.北京：石油工业出版社，1995：1-305.

本书以酶技术为主线，理论与实际生产应用相结合，推动酶工程的发展和产业化的进程，对酶的生产与应用具有指导作用。

4. 罗九甫.酶和酶工程［M］.上海：上海交通大学出版社，1996：1-333.

本书对酶和酶工程基础知识及其生产应用进行全面阐述，有利于全面了解酶的生产与应用。

更多网上学习资源

◆ 教学课件　　◆ 自测题　　◆ 参考文献

第四篇

工业发酵

第**13**章 发酵工程概述

　　发酵工程是生物技术的主要分支，发酵工程起源于人类先民时期，在人类文明起源和生活中起到重要的作用。近代发酵工程是建立在生化工程、微生物学、分子生物学等科学与技术之上的。一般是指采用现代工程技术手段，利用微生物代谢，为人类生产有用的产品，或直接把微生物应用于工业生产过程的一种技术。发酵工程的内容包括菌种选育、代谢调控、产品的分离提纯和生物反应器优化等方面。经过近百年的发展，发酵工程已经涵盖农产品加工、生物资源、生物能源和环境处理等诸多方面，对人类生活产生诸多影响。本章就发酵工程的基本概念、典型发酵产品和工艺及发酵工业的社会效益作阐述。

　　Fermentation engineering is the main branch of biotechnology. Fermentation, played an important role in human life, originated in ancient times. Fermentation engineering, based on biochemical engineering, microbiology, molecular biology and other technologies and theories, is a technology that uses modern engineering technology and specific functions of microorganisms to produce useful products for human beings or directly applies microorganisms to industrial production processes. Bioprocess, such as strain breeding, metabolic regulation, product separation and purification and bioreactor optimization, are the predominant contents in fermentation engineering. Fermentation engineering has had an important impact on people's lives due to the development and improvement of agricultural products processing, biological resources, biological energy, and environmental treatment in the past century. This chapter describes the basic principles, products and applications as well as benefit from fermentation.

▶▶ **知识导图**

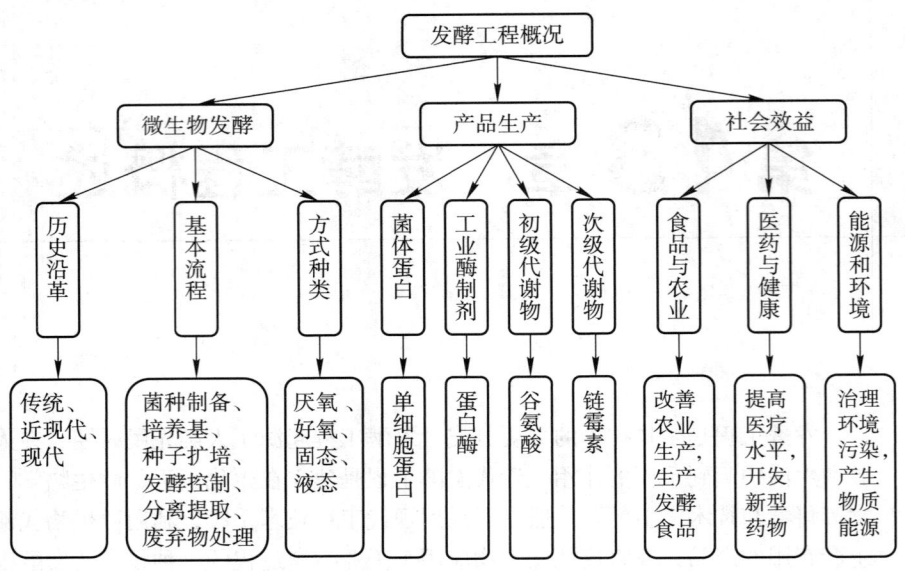

▶▶ **学习指南**

➢ 了解：发酵工程的发展历程。
➢ 重点：发酵工程定义、基本流程与发酵产品。
➢ 难点：发酵工程的社会效益。

13.1　微生物发酵基本概念

发酵（fermentation），最早源于拉丁语"发泡"（fervere），描述的是酵母菌作用于果汁或麦芽提取物产生 CO_2 的现象。自巴斯德研究乙醇发酵的生理意义，生物化学上将发酵定义为微生物在厌氧条件下分解各种有机物质产生能量的一种方式。目前，人们把利用微生物在有氧或厌氧条件下的生命活动制备微生物细胞、初级代谢物和次级代谢物的过程统称为发酵。

发酵工程（fermentation engineering）是一门将微生物学、生物化学和化学工程的基本原理有机结合起来，利用微生物的生长和代谢活动来生产各种有用物质的工程技术。微生物作为发酵工程的核心，因此又称微生物工程（microbial engineering）。

13.1.1　发酵历史沿革

自人类的活动起始，微生物发酵就进入了人们的社会生活，根据人们对微生物发酵过程不断深入的认识，可以将微生物发酵分为以下三个发展阶段：传统天然发酵阶段、近现代工业发酵阶段和现代工业发酵阶段（图 13.1）。

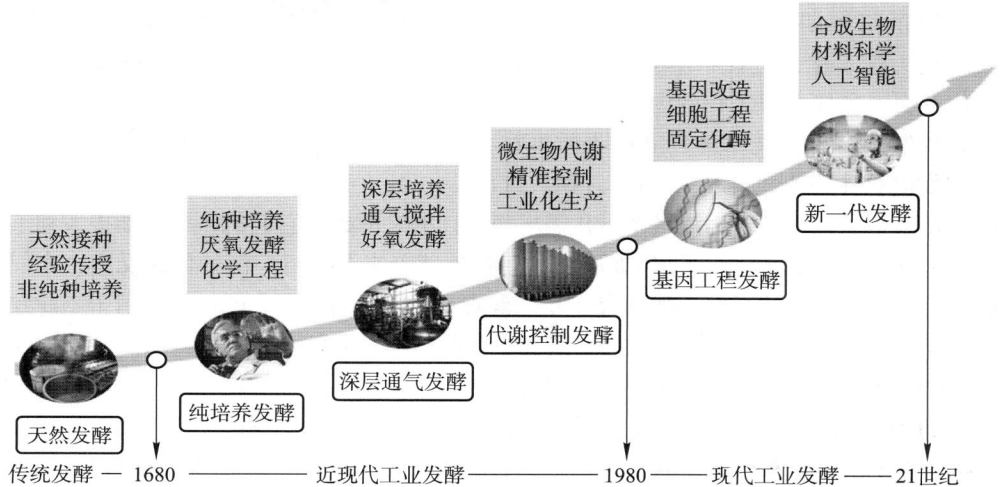

图 13.1　微生物发酵技术的历史沿革

（1）传统天然发酵阶段（1680 年以前）

发酵最早可以追溯到距今 4 万 ~ 5 万年前的石器时代。早在公元前 6000 年，古巴比伦人就掌握了利用发酵酿造啤酒技术；大约公元前 4000 年，古埃及人就开始利用发酵的方法制作面包。我国龙山文化（距今约 4000 ~ 4200 年）遗址考古表明，夏禹时代开始，酒的酿造就已经普遍流行于我国各地。人们利用"发酵现象"从各种饮料酒、酒精、酱、酱油、食醋、干酪等发酵食品的生产，形成了发酵工程技术最早的产业——酿造业。早期人们尚未发现微生物，发酵过程多来源于天然接种和非纯种培养，基于长期的经验积累，人们会利用蒸、煮等消毒措施，并且依据特定的节气（温度、湿度和光照）来进行发酵工作，以提高发酵产品的质量和稳定性。

（2）近现代工业发酵阶段（1680—1980 年）

1667 年，荷兰科学家列文虎克（Antonie van Leeuwenhoek）发明了显微镜，从此逐步揭开了微生物世界的秘密。1850—1880 年，越来越多的微生物被人类发现，法国微生物学家路易斯·巴斯德（Louis Pasteur）指出发酵是由于微生物的活动引起，奠定了初步的发酵理论。其后不久，德国科学家柯赫（Robert Koch）完成了细菌纯培养技术，第一次利用固体培养基分离得到了微生物纯种。由此确立了单种微生物的分离和纯培养技术，使发酵技术从传统的天然发酵转变为纯培养发酵，这是发酵工程技术发展的第一个转折时期。

1929 年，英国细菌学家弗莱明（Alexander Fleming）在一次偶然的实验中发现了青霉素，并发现其可以有效地杀死微生物，作为治疗细菌感染的药物。第二次世界大战的爆发，促进了青霉素微生物发酵生产。20 世纪 40 年代好气性发酵通气搅拌工程

◆ 科学史话 13-1
巴斯德与微生物

◆ 科学史话 13-2
青霉素的发现

技术的创立，采用摇瓶通风培养以及空气纤维过滤的高效除菌，解决了青霉素的大规模工业化发酵生产，从此开启了抗生素、有机酸、酶制剂、维生素和激素等生物产品发酵的新时代，被认为是发酵工程发展的第二个转折时期。

图13.2　大型发酵罐

20世纪中期，随着工程技术的进步，发酵动力学、化工过程中单元操作的概念被广泛引入，使发酵工程的内涵不断深化。代谢控制发酵工程技术的创立成为微生物工程发酵技术发展的第三个转折时期。这时期还出现了各种各样为满足个性化需求而设计的发酵罐，它们的体积逐渐扩大到了数十万升（图13.2）。由于微生物能够利用各种营养来源进行广泛的代谢反应，人们也开始将低成本的原材料，如糖蜜、纤维素或其他来源的工农业废料等应用于工业发酵，来生产具有商业价值的生物质、酶和生化制品等。

（3）现代工业发酵阶段（1980年至今）

20世纪70年代开始，DNA体外重组技术的建立，发酵工程进入了以基因工程技术为中心的生物工程时代。人们可以根据自己的意愿，引入外源基因，或对内源基因的表达进行改造，定向改变微生物性状与功能，创造新的"物种"，使发酵工程给人类社会带来了划时代的变革。21世纪随着合成生物学、材料科学、人工智能、物联网等技术的迅速发展，现代发酵工程已发展成为以天然和人工修饰的生物体为加工对象，集现代化高新技术为一体，生产产品或服务于人类社会的一种工程技术，为农业、食品、医疗、环保、能源等多个行业的发展开辟了广阔的前景，推动全球可持续发展。

13.1.2　发酵基本流程

现代发酵工程已经形成了一个完整的工业技术体系，从工程学的角度可以把发酵过程分为上游工程、中游工程和下游工程。基本上包括以下6个环节：菌种的制备、培养基的配制和灭菌、种子的扩大培养、发酵过程与控制、产物的分离提取以及废弃物处理（图13.3）。

① 菌种的制备　从自然界分离纯化得到能生产目标产物的菌种，并对其选育（诱变、适应性进化或基因工程改良），筛选出符合生产要求的优良菌株，并以纯种形式保存使之处于休眠状态，还需定期进行菌种纯化和育种驯化，以维持菌株稳定性。

② 培养基的配制和灭菌　确定菌种发酵所需的培养基成分，配制发酵培养基，保证营养物质满足微生物生长和代谢的需要，并对所有培养基进行灭菌，防止微生物污染。

③ 种子的扩大培养　将保存的生产菌种接入培养基活化后，经摇瓶及种子罐等逐级扩大培养，获得一定数量和质量的纯培养物（称为种子），后接入发酵罐进行发酵。

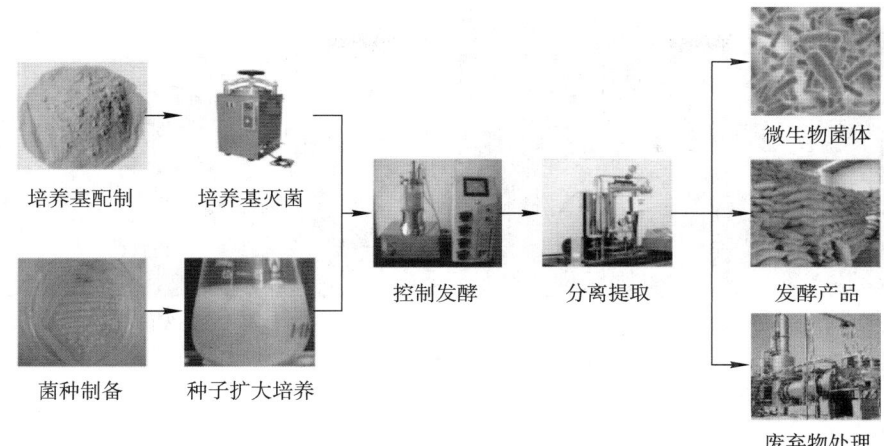

图 13.3 工业发酵的一般过程

④ 发酵过程与控制 使用设计良好的发酵罐和所有附属设备，同时提供必要的生长条件，在无菌条件下对微生物进行纯种培养，合成大量产物；基于检测到的参数和反馈的信息，分析发酵热力学和动力学，建立数学模型精确控制发酵过程。

⑤ 产物的分离提取 分离微生物菌体，收集发酵液，采用下游分离纯化技术对微生物代谢产物进行纯化、精制，制成符合要求的产品。

⑥ 废弃物处理 对发酵废水和固体废物进行综合处理，确保不会对环境产生负面影响。

综上所述，发酵的基本内容就是促进原料中理想微生物的增殖生长，并使其占主导地位，以生产出各种生化制品，来满足人类的需求，维持社会和环境的可持续发展。

13.1.3 发酵方式和种类

（1）根据微生物细胞生长是否需要氧气分类

根据微生物细胞生长是否需要氧气，微生物发酵过程可分为厌氧性发酵和好氧性发酵。

① 厌氧性发酵（anaerobic fermentation） 发酵过程不需要供给空气，一般以有机物作为电子受体，如酒精发酵和乳酸发酵、丙酮和丁醇及其沼气发酵等。

② 好氧性发酵（aerobic fermentation） 发酵过程需要通入无菌空气，以氧气作为电子受体，如抗生素、柠檬酸、谷氨酸发酵等。

另外，自然界中还存在兼性厌氧微生物，如酵母菌，它在缺氧条件下进行厌氧性发酵分解葡萄糖产生乙醇和二氧化碳，而在有氧（通气）条件下则进行好氧性发酵，大量繁殖菌体细胞，称兼性发酵（facultative anaerobic fermentation）。

（2）根据发酵过程培养基的状态不同分类

根据发酵过程培养基的状态，微生物发酵还可分为固态发酵和液态发酵。

① 固态发酵（solid state fermentation） 是指微生物在基本没有或较少游离水的固态基质上的发酵方式，发酵过程中搅拌等传质工艺也较少；我国传统发酵食品如白酒、陈醋和酱油的生产等均属典型的固体发酵（图 13.4 左）。

◆ 应用案例 13-1
白酒固态发酵

开放式固态发酵   封闭式液态发酵

图 13.4　固态发酵和液态发酵

② 液态发酵（liquid state fermentation） 是指培养基呈液态的微生物发酵过程，有表面发酵和深层发酵两种类型。前者是在静置培养状态下，微生物进行好氧发酵形成产物的过程，通常在表面形成菌膜。后者是指施加外力将微生物的菌体细胞、孢子或菌丝体均匀分散在液体发酵培养基中，向培养基中强制通气（供氧）或不通气进行发酵产物合成的过程。一般地，液态发酵主要指液态深层发酵，是现代发酵工程的主要形式，具有生产规模大、生产效率高、机械化和自动化程度高的特点（图 13.4 右）。

（3）根据操作方式不同分类

根据操作方式，液态深层发酵分为分批发酵、连续发酵、补料分批发酵（图 13.5）以及其他特殊类型的发酵。

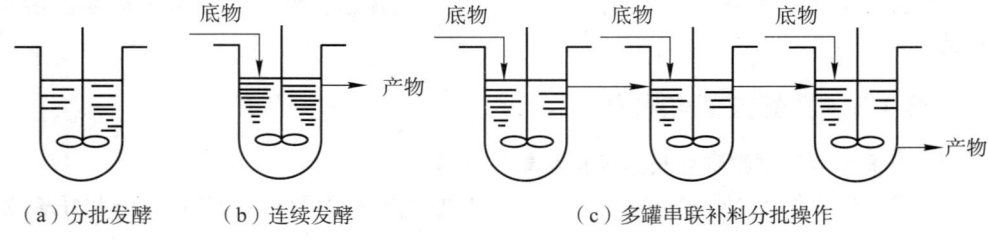

（a）分批发酵 　（b）连续发酵 　　　　　　　（c）多罐串联补料分批操作

图 13.5　分批发酵、连续发酵和补料分批发酵

① 分批发酵（batch fermentation） 指微生物生长代谢所需的所有物料一次性投入发酵罐，然后灭菌、接种、发酵培养，直至发酵结束放罐。整个发酵过程除了空气进入和尾气排出，与外界没有物料交换。

② 连续发酵（continuous fermentation） 连续或定时地以一定速度向发酵罐内补充新鲜培养基，同时以相同的速度等量从发酵罐中排出发酵液，使发酵罐内液量维持恒定。连续培养系统又称恒化器。多用于研究工作中，如发酵动力学参数的测定，过程条件的优化实验等。

③ 补料分批发酵（fed-batch fermentation） 又称半连续发酵（semi-continuous fermentation），是介于分批发酵和连续发酵之间的一种发酵方式，即在分批发酵过程中间歇地或连续地补加营养物并适量排出原有发酵液，使发酵液中的营养物浓度长时间保持一定范围内，保证微生物代谢活力处于最佳状态，从而达到提高产量和生产强

度的目的，最后将发酵液全部放出。采用计算机控制合理的补料速率并在小试发酵罐中最优化流加工艺，以实现工业化生产补料的优化控制。

④ 特殊发酵　包括二步发酵、固定化细胞发酵、高密度发酵、混合菌种发酵等。

二步发酵：通常由一种菌种产生某种产物，再由另一和菌种将该产物转化为生产所需产物，利用氧化葡萄糖酸杆菌（*Gluconobacter oxydans*）、巨大芽孢杆菌（*Bacillus megaterium*）和普通生酮基古龙酸菌（*Ketogulonicigenium vulgare*）组成的经典三菌发酵生产维生素 C 是二步发酵的典型代表。

固定化细胞发酵（fermentation with immobilized cell）：指使用固定化生长菌体进行发酵，实质上是一种菌体繁殖与产物生成分开的二步发酵或同时进出料的连续发酵。

高密度培养发酵（high cell-density culture，HCDC）：一般指细胞密度达到 100 g/L（干重）以上水平的发酵，其往往需要高强度传氧。

混合菌种发酵：是指两个或更多菌种构建一个群落系统进行发酵，白酒的生产是混合发酵的典型代表。

13.2　典型的发酵产品及生产

微生物发酵产品种类繁多，主要包括微生物菌体蛋白、酶制剂、细胞初级代谢产物（如氨基酸、乙醇和有机酸）和次级代谢产物（如抗生素、色素和激素）等。

13.2.1　单细胞蛋白质

单细胞蛋白质（single-cell protein，SCP）也叫微生物菌体蛋白，通常是指利用工、农业废料及石油废料等基质培养微生物获得的菌体蛋白。用于生产 SCP 的单细胞生物包括微型藻类、非病原细菌、酵母菌类和真菌类。它们可利用各种基质如糖类、碳氢化合物、石油副产物、氢气及有机废水等在适宜的培养条件下生产高含量蛋白质（40% ~ 80%），并含有多种维生素、糖类、脂类、矿物质以及丰富的酶类和生物活性物质。下面以氢氧化细菌为例简单介绍从废水中生产单细胞蛋白的生产流程。

（1）单细胞蛋白生产的菌种

氢氧化细菌种类丰富且分布十分广泛。典型的氢氧化细菌包括副球菌属（*Paracoccus*）、产碱菌属（*Alcaligenes*）、假单胞菌属（*Pseudomonas*）、黄单胞菌属（*Xanthomonas*）、邻单胞菌属（*Plesiomonas*）、分枝杆菌属（*Mycobacterium*）、芽孢杆菌属（*Bacillus*）、棒杆菌属（*Corynebacterium*）和脂肪杆菌属（*Pimelobacter*）等。

（2）单细胞蛋白生产的工艺流程

从废水中回收营养物生产 SCP 必须保证安全性，目前的做法是污染物处理与热化学耦合，将 C、N、H 等物质以气体的形式从废水中吹脱出来，供给细菌利用、生产 SCP。用氢氧化细菌经生物精炼厂生产 SCP（图 13.6），首先，污泥处理厂产生生物沼气、废水和污泥，能够分别为氢氧化细菌的生长提供 CO_2 和 NH_3/NH_4^+，同时利用水电解的方式为细菌生长提供 O_2 和 H_2。4 种气体最终被氢氧化细菌利用并生产出 SCP。

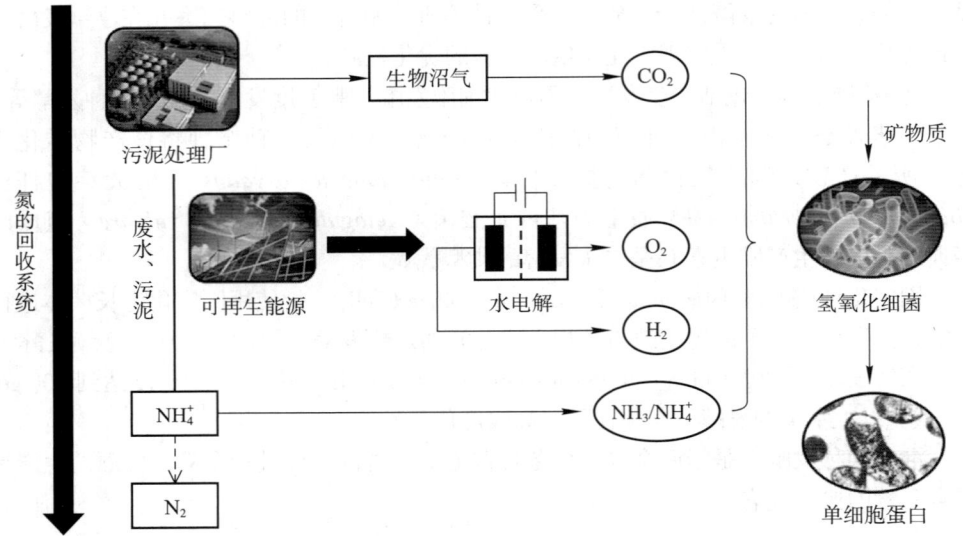

图 13.6　氢氧化细菌发酵产单细胞蛋白示意图

13.2.2　工业酶制剂

酶制剂是现代生物技术快速发展的产物；工业酶制剂主要包括蛋白酶、糖化酶、α- 淀粉酶、纤维素酶、脂肪酶、谷氨酰转肽酶和木聚糖酶等。蛋白酶是能够水解蛋白质中的肽键结构，产生氨基酸或多肽的一类酶的总称，在全球酶总产值中占 60% 左右，是工业酶制剂行业的支柱产品。下面以蛋白酶为例简单地介绍工业酶制剂的发酵生产。

（1）蛋白酶的工业化生产菌种

目前用于生产蛋白酶的微生物主要有细菌、霉菌和放线菌，其常见的产蛋白酶菌株主要是细菌类的芽孢杆菌属（*Bacillus*）、假单胞杆菌属（*Pseudomonas*）、变形杆菌属（*Proteus*）等；真菌类的曲霉属（*Aspergillus*）、青霉属（*Penicillium*）、根霉属（*Rhizopus*）等；放线菌类的链霉菌属（*Streptomyces*）、高温放线菌属（*Thermoactinomyces*）等。目前工业上主要应用的菌株仍是芽孢杆菌。芽孢杆菌除了是碱性蛋白酶和中性蛋白酶的主要来源外，也是的耐高温的蛋白酶的主要来源。

（2）蛋白酶发酵生产工艺

根据蛋白酶作用底物的最适 pH 可将其分为酸性蛋白酶、中性蛋白酶、碱性蛋白酶，我们以黑曲霉 3.350 酸性蛋白酶的生产工艺为例介绍蛋白酶的生产工艺。发酵工艺流程如图 13.7 所示。将活化的种子液接入到 500 L 种子罐，通风量 1 : 0.3 M³/M³/min，搅拌 230 r/min，31℃培养 26 h。此时菌体生长进入对数生长期，转入 5 000 L 发酵罐，在 31℃下培养，通风量为 0 ~ 24 h 时 1 : 0.25 M³/M³/min，24 ~ 48 h 时 1 : 0.5 M³/M³/min，48 h 至结束 1 : 1.0 M³/M³/min，平均 1 : 0.6 M³/M³/min 左右，搅拌 180 r/min。发酵 72 h，酶活性一般在 2 500 ~ 3 200 U/mL。

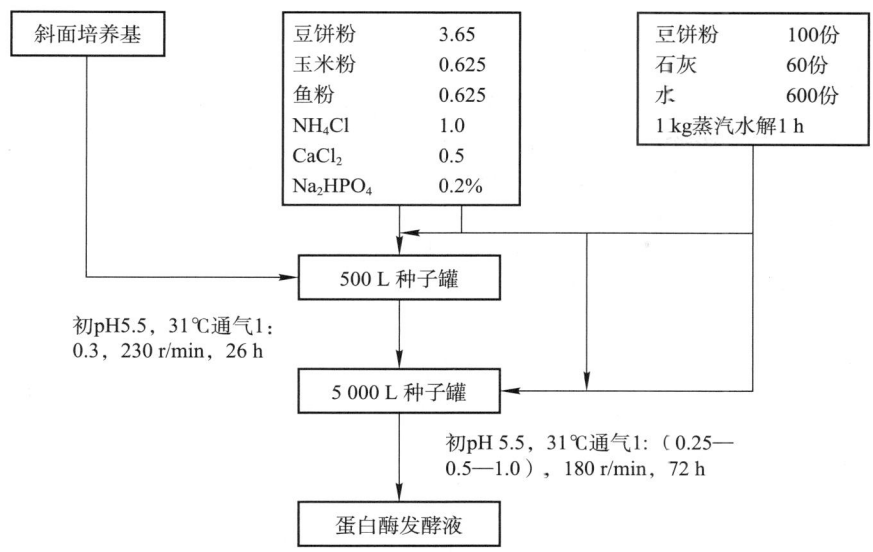

图 13.7 酸性蛋白酶的发酵生产工艺

13.2.3 初级代谢产物

对寄主细胞自身生长和繁殖所必需的代谢物就被称为初级代谢产物（primary metabolite），主要包括各种氨基酸、核苷酸、蛋白质、核酸、脂质和糖类等。其中氨基酸是构成蛋白质的基本单位，是人体及动物的重要营养物质。目前大规模工业发酵生产的氨基酸主要有谷氨酸、赖氨酸、苏氨酸、苯丙氨酸、天冬氨酸、丙氨酸等。谷氨酸是目前氨基酸生产中产量最大的一种，同时谷氨酸发酵生产工艺也是氨基酸发酵生产中最典型和最成熟的。下面以谷氨酸为例简单介绍氨基酸的发酵生产。

（1）谷氨酸发酵生产菌株

谷氨酸发酵生产菌种主要有棒状杆菌属（*Corynebacterium*）、短杆菌属（*Brevibacterium*）和小杆菌属（*Exiguobacterium*）等。谷氨酸发酵是好气性发酵，国内常用的谷氨酸生产菌种有北京棒状杆菌 AS1 299（*Corynebacterium Pekinensen* sp.AS1.299）、北京棒状杆菌 D110（*C. Pekinensen* sp.D1.10）、钝齿棒状杆菌 AS1.542（*C. crenatum* AS1.542）及钝齿棒状杆菌 7338。

（2）谷氨酸发酵生产工艺

谷氨酸发酵生产工艺如下图 13.8 所示，将活化的谷氨酸生产菌株以 1% 的接种量在 1 L 三角瓶中 30～32℃ 培养 10～12 h 制成一级种子液。按 0.2%～0.5% 的接种量将一级种子液接入 50 L 二级种子罐，通风量 1∶0.5 $M^3/M^3/min$，搅拌 350 r/min，32～34℃ 培养 6～8 h，制得种子液。谷氨酸生产菌经上述一级种子、二级种子罐扩大培养后接入发酵罐中，在 32～38℃ 下，好氧发酵 30 h 左右。发酵初期，菌体生长较缓慢，2～4 h 后菌体进入对数生长期，需要监测发酵过程中的工艺参数（如 pH、OD、残糖等），同时流加尿素以供给氮源并维持 pH 在 7.5～8.0。发酵至 12 h，菌体转入谷氨酸合成阶段，流加尿素维持谷氨酸合成的最适 pH（7.2～7.4），增加通气量并升高温度到谷氨酸合成的最适温度（34～37℃）。当谷氨酸的浓度不再增加，营养

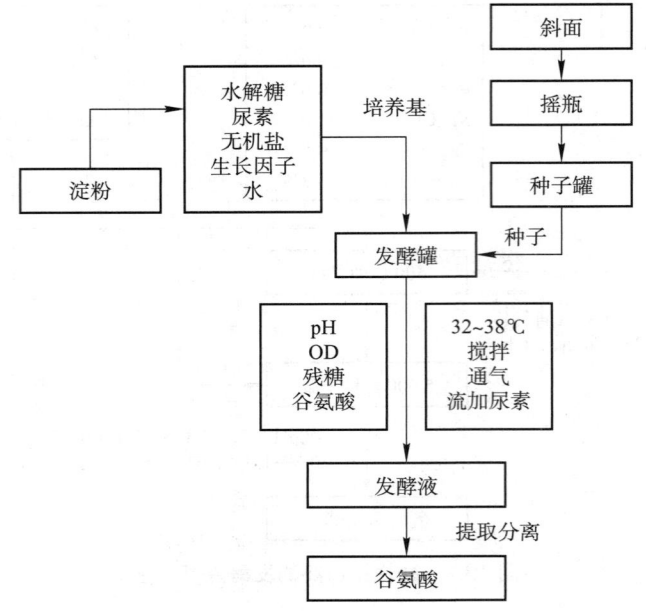

图 13.8　谷氨酸发酵生产工艺

物质消耗完时，发酵结束。

13.2.4　次级代谢产物

在微生物生命周期的某些阶段，会出现一些宿主细胞非必需的生化物质，它们被称为次生代谢产物（secondary metabolite），如色素（pigment）、抗生素（antibiotics）、生物碱（alkaloid）、抑制剂（inhibitor）、生长素（auxin）等。抗生素是由微生物产生的，少量便能抑制甚至杀死细菌或其他微生物的化学物质。目前发现了 100 多种抗生素，包括青霉素类、氨基糖苷类、头孢菌素类、四环素类和氟喹诺酮类等。相较而言，氨基糖苷类是最早得到系统挖掘、应用的抗生素，其中链霉素是 1944 年发现的第一个氨基糖苷类抗生素。下面以链霉素为例简单介绍抗生素的发酵生产。

（1）链霉素发酵生产菌株

链霉素主要由链霉菌属（*Streptomyces*）生产，包括灰色链霉菌（*Streptomyces Griseus*）、比基尼链霉菌（*Streptomyces bikiniensis*）等。目前我国生产上用于产链霉素的高产菌株，大多数是由灰色链霉菌 773 经过不同的改良途径得到的变种。

（2）链霉素发酵生产工艺

链霉素的发酵生产工艺如下图 13.9 所示，将砂土孢子用甘油、葡萄糖和蛋白胨组成的培养基斜面培养后，移到大米或者小米固体上，于 25℃培养 7 天，孢子成熟后进行真空干燥，并低温保存。生产时每吨培养基以不少于 200 亿个孢子的接种量接到一级种子罐内，通气量 1.6 VVm①，27℃培养 48 h。一级种子培养好后，按照 10%的接种量接种至二级种子罐，通气量 1.1 VVm，27℃培养 56 h，制得种子液。链霉菌生产菌经一级种子、二级种子罐扩大培养后接入发酵罐中，在 32 ~ 38℃下，好氧发

---

① VVm 指每分钟通气量与罐体实际料液体积的比值。

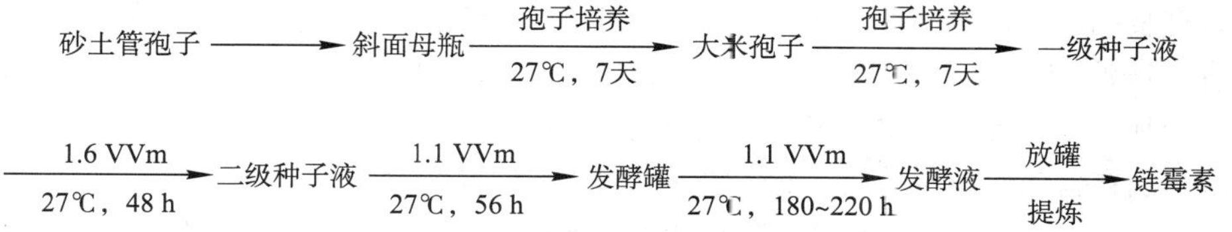

砂土管孢子 ──→ 斜面母瓶 ──孢子培养──→ 大米孢子 ──孢子培养──→ 一级种子液
                  27℃, 7天   27℃, 7天

──1.6 VVm──→ 二级种子液 ──1.1 VVm──→ 发酵罐 ──1.1 VVm──→ 发酵液 ──放罐──→ 链霉素
27℃, 48 h   27℃, 56 h   27℃, 180~220 h   提炼

图 13.9　链霉素发酵生产工艺

酵 180~220 h。灰色链霉菌对温度敏感，链霉素发酵温度以 26~29℃为宜，适合链霉菌菌丝生长的 pH 为 6.5~7.3。为了延长发酵周期，提高产量，链霉菌发酵采用中间流加葡萄糖、硫酸铵和氨水补充碳源和氮源，还能调节 pH，有利于链霉素的生产。

13.3　发酵工业的社会效益

实现经济与社会的可持续发展已成为全人类共同关注的焦点。发酵工程因其突出的优势，在食品、医药、农业、化学、冶金、能源工业以及环境保护等领域发挥着巨大的作用（图 13.10）。

（1）保障食品质量安全，改善农业生产发展

发酵自诞生起，就已经应用于食品生产领域。发酵工程技术不断发展，利用发酵法生产纯种菌株取代自然的接种过程，运用诱变、杂交、高通量筛选等技术对发酵菌种进行选育，以代谢工程改造或适应性进化策略强化目标代谢产物的积累等，使得传

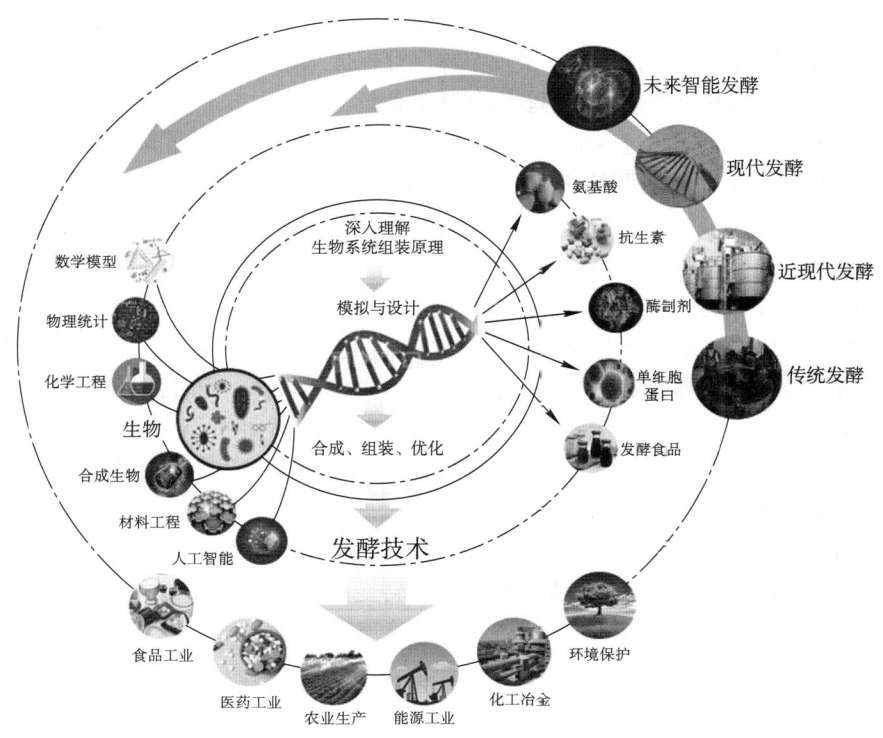

图 13.10　发酵工业的社会经济效益

统发酵食品的生产形式和加工工艺得到了全面的改造升级。诸如白酒、黄酒、馒头、腐乳、酱油和酸奶等发酵食品，以及柠檬酸、L-苯丙氨酸、乳铁蛋白、母乳寡糖、黄原胶和结冷胶等食品添加剂，其生产效率和产品品质得到了显著的提升，使得传统发酵食品在营养性、享受性、安全性等方面全方位发展。

同时，发酵工业的大部分原料，如玉米淀粉、玉米浆、糖蜜、豆粕、花生粕、菜籽粕等，都直接来自农副产品，是农产品高附加值化的一个关键途径。利用生物安全微生物发酵，通过代谢工程对其进行改造，可以使得农业秸秆等废料得到充分利用，发酵生产春雷霉素、多抗霉素、井冈霉素、聚赖氨酸和聚谷氨酸等物质，应用于研制瓜果保鲜剂、农田保水剂、土壤改良剂、生物增产剂和生物农药等，实现农业生产的可持续发展。

🔖 科技视野 13-1
微生物农药

（2）开发生产新型药品，提高医疗保健水平

目前，医药工业是发酵工程技术应用最广泛、发展最迅速、潜力最大的一个领域。在发酵工业发展初期，发酵工业提供了大量用于治疗用的抗生素，如青霉素、红霉素、金霉素等，使人类从摆脱了传染病的肆虐。随着基因工程技术的不断进步，人们开始利用代谢工程对微生物菌种进行改造，运用发酵法大量生产了维生素、激素、干扰素、单克隆抗体以及其他生物活性大小分子，如维生素 B_2、维生素 B_{12}、维生素 C 等。同时，还将天然植物或动物中的代谢途径引入微生物中，可以实现原先依赖于提取法的药物或中间体的生产，如各种萜类、甾醇、黄酮、动物多糖等。

在中药现代化中，发酵工程也取得了很大的进展，如用植物细胞反应器工厂化生产紫杉醇、银杏内酯、青蒿素、紫草宁和麻黄素等，用动物细胞反应器还可以生产单克隆抗体、干扰素、生长激素、生长因子和酶等药物。随着生物技术的不断发展，越来越多的新技术药品被开发，更多高效的新提取技术逐步建立，微生物细胞工厂不断优化，高效率发酵生产各种药品，实现全球医疗保健水平的提高。

🔖 科技视野 13-2
生物制氢

（3）炼制生物基化学品，缓解能源与环境危机

由于人口激增、资源过度消耗，煤炭、石油、天然气等常规能源不断减少，环境污染问题日渐突出，新能源的研究与开发日益受到人们的重视。运用微生物发酵技术，可以将秸秆、木屑以及工农业生产活动中产生的废弃物等物质，经生物转化，炼制生产乳酸、丁二酸、柠檬酸、己二酸、1,4-丁二醇、3-羟基丙酸等生物基化学品以及乙醇、沼气和氢气等生物燃料，实现资源利用的可再生化、利用最大化和环境友好化，缓解全球能源紧张的发展趋势。

🔖 科技视野 13-3
生物塑料

同时，微生物发酵技术还可用于金属矿藏等资源的开采，利用细菌的浸矿技术可以对包括金、银、铜、铀、锰、钼、锌、钴等在内的十多种贵重金属进行充分提炼，可以有效防止矿产资源的流失，也能减少固体废物对环境的污染。发酵技术还可以应用于环境保护的诸多方面，包括生物修复、污水处理和微生物降解等，利用微生物降解污染物，可以显著提高环境保护的工作性能。作为一种新型工业模式，微生物发酵技术将成为环境可持续的化学工业和能源经济转变的重要手段。

小结

　　发酵工程是现代生物技术的重要组成部分，在生物技术产业化过程中起着决定性作用。发酵工程是指利用微生物的生长和代谢活动来生产各种有用物质的工程技术，具有悠久的历史。在传统天然发酵生产的基础上，发酵技术结合了合成生物学、材料科学、人工智能、物联网等新兴技术，逐渐现代化、产业化、智能化。现代发酵工业以微生物为核心，通过菌种制备、培养基配制和灭菌、种子扩大培养、发酵过程控制、产物分离提取和废弃物处理等发酵环节生产各种生化制品，包括单细胞蛋白、酶制剂、初级代谢产物和次级代谢产物等，以满足人类多样化需求。发酵过程根据微生物种类的不同，可以分为好氧性发酵和厌氧性发酵；按照发酵过程培养基状态的不同，又可以分为固态发酵和液态发酵。其中液态深层发酵由于操作方式不尽相同，有分批发酵、连续发酵、补料分批发酵等几种类型，它们有着各自的特点和应用范围。由于微生物发酵技术具有投资少、见效快、污染小等特点，在食品、医药、农业、化工、冶金、能源、环保等领域都得到了非常广泛的应用，为人类产生巨大的经济效益和社会效益。

？ 思考题

1. 简述发酵工程定义和历史发展进程。
2. 简述发酵技术的一般流程。
3. 比较分批发酵、连续发酵和补料分批发酵的优缺点。
4. 简述发酵的典型产品及其社会效益。

推荐阅读

　　1. 周选围. 生物技术概论［M］. 2 版. 北京：高等教育出版社，2019：1–275.

　　本书全面介绍了现代生物技术的概念、原理、研究方法、发展方向及实际应用，有助于全面了解生物技术相关知识。

　　2. 宋思扬，左正宏. 生物技术概论［M］. 5 版. 北京：科学出版社，2020：1–311.

　　本书第四章发酵工程对发酵的上游、中游、下游技术都进行了详细介绍，有助于对发酵工程理论技术作全面了解。

更多网上学习资源

◆ 教学课件　　◆ 自测题　　◆ 参考文献

第**14**章 工业发酵微生物

　　工业发酵生产主要依靠几类重要的微生物，如细菌、放线菌、酵母和霉菌，以及其他一些不断得到开发利用的新型菌属，主要用于生产菌体蛋白、酶制剂、初级代谢产物、次级代谢产物等发酵工业产品，故一般称为"工业菌种"。认识工业发酵微生物的主要来源、遗传背景、生理活性、生化功能和遗传特性，了解工业菌种的筛选、育种、培养等基本方法，掌握其生长规律、扩培方法、保藏方式等，是"发酵上游技术"的核心内容。本章就典型的工业发酵微生物及其产物、工业微生物菌种的选育、工业发酵微生物的生长繁殖、发酵培养基主要组成和工业菌种的保藏作阐述。

Industrial microorganisms，such as bacteria，actinomycetes，yeast，fungi and some other new genus continue to be developed，are the predominant resources in industrial fermentation. The particular species used in fermentation are also known as "industrial strains" and mainly used to produce single cell proteins，enzyme preparations，primary metabolites，secondary metabolites and other fermentation industrial products. Understanding of the genetic background，the physiological activity，biochemical function and genetic characteristics of industrial fermentation microorganisms，grasping of screening and mutagenic breeding technique，and optimizing cultivation to get high quality inoculum of those industrial strains，would be the core issues of so called "Up–Stream Fermentation Biotechnology". In this chapter，the typical industrial microorganisms and their products，the breeding of industrial microbial strains，the growth and reproduction of industrial fermentation microorganisms，the compositions of fermentation media，and preservation of industrial strains were described.

▶▶ **知识导图**

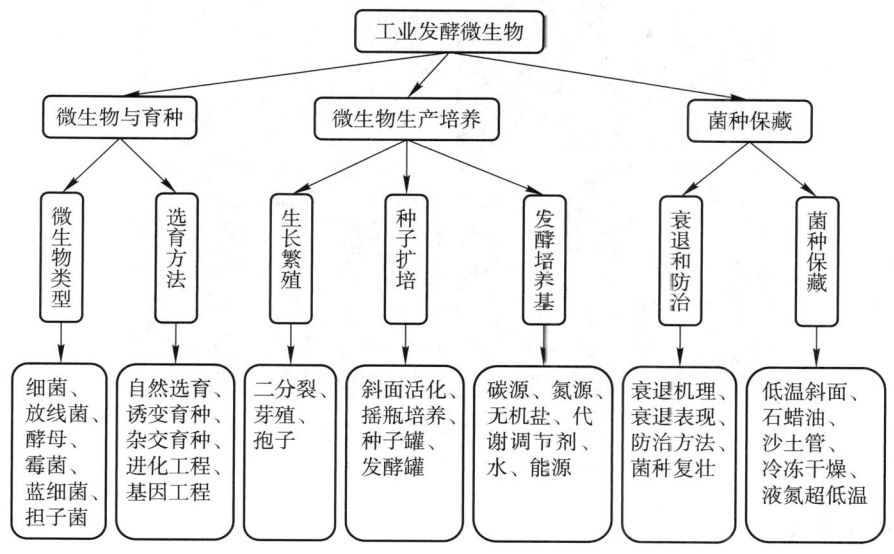

▶▶ **学习指南**

➢ 了解：典型工业发酵微生物特点、种类和保藏方法。
➢ 重点：常见工业发酵菌种的生长与培养。
➢ 难点：工业微生物菌种选育。

14.1 工业微生物菌种选育

在工业上（食品、发酵、轻化工、生物转化、生物医药、饲料以及环保等各种领域）应用到的所有微生物统称为工业微生物菌种。通常具有以下特点：是纯培养物、不生产有害物质和毒素、菌种遗传稳定、菌种目的产物产量高、菌种适应性强、发酵周期短、菌种副产物少、具有良好的抗噬菌体及杂菌污染的能力。目前，微生物主要分为细菌、放线菌、真菌、螺旋体、支原体、立克次体、衣原体和病毒八个大类。

14.1.1 典型的工业发酵微生物

发酵工业生产中常用的微生物主要有细菌（bacterium）、放线菌（actinomycetes）、酵母（yeast）和霉菌（mould）。几种常用工业微生物的扫描电镜图如下图 14.1 所示。

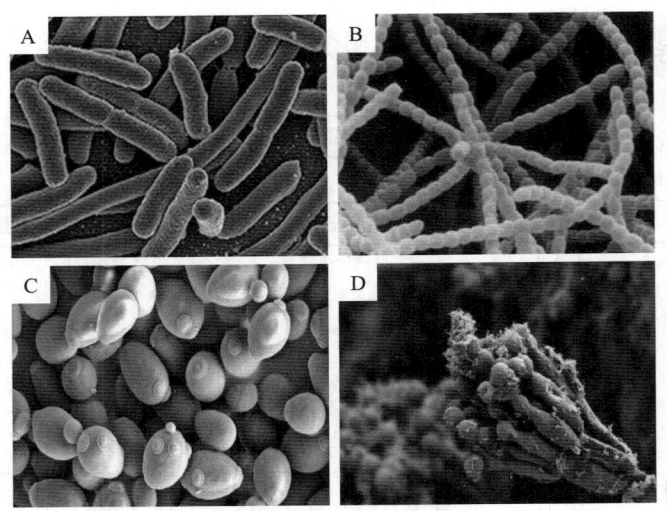

图 14.1　几种常用工业微生物
A. 枯草芽孢杆菌；B. 链霉菌；C. 酿酒酵母；D. 青霉菌

（1）细菌

细菌是一类结构简单、细胞细短的单细胞原核微生物，也是自然界分布最广、数量最多的一类微生物。根据细胞壁结构的不同可以分为两大类：革兰氏阳性细菌，其细胞壁肽聚糖层较厚、类脂质含量低，代表菌株有枯草芽孢杆菌（*Bacillus subtilis*）、乳酸杆菌（*Lactobacillus*）和葡萄球菌（*Staphylococcus*）等；革兰氏阴性菌，其细胞壁肽聚糖层较薄、类脂含量高，代表菌株有大肠杆菌（*Escherichia coli*）、短杆菌（*Brevibacterium*）和醋酸杆菌（*Acetobacterium*）等。细菌细胞吸收营养物质，最终转化为各种代谢产物，广泛应用于生产各种有机酸、酶制剂、氨基酸等。

（2）放线菌

放线菌是一种菌落呈放射状的单细胞原核生物，介于细菌和真菌之间，革兰氏染色呈阳性。典型的放线菌外生孢子繁殖或通过菌丝片段分支，有发达的基质菌丝和气生菌丝以及孢子丝，类似于丝状真菌。常用放线菌主要包括链霉菌属（*Streptomyces*）、诺卡菌属（*Nocardia*）和单胞菌属（*Monospora*）等。放线菌是主要的抗生素类次级代谢产物生产者，如链霉素（streptomycin）、红霉素（erythromycin）和金霉素（aureomycin）等，也是淀粉、纤维素和几丁质等物质的分解者。

（3）酵母菌

酵母菌是一类形态多样的单细胞真核生物，主要以出芽的方式进行无性繁殖，常分布在含糖质较多的偏酸性环境中。多数酵母是兼性厌氧菌，在有氧条件下，细胞质中会出现大量的线粒体，活跃地进行呼吸电子转移，而在无氧条件下，发酵型酵母通过将糖类转化成为二氧化碳和乙醇来获取能量。工业生产中常用的酵母主要有酿酒酵母（*Saccharomyces cerevisiae*）、面包酵母（baker's yeast）和假丝酵母（*Candida*）等，用于酒类酿造、面包制作、生产菌体蛋白、生产脂肪酶等。

（4）霉菌

霉菌即指"发霉的真菌"，当其孢子落在适宜的固体营养基质上时，就会生长发芽产生绒毛状、网状或絮状的菌丝和由许多分支菌丝相互交织而成的菌丝体，通常

科技视野 14-1
链霉菌

应用案例 14-1
工业啤酒酵母

可以进行两性繁殖。工业上常用的霉菌包括毛霉属（*Mucor*）、根霉属（*Rhizopus*）、曲霉属（*Aspergillus*）和木霉属（*Tricho derma*）等，广泛用于生产有机酸、抗生素和单胞菌素（monomorphin）等多种初级或次级代谢产物，还能分泌葡萄糖淀粉酶（glucose amylase）、蛋白酶（proteinase）和纤维素酶（cellulase）等多种酶类。

由于发酵工程本身的发展以及遗传工程的介入，蓝细菌（cyanobacterium）、担子菌（basidiomycete）等也逐步成为工业生产用微生物。

🔖科技视野 14-2
蓝细菌、担子菌

14.1.2　发酵工业菌株的选育

微生物从自然界中分离出来后，通常以"野生菌"的形式被利用，但生长特性、产量往往无法满足工业化生产需求。于是人们开始对已有菌种进行遗传改造，越来越多"突变株"被应用到实际生产中，以缩短发酵生产周期、改变生物合成途径、优化菌种性状等，从而获得新颖、高产、优质的发酵产品，为解决人口、资源和环境等问题提供助力。根据微生物遗传变异的特点，人们在生产实践中形成了如下几种行之有效的微生物育种方法，它们相互交叉、相互联系。

🔖科技视野 14-3
放线菌工业菌种
选育、过程优化
与放大研究进展

（1）自然选育

自然选育（natural selection）是在生产过程中，不经过人工处理，从自然界直接分离获得单菌落，或根据菌种的自发突变筛选优良菌种的一种方法。自然选育的一般程序（图 14.2）包括，将样品采集和预处理、富集培养、纯种分离、反复筛选、菌种鉴定和菌种保藏。

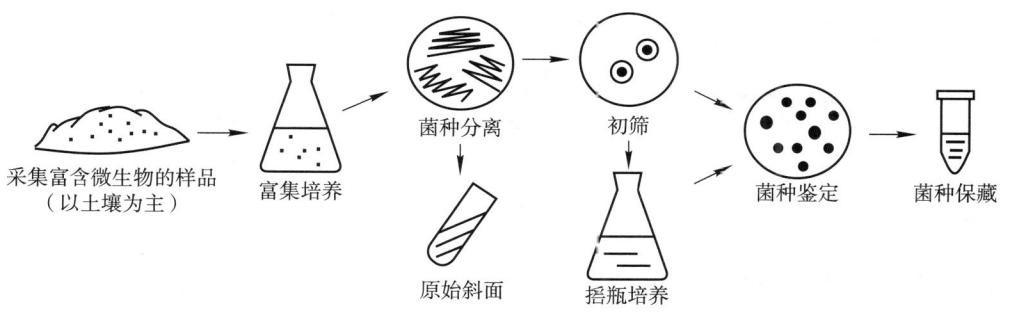

图 14.2　微生物分离筛选流程

（2）诱变育种

诱变育种（mutation breeding）是指以诱变剂处理均匀而分散的微生物细胞群，诱发微生物基因突变，通过简便高效的筛选方法筛选突变体，寻找正向突变菌株的一种育种方法（图 14.3）。基因突变是遗传变异的根源，人工诱变是加速突变的重要手段。经典的物理诱变剂包括紫外线、激光和离子束等非电离辐射类因素，和 X 射线、γ 射线和快中子等能引起电离辐射的因素；化学诱变剂包括碱基类似物［如 5- 溴尿嘧啶（BU）、2- 氨基嘌呤（AP）等］、烷化剂［如亚硝基胍（NTG）、甲基磺酸乙酯（EMS）、硫酸二乙酯（DES）等］和移码突变剂（如苯并芘、黄曲霉素、吖啶杂类染料等）。

其中，常压室温等离子体（atmospheric and room temperature plasma，ARTP）是一种能够在正常大气压下产生高活性粒子浓度且温度在 25～40℃ 的等离子体射流。其

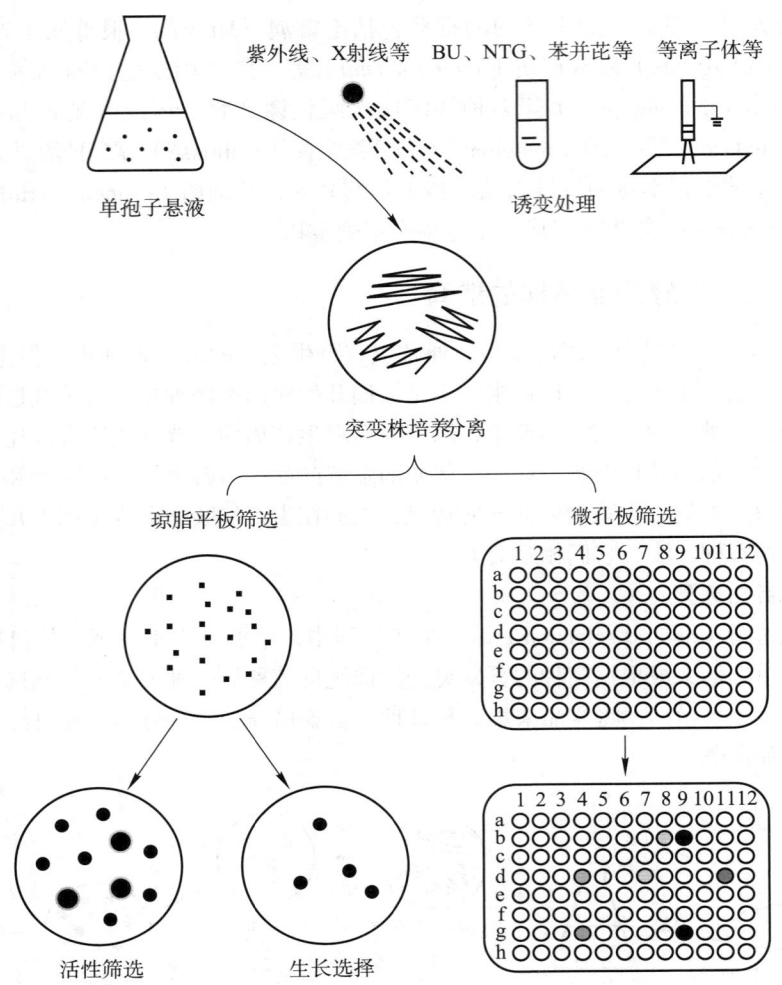

图 14.3　经典的诱变育种流程

科技视野 14-4
常压室温等离子体诱变育种与微生物液滴培养筛选技术应用进展

诱变原理是利用活性能量粒子对菌株遗传物质造成损伤，诱发菌株细胞启动 SOS 机制（即细菌 DNA 损伤诱导反应，指细菌应对基因组 DNA 损伤的重要保护机制），最终获得遗传稳定的诱变菌株。ARTP 技术能够在较短时间构建容量大于 10^7 的突变库，具有高效的诱变性能、适用范围更广、对遗传物质损伤机制更多样、操作安全、环境温和等特点成为微生物高效诱变育种新方法。

除了安全高效的微生物诱变技术外，突变菌株的筛选也是微生物育种的关键环节。琼脂平板筛选法和微孔板（microtiter plate）筛选方法是最经典且常用的两种筛选方法，其筛选效率最高可达每天 $10^4 \sim 10^5$ 个克隆。基于透明圈、颜色圈的琼脂平板表型活性筛选或基于营养缺陷型或抗性的琼脂平板表型生长选择可作为简单易行的初筛方法，用于排除大量无活性和极低活性的突变体，已用于多种水解酶（如脂肪酶、酯酶、蛋白酶）和氧化还原酶（如漆酶）等突变库的筛选中。通过检测底物或目标产物引起的吸光度或荧光变化对其进行定量分析的微孔板筛选方法，具有极高的精确性和灵敏度，已广泛应用于酶和细胞工厂的定向改造中，但其筛选通量受限，不利于对大容量突变库的快速筛选。

近年来开发了荧光激活细胞分选（FACS）和液滴微流控分选（DMFS）等超高通量筛选方法，其筛选效率可达每小时 10^7 个克隆，用于酶和细胞工厂定向改造中大容量突变库的筛选。其中，FACS 可对单细胞进行高效分选，直接将筛选到的优势突变体分配到微孔板中进行回收与鉴定。根据荧光产物与酶及其编码基因偶联形式的不同，现有的 FACS 酶活性筛选体系可分为细胞膜表面展示、胞内荧光产物的富集、荧光蛋白表达活性报告等类型。DMFS 方法则是通过在芯片上持续高频（>10 kHz）地将单个细胞包埋在液滴中实现基因型与表型的偶联，并通过检测液滴内的物质信号进行定量分析与分选。同时适用于细胞内酶或代谢产物以及胞外分泌酶或代谢产物的筛选。

（3）杂交育种

杂交育种（hybridization breeding）是指不同基因型的品系或种属间，在细胞水平上通过真核生物间的有性杂交（sexual hybridization）、准性杂交（parasexual hybridization）或原生质体融合（protoplast fusion）（图 14.4）等手段形成杂合体，或者通过原核生物间的转化（transformation）、转导（transduction）和接合（conjugation）等形成重组体，再从这些杂合体或重组体或它们的后代中筛选优良菌种的一种育种方法。其理论基础是基因重组（gene recombination），指两个独立基因内的遗传物质，通过一定的途径转移到一起，形成新的稳定重组体的过程。

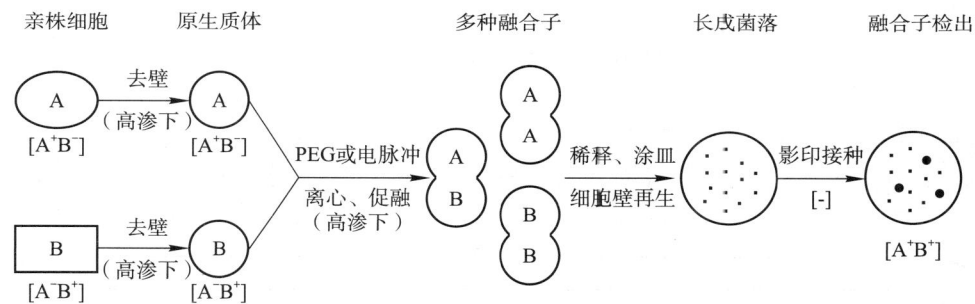

图 14.4　原生质体融合操作示意图

（4）基因工程育种

基因工程育种（genetic engineering breeding）是指利用基因工程方法对生产菌株进行改造而获得高产工程菌，或者是通过微生物间的转基因而获得新菌种的一种育种方法。主要是以可控的方式直接分离和操作特定的遗传物质，包括经典基因工程育种、蛋白质工程育种（定点突变、定向进化）、代谢工程育种（推理性代谢工程、反向代谢工程）、基因组重排育种（基因组重排、基因组编辑、DNA 改组）、全局转录机器工程育种和组合生物合成育种等多种方式。最基本的基因工程操作（图 14.5）主要包括目的基因的获取、优良载体的选择、目的基因与载体 DNA 体外重组、重组载体导入受体细胞、重组受体细胞的筛选和鉴定以及工程菌的大规模培养。

（5）进化工程育种

进化工程（evolutionary engineering）被定义为通过模拟自然进化中的变异和选择过程，在人工选择的压力下实现微生物的进化，最后从进化菌群中筛选出优良性状菌株的方法。作为一种全基因组水平的育种技术，进化工程对微生物遗传背景依赖性不强，适合对生理特性缺乏了解的菌种以及复杂性状的选育。变异、选择和筛选是进化

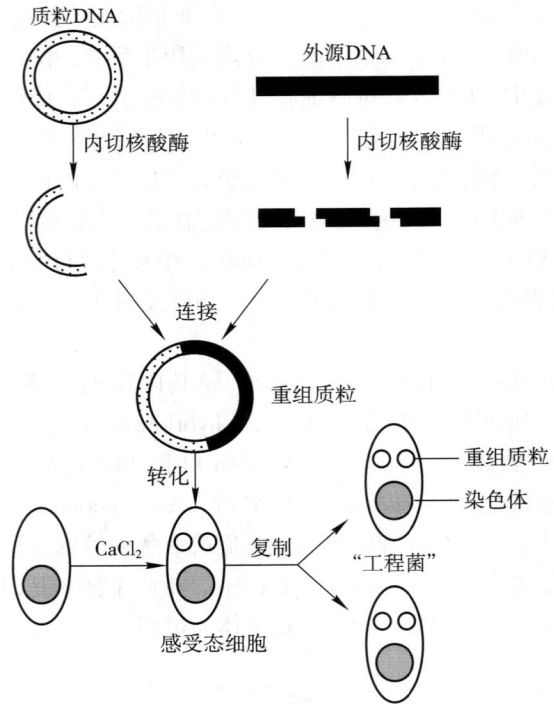

图 14.5 基因工程育种基本操作

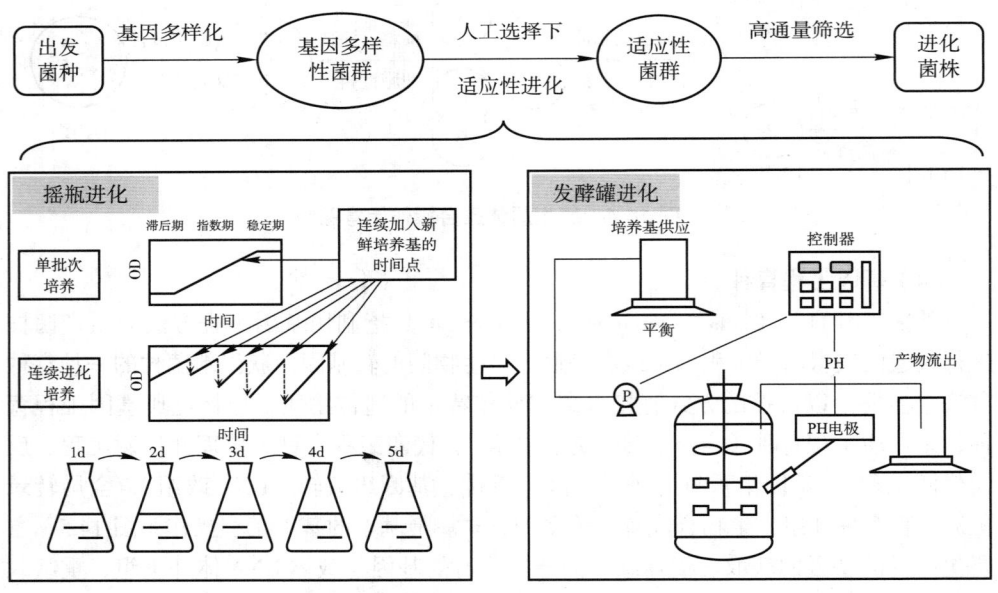

图 14.6 进化工程育种原理

工程的三个主要环节（图 14.6），变异会造成生物体内遗传物质结构或数量的改变，引起生物种群基因型频率的改变，由此不同基因型组成的种群与环境相互作用，导致种群内不同基因型具有差异适应度而发生选择，最后需要从进化菌群中选出最佳性状的目标菌株。菌种进化工程成功的关键是获得多样性的突变文库和开发高通量的筛选方法。突变文库越大，突变体数量越多，则筛选到目标表型菌株的可能性就会越大。而对于庞大的突变体文库，高通量的筛选方法的开发是至关重要的。此外，随着相关组学技术的发展，研究人员能够快速从优良的突变体中分析获得有用的突变信息，并为理性设计提供新的指导。基于这些技术优势，菌种进化工程被广泛应用于微生物代谢工程领域，以提高微生物的多种生理和生产特性，如环境耐受性、底物利用率以及代谢物生产等。

🖥️ **科技视野 14-5**
高通量筛选技术在菌种进化中的研究进展

14.2 工业发酵微生物生长与培养

微生物的生长繁殖是一个极其复杂的生命过程。微生物的生长是指微生物通过新陈代谢把营养物质转变成细胞物质，增加个体重量的过程。繁殖是指细胞生长到一定程度进行分裂，产生同亲代相似的子代细胞的过程。微生物群体生长的实质是包含着个体细胞生长与繁殖交替进行的过程，也是在内外各种环境因素相互作用下的综合反映。

14.2.1 微生物的生长繁殖

（1）细菌

细菌从周围环境中吸收营养物质，经一系列生化反应转变成新的细胞物质，使得细胞体积不断增大，开始无性繁殖。绝大多数细菌是以二分裂的形式繁殖（图 14.7），典型的二分裂是一种对称的二分裂方式，细菌生长时，单环 DNA 染色质被复制，细胞内的蛋白质等组分同时增加一倍，然后在细胞中产生一横断间隔，染色质

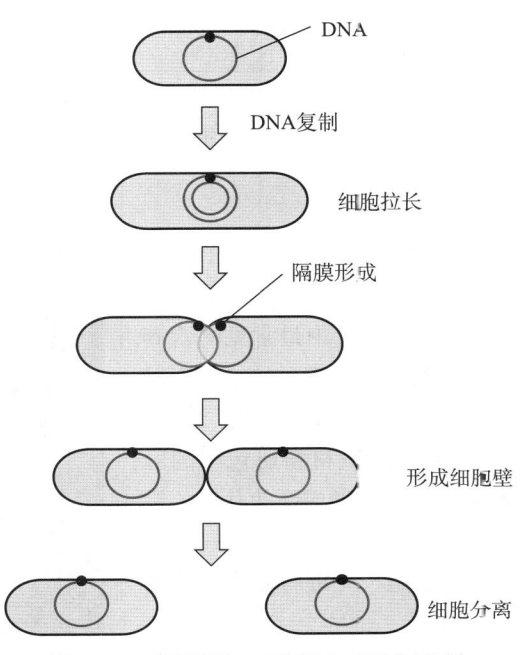

图 14.7 细菌通过二分裂方式进行分裂

分开，继而间隔分裂形成细胞壁，最后形成两个形态、大小和构造完全相同的子细胞。

细菌的生长曲线通常表现为四个阶段（图14.8）。

① 延滞期（lag phase） 指少量单细胞微生物接种到新鲜的生长培养基中后，因微生物代谢系统适应新环境的需要，细胞数量未增加的一段时间。该时期细胞合成代谢十分活跃，细胞形态不断变大，细胞内RNA含量增高。

② 指数期（exponential phase） 指微生物细胞以最大的速度进行生长和分裂，细胞数以几何级数增长的一段时期。微生物代谢旺盛，细胞的生长速率恒定，细胞种群在生化特性方面十分均匀。

③ 稳定期（stationary phase） 细胞的数量增加停止，生长曲线变得水平，活菌总数在细胞分裂和细胞死亡之间保持恒定，处于正生长和负生长相等的动态平衡状态，且此时菌体产量达到了最高点。

④ 凋亡期（decline phase） 营养物质耗尽和有毒废物的累积引起细胞内的分解代谢明显超过合成代谢，导致大量菌体死亡，群体呈现负生长状态。细胞形态发生多形化，失去代谢活动能力，死亡细胞甚至会被自身裂解破坏。

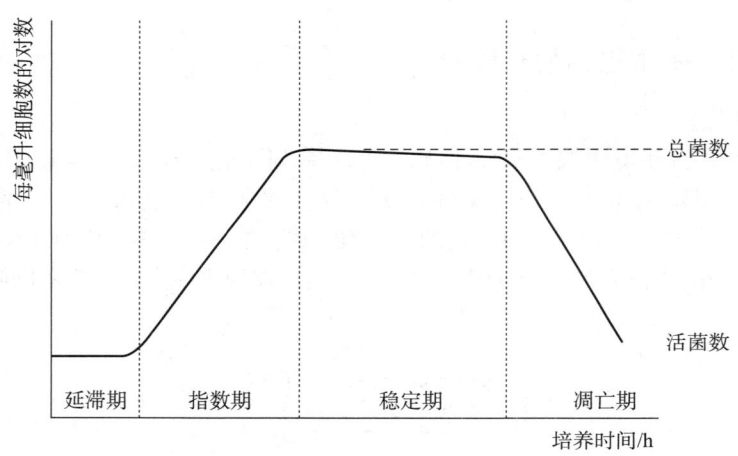

图14.8　微生物生长曲线

（2）酵母

许多种类的酵母既可进行有性繁殖（产子囊孢子），也可进行无性繁殖（芽殖、裂殖、产无性孢子）。其中，芽殖（budding）是酵母中最常见的营养生长模式，而多边发芽是酵母的典型繁殖特征。当母细胞达到临界细胞的大小时，细胞壁局部弱化，膨胀压力使得细胞质被挤压到新细胞壁材料所包围的区域，长出酵母芽体，且芽体上还能形成新的芽体，最终形成呈簇状的细胞团。细胞分离后，会产生一个表面带蒂痕（birth scar）的子细胞，母细胞表面则会形成芽痕（bud scar）（图14.9）。

而在有性生繁殖中，酵母菌会形成子囊（ascus）

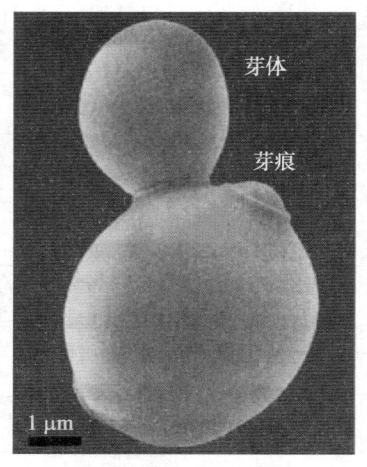

图14.9　芽殖酵母的扫描电镜图

或子囊孢子（ascospore）。不同性别的酵母通过邻近的两个形态相同的细胞各自伸出的管状原生质突起相互接触，并发生局部融合形成一条通道，再经过质配、核配和减数分裂形成4个或8个子核，它们各自与周围的原生质结合在一起，在表面形成一层孢子壁，形成子囊孢子，原有的营养细胞则成为子囊。

　　分裂具有周期性，从形成子细胞开始到再一次形成子细胞结束为一个细胞周期，主要包括两个阶段：分裂间期和分裂期。在酵母细胞中，有丝分裂（图14.10）的特点是细胞在分裂的过程中有纺锤体和染色体出现，使已经复制好的子染色体被平均分配到子细胞。在子囊菌真菌中，所有与细胞周期相关的过程都是高度保守的，特别是酿酒酵母。

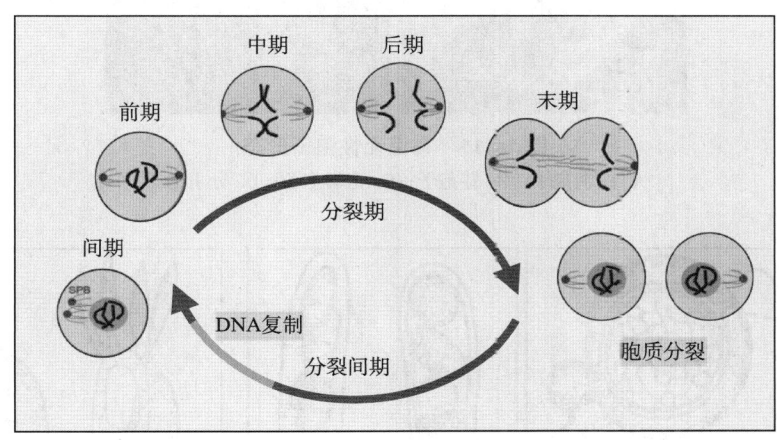

图14.10　酵母的生命周期

（3）霉菌

　　霉菌有着极强的繁殖能力，在自然界中主要依靠产生各种无性或有性孢子来进行繁殖。较典型的是霉菌菌丝体在适宜条件下产生无性孢子，无性孢子萌发形成新的菌丝体，如此重复多次，此为无性繁殖阶段。霉菌的无性孢子（图14.11）是直接由生殖菌丝分化而形成的，比较常见的有节孢子（arthrospore）、厚垣孢子（chlamydospore）、芽孢子（spore seed）、孢囊孢子（sporangiospore）和分生孢子（conidiospora）等。

　　当菌丝生长繁殖一定时间后，在一定条件下会开始有性繁殖，菌丝体上分化出特殊的性细胞，或两条异性营养菌丝进行接合，经过质配、核配，形成双倍体细胞核，最后经过减数分裂形成单倍体孢子，这类孢子萌发再形成新的菌丝。常见的有性孢子（图14.12）包括卵孢子（oospore）、接合孢子（zyophore）、子囊孢子（ascospore）和担孢子（basidiospore）。

14.2.2　种子扩大培养

　　发酵工业所说的"种子"是指保藏的生产菌和经种子扩大培养所得的纯种培养物，其质量是决定发酵成败的关键。种子扩大培养原理及方法是指以优质的种子在合适的时间以一定的接种量接入到下一级种子罐进行扩大培养，以获得数量多、代谢旺盛、活力强的纯种用于后续的发酵生产。因此，发酵用种子通常需要具备一定的条

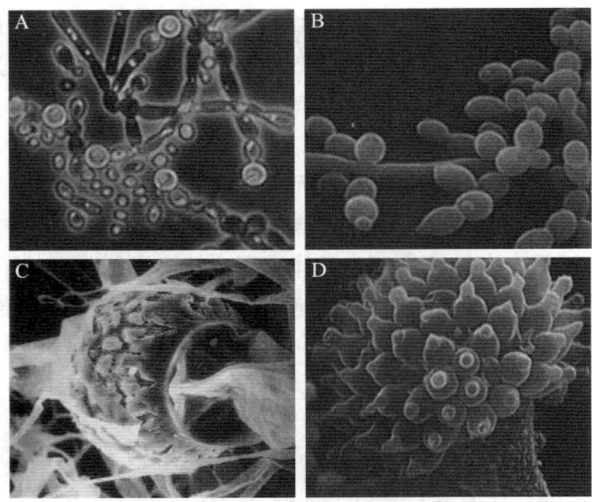

图 14.11 霉菌无性孢子形态
A. 厚垣孢子；B. 芽孢子；C. 孢囊孢子；D. 分生孢子

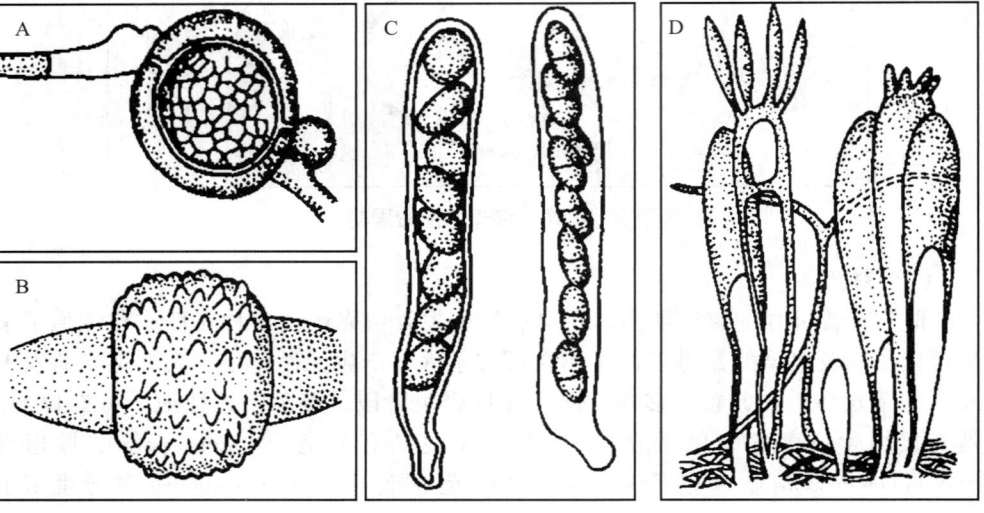

图 14.12 霉菌常见有性孢子
A. 卵孢子；B. 接合孢子；C. 子囊孢子；D. 担孢子

件，主要包括菌种细胞生长活力强，菌种生理状态稳定，菌体浓度及总量能满足大容量发酵罐接种量的要求，纯种无杂菌污染，菌种适应性强和生产性能稳定等。

工业发酵中种子制备主要分为实验室种子制备阶段和生产车间种子制备阶段两个阶段（图 14.13）。其中实验室种子制备是指将处于休眠态的菌种经斜面培养基活化后转接到液体扩大培养的过程；而生产车间种子制备阶段主要是指种子罐扩大培养，即将实验室阶段扩大培养获得的扁瓶孢子或摇瓶液体菌种接入到种子罐中继续进行培养，最终获得一定数量的高质量纯种。

在种子罐中培养的菌体自接入该种子罐培养到转入下一级种子罐或发酵罐时所经历的培养时间被称为接种龄（seed age）。不同菌种或同一菌种在不同发酵工艺条件

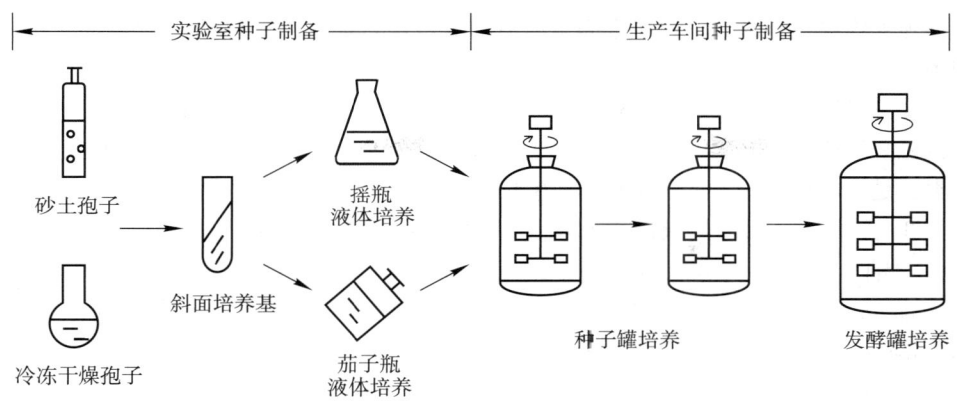

图 14.13　种子扩大培养基本流程

下，其接种龄要求不同，但一般情况下以处于生命力旺盛的对数生长期的菌体最为合适。而移入的种子液体积与接种后培养液总体积的比例则称为接种量。接种量的大小取决于生产菌种在发酵罐中的繁殖速率。一般来说，接种量和培养物生长过程延迟期的长短成反比。在发酵工业中，氨基酸、有机酸等产品发酵的最适接种量通常为1%～5%。

　　在菌种活化及其扩大培养过程中，影响种子质量的因素有很多，主要包括三个方面。首先是菌种自身的遗传特性，以接种龄和接种量影响最为突出；其次是培养基的原料和组成，如碳源、氮源、生长素和水等；还有培养温度、环境pH、通气搅拌状况等培养条件。接种对后续发酵的性能会产生巨大的影响，因此用于接种发酵的培养基必须满足以下几个标准：①处于一个健康活跃的状态；②提供最适宜大小的接种物；③保持适当的形态；④保持生产能力不退化；⑤洁净无污染。

14.2.3　工业发酵培养基

　　微生物的生长繁殖，需从外界吸收营养物质加以利用，从中获得能量并合成新的细胞物质。培养基是人工配制的供微生物生长、繁殖和代谢的营养物质和原料，对微生物生长、产物形成、产品质量等都有很大的影响。因此在配制培养基时要遵循选择合适的营养物质、营养物质浓度及配比合适、控制pH条件、控制氧化还原电位、控制渗透压等原则，以保证微生物正常的生长繁殖。

　　在工业发酵过程中，根据培养基物理状态可分为固体培养基、液体培养基、半固体培养基和脱水培养基；根据培养基组成可分为天然培养基、合成培养基和半合成培养基；根据培养基用途可以分为基础培养基、加富培养基、选择培养基和鉴别培养基；根据其工业生产过程和应用，又可分为孢子培养基、种子培养基和发酵培养基等。

　　根据营养物质在机体中生理功能的不同，可将它们分为碳源（carbon source）、氮源（nitrogen source）、无机盐（mineral salt）、代谢调节剂（metabolic regulator）、水（water）、能源（energy source）等几大类。

　　① 碳源　碳源主要指含有碳元素且能被微生物生长繁殖所利用的一类营养物质。常用的碳源有糖类、有机酸、油脂和小分子醇等。碳源对微生物生长代谢的作用主要

包括为细胞提供碳骨架、提供细胞生命活动所需的能量、提供细胞分裂合成物质基础等。

② 氮源 一般将用于构成菌体细胞结构的合成含氮代谢物统称为氮源,主要包括无机氮源(铵盐、硝酸盐和尿素等)和有机氮源(蛋白胨、酵母粉和玉米浆等)两大类,是构成核苷酸、蛋白质和其他生物化学物质等生命物质的主要元素。

③ 无机盐 无机盐或矿质元素可以为微生物提供除碳源和氮源以外的重要元素,如钠(Na)、钾(K)和钙(Ca)等所需浓度范围在 $10^{-4} \sim 10^{-3}$ mol/L 的大量元素(macroelement),以及锌(Zn)、锰(Mn)和铜(Cu)等所需浓度范围在 $10^{-8} \sim 10^{-6}$ mol/L 的微量元素(microelement)。发挥着构成细胞分子结构,作为生理活性调节物质等作用。

④ 水 水是微生物机体的生长代谢必不可少的物质。在细胞中发挥营养物质吸收与代谢产物分泌的溶剂与运输介质,参与细胞内的生化反应,维持生物大分子稳定的天然构象,协助细胞维持自身正常形态等多种作用。

🔬科技视野 14-6
微生物代谢前体物质

⑤ 代谢调节剂 发酵培养基中的某些成分有助于调节微生物生长和代谢产物的形成,它们被称为代谢调节物质,主要包括前体物质、生长因子、代谢抑制剂、代谢促进剂和辅酶或辅因子等。

⑥ 能源 能为微生物生命活动提供最初能量来源的营养物质或辐射能为能源。大多数工业微生物都是化学有机物,最常见的能量来源就是其碳源,如糖类、脂类和蛋白质等。某些微生物还可利用甲烷、甲醇、石蜡等物质作为能源。

表 14.1 为一些常用的发酵培养基。

表 14.1 工业微生物常用培养基

种类	名称	组分		用途
细菌	肉汤培养基(CM)	牛肉膏	0.5 g/L	测定细菌代谢碳水化合物范围
		蛋白胨	1.0 g/L	
		氯化钠	0.5 g/L	
	营养琼脂培养基	蛋白胨	10 g/L	用于细菌培养、菌落计数
		牛肉膏	3 g/L	
		氯化钠	5 g/L	
		琼脂	15 g/L	
放线菌	高氏 1 号培养基	可溶性淀粉	20 g/L	培养和观察放线菌形态特征
		硝酸钾	1 g/L	
		磷酸二氢钾	0.5 g/L	
		硫酸镁	0.5 g/L	
		氯化钠	0.5 g/L	
		硫酸亚铁	0.01 g/L	
		琼脂	20 g/L	
	面粉琼脂培养基	面粉	60 g/L	放线菌培养、鉴定
		琼脂	20 g/L	

续表

种类	名称	组分		用途
酵母菌	马铃薯葡萄糖琼脂（PDA）	马铃薯粉	6 g/L	适用于培养和鉴定酵母等真菌
		葡萄糖	20 g/L	
		琼脂	20 g/L	
	麦芽汁琼脂培养基	麦芽膏粉	130 g/L	酵母菌的培养、鉴定及保存
		琼脂	15 g/L	
		氯霉素	0.1 g/L	
霉菌	玉米粉琼脂（CMA）	玉米浸粉	7 g/L	提供菌丝生长和产孢的平衡
		琼脂	15 g/L	
	高盐察氏培养基	硝酸钠	2 g/L	用于霉菌的分离
		磷酸氢二钾	1 g/L	
		硫酸镁	0.5 g/L	
		氯化钾	0.5 g/L	
		硫酸亚铁	0.01 g/L	
		蔗糖	30 g/L	
		氯化钠	60 g/L	
		琼脂	20 g/L	

14.3　工业菌种保藏

在生物进化过程中，微生物遗传性的变异是绝对的，而其稳定性却是相对的。通过筛选和育种获得的优良菌种，在生产和保藏过程中还会不断地产生变异甚至衰退。衰退菌种会直接影响产品的产量、质量，对工业化生产是极为不利的。因此在筛选优良菌种的过程中，必须随时做好保藏工作，保持菌种的优良性能。

14.3.1　菌种衰退和防治

菌种衰退（degeneration），通常是指某纯种微生物群体中的菌种在生长、培养、选育或保藏过程中，由于自发突变的存在，群体中某些原有的优良生物学性状逐渐减退或完全丧失的现象。菌种衰退是从"量变"到"质变"的逐步演变过程，主要表现为典型性状消失、生长代谢能力减弱、产物合成能力降低、致病菌对宿主侵染力下降和对外界不良条件抵抗力下降等。开始时仅有个别细胞发生自发突变，使产量出现下降趋势，但经过连续传代后，群体中的突变个体逐渐占据优势地位，从整体上反映一些相关特性发生的变化，使整个群体表现为严重的衰退现象。

导致菌种衰退的原因有很多，主要取决于菌种的遗传特性（自发突变、回复突变、异核或多核现象、表观遗传修饰等）、生理状态和培养条件。有关基因的负突变、连续的移种传代、不适宜的培养条件和保藏条件等都是加速菌种衰退的重要因素。因此，需要采取积极措施，使菌种优良特性延缓退化，或及时挑选未退化和正突变的菌株进行保藏和传代。根据菌种衰老退化的原因，通常采取以下措施进行有效防治。

① 选择合适的菌种 选育菌种后进行充分的后培养及分离纯化，使用单核细胞的纯菌种，避免使用多核细胞。如用含多核的菌丝接种时会出现衰退和不纯的子代，而用单核的孢子接种可以达到防止衰退的目的。同时需注意微生物细胞本身的特点，利用不同类型的细胞进行传代。

② 创造良好的培养条件 在生产实践中，创造和发现一个适合原种生长的条件可以防止菌种退化，如低温、干燥、缺氧等。如在培养基中加入活性氧抑制剂 $N-$ 乙酰 $-L-$ 半胱氨酸，能使退化的菌种恢复部分产孢子能力。

③ 控制传代次数 用于工业生产的一些微生物菌种，其主要性状都是容易退化的数量性状。传代次数越多，基因发生变化的概率也就越高。应尽量避免不必要的移种和传代，把必要的传代降低到最低水平，以降低自发突发的概率。

④ 菌种复壮 对于退化的菌种继续进行生产时要进行复壮。狭义的复壮（rejuvenation）是指在菌种已经发生衰退的情况下，通过纯种分离和性能测定，从已衰退群体中筛选出少数尚未退化个体，以达到恢复原菌株固有性状的措施；而广义的复壮是指在菌种生产性状尚未衰退前，就经常有意识地进行纯种分离和生产性状测定等工作，以期从中选择到自发正突变个体，提高菌种的生产性能。菌种复壮的具体方法主要有纯种分离法和遗传育种法。

14.3.2 菌种保藏方法

菌种保藏（culture preservation/conservation/maintenance），是根据微生物的生理、生化和遗传特点，人为地创造条件，使从自然界分离到的野生型或经人工选育得到的变异型纯种，处于生长繁殖受抑制的休眠状态，保持菌种原有的生物学性状稳定不变的一类措施。在国际上一些较为发达的国家都设有若干国家级的菌种保藏机构。例如，中国微生物菌种保藏管理委员会（CCCCM），中国典型培养物保藏中心（CCTCC）、中国科学院微生物研究所微生物资源中心（IM-CAS-BRC）、俄罗斯科学院微生物生化生理研究所菌种保藏中心（VKM）、美国典型菌种保藏中心（ATCC）、美国北部地区研究实验室（NRRL）、英国国家典型菌种保藏中心（NCTC）、荷兰真菌菌种保藏中心（CBS）以及日本大阪发酵研究所（IFO）等。

微生物培养物通常被保存在干燥、低温、避光、缺氧、缺乏营养物质或添加保护剂的环境中，以限制其新陈代谢作用。一种良好的菌种保藏方法，在保持原菌优良性状长期稳定的同时，还应当具有方法的通用性、操作的简便性和设备的普及性。目前，在微生物学实验室和生产实践过程中，普遍选用的菌种保藏方法有冰箱保藏法（cryopreservation at slant）、石蜡油封藏法（paraffin oil sealing）、甘油悬液保藏法、砂土保藏法（sand tube preservation method）、冷冻干燥保藏法（freeze-drying preservation method）和液氮超低温保藏法（cryopreservation by liquid nitrogen）（表 14.2）。

表 14.2　7 种常用菌种保藏方法的比较

方法	主要措施	适合菌种	保藏期	评价
冰箱保藏法（斜面）	低温（4℃）	各大类	1~6 个月	简便
冰箱保藏法（半固体）	低温（4℃），避氧	细菌、酵母菌	6~12 个月	简便

续表

方法	主要措施	适合菌种	保藏期	评价
石蜡油封藏法 *	低温（4℃），阻氧	各大类 **	1~2 年	简便
甘油悬液保藏法	低温（-70℃），保护剂（15%~50% 甘油）	细菌、酵母菌	约 10 年	较简便
砂土保藏法	干燥、无营养	产孢子的微生物	1~10 年	简单有效
冷冻干燥保藏法	干燥、低温、无氧、有保护剂	各大类	5~15 年	繁而高效
液氮超低温保藏法	超低温（-196℃）、有保护剂	各大类	>15 年	繁而高效

* 用斜面或半固体穿刺培养物均可，一般置 4℃ 下。

** 对石油发酵微生物不适宜。

资料来源：周德庆，微生物学教程（第 3 版），2011。

小结

微生物菌种在发酵工业中起着重要作用，它是决定发酵产品是否具有商业化价值的关键因素。发酵工业上常用的微生物主要有细菌、放线菌、酵母菌和霉菌，可用于生产包括菌体蛋白、酶制剂、初 / 次级代谢产物等在内的多种产品。早期用于工业生产的优良菌种主要是从自然界分离得到，经过自然选育、诱变育种、杂交育种等技术提高发酵性能。随着生物化学和分子生物学的发展，建立起了基因工程育种、进化工程育种等技术。对于不同的微生物菌种，其生长繁殖方式各异，但均需要不断地从外界吸收营养物质。因此，需要根据微生物的生长繁殖和代谢合成的营养特性，设计合理的发酵工业培养基。此外，工业用菌种还存在衰退问题，利用微生物遗传变异理论对菌种进行复壮、保藏，可以维持优良的生产性能。干燥、低温、缺氧和避光是菌种保藏中重要的外部条件，反映在具体的保藏方法上。

？ 思考题

1. 列举典型的工业发酵微生物及其发酵产物。
2. 简述微生物育种的基本原理、技术方法及其未来发展趋势。
3. 简述细菌、酵母菌和霉菌主要的繁殖方式和特点。
4. 简述微生物菌种衰退的主要原因、具体表现和防治方法。
5. 简述微生物菌种保藏的方法种类和优缺点。

推荐阅读

1. 周德庆 . 微生物学教程 [M] . 3 版 . 北京：高等教育出版社，2011：1-237.

　　本书以微生物形态结构、生理代谢、遗传变异、生态特性和分类进化五大生物学规律为主线，从细胞、分子或群体水平上讲清概念、阐述规律，可以帮助读者更好、更全面地理解掌握微生物知识。

　　2. 李春.生物工程与技术导论［M］.北京：化学工业出版社，2015：1–312.

　　本书按照基础知识理论、工程与技术、应用及案例分析三个部分介绍了微生物发酵工程，有助于读者深入学习相关基础知识。

　　3. 余龙江.发酵工程原理与技术［M］.北京：高等教育出版社，2016：1–360.

　　本书就发酵工程原理与技术和理论联系实际两个部分进行阐述，涵盖了发酵工程学科的主要内容，围绕学科前沿和生物产业发展需求，为专业教学和科研工作提供了参考。

更多网上学习资源

◆ 教学课件　　◆ 自测题　　◆ 参考文献

第 15 章　微生物代谢与发酵动力学

　　微生物发酵代谢动力学是工业发酵的核心，是生化反应工程学的基础理论，直接指导着生产实践。本章首先对微生物的能量、呼吸链和物质代谢进行描述；在此基础上讨论微生物发酵中酶合成与控制，初级代谢和次级代谢；对微生物发酵过程化学计量学进行解析；就微生物反应和代谢动力学，以及分批发酵和连续发酵过程的动力学进行描述。

　　Metabolic kinetics of microbial fermentation is the core of industrial fermentation and the basic theory of biochemical reaction engineering, which directly guides production practice. This chapter first describes the energy, respiratory chain and material metabolism of microorganisms. On this basis, enzyme synthesis and control, primary metabolism and secondary metabolism in microbial fermentation were discussed. The stoichiometry of microbial fermentation process was analyzed. Microbial reactions and metabolic kinetics, as well as the kinetics of batch and continuous fermentation processes are described.

▶▶ **知识导图**

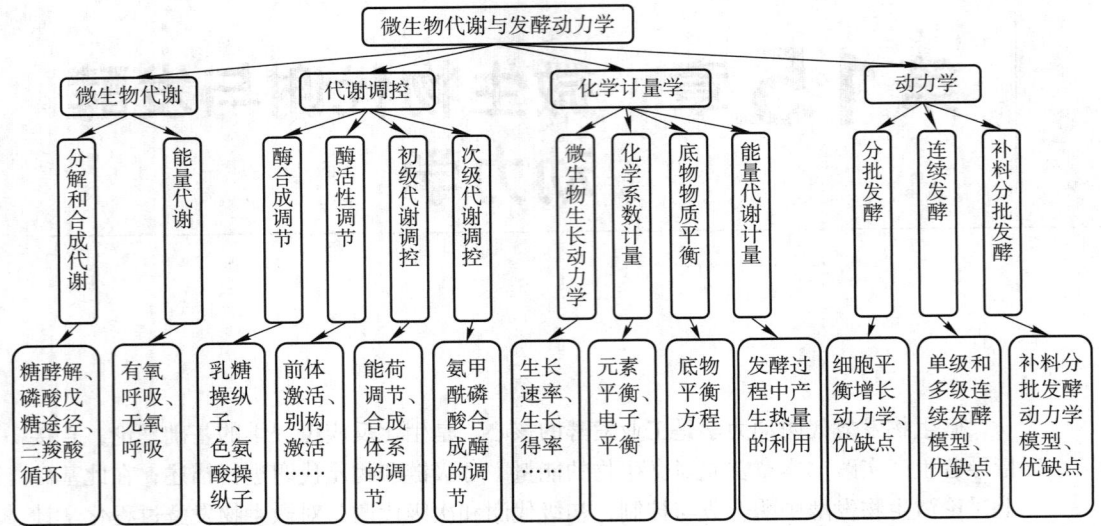

▶▶ **学习指南**

➢ 了解：代谢和发酵动力学的概念。
➢ 重点：代谢的调节及发酵过程中的计量学。
➢ 难点：间歇发酵动力学及连续发酵动力学。

15.1 微生物代谢原理

15.1.1 分解代谢和合成代谢

微生物同其他生物一样都具有生命，新陈代谢作用贯穿它们生命活动的始终。微生物代谢（metabolism）是指微生物细胞中发生的所有生物化学反应的总和，是推动微生物活动的动力。微生物代谢分为物质代谢和能量代谢。物质代谢则包括分解代谢（catabolism）和合成代谢（anabolism）。分解代谢是指外界环境获取或自身贮存的有机营养物通过分解酶系催化形成简单分子、能量和还原力的过程。合成代谢又称生物合成（biosynthesis），是微生物细胞通过酶系催化将小分子物质、能量和还原力合成复杂生物大分子的过程。二者之间存在紧密的联系。糖类是微生物赖以生存的主要碳源与能源物质，葡萄糖是自然界分布最广且最为重要的一种单糖，也是糖类最基本的组成单位。本章就葡萄糖作为能量来源，微生物在不同条件下是怎样利用葡萄糖，为自身生长和代谢提供能量和物质基础进行讨论。

（1）糖酵解途径

糖酵解（glycolysis）途径又称 EMP（Embden–Meyerhof pathway），是绝大多数生物体所共有的一条主流代谢途径。整个 EMP 可大致分为两个阶段。第一阶段为糖酵解准备阶段，通过五步酶催化反应将一分子葡萄糖裂解为两分子三碳糖，最后都转变为 3–磷酸甘油醛。在准备阶段中，需要消耗两个分子 ATP；第二阶段是 3–磷酸甘油醛氧化成 1,3–二磷酸甘油酸后，经过一系列酶的作用转化为两分子丙酮酸，同时通过底物水平磷酸化产生 4 个 ATP 以及 2 分子 NADH + H$^+$（图 15.1），最终反应方程式为：

$$葡萄糖 + 2ADP + 2P_i + 2NAD^+ \rightarrow 2\ 丙酮酸 + 2ATP + 2NADH + 2H^+ + 2H_2O$$

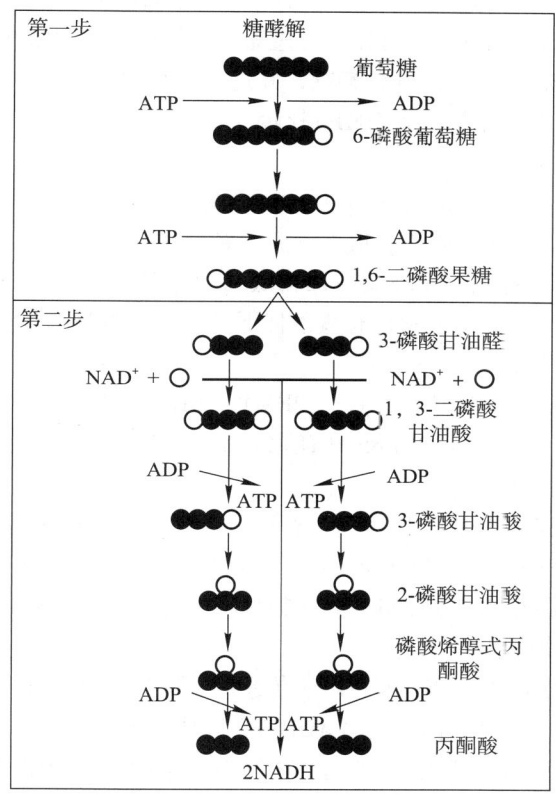

图 15.1　糖酵解途径

EMP 是酵母菌等真菌及大多数细菌所具有的代谢途径，具有极其重要的生理功能：①供应 ATP 形式的能量和 NADH 形式的还原力；②连接其他几个重要代谢途径的桥梁，包括三羧酸循环（TCA）、HMP 和 ED 途径等；③为生物合成提供多种中间代谢物；④通过逆向反应可进行多糖合成。

EMP 与乙醇、乳酸、甘油，丙酮和丁醇的发酵生产关系密切，对人类的生产实践有重要的意义。在有氧条件下，EMP 和 TCA 两途径接通，并通过后者将丙酮酸彻底氧化，形成 CO_2、H_2O 及 ATP。无氧时，EMP 的产能效率很低，1 分子葡萄糖仅净产 2 分子 ATP。丙酮酸或丙酮酸的脱羧产物乙醛被还原，形成乳酸或乙醇等发酵产物。

（2）磷酸戊糖途径

磷酸戊糖途径（hexose monophosphate pathway，HMP）又称磷酸葡萄糖酸途径，是微生物细胞中存在的另一条重要的糖分解途径，其总反应式为：

$$6-磷酸葡糖 + 12NADP^+ + 7H_2O \rightarrow 6CO_2 + P_i + 12NADPH + 12H^+$$

由上式可看出通过 HMP 使一个 6-磷酸葡糖分子全部氧化为 6 分子 CO_2，并产生 12 个具有强还原力的 NADPH，它不仅用于合成脂肪酸、固醇等重要的细胞物质，而且通过呼吸链产生大量能量。此外，该反应途径中存在三碳至七碳各种不同长度的碳骨架，为微生物生长、核苷酸、核酸和氨基酸等的生物合成提供前体物质。

（3）其他糖的利用

除葡萄糖以外其他糖类的利用则通常是将其他糖类转化为葡萄糖，或是上述葡萄糖分解代谢的中间产物之一。例如，大肠杆菌利用乳糖的途径始于同化乳糖这种双糖，就是将其水解成葡萄糖和半乳糖。通过循环、催化以及和尿苷二磷酸（UDP）反应，半乳糖最终被转化为 6-磷酸葡糖，并进入 EMP 进行反应。细菌通过对戊糖一系列转化，形成 5-磷酸木糖进入 HMP 进行反应。

（4）三羧酸循环

三羧酸循环（tricarboxylic acid cycle，TCA 循环）也称为柠檬酸循环（citric acid cycle）、Krebs 循环，由诺贝尔奖获得者德国学者 H. A. Krebs 于 1973 年提出。它是指由丙酮酸经过一系列酶催化循环反应而彻底氧化、脱羧，形成 CO_2、H_2O 和 $NADH_2$ 的过程，是绝大多数异氧微生物在有氧条件下彻底分解丙酮酸等有机物的重要方式。三羧酸循环的方程式为：

$$2CH_3COCOOH + 8NAD^+ + 2FAD^+ + 2ADP + 2P_i + 4H_2O \rightarrow$$
$$6CO_2 + 8NADH + 2FADH_2 + 2ATP$$

TCA 循环的特点有：

① 氧虽不直接参与反应，但必须在有氧的条件下运转（因 NAD^+ 和 FAD^+ 再生时需氧）；产能效率极高；TCA 循环位于一切分解代谢和合成代谢中的枢纽地位，为微生物的生物合成提供各种碳架原料；为人类利用生物发酵生产所需产品提供主要的代谢途径，如柠檬酸发酵、Glu 发酵等。

② 产生的 NADH 和 $FADH_2$ 通过电子传递链系统被氧化，每氧化 1 分子的 NADH 可生成 3 分子 ATP，每氧化 1 分子 $FADH_2$ 可生成 2 分子的 ATP。因此，丙酮酸经 TCA 循环彻底氧化后可形成 15 分子的 ATP，为微生物的生命活动提供大量的能量。电子传递系统是由位于原核生物细胞膜上或真核生物线粒体膜上的一系列氧化还原势呈梯度差，链状排列的氢和电子传递体组成的。NADH 和 $FADH_2$ 以及其他还原型载体上的氢原子，以质子和电子的形式在其上进行定向传递。

15.1.2 能量代谢

一切生命的活动都离不开能量，除了部分生物能够通过氧化环境中的无机物取得能量外，其余生物所需的能量均直接或间接地来自太阳能。能够直接利用太阳能的生物进行光合作用（photosynthesis），将无机物质转化为有机化合物，并释放氧气和其他物质。另一类自养微生物通过氧化无机物获得能量，被称为化能自养生物（chemolithoautotrophy），其产能的主要途径是经过呼吸链的氧化磷酸化反应。而大多

◆ 发现之路 15-2
微生物光合作用

数工业微生物则属于化学异养型微生物，通过氧化有机物获得能量，能够从高效的氧化磷酸化中获得大量能量。这类微生物细胞中的葡萄糖分解（生物氧化）后，如果有氧或有其他外源氢受体存在时，底物分子可被完全氧化为 CO_2。微生物在降解底物的过程中，将释放出的电子交给 $NAD(P)^+$、FAD^+ 或 FMN 等电子载体，再经电子传递系统传给外源电子受体，从而生成水或其他还原型产物并释放出能量的过程，称为呼吸作用。外源氢受体为 O_2 时的呼吸称为有氧呼吸，外源氢受体为特定无机氧化物（NO_3^-、SO_4^{2-}、HCO_3^-）的呼吸称为无氧呼吸。

（1）有氧呼吸

有氧呼吸通常可以分为三个过程：糖酵解、TCA 循环以及电子传递链。整体能量转换如下方程所示：

$$C_6H_{12}O_6 + 6O_2 \rightarrow 6CO_2 + 6H_2O + 能量（ATP）$$

TCA 循环的方程如上所述，这些分子中的能量将通过电子传输系统用于合成 ATP。如果氧气存在，能产生 38ATP。ATP 生成的详细步骤如表 15.1 所示。

表 15.1　三羧酸循环产生的能量

三羧酸循环	底物水平磷酸化	氧化磷酸化
葡萄糖→ 2 丙酮酸		$2 \times 3ATP$
2 丙酮酸→ 2 乙酰辅酶 A	2ATP	$2 \times 3ATP$
2 乙酰辅酶 A → $2CO_2 + 4H_2O$	2ATP	$2 \times 12ATP$

代谢物上的氢原子被脱氢酶激活脱落后，经过一系列传递，传递给被激活的氧分子，结合后生成水，这一过程叫作电子传递链（electron transport chain），也叫呼吸链（respiratory chain）。简单来说就是一种转移电子的氧化反应，是有氧呼吸的最后阶段。

电子传递 NADH 呼吸链是生物体内的主要呼吸链，其主要步骤如图 15.2 所示，其过程可简单描述为：来自 NADH 的电子经过复合物 I 到达辅酶 Q（CoQ），由 CoQ 将电子传递给复合物 III，随后复合物 III 将电子转移给另外一种可移动的连接分子——细胞色素 c，最后细胞色素 c 将电子传递给复合物 IV 随后转给分子氧。这条呼吸链完成了生物体内大部分物质分解代谢过程中能量的产生。

🔷 **发现之路 15–3**
呼吸链在细胞中
的研究

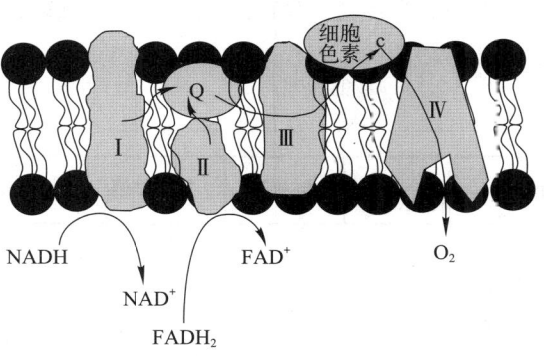

图 15.2　NADH 呼吸链的主要步骤

（2）无氧呼吸

无氧呼吸和有氧呼吸一样是从分解葡萄糖分子产生丙酮酸开始，然后通过转化丙酮酸生成ATP，供应细胞能量运用。酵母发酵乙醇过程：葡萄糖通过糖酵解脱氢，随后糖酵解产生的丙酮酸先转化为乙醛和二氧化碳，然后从乙醛转化为乙醇。乳酸发酵也是一种无氧呼吸，分为同型乳酸发酵和异型乳酸发酵，同型乳酸发酵是指丙酮酸转化成两分子乳酸，而异型乳酸发酵是发酵后主要产物除乳酸外还有乙醇、乙酸、二氧化碳等多种产物。

15.2 代谢调控

生物体通过代谢调控（metabolic regulation）对信号作出反应，并与环境积极地相互作用。代谢调控通常可分为内在调控和外在调控，内在调控通常是指酶对生物体内的调控，例如通过诱导或抑制来打开或关闭酶的合成途径，通过底物激活或产物抑制放大或降低酶的活性。而外在调控则通常以维持微生物生长环境的平衡为目的，改变生物体的生长环境，例如在发酵过程中添加酸或碱来维持适合生物体生长的pH。接下来对几种典型的代谢调控进行阐述。

15.2.1 酶合成调节

酶是生化反应的生物催化剂（biocatalyst），是一切生命活动的执行者，关键酶的酶量与活性决定了代谢途径的反应速率和方向。诱导剂（inducer）可以加速酶的合成，而阻遏剂（repressor）则会减少酶的合成，这两种化合物在酶蛋白的转录和翻译中发挥作用，从而调节酶合成影响代谢。

诱导型酶只有特定的诱导剂存在时才能生成。乳糖操纵子是一例典型的诱导剂促成蛋白合成的实例（图15.3），葡萄糖作为碳源利用时，大肠杆菌不合成分解乳糖的酶；但当乳糖成为唯一碳源时，乳糖与阻遏蛋白结合，导致阻遏蛋白不能与表达乳糖的基因结合，乳糖操纵子基因能够表达，该酶才可以合成。因此大肠杆菌的乳糖降解酶是受环境中诱导剂调控的。

而大肠杆菌中的色氨酸操纵子则是受阻遏剂调控的（图15.4）。色氨酸操纵子调控大肠杆菌是否合成色氨酸，当环境中存在色氨酸时，色氨酸会与阻遏蛋白结合，使

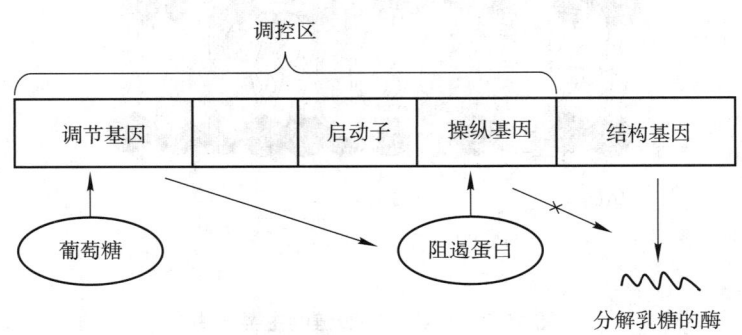

图15.3 乳糖操纵子示意图

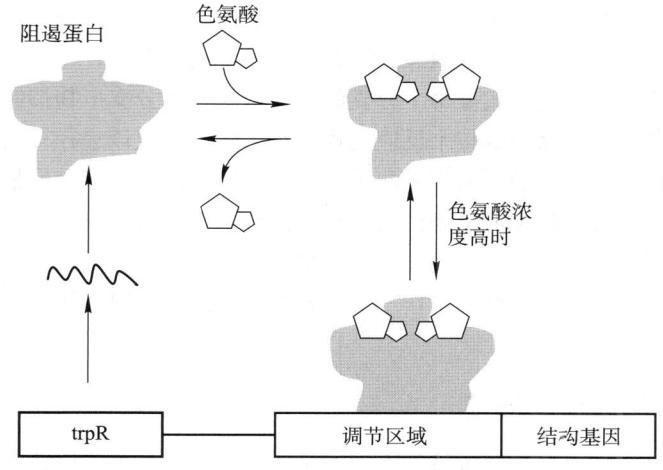

图 15.4 色氨酸操纵子示意图

阻遏蛋白从无活性构象变成有活性构象，使得色氨酸操纵子中的结构基因无法转录，酶蛋白无法表达。当环境中色氨酸浓度低时，阻遏蛋白就无法与调节区域结合，从而使结构基因可以转录，这就是大肠杆菌中阻遏剂抑制酶蛋白合成的调控。

15.2.2 酶活性调节

底物或产物可通过与酶结合，调节酶分子的构象或分子结构来改变酶的活力强与弱，从而影响酶所催化的代谢反应速率。这种调节方式具有响应快、作用直接、可逆等特点。酶活性的调节方式主要有激活和抑制两种。

酶的激活包括前体激活、别构激活、化学修饰和补偿性激活等。前体激活如图 15.5a 所示，是指特定的物质 A 在细胞内积累可以激活特定的酶，而该酶可以启动后续一系列反应。前体激活降低了反应对初始底物的浓度要求。别构激活如图 15.5b 所示，是指酶 B 与特定的小分子物质连接后，构象发生改变，进而使得酶的活性发生改变。化学修饰如图 15.5c 所示，是指由一种酶 A 直接对另一种酶 B 进行可逆或不可逆的共价修饰，使其失去部分肽段或暴露活性中心，从而变成有活性的酶。补偿性激活如图 15.5d 所示，存在于关联的分支合成途径中，若从 G 到 I 的反应需要 D 参与，则 G 可激活催化合成 D 途径中的第一个酶，即为补偿性激活。

酶的抑制体现在对反应途径中第一个酶进行反馈抑制，从而控制整条代谢途径。

（a）不激活
A
A → B ⟶ C ⟶ D

（b）
○ + A ▤ → Ⓐ ⟶ B ⟶ C

（c）
A ⟶ B ▤ C ⟶ D

（d）
A → B ⟶ C ⟶ D
E ⟶ F ⟶ G → I

图 15.5 酶的激活

对于形成多种终产物的分支途径而言，可通过不同的反馈抑制控制途径来对初始酶进行酶活调节。目前，已知至少有四种不同类型的反馈机制存在。

顺序反馈抑制的抑制方式是每个分支的第一个酶会被分支产物抑制，从而使得分支开端的底物积累，从而抑制整个反应途径开端的酶，导致该途径被灭活。同工酶反馈抑制是指催化同一反应的不同蛋白酶被不同产物所抑制。大多数酶最初都进行相同的转化，但每一种酶对特定的最终产物的抑制都很敏感。协同反馈抑制是指多个或所有最终产物同时过量存在才能抑制一种酶。累积反馈抑制中，任何一个产物过量时都能对共同途径中的第一个酶起抑制作用，当各种末端产物同时过量时，它们的抑制作用是累加的。

15.2.3 初级代谢调控

新陈代谢是一切生命的基本特征。对于细胞而言，自身的新陈代谢有赖于酶的催化，一系列酶进行的连续催化反应构成各类物质的代谢途径（metabolic pathway）。其中生产生命活动所必需的代谢物的途径被称为初级代谢，接下来介绍调控初级代谢的主要方式——能荷调节和蛋白质合成体系的调节。

（1）能荷调节

细胞内许多代谢反应受到能量状态的调节。ATP 是通用的能量载体，ADP 是形成 ATP 的磷酸受体。细胞中能量状态的指标为 $[ATP]/\{[ADP][P_i]\}$，它叫作 ATP 系统的质量作用比。当需能反应发生，ATP 迅速分解，质量作用比数值减小，此时电子传递和氧化磷酸化的速度自动增加，从而加速了 ADP 合成 ATP 的反应，直到质量作用比的值恢复到正常水平内。

ATP、ADP 和磷酸盐还是许多别构酶的别构效应物。例如在糖酵解和三羧酸循环途径中，ATP 是抑制效应物，而 AMP、ADP 是激活效应物。细胞的能量状态可由能荷（energy charge）表征，它是一个人为设定的参数，即 ATP、ADP、AMP 体系中高能键磷酸基的度量，由于 ATP 包含两个酸酐键，而 ADP 只包含一个，所以能荷被定义为 ATP 的摩尔分数加上 ADP 的一半摩尔分数除以 ATP、ADP、AMP 摩尔分数的总和，即：

$$能荷 = \frac{[ATP] + \frac{1}{2}[ADP]}{[ATP] + [ADP] + [AMP]}$$

能荷是腺苷酸总池中 ATP 或其他当量物质的质量分数，某些条件下，能荷值可作为细胞产能和需能代谢过程间变构调节的信号。

（2）蛋白质合成体系的调节

功能性核糖体（ribosome）的形成是一个非常复杂的过程，需要大量的分子反应相互作用。细胞可以协调一致地调节核糖体基因的表达，以响应环境条件的变化，如营养、温度等的变化，这些变化改变了生物对蛋白质合成能力的需求。例如在迅速生长的细胞中，能量主要用于核糖体合成，但若处于氨基酸饥饿的环境下，生物体就会阻碍核糖体的合成以保存能量。例如，当缺乏任一氨基酸时，对应空载 tRNA 浓度上升，它与核糖体结合会生成鸟核苷 –5′– 二磷酸 –3′– 二磷酸，该核苷酸会遏制蛋白质合成的起始阶段，使蛋白合成受影响。这种自我调节是生物体节约能量的措施之一。

15.2.4　次级代谢调控

催化水解等简单反应的酶，多是些单体酶，它们的结构一般也比较简单。但是生物体内更多的是寡聚酶，它们的结构与组成随功能的复杂程度而不同。例如，RNA聚合酶，它催化转录反应，在整个反应过程中包含识别、启动、延伸和终止等多个环节，适应这种需要，该酶除了核心酶外，还包含起识别作用的 α 亚基与起转录终止作用的 ρ 因子等，这些因子能在转录的不同阶段里与核心酶进行可逆的结合与解离。

对于代谢系统来说，情况更为复杂，相关的酶常以物理方式或共价方式集中在一起形成多酶复合物（multienzyme complex）或多酶多肽（multienzyme polypeptides），又统称多酶蛋白（multienzyme protein），如丙酮酸脱氢酶、色氨酸合成酶、氨甲酰磷酸合成酶、芳香氨基酸合成酶以及脂肪酸合成酶等。以下以氨甲酰磷酸合成酶为例加以说明。

氨甲酰磷酸合成酶（carbamoyl phosphate synthease，CPS）的作用是催化谷氨酰胺（Gln）、CO_2、ATP 合成氨甲酰磷酸，是嘧啶核苷酸（PyNt）与精氨酸（Arg）代谢途径中的关键酶。该酶作用的直接产物——氨甲酰磷酸（CP）位于这两条合成途径的分支点上，生成的氨甲酰磷酸或者通过门冬氨酸转氨甲酰基酶（Aspartate carbamoyl transferase，ACT）转移至天冬氨酸（Asp），或者通过鸟氨酸转氨甲酰基酶（Ornithine carbamoyl transferase，OCT）转移至鸟氨酸（Om）。

大肠杆菌中 CPS、ACT 和 OCT 是独立分离存在的，CPS 的突变缺失将导致 PyNt与 Arg 营养缺陷型；Om 能活化 CPS，而 UMP 等则能抑制 CPS 与 ACT，通过它们可以调节这两条合成途径的平衡。

和大肠杆菌不同，在酿酒酵母中的 CPS 有两种：CPS_{Py} 与 CPS_{Arg}。这两种 CPS 产生的 CP 都能被两条合成途径所利用。因此，任何一种 CPS 缺失，余下的一种 CPS仍然能使该菌在基本培养基上生长，不过生长速度显著降低。这种生长速度的降低是由于 CPS_{Py} 与 ACT 形成了多酶复合物，该复合物限制了 CF 在两条途径间进行直接交换，这实际上意味着存在一种多酶系统的定向通道，使得 CP 倾向于向特定方向流动。

在粗糙链孢霉中，这种定向通道现象更为明显，CPS_{Py} 与 ACT、CPS_{Arg} 与 OCT 间能分别以物理力形成多酶复合物，并分别位于不同的亚细胞结构中。前者位于细胞质中，后者位于线粒体中。因此，任何一种 CPS 缺失都将导致相应的营养缺陷。而且体外实验表明，CPS_{Py} 形成的 CP 不能与外加的同位素标记的 CP 进行交换。

相关酶形成多酶复合物可能是代谢系统的一种普遍现象。因此，在生物体内酶催化代谢反应规律不能简单地用单个酶反应来进行描述。一般认为，从酶到多酶复合物是生物进化发展过程的一种形式，而且进化程度越高越倾向于形成较大的多酶复合物。此外，从细菌与真核细胞某些多酶复合物的比较来看，似乎随着进化发展，复合物中各组成成分的基因还有融合倾向，倾向于形成多酶多肽。

15.3 发酵过程的化学计量学

发酵过程化学计量学主要探究的是细胞生长、产物生成和底物消耗之间的数量关系。细胞反应有众多组分参与且代谢途径错综复杂，因此很难用反应方程式表示细胞内所有反应，但对这些反应输入的最初状态和输出的最终状态进行归纳，将底物转化的化学计量学用方程来表示。

15.3.1 微生物生长动力学

微生物的生长速率被定义为：

$$r = \frac{\mathrm{d}x}{\mathrm{d}t}$$

式中，x 为细胞质量浓度（mg/L），t 为时间（s），r 为生长速率，在 r 的基础上，我们定义了比生长速率：

$$\mu = \frac{1}{x}\frac{\mathrm{d}x}{\mathrm{d}t}$$

式中，μ 为比生长速率，底物吸收速率和产物生成速率分别为：

$$q_s = \frac{1}{x}\frac{\mathrm{d}s}{\mathrm{d}t}$$

$$q_p = \frac{1}{x}\frac{\mathrm{d}p}{\mathrm{d}t}$$

式中，s 为底物质量浓度（mg/L），p 为产物质量浓度（mg/L）。

产量定义为生物量与基质质量之比。糖发酵成乙醇的反应乙醇经简化后得到下式：

$$C_6H_{12}O_6 \rightarrow 2C_2H_5OH + 2CO_2$$

生长得率和产物得率为：

$$\frac{\mathrm{d}X}{\mathrm{d}t} = \frac{\mathrm{d}X}{\mathrm{d}s}\frac{\mathrm{d}s}{\mathrm{d}t} = -Y_{X/S}\frac{\mathrm{d}S}{\mathrm{d}t} \qquad \frac{\mathrm{d}P}{\mathrm{d}t} = -Y_{P/S}\frac{\mathrm{d}S}{\mathrm{d}t}$$

菌体得率系数和产物得率系数分别定义为：

$$Y_{X/S} = -\frac{\Delta X}{\Delta S} \qquad Y_{P/S} = -\frac{\Delta P}{\Delta S}$$

式中，ΔX 为菌体增加的量，ΔP 为产物增加的量，ΔS 为基质消耗的量。例如，基于乙醇发酵的理论产率为 2 mol，等式意思为每摩尔葡萄糖理论上可以生成 2 mol 乙醇，即每克葡萄糖可以生成 0.511 g 乙醇：

$$\frac{2 \text{ mol EtOH}}{1 \text{ mol } C_6H_{12}O_6} = \frac{2 \times 46}{180} = \frac{0.511 \text{ g EtOH}}{1 \text{ g } C_6H_{12}O_6}$$

平均生物量浓度定义为菌体得率系数与进口与出口的底物浓度变化的乘积。平均生物量为：

$$\overline{X} = Y_{X/S}(-\Delta S) = Y_{X/S}(S - S_o)$$

式中，S_i 为底物质量浓度（mg/L），S_o 为初始底物质量浓度（mg/L）。

15.3.2　化学系数计量

当已知基质、产物和细胞物质的组成时，就可以很容易地写出生物反应的物质平衡。除元素平衡外，还需要电子平衡来确定生物反应中的化学计量系数。准确确定细胞的组成是一个主要问题。典型的细胞组成可以用 $CH_{1.8}O_{1.5}N_{0.2}$ 表示。1 mol 生物材料定义为含有 1 g 碳原子的量，如 $CH_{\alpha}O_{\beta}N_{\gamma}$。

考虑以下简化的生物转化，在此过程中除了 H_2O 和 CO_2 外不产生胞外产物。

$$C_wH_xO_yN_z + aO_2 + bH_gO_hN_i \rightarrow c\,CH_{\alpha}O_{\beta}N_{\gamma} + dCO_2 + eH_2O$$

式中，$C_wH_wO_yN_z$ 为 1 mol 糖类，$CH_{\alpha}O_{\beta}N_{\gamma}$ 为 1 mol 细胞物质。C、H、O 和 N 上的单质平衡得到下列方程：

C 平衡：$w = c + d$

H 平衡：$x + bg = c\alpha + 2de$

O 平衡：$y + 2a + bh = c\beta + 2d + e$

N 平衡：$z + bi = c\gamma$

细胞内的物质平衡如图 15.6 所示。

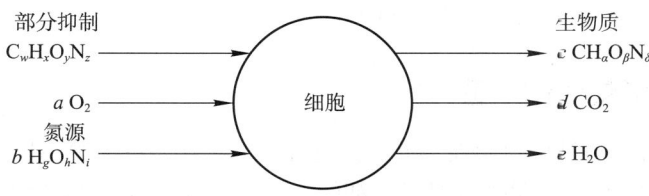

图 15.6　细胞内物质平衡

方程中有 5 个未知系数（a，b，c，d 和 e）但只有 4 个方程。这意味着需要一个额外的方程来解一个由五个方程和五个未知数组成的方程组。这就是呼吸熵方程。呼吸熵（RQ）是生命系统中一个重要且可测量的参数。它的定义是每吸收 1 mol 氧气所产生的二氧化碳的物质的量：

$$RQ = \frac{\text{产生的 } CO_2 \text{ 的物质的量}}{\text{消耗的 } O_2 \text{ 的物质的量}} = \frac{d}{a}$$

当 RQ 给定时，可以同时求解其他化学计量系数。

15.3.3　恒化器中底物的物质平衡

研究恒化器效率对于细胞循环利用具有实际意义。在这一过程中，人们经常讨论底物的物质平衡问题。底物平衡是根据以下方程给出的：

$$-\frac{dS}{dt} = \left(\frac{F}{V}\right)(S_{in} - S_{out}) - \left(\frac{\mu}{Y_{X/S}}\right)X - \left(\frac{q_p}{Y_{P/S}}\right)X - mX$$

其中，F 为培养基的流速，V 为培养基的体积，F/V 为稀释率，用 D 表示。一般来说，$\mu \gg m$，所以我们可以忽略最后一项。

对于稳态，没有形成任何产物，这意味着基质和产物浓度没有变化：$-\dfrac{dS}{dt}=0$

$$\left(\frac{q_p}{Y_{P/S}}\right)=0$$

$F/V=D$ 且 $\mu=D$，

$$0=D\left(S_{in}-S_{out}\right)-\frac{\mu X}{Y_{X/S}}$$

所以重新整理一下上面的等式得到：

$$\overline{X}=Y_{X/S}\left(S_{in}-S_{out}\right)$$

对稳态条件：

$$D=\mu_m\frac{S}{K_s+S}\Rightarrow S_{out}=\frac{K_s D}{u_m-D}$$

其中，K_s 为底物亲和常数，其值相当于 μ 正处于 μ_m 一半时的底物浓度（g/L）。

从而可以得到：

$$\overline{X}=Y_{X/S}\left(S_{in}+\frac{K_s D}{\mu_m-D}\right)$$

对于非稳态，底物平衡的方程为：

$$\frac{dX}{dt}=X\left(\mu_m\cdot\frac{S}{KS+S}-D\right)$$

15.3.4 能量代谢计量

细胞能够有效地利用化学能，但真正过程中底物的一些能量会以热的形式释放，因此容纳细胞的生物反应器需要具备冷却的功能。细胞产热主要是能量和生长代谢的结果，所以在进行能量计算时有必要考虑它。

当 $C_6H_{12}O_6$ 作为营养源被完全消耗时：

$$C_6H_{12}O_6+6O_2\rightarrow 6H_2O+6CO_2+2\ 871\ kJ$$

如果代谢产物是乙醇或乳酸，则产生的热量分别为：

$$C_2H_5O+3O_2\rightarrow 3H_2O+3CO_2+1\ 368\ kJ$$

$$CH_5CHOHCOOH+3O_2\rightarrow 3H_2O+3CO_2+1\ 337\ kJ$$

乙醇发酵和乳酸发酵产生的热量分别为每 1 mol 葡萄糖 136 kJ 和 197 kJ。

我们将 Y_{kJ} 定义为发酵过程中产生的热量的利用，ΔH_c 和 ΔH_a 分别为底物和细胞消耗热量（kJ/g），则可以得到：

$$Y_{kJ}=\frac{\Delta X}{\left(-\Delta H_a\right)\left(\Delta X\right)+\left(-\Delta H_c\right)}$$

以氧为主要氧化剂，每克底物完全氧化产生的热量 ΔH_c 减去由等量的基质生长而成的细胞氧化所获得的热量 $\Delta X\Delta H_a$，合理地近似于每克底物在发酵过程中生产细胞、水和二氧化碳时所消耗的热量。

我们已知：

$$-\Delta H_c=\left(-\Delta H_s\right)\left(-\Delta[S]\right)-\sum\left(-\Delta H_p\right)\left(\Delta[P]\right)$$

式中，ΔH_p 为生成物的焓。

所以得到：

$$Y_{kJ} = \frac{\Delta X}{(-\Delta H_a)(\Delta X) + (-\Delta H_s)(-\Delta[S]) - \sum(-\Delta H_s)(\Delta[P])}$$

$$= \frac{Y_{X/S}}{(-\Delta H_a)Y_{X/S} + (-\Delta H_s) - \sum(-\Delta H_p)Y_{P/S}}$$

15.4 发酵动力学

发酵动力学主要研究微生物生长、发酵产物合成、底物消耗之间动态定量关系，通过对实际发酵过程中的大量数据进行研究，来确定微生物生长速率、发酵产物合成速率、底物消耗速率及其转化率等发酵动力学参数特征，以及各种理化因子对这些动力学参数的影响，并建立相应的发酵动力学过程的数学模型，从而达到认识发酵过程规律及优化发酵工艺、提高发酵产量和效率的目的。

发酵动力学以数学建模为基础，即默认建模中的体系均处于理想条件下。建模成功的另一个重要前提条件是确定适当的反应区域，建模系统中的反应区域是一个所有变量全部均匀的空间。例如，在选定的控制区域内，化合物的浓度在任何地方都是相同的，即混合良好的理想分批或连续反应器。这样的反应区域简化了复杂系统的建模，为了说明系统的异构性，我们可以在我们想要建模的系统中定义多个反应区域。不同的研究内容对应不同的研究区域。本节以分批发酵动力学、补料分批发酵动力学和连续发酵动力学为基础，来介绍发酵动力学的研究内容及其应用。

15.4.1 分批发酵动力学

分批发酵又称分批培养，其主要特点如下：反应物料在反应开始前全部加入，反应结束后一次性排出。分批发酵更适合小量产品的生产，或使用同一种反应器生产多种产物；也可以针对易染菌或易变异的菌种进行发酵，或需要在发酵中途提取产物的反应过程。

（1）细胞平衡增长动力学

分批发酵反应器中菌体浓度随时间改变。因此，我们在质量平衡中有积累项或消耗项，dx/dt，其中 x 可以代表任一选定的改变量。在分批培养中，输入和输出项的改变均是由于反应引起的。我们把在建模区中通过反应产生或形成的物质看作是一个正输入项。相反，在建模区域内的反应所消耗的物质是负输出项。可以将输出和输入理解为"余额"的增加或减少。

在考虑建模方程中变量的改变速率表达式时，应先将其视为正项，然后让符号与质量平衡相关联，例如输入项为正，输出项为负，以此来决定符号。例如，体积死亡率（r_d）指的是活细胞死亡的速率。当 r_d 被包含在活细胞的质量平衡中时，就活细胞的数量而言，它是一个输出（消耗）项，因此，它将是一个负项。然而，当 r_d 包含在死亡细胞的质量平衡中时，就死亡细胞的数量而言，它是一个正项。

使用容积率 r 表示分批培养的一般物料衡算式为：

$$\frac{\mathrm{d}(Vy)}{\mathrm{d}t} = \sum Vr_{\mathrm{gen}} - \sum Vr_{\mathrm{cons}} \tag{15.1}$$

其中 y 可以定义为很多属性，r_{gen} 是生成体积速率，r_{cons} 是消耗体积速率，V 是反应器体积，是生物反应器内混合良好的液体体积。在我们的例子中，y 可以是以下情况之一：活生物量浓度（x_v）、死生物量浓度（x_d）、总生物量浓度（x_T）、底物浓度（S）、产物浓度（P）、溶解氧浓度（C_O）等。$\sum$ 符号表示相似项的总和，例如，为细胞生长、产物分泌和细胞维持本身能量消耗的所有碳源的速率总和。

对于定容操作，可从式（15.1）中除去 V，得到：

$$\frac{\mathrm{d}y}{\mathrm{d}t} = \sum r_{\mathrm{gen}} - \sum r_{\mathrm{cons}} \tag{15.2}$$

为每一个生物量和化学量进行单独的平衡，则在分批发酵反应器中可以得到以下方程：

活细胞生物量的平衡：

$$\frac{\mathrm{d}(x_v V)}{\mathrm{d}t} = +r_x V - r_d V \tag{15.3}$$

死亡细胞生物量平衡：

$$\frac{\mathrm{d}(x_d V)}{\mathrm{d}t} = +r_d V \tag{15.4}$$

底物平衡：

$$\frac{\mathrm{d}(SV)}{\mathrm{d}t} = -r_S S \tag{15.5}$$

产物平衡：

$$\frac{\mathrm{d}(PV)}{\mathrm{d}t} = +r_P V \tag{15.6}$$

式中，x_v 为活细胞浓度，x_d 为死亡细胞浓度，S 为底物浓度，P 为产品浓度，V 为体液体积（培养体积），r_x 为体积增长率，r_d 为细胞体积死亡率，r_S 为基体消耗量的体积率，r_P 为产品体积生成率。

在一个典型的分批发酵反应器中，液体体积是恒定的，因为没有液体被添加到生物反应器中或从生物反应器中移除。因此，V 可以消去，上面给出的方程可以改写为：

活细胞：

$$\frac{\mathrm{d}x_v}{\mathrm{d}t} = +r_x - r_d \tag{15.7}$$

死细胞：

$$\frac{\mathrm{d}x_d}{\mathrm{d}t} = +r_d \tag{15.8}$$

底物：

$$\frac{\mathrm{d}S}{\mathrm{d}t} = -r_S = -(r_{Sx} + r_{Sm} + r_{SP}) \tag{15.9}$$

产物：

$$\frac{\mathrm{d}P}{\mathrm{d}t} = + r_{\mathrm{P}} \qquad\qquad (15.10)$$

在假设没有死亡、没有维持能量和没有形成复杂的分泌产物的情况下，可以得到一个典型的显示分批发酵中生物量、碳－能底物和氮源浓度随时间变化的曲线图（图15.7）。

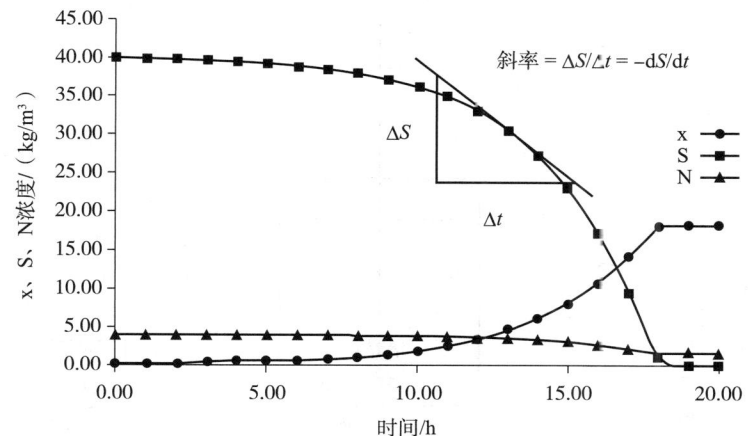

图15.7　分批发酵中生物量（x）、碳－能底物（S）和氮源（N）随时间变化的曲线

分批发酵的效率往往用发酵生产强度来表达，生产强度是由最终的产物除以每一批操作完成的时间得到的，这一时间段包括生物反应器的运行时间以及生物反应器的排空、清洗、消毒和灌装时间。生产率的单位通常用 $kg/(m^3 \cdot h)$ 表示。

（2）分批发酵的优缺点

分批发酵的优点主要有：操作简单、易控制、反应周期短、不易染菌或发生菌种变异；可操作性和可靠性高，仪器不容易出现故障；可以生产非生长相关型的次级代谢产物；不容易发生染菌，减少因培养物变质造成的经济损失；能够更好地积累产品，从而提高产品浓度，有助于下游加工；每一批次都可以拥有唯一编号，可以增加产品的信任度。

但分批发酵可能会导致有毒代谢物的积累或产物，从而对反应途径的阻遏效应会限制细胞生长和产物的形成；不同的发酵批次之间会存在一定差异；在工业系统中使用间歇培养可能会导致非生产时间的增加；转接的发酵菌株可能会发生退化或分化，会影响发酵过程和产品的形成；细胞可能发生细胞自溶，增加下游加工的难度。

15.4.2　连续发酵动力学

在发酵过程中，向容器中添加新鲜的培养基，可以延长对数生长期，增加生物量，这期间营养充足，可以保证发酵过程持续进行。连续发酵即以适当的速率连续添加新鲜培养基并放出等量的发酵液，使得生产形成一个连续的过程，使发酵成为一个相对稳定的状态。

连续培养可分为两种模式：恒化培养和恒浊培养。恒化培养是指到达稳定状态时，反应器化学环境恒定，恒化器通过限制某种化学物质的量（如碳源或氮源）来限制微生物的生长。恒浊器是指到达稳定状态时，反应器中细胞浓度恒定，恒浊器通过控制培养液的浑浊度来保持恒定的细胞浓度。图 15.8 为连续培养反应器的示例图。连续发酵通常分为单级和多级连续发酵。相较于恒浊器，恒化器的应用更加广泛，是因为其在保持稳态时不需要使用更多的控制系统。但恒浊器可以避免细胞在发酵早期被完全洗出。

◆ 应用案例 15-1
连续培养的应用

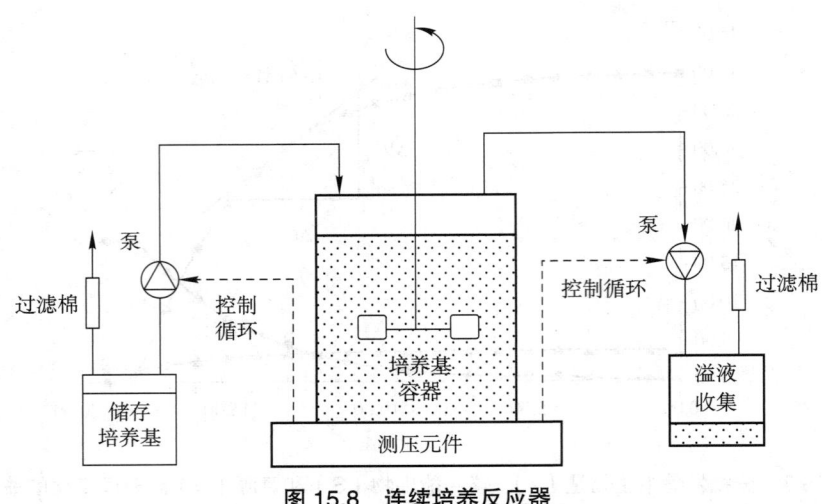

图 15.8　连续培养反应器

（1）单级和多级连续发酵的动力学模型

单级连续发酵即指单个发酵罐的连续发酵培养，当这种发酵方式达到稳态时，发酵罐流出的细胞数等于发酵罐中新生成的细胞数。发酵罐中稀释率 D 的定义为单位时间内连续流入发酵罐中的新鲜培养基体积与发酵罐内的培养液总体积的比值，可以用下式表示：

$$D = \frac{F}{V}$$

式中，F 为流速，V 为发酵罐中原有的培养液总体积。在连续发酵的发酵罐中，流入细胞为零，且连续培养可控制细胞不进入死亡期，所以发酵罐中细胞的积累变化为生长细胞减流出细胞，可以表示为：

$$\frac{\mathrm{d}F}{\mathrm{d}t} = \mu x - Dx$$

当连续发酵达到稳态，细胞浓度为常数时，$\frac{\mathrm{d}F}{\mathrm{d}t} = 0$，所以上式可变成：

$$\mu x = Dx$$

则有：

$$\mu = D$$

即在稳态时，比生长速率等于稀释率，单级发酵的比生长速率受稀释率的控制。单级连续发酵系统拥有自身的动态平衡，即当底物消耗值低于保持适当的比生长速率的浓度，则细胞洗出率将大于新细胞的生长率，而此时底物的浓度则会得到提高，从而使比生长速率恢复至与稀释率平衡。

图 15.9 是一个限制性底物具有低 K_s 值的细菌在恒化器中培养时，稀释率对稳态时菌体浓度和底物残留浓度的影响。当稀释率开始增加时，底物残留浓度增加得很少，绝大部分被细菌生长所消耗。直至 D 接近 μ_m 时，底物残留浓度才显著上升。若继续增大稀释率，则菌体将开始从系统中洗出，将导致菌体于始从系统中洗出的稀释率定为临界稀释率 D_c，其表达式如下：

$$D_c = \frac{\mu_m S_0}{K_s + S_0}$$

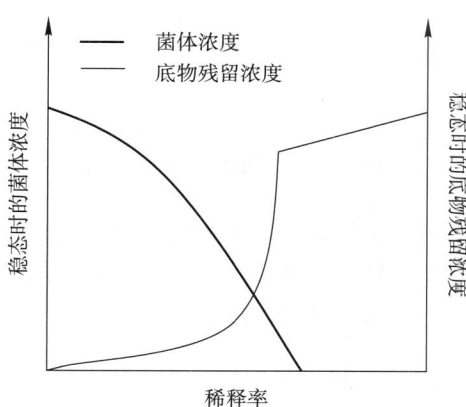

图 15.9 对限制性底物具有高 K_s 值的细菌连续培养特性

当限制性底物具有高 K_s 值时，即细菌对限制性底物利用率低，随着稀释率的增加，底物浓度会迅速上升，接近于 D_c 时，底物浓度很快增加，菌体浓度很快下降。

基本恒化器的改进有多种方法，最普通的方法是增加发酵罐的级数和将菌体送回罐内。如图 15.10 所示为两级恒化器示意图。以两级连续发酵为例，介绍其动力学模型，假设两级发酵罐内培养体积相同，且第二级不加入新鲜培养基，则第一级动力学模型与单级相同。而第二级动力反应学模型则为：

$$\mu_1 = \frac{\mu_m S_1}{K_s + S_1} = \frac{\mu_m}{1 - K_s/S_1}$$

$$\mu_2 = \frac{\mu_m S_2}{K_s + S_2} = \frac{\mu_m}{1 - K_s/S_2}$$

由于，$S_1 < S_0$，$S_2 < S_1$，所以，有 $\mu_2 < \mu_1$，可见，从第二级开始比生长速率不再等于稀释率。

（2）连续发酵的优缺点

连续培养延长了细胞的对数生长期，增加了生物量，很容易检查发酵过程中物理和化学参数对生长和产品形成的影响。连续培养可以控制次生代谢物的生成，能够准确地测定生长动力学和动力学常数。其所需的劳动强度更低，需要的停机时间也更少。

但由于连续发酵过程中需要不断地向系统内供给无菌空气和培养基，染菌的风险增加。当杂菌的比生长速率大于系统的稀释率时，最终将在系统中建立新的稳态，从而使发酵系统染菌。其次，如果在连续发酵中出现一个高生长能力无生产能力的突变

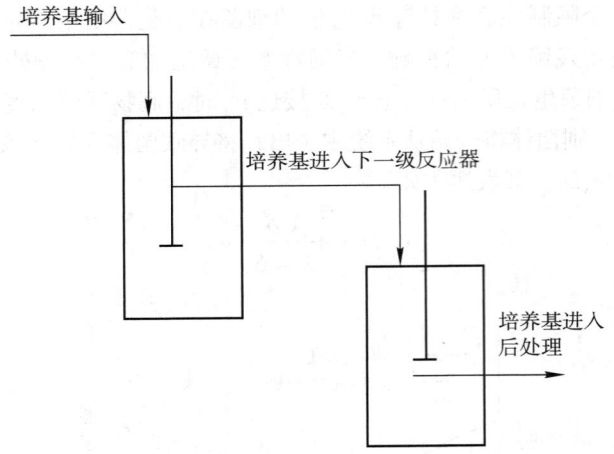

培养基输入

培养基进入下一级反应器

培养基进入
后处理

图 15.10 两级恒化器示意图

细胞，它也会取代生产菌株，最终导致发酵失败。连续发酵的时间越长，所形成的突变株越多，发酵失败的可能性越大。并且较多工业生产菌株都是由突变获得，会具有较强的回复突变倾向性，导致发酵过程不稳定。

15.4.3 补料分批发酵动力学

补料分批发酵是指在分批发酵过程中补充培养基，且不排出发酵体系中的发酵液，该方法介于分批发酵和连续发酵之间。根据不同补料方式可将发酵分为：连续流加、不连续流加和多周期流加发酵。而在此基础上，每隔一段时间取出一定体积的发酵液，同时加入相同体积的培养基，这种发酵方式叫作重复补料分批发酵或半连续发酵。

（1）补料分批发酵动力学模型

分批发酵中生长会受到某一底物的浓度限制，任何时间的菌体浓度均可用下式表示：

$$x_t = x_0 + Y_{x/S}\,(S_R - S_t)$$

式中，x_t 是经过 t 小时培养后的菌体浓度（g/L）；x_0 是接种后的菌体浓度（g/L）；$Y_{x/S}$ 为表观菌体细胞得率；S_R 为初始底物浓度与补入发酵罐中的底物浓度之和；S_t 经过 t 小时培养后的残留底物浓度。

当底物残留浓度约为 0 时，最终菌体浓度可以为 x_m，此时 x_0 可以忽略不计，则该时间的菌体浓度可以表示为：

$$x_m \approx y_{x/S} S_R$$

若此时开始添加培养基，则此时稀释率小于 μ_m，实际上底物的消耗速率接近培养基的补加速率。因此，

$$FS_R \approx \mu\,\frac{x}{Y_{x/S}}$$

式中，F 为培养基补加速率，x 为菌体总量。这种情况下细胞浓度是一个常数，所以 $\mu \approx D$（稀释率），这种状态称为半稳态。随着时间的推移，由于发酵体积增加，即使补料速率不变，稀释率也相对下降。D 值的动态变化可由下式表示：

$$D = \frac{F}{V_0 + F_t}$$

式中，V_0 是发酵体系原有的体系，t 是发酵进程的时间。恒化器中的稳态和分批补料发酵中的半稳态的主要差别是 μ 值在稳态时为常数，而在半稳态的时候是逐步下降的。

分批补料发酵过程中，整个反应器中细胞的变化速率为：

$$\frac{\mathrm{d}(xV)}{\mathrm{d}t} = \mu x V$$

限制性基质的变化速率为：

$$\frac{\mathrm{d}(SV)}{\mathrm{d}t} = FS_0 - \frac{1}{Y_{x/S}} \cdot \frac{\mathrm{d}(xV)}{\mathrm{d}t}$$

产物总量的变化速率为：

$$\frac{\mathrm{d}(PV)}{\mathrm{d}t} = q_p x V$$

（2）补料分批发酵的优缺点

利用补料分批发酵可以解除底物抑制、产物反馈抑制和葡萄糖分解阻遏效应，适用于需要持续输出产物的发酵过程。相较于分批发酵，还可以避免菌体因投料过多而大量生长，导致耗氧增加从而使得通风搅拌不匹配的情况发生。而且在补料分批发酵过程中，菌体可以被控制在一系列连续的过渡阶段，从而实现人为地控制细胞质量。

小结

微生物代谢和发酵动力学是学习发酵工程的基础。微生物代谢是生物体内所有化学变化的总称，也是生物体一切生命活动的基础。生物体内能量的摄入、分解和利用都需要消耗能量，所以代谢的基本策略在于形成 ATP、还原力及构造元件用于生物合成。代谢的调节精确、高效，能够使错综复杂的代谢过程协调一致，并且能够随时应对细胞内外环境条件的改变。发酵动力学则是对微生物进行代谢的整个过程进行能量学和动力学的计算。包括发酵过程中的物质和能量进行计算，菌株生长、物质转换、能量传递等变化。通过建模，认识发酵过程在理想条件下的规律，从而有针对性地优化发酵工艺或更改发酵手段，以提高发酵的产量和效率。本章作为基础为更加深入地学习理解发酵工程打下基础。

？ 思考题

1. 发酵动力学的研究内容和主要定义是什么？
2. 简述生产上提高发酵效率的方法。
3. 电子传递链和氧化磷酸化之间有何关系？
4. 什么是代谢调节？什么是代谢控制？

📖 推荐阅读

1. 王镜岩，朱圣庚，徐长法 . 生物化学：上册［M］. 3 版 . 北京：高等教育出版社，2008：388–394.

书中内容介绍了影响酶催化效率的因素，有助于理解发酵过程的动力学。

2. 余龙江 . 发酵工程原理与技术应用［M］. 北京：化学工业出版社，2007：103–105.

书中内容以发酵工程的工业应用为主线，介绍了发酵工程理论和实践知识，为学生今后从事与发酵工业相关的新产品、新工艺的研究和开发打下良好的理论基础。

更多网上学习资源

◆ 教学课件　　◆ 自测题　　◆ 参考文献

第16章 生物反应器与附属设备

本章讲述生物反应器的基本结构和功能，包括生物反应器的定义、基本构成要素、常见的反应器类型及应用发酵过程中的培养方式，并对生物反应器配合使用的主要附属设备进行了介绍，包括：空气压缩与空气过滤除菌装置、搅拌及传氧装置、管路阀门、取样装置以及保持生物反应温度的冷却系统。最后以生物反应控制系统中使用的探头和生物传感器为对象，介绍了它们的结构和功能以及主要的应用类型。固态发酵设备未纳入本章介绍。

This chapter describes the basic structure and function of bioreactor, including the definition of bioreactor, basic components, common types of bioreactor and cultivation methods in the fermentation process, and introduces the main auxiliary equipment used with bioreactor, including: air compression and air filtration sterilization device, stirring and oxygen transfer device, pipeline valve, sampling device and cooling system to maintain biological reaction temperature. Finally, probes and biosensors used in biological response control system are introduced, their structures and functions as well as their main application types. Solid state fermentation equipment is not included in this chapter.

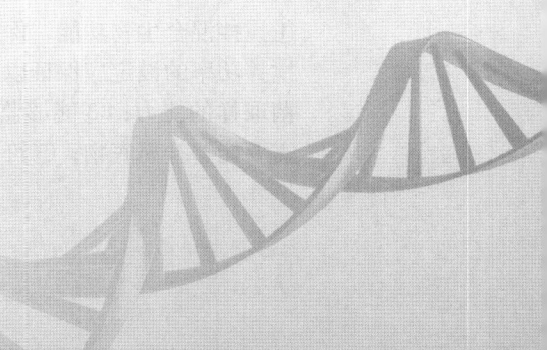

▶▶ **知识导图**

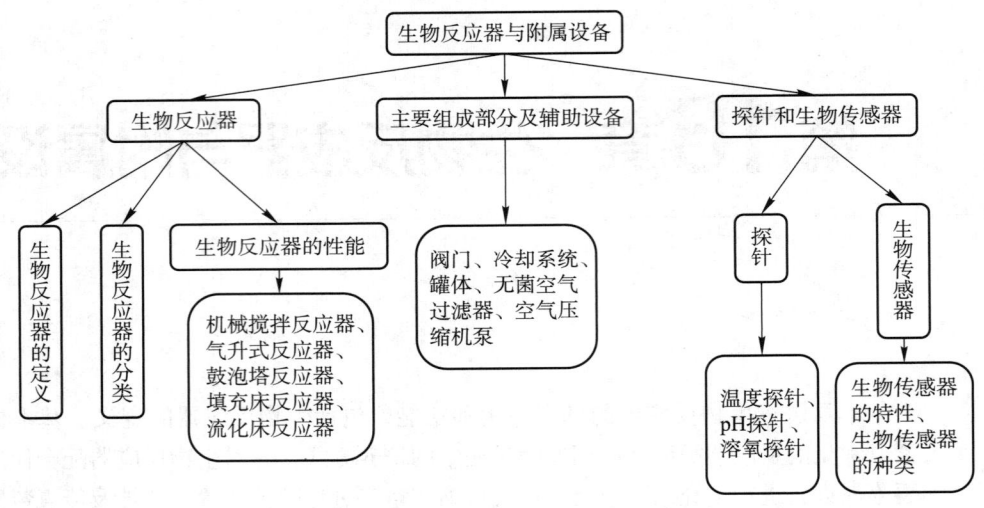

▶▶ **学习指南**

- ➤ 了解：生物反应器类型。
- ➤ 重点：生物反应器的辅助设备。
- ➤ 难点：生物反应器的组成。

16.1 生物反应器

16.1.1 生物反应器的定义

生物反应器（bioreactor）是利用生物催化剂进行生物技术产品生产的反应装置。它是实现生物技术产品产业化的关键设备，也是连接原料和产品的桥梁。它不仅包括传统的发酵罐、酶反应器，还包括采用固定化技术的固定化酶或固定化细胞反应器、动植物细胞反应器等。对于所有生物反应器来说，都应具备以下基本能力：①搅拌混合生物功能，保持液体中的物料呈悬浮状态，能打碎空气气泡保持溶氧，但搅拌功率的设定应保证以不破坏生物体为前提；②能够长时间无菌生产，同时兼有无菌取样的能力；③能够监测和控制压力、溶解氧的浓度、温度和 pH；④有些反应器需要能够补充底物；⑤符合当地防控规定。

16.1.2　生物反应器的类型

各种不同类型的生物反应器都可用于大规模的生物过程，它们的设计、制造、操作和选择，取决于某一产品的生物化学过程对反应器的要求。生物反应器的分类有以下几种：

（1）根据生物催化剂种类分类

可分为酶催化反应器和细胞反应器。酶催化过程与化学反应过程相似，且条件更加温和，通常在常温、常压下进行。酶催化反应器又可分为游离酶催化反应器和固定化酶催化反应器。游离酶催化通常利用搅拌罐反应器，而固定化酶催化还会选择固定床反应器，例如酶膜反应器。细胞生物反应器的设计则对细胞本身的生长和代谢活性有一定要求。根据细胞本身的特点可以分为微生物反应器、动物细胞反应器和植物细胞反应器。相较于微生物反应器即发酵罐的设计，动物细胞反应器需考虑动物细胞的好氧条件及其对剪切力的敏感程度，一些植物细胞还需要考虑其对光照的需求，从而采用光生物反应器。

（2）根据操作方式分类

可分为分批发酵反应器、补料分批发酵反应器和连续发酵反应器。具体参见第13章13.1节。

（3）根据反应器结构特征分类

可分为釜（罐）式、管式、塔式和膜式等反应器。罐式反应器可以用于分批、补料分批和连续这三种操作模式，而管式、塔式和膜反应器则一般用于连续操作的细胞反应过程。

（4）根据反应器内物料混合方式分类

可分为机械搅拌反应器、气升式反应器和液体环流反应器。机械搅拌反应器通过采用机械搅拌实现反应体系的混合，气升式反应器则以压缩空气作为动力实现反应体系的混合，而液体环流反应器则是通过外部的液体循环泵来实现反应体系的混合。

16.1.3　生物反应器的性能

根据反应器的结构特征和产品生产反应需求，目前在工业生产中常用的生物反应器有三种：①不搅拌、不通气罐体：常用于厌氧发酵或污水消化。②不搅拌、通气罐体：用于生产传统产品，如葡萄酒、啤酒和奶酪。③搅拌、通气罐体：是现代发酵工业最常用类型，如青霉素、氨基酸、柠檬酸等大宗化学品的生产。接下来通过几个实例对生物反应器的工作方式和性能进行比较和介绍。

延伸阅读 16-1
污水消化

延伸阅读 16-2
葡萄酒发酵

（1）机械搅拌罐反应器（stirred tank reactor）

目前工业上最常用的发酵罐类型，具有资金低、运行成本低的双重优点（图16.1）。通用机械搅拌罐反应器主要组成部分有罐体、搅拌装置、传热装置、通气部分、轴封、进出料口、温度测量系统和附属系统等。该类反应器的主要特征是既有机械搅拌装置又有通入压缩空气装置。对需氧量大、反应液黏度高，且呈现非牛顿流动特性的细胞反应过程一般采用该类反应器。罐体作为发酵罐的主体部分需要能够承受一定的压力，因为在发酵罐消毒及正常工作时，罐内都会存在一定的压力和温度，且它们的高度与直径之比一般在 $1.7 \sim 4$，罐身越高，氧的利用率越高。

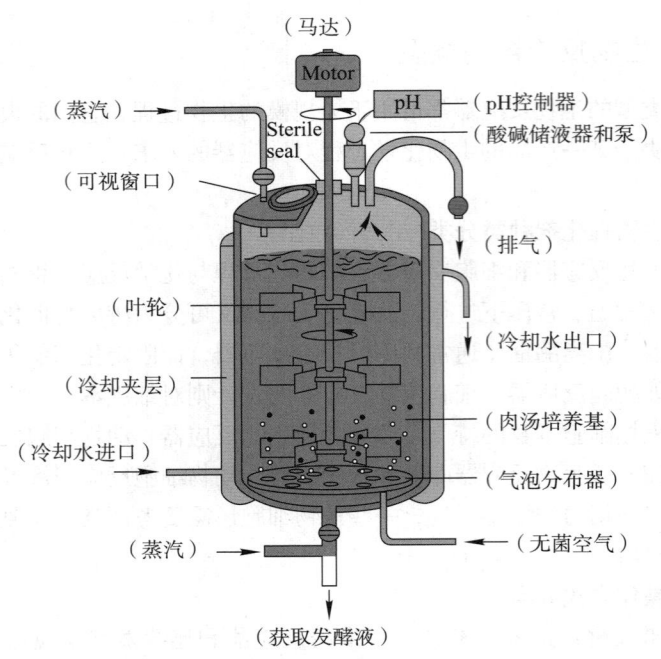

图 16.1 搅拌发酵罐

一般情况下，罐体中只有 70% ~ 80% 的体积被液体填充，足够的顶部空间可以使液滴脱离废气，并容纳可能产生的泡沫。如果发酵过程中面临起泡的问题，应安装一个辅助叶轮作为消泡器，但有时需要消泡剂（defoaming agent）使泡沫破裂。体积不超过 20 L 的实验室罐体通常用玻璃制成，而体积较大的罐体则通常采用不锈钢制造。容器的高度与直径之比可以在 2：1 到 6：1 之间，很大程度上会根据要去除的热量而设定。生物反应和机械搅拌产生的热量通过夹套、盘管或蛇管对发酵罐温度进行控制。夹套冷却装置一般用于容积小于 5 m³ 发酵罐，其结构简单且不会使罐内产生死角，容易进行灭菌；但由于传热壁较厚，发酵时的降温效果较差。蛇管传热装置的优点有冷却水在管内流速高，传热系数大；缺点为弯曲位置容易蚀穿。盘管相较于蛇管而言更适用于气温较高地区，但它的用水量也更大。

（2）气升式生物反应器（airlift bioreactor）

一种非搅拌、通气发酵罐，它的搅拌力不是机械力而是空气提升力。相较于机械搅拌发酵罐而言，气升式发酵罐拥有更高的溶氧速率和溶氧效率，更加节约动力，料液的装料系数可以达到 80% ~ 90%，不需另加消泡剂，且气升式发酵罐避免了机械轴封可能导致的渗漏和染菌现象。有些敏感的发酵组织不能承受强烈搅拌产生的剪切力，需要采用气升式生物反应器进行组织培养。根据其结构一般可分为两种反应器（图 16.2）：①外循环反应器（external-loop vessel），其中循环通过独立的管道进行；②内循环反应器（internal-loop vessel），在罐体内设置有隔板，创造了循环所需的通道。在气升式生物反应器中，无菌空气通过喷气环（sparger ring）进入罐体底部，气体丰富区域的发酵液密度低向上运动，气体含量少的区域发酵液密度大所以下沉，发酵液从而形成循环流动。在生物反应器的顶部空间中，多余的空气和二氧化碳被从发酵液中分离出来。通过使通风管成为内部热交换器或在外部再循环回路中使用热交换

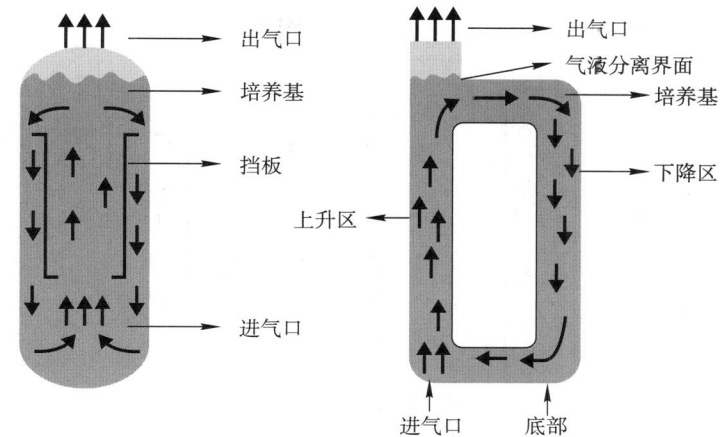

图 16.2　内循环气升式生物反应器（左）和外循环气升式生物反应器（右）

器来冷却发酵液。

　　气升式生物反应器的优点为：①剪切力比搅拌式
生物反应器低，能够温和地混合培养基，可以用于
植物或动物细胞的培养；②没有搅拌桨，能够更容易
进行无菌维护；③在大型容器中，液层高度可高达
60 m，容器底部压力会帮助增加氧的溶解度；④气升
式反应器可以建造超大型罐体。在一个单细胞蛋白贡
车间中，反应器的总容积可达 2 300 m³。

　　（3）鼓泡塔反应器（bubble column fermentor）

　　在生产面包酵母、啤酒和醋时，采用鼓泡塔反应
器，这是一种以气体为分散相、液体为连续相的反应
器。如图 16.3 所示，它们也常用于不太需要通气的发
酵中，例如用于废水处理。对该反应器，通气是向其

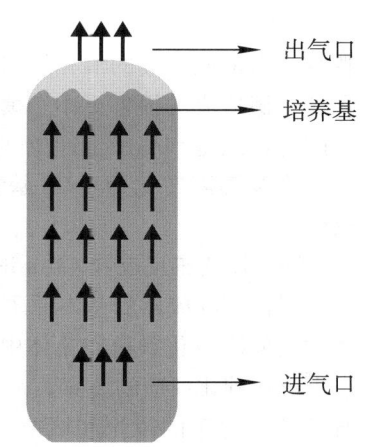

图 16.3　鼓泡塔反应器

输入能量的主要途径，因此通气速率是其最主要的操作变量。反应器内流体的流动状
况与传递性能，均与通气速率有关。在设计这样的生物反应器时，鼓泡塔高度与鼓泡
塔直径的比值一般在 3：1 左右，在生产用于制作面包的酵母发酵罐中，高度与直径
的比值约为 6：1。有些鼓泡塔中会添加有孔的水平板，这是为了破碎和重新分布聚
结的气泡、延长气体与反应液的接触时间以及提高氧的传递速率和氧的利用率。

　　鼓泡塔中的水动力学和传质由泡沫的尺寸决定（越好的气泡，气体可传递的表面
积越大），并且受到气泡从喷流器中释放方式的影响。均匀流动只发生在低气体流速
以及从喷流器释放的气泡均匀分布在柱截面上时。在均匀流动中，所有气泡以相同的
速度上升，气相没有反混合。在大多数情况下，气泡和液体倾向于沿柱中心上升，而
相应的液体向下流动发生在柱壁附近。液体循环有助于其与气泡的摩擦，这会减少气
泡的总表面积，从而导致气体的反混合。

　　（4）填充床反应器（packed-bed reactor）

　　如图 16.4 所示，填充床反应器是用于固定化细胞或微粒生物催化剂的反应器。
反应器通常是一个垂直的、装满了催化剂颗粒的管。培养基可在塔顶或塔底进入，在

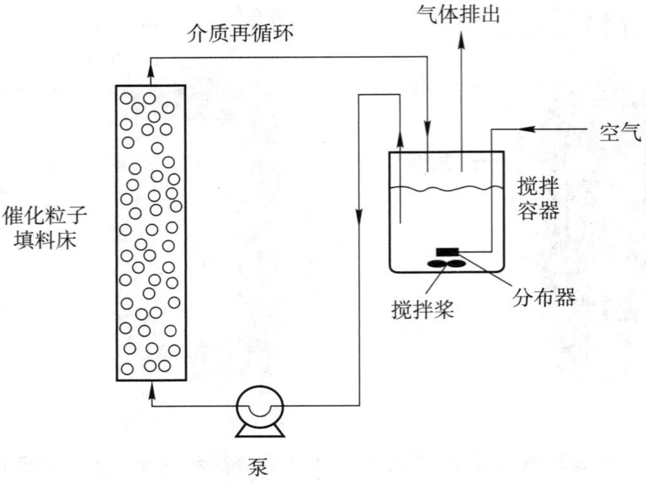

气体排出

介质再循环

空气

催化粒子
填料床

搅拌
容器

搅拌桨   分布器

泵

图 16.4　介质可回收的填料床反应器

颗粒之间形成连续的液相。与搅拌反应器相比，填充床中颗粒摩擦造成的损害更小。填料床反应器已被商业化地用于固定化细胞和酶来生产生物化学品，如天冬氨酸、富马酸、将青霉素转化为 6– 氨基青霉酸以及氨基酸异构体的反应。

（5）流化床反应器（fluidised bed）

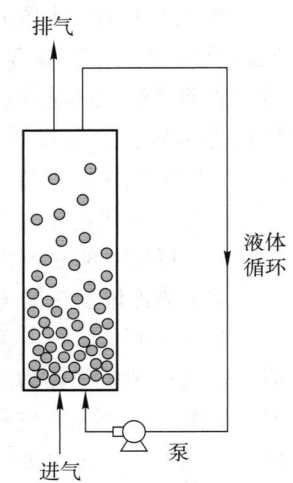

流化床反应器的基本原理如图 16.5 所示，通过流体的运动而使固定化颗粒在流体中保持悬浮状态，即流态化状态下进行催化反应的装置。由于流化床中的颗粒不断运动，避免了流化床的窜流和堵塞，并可直接将空气引入塔内。流化床反应器可与沙子或相似的支持微生物种群混合的材料一起用于废物处理。也可以和絮凝性细胞（flocculating cell）一起使用来酿造和生产醋。设计流化床反应器时，需注意保持适宜的流体流量，以同时满足实现流态化和达到

图 16.5　流化床反应器

预定反应程度的需求；对气 – 液 – 固三相流化床反应器需控制适宜的气泡尺寸，以保证氧的传递速率；控制合适的剪切力，以避免细胞等从固定化颗粒上脱落导致的机械损伤；固定化颗粒与液体之间的有一合适的密度差是保证反应器实现有效混合的重要因素。

科技视野 16–1
流化床生物膜反应器运行条件优化

16.2　发酵罐设备

发酵工程上所讲的生物反应器一般就指发酵罐，其作用是为细胞代谢提供一个优化稳定的物理与化学环境，使细胞能够更快更好地生长，得到更多需要的生物量或目标代谢产物。从 20 世纪 40 年代中期，青霉素实现工业生产以后，工业发酵便进入了发展的新时期。发酵设备的设计和操作是生物工程中重要内容之一，对产品的成本

和质量有较大影响。按发酵罐容积可分为小型实验室发酵罐、中试发酵罐、生产发酵罐。其中 1～50 L 左右的发酵罐一般习惯称为小型实验室发酵罐，50～5 000 L 称为中试发酵罐，5 000 L 以上称为生产发酵罐。发酵设备主要是指发酵罐主体及其辅助设备。发酵罐主体包括发酵罐上的阀门、冷却系统和罐体等；而辅助设备则涉及无菌空气过滤器、空气压缩机和泵等。熟练的掌握及应用发酵设备可以帮助优化发酵过程，有效地控制发酵生产。

16.2.1　发酵罐主体

（1）阀门

大多数发酵都是在纯培养和无菌条件下进行的，保持反应器中无菌是十分重要的，否则培养基很容易被污染物（contaminant）污染。阀门对于维持发酵过程中的无菌环境是非常必要的，它们必须易于消毒、维护，并且要偶尔更换。一般来说，隔膜阀（如图 16.6）和球阀需要大量的维护，经常在批量灭菌操作中使用，而旋塞型阀则更多地应用于连续发酵，使用连续灭菌器进行灭菌。塞或隔膜阀也常用于接种（inoculum transfer）和流加管道（feed piping）灭菌。

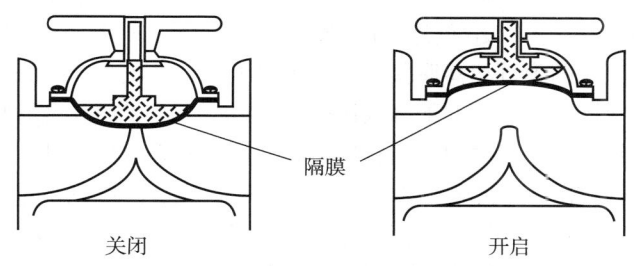

隔膜

关闭　　　　　　　　　开启

图 16.6　隔膜阀处于关闭和开启位置

（2）冷却系统

用来冷却灭菌后的培养基温度和消除发酵过程中释放的热量，也可以用来冷却压缩空气。部分热量可以回收来产生热水，用于新培养基的制备，或用于设备、平台和地板的一般清洁。总之，多余的热量必须分布到环境中。冷却水来自自来水或地下水，冷冻水（5～15℃）由蒸汽真空或制冷装置制备。在任何情况下，发酵部门都要时刻关注冷却水的温度和氯化物含量。当氯离子在水中超过 150 mg/L 或温度高于 80℃ 会导致不锈钢管路产生腐蚀性损坏（corrosion cracking）。氯化物含量应每两周进行分析测定，以控制氯化物含量低于 100 mg/L。主要控制方法为用新的淡水稀释塔中氯化物含量超标的水。此外，推荐使用探针检测冷却水的电寻（conductivity）。当溶解的离子（盐）浓度过高，温度升高十分迅速，电导率急剧增加，表明管道有腐蚀的风险，并意味着应立即进行水去离子化。

（3）罐体

常用的机械通风搅拌发酵罐的结构和尺寸已经标准化设计，根据发酵种类、规模的不同来进行选择。有实验室的 1 L、3 L、5 L、10 L 和 30 L 罐，车间中使用的发酵罐最大可达 630 m³。通常来讲，发酵罐罐顶上的接管有进料管、补料管、排气管、接种管和压力表接管；罐身上的接管有冷却水进出管、进空气管、取样管、温度计管和测控仪接口等。

发酵罐的顶板通常连接搅拌系统的驱动装置，并且还会预留探针、试剂和气体端口以及取样操作端口。而安装在容器内壁上的挡板（baffle）则是为了改变液流方向，增加溶解氧，并防止中央大涡形成。直径小于 3 m 的罐体通常使用 4 挡板，直径较大的罐体通常使用 6~8 挡板。搅拌器的搅拌轴与罐体的密封是非常重要的，常采用轴封中的端面机械轴封来进行密封。对于大型发酵罐还可以将电机装在罐底，使发酵罐重心降低、稳定性提高。

16.2.2　辅助设备

（1）无菌空气过滤器

对于好氧微生物和部分兼性厌氧微生物，在生长和代谢过程中，或多或少都需要氧，而氧的来源就是空气。所以在微生物发酵过程中，尤其是好氧微生物，根据需要提供适量的无菌空气是发酵过程中重要的技术之一。无菌空气过滤器（sterile air filtration）用来去除进入罐体的空气中所有杂质，包括其中的细菌。

获得无菌空气的基本方法一般有填料床和筒式过滤器，这两种方法都需要使滤料保持干燥，所以都要压缩后降低空气湿度。早期的过滤介质多采用棉花，后来发展出玻璃纤维、聚丙烯纤维等，20 世纪 80 年代开始使用烧结金属、陶瓷过滤器，后来被成本较低、效果更好的膜过滤器取代。一般情况下，一个填料床过滤器由一组过滤单元组成，它在不更换材料的情况下可以运行三年以上。当采用纤维材料制作填料床式过滤器时，所选纤维的直径越细，填料床越厚，过滤效率越高。其他过滤介质往往存在较多问题且寿命较短，因此不太常用。对于小于 10 μm 的纤维，过滤器的层深仅为25~40 cm。这些过滤器可以"清洁"空气达到两周或更长时间后再进行重新消毒。工厂中无菌容器的分布分为每个无菌容器都有单独的过滤器和将过滤器放置在一组内同时供给所有容器两种情况。在第一种情况下，一个过滤器可能需要每天都进行停用消毒，然后轮流重新投入使用。如果一组有十个过滤器，则每十天就要消毒一次。该系统的优点是过滤器经无菌空气消毒吹干后，可再投入使用。

（2）空气压缩机

空气压缩机（air compressor）是一种用以压缩气体的设备（如图 16.7），其结构与水泵构造类似，压缩空气制备的消耗占整个发酵过程总耗能的 45%~55%。发酵常用的空压机按照润滑方式可将其分为无油空压机和机油润滑空压机，最理想的空气压缩机是无油空压机。无油空压机无须管理机油，可以获得不含油分的高质量空气，减

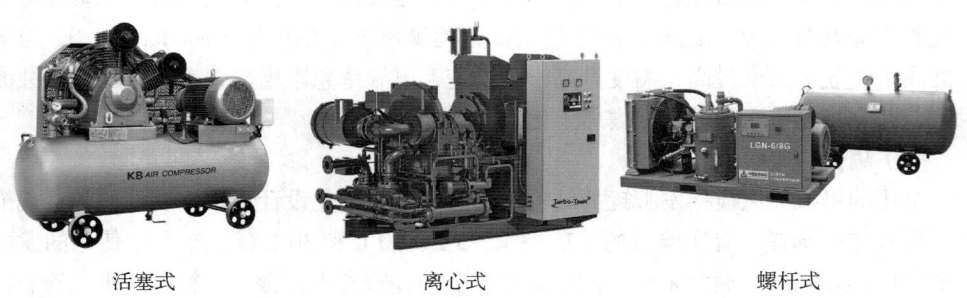

活塞式　　　　　　　　离心式　　　　　　　　螺杆式

图 16.7　空气压缩机

少后续应用空气的设备产生的故障，亦可以保护作业环境，操作更加简单。无油系统比较发达，但仍有一些缺点，如价格高，噪声大，寿命比有涟滑油类型的空压泵短。

按操作方式可分为活塞式、离心式、螺杆式三种，离心压缩机在大型工厂中经常应用。其中活塞式空压机制备的气体是无油的，排气压力在 0.25 MPa 左右，适用于中小流量，大流量时占地面积很庞大；离心式空压机制备的气体也是无油的，排气压力在 0.25 MPa 左右，适用于大流量，设备体积相对较小；而螺杆式空压机分为无油和微油两种类型，一般选择低压无油螺杆空压机用作发酵工艺用气制备，排气压力在 0.3 ~ 0.4 MPa。

（3）泵

泵是非常重要的辅助设备，蠕动泵（peristaltic pump）用于将培养液从实验室锥形瓶转移至种子发酵罐中且不需要释放容器内压力；离心泵（centrifugal pump）用于泵送未灭菌的原料、浆料、发酵后的培养基等。每批输送完成后，离心泵和管道应立即清洗。

16.3　探测器和传感器

发酵过程中有多个变量的连续变化，在线监测装置可以有效地监控发酵过程。为了实现这一目标，科学家们发明了探头（probe）和生物传感器（biosensor）来检测、记录并传递罐体中关于生理和化学变化信息，或罐体中的各种生物材料生成的信息。

16.3.1　常用探头

（1）温度探头

一般可以分为热电偶（thermocouple）、热敏电阻（thermisor）以及温度计微型集成电路设备（thermometer miniature integrated circuit device）。热电偶价格便宜、使用简单，但分辨率相当低，需要冷连接。热敏电阻是半导体，其导电性随温度而变化，输出是高度非线性的，非常灵敏，价格低廉。现代微型集成电路器件显示了更线性的输出，代表了温度探头的未来趋势。

（2）pH 探头

通过检测顶端薄壁玻璃球周围氢离子的活性来测量 pH。探针产生一个小电压（每 pH 单位约 0.06 V），仪表对其测量并以 pH 单位显示。发酵 pH 的指示对操作非常关键，用于指导酸或碱准确加入以保持微生物代谢的最佳条件。

（3）溶解氧探头

溶解氧（dissolved oxygen，DO）探头是一种电流测量元件，它包含一个由阴极（cathode）、阳极（anode）和电缆组成的上部和一个由膜和电解质组成的盖，产生毫伏的输出与培养基中存在的氧成正比。基于 DO 测量，自动系统可调节搅拌速度和曝气强度，保证液体培养基中的溶解氧始终保持在一个合适的水平。

16.3.2　生物传感器

生物传感器已被广泛应用于发酵液的生化成分研究。生物传感器主要由生物识别器和换能器两部分组成。生物传感器中的生物识别部分在流体通过时能够检测其渗透值并测定其中的生化转化，例如其中一种特定的氨基酸浓度的变化。换能器的功能是检测这种变化，并产生与被测物质浓度有关的输出信号。虽然传感器是一种简单的设备，但它在测量中具有很高的灵敏度。

（1）生物传感器的特性

生物反应器中的传感器提供了发酵过程中各种物质状态的信息，为工艺变量提供适当的操作数据。生物反应器上的一些物理和化学效应被转化为电子信号，这些信号被放大后显示在监视器或记录器上，用作控制单元的输入信号。大部分生物传感器具有六点共同特点：①高度特异性；②不受温度、pH 等物理参数的影响；③准确；④具有生物相容性；⑤耐用；⑥允许快速连续控制。

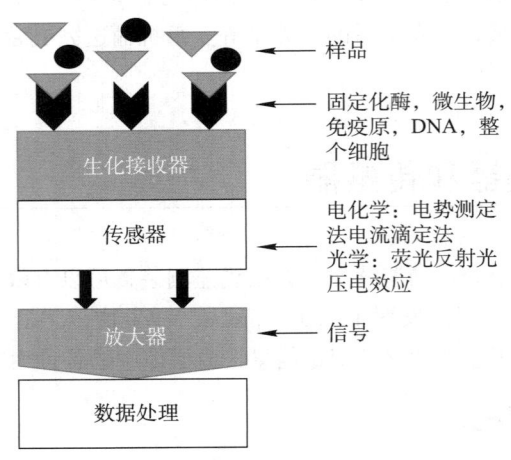

图 16.8　生物传感器原理图

生物传感器的主要成分（图 16.8）是：生物敏感元件，如酶、抗体、核酸或整个细胞，通常吸附在固体底物上；负责与待测分析物特异性反应产生信号的传感器；用于加工信号的电子电路。生物分子的固定是制造生物传感器的一个特别重要的方面，因为固定过程必须在保持其生物活性的同时，使目标分子可重复地与传感器表面结合。

（2）生物传感器的种类

① 酶电极（enzyme electrode）　酶电极是一个微型化学传感器，其功能是将电化学过程与固定化酶活性相结合。酶被固定在电极表面，当酶发生催化反应时，电子从反应物转移到电极上，生成了电流，通过测量电流来表达生物的生成。

② 光学生物传感器（optical biosensor）　光电倍增管或光电二极管系统可以检测发光或荧光过程的光子输出。只有标记的大分子才能被检测到，例如荧光标记的DNA 片段可以在光学生物传感器的检测下进行测序。

③ 电化生物传感器（electrochemical biosensor，ECB）　这些是利用固定化生物活性化合物（如酶、抗原、抗体、DNA 等）将目标分析物转化为电化学可检测的生物传感器。ECB 是最广泛使用的检测方法之一，已成为一个单独的研究领域。生物相容性纳米技术的发展使开发灵敏度更高的电化学生物传感器成为可能。

小结

生物发酵工程设计是发酵工厂设计的核心，涉及对生物反应器及其辅助设备的选择。发酵生产的目的是得到优质、高产、低耗的产品，而这取决于发酵工程设计的可靠性、合理性及先进性。

本章从生物反应器的定义出发对其进行了详细的介绍，并按照不同的反应类型和性能进行分类。生物反应器最开始只进行简单的产品制备，如酒精饮料，后来发展进行更多种类物质的生产。生物反应器的主要目的是为生物提供适宜的生长环境，分类方法也很多如是否保持无菌环境、是否有溶氧及使用何种培养技术等。根据所培养的微生物和产品特性选择适当的生物反应器是十分重要的。

生物反应器不单只有反应主体——发酵罐，还需要其他辅助设备辅助其进行发酵，如提供无杂质氧气的过滤器，传送原料、浆料、发酵后培养基的泵等。除此之外，还需要生物探测器和传感器来检测发酵过程中特定数值的变化。例如温度、pH探头以及溶解氧探头，设备根据探头测试得到的数值进行相应的调整，包括冷却系统调节温度，调节 pH 等。不同于探头探测微生物反应环境的条件，生物传感器则用于探测反应环境中的成分。随着科学技术的发展，生物发酵系统的设计理念也在不断改进。对于发酵工程的设计需要综合考虑经济、安装、物质特性等方面的问题并进行选择，从而得到最优的组合进行高效低耗的发酵。

? 思考题

1. 根据生物反应的什么特征选择生物反应器的类型？
2. 生物反应器的作用是什么？
3. 要提高溶解氧浓度应采取什么措施？
4. 如何设计一个生物传感器？

推荐阅读

1. 陈坚，堵国成. 发酵工程原理与技术［M］. 北京：化学工业出版社，2012：188-191.

发酵工程作为现代生物技术为主的支撑技术体系，与多种前沿学科密切交融，成为解决人类面对能源、资源和环境中关键问题的新兴技术。

2. 李春. 生物工程与技术导论［M］. 北京：化学工业出版社，2015：182-184.

该书为生物工程、生物技术、生物医学工程专业学生的入门和引领课程，为后续更深入的学习建立基础并培养兴趣。

更多网上学习资源

◆ 教学课件　　◆ 自测题　　◆ 参考文献

第**17**章　未来食品的发酵生产

　　21 世纪以来，人类遇到了包括气候变异、环境恶化、病毒肆虐等许多前所未有的挑战。人们对于人类文明的未来和未来条件下的食品供应感到担忧，也对工业化食品的健康影响越来越关切。在此背景下，"未来食品"这个概念正在加速闯入我们的生活，并且改变我们的饮食习惯和传统的生产方式。生物技术在食品生产中一直占据重要地位，带来多样化的食品文化。随着生物技术新理论和新方法的不断出现，使得生物技术的内涵不断深化，形成以系统生物学技术、合成生物学技术、人工智能技术和先进材料技术等现代生物技术为核心的新一代发酵工程技术，并在食品生产过程中承担更多的任务和进一步发展。本章以人造肉、人造牛奶、人造淀粉和微生物食用油脂等代表性的未来食品为例，对其概念、细胞工厂种子和生产流程进行阐述。可以预见，新一代发酵工程技术将成为解决人类未来食品的关键技术之一。

Since the beginning of the 21st century, mankind has encountered many unprecedented challenges, including climate variability, environmental degradation, and viral infestation. There are concerns about the future of human civilization and food supply under future conditions, and consumers are increasingly concerned about the health effects of industrialized foods. In this context, the concept of "food of the future" is accelerating entering our lives and changing our eating habits and traditional production methods. Biotechnology has always played an important role in food production, leading to diverse food cultures. With the emergence of new theories and methods in biotechnology, the new generation of fermentation engineering technology has been deepening its connotation. The next-generation fermentation technology with system biology technology, synthetic biology technology, artificial intelligence technology, and advanced material technology as the core is bound to take on more tasks and further development in the future food production process. This chapter takes representative future food products such as artificial meat, artificial milk, artificial starch, and microbial edible oil as examples to elaborate on their concepts, cell factory seeds, and production processes. It is foreseen that the next-generation fermentation technology will become one of the key technologies to solve the future food products of human beings.

▶▶ 知识导图

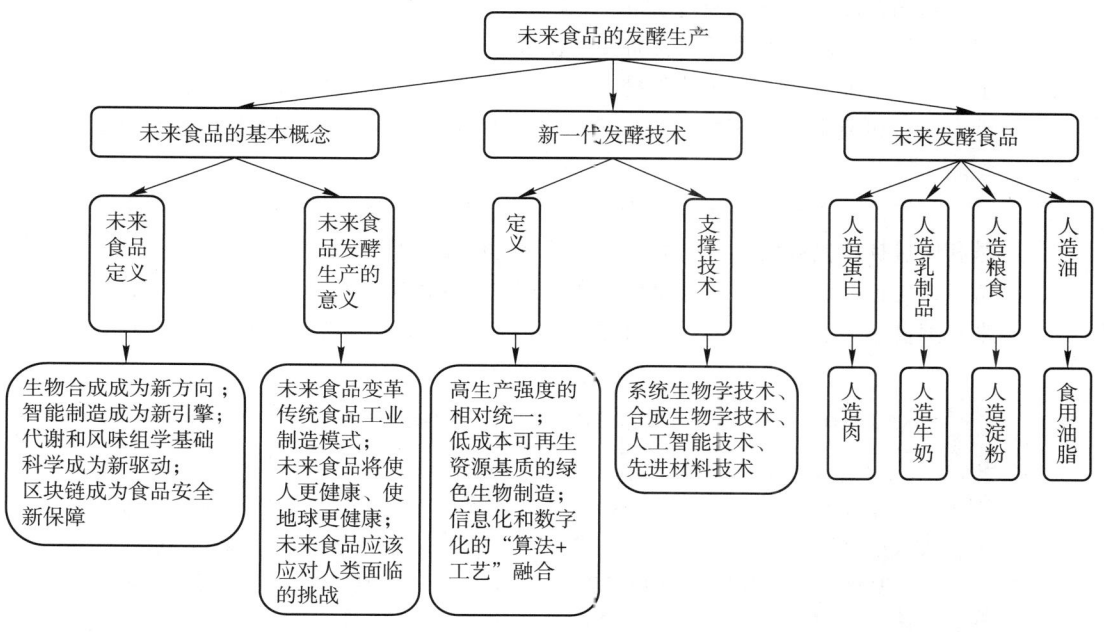

▶▶ 学习指南

- ➤ 了解：未来食品的定义与发酵生产的意义。
- ➤ 重点：新一代发酵技术的基本概念、支撑技术及应用。
- ➤ 难点：基于新一代发酵技术的未来食品生产。

17.1 未来食品的基本概念

从茹毛饮血，到刀耕火种，再到大规模种植畜牧与机械化生产，食品始终承载着人们对美好生活的愿景，与人类命运休戚相关。伴殖着气候变化、人口增长、能源危机等带来的生存风险，以及人们生活水平和物质需求的提高，全球食品面临的挑战日益严峻。食品行业发展新常态催生出"美味、营养、方便、个性化"的产品新需求和"智能、绿色、安全、可持续"的产业新追求。消费习惯和消费结构的转变升级对食品科学技术和食品产业体系提出了更高的要求。在比背景下，未来食品将引领食品产业发展的方向。

17.1.1 未来食品的定义

未来食品（future food）是人类未来生产方法和生活方式改变的代表性物质，以解决全球食物供给和质量、食品安全和营养、饮食方式和精神享受等问题，通过系统生物学、合成生物学、现代发酵工程、人工智能、感知科学等交叉技术生产更健康、更安全、更营养、更美味、更高效及可持续地满足人民对美好生活追求的未来主流食品。

随着国家推进"中国制造2025"战略，国民经济的发展使得人们对于食品的产量和质量提出更高要求，食品产业因其自身的工艺传承及智能化、绿色化水平较低的特点，也正面临提高效率并革新生产方式的内在需求。在新一代发酵技术推动下，未来发酵食品产业也将发生巨大的变革（图17.1）。主要表现在以下几个方面。

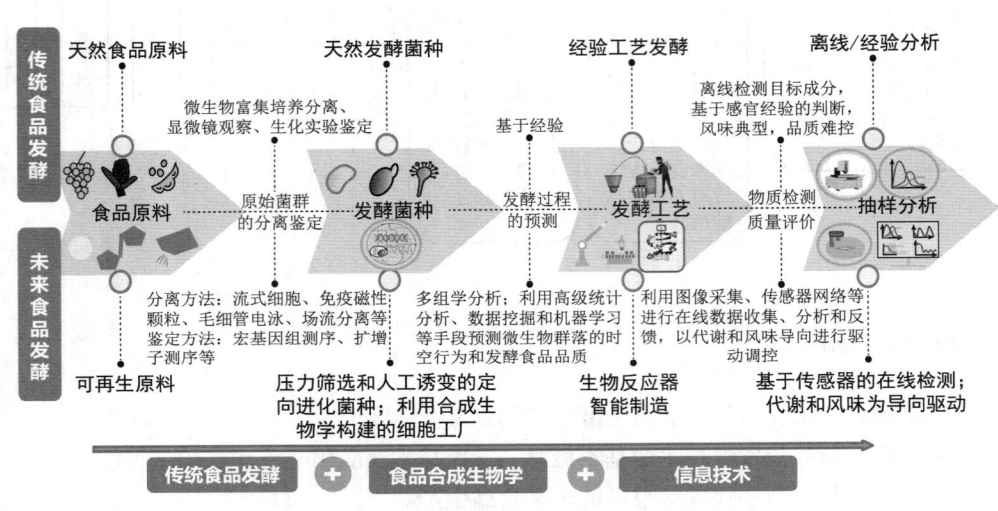

图 17.1 未来发酵食品产业转型升级趋势示意

（1）生物合成成为新方向

面对传统农业存在的土壤板结以及土壤流失日益严重影响食品行业原材料高质量充足供给，传统养殖业存在的动物瘟疫频繁发生和抗生素滥用带来重大健康危险等挑战，食品科学正在从食品高技术改良向高技术食品制造转变，即从传统的食品品质改良到新型食品的全新合成。其中代谢工程和合成生物学手段构建的细胞工厂种子实现了淀粉、蛋白质、油脂、糖、奶、肉等大宗食品及食品原料的合成生产，减少了对农业种植业、养殖业的依赖性，缓解了土地紧张、环境污染和抗生素残留等问题。

（2）智能制造成为新引擎

随着生产方式转型与科技创新水平的提高，传统的食品加工生产方式也正面临转型升级的需求，以互联网、云计算、移动通信、大数据、深度学习等为主的信息技术/人工智能（artificial intelligence，AI）技术和3D打印技术为主的数字化智能食品制造成为焦点。我国推出了中国制造强国发展规划，先后发布了以智能制造为主攻方向的《中国制造2025》和以"两化"深度融合为主线的《关于深化"互联网＋先进制造业"发展工业互联网的指导意见》以及《新一代人工智能发展规划》等一系列战略文件，以促进我国制造业的转型升级和人工智能发展。

（3）代谢和风味组学基础科学成为新驱动

人们最终选择食物，往往是希望从食物中获取愉悦、满足、释放、灵感等享受。因此，食品感知科学是未来食品研究的重要研究领域。它是以食物的感官特性和消费者感觉为基础的研究，探究人体不同感官的相互作用和味觉多样性；采用组学方法和技术，研究食品制造过程的质量、安全、营养和风味问题，以及食品进入人体后相关的健康问题。代谢与风味组学技术在食品中的运用，不仅能从代谢水平方面解释食品营养因子与功能间的关系，还能从代谢水平上去研究发酵食品口味、风味、色泽及功能性形成过程中的关键性影响因子，找出关键的代谢物质以及发酵食品发酵过程中的关键代谢点。

（4）区块链成为食品安全新保障

食品区块链主要是指食品加工生产、加工、出口过程中的每个环节：从原料投入、过程运输（比如冷链、保鲜）、产品高精加工与质量控制。食品区块链技术的实现，对于未来食品的安全保障在于其对全供应链信息与食品溯源系统的构建具有重要作用。传统的溯源系统在公信力、监管困境、扩展性和成本等方面的问题阻碍了溯源产业的市场化；而区块链技术由于具有去中心化、公开透明、数据不可篡改、低成本、高效率、安全可靠以及可追溯性特征，是构建食品溯源系统的绝佳技术。

17.1.2 未来食品发酵生产的意义

由于人们对健康、环保及美味食品的追求，未来食品生产方式与加工技术如何创新成为亟待解决的重大问题，对我国乃至世界食品行业的发展都至关重要。随着现代生物技术、发酵工程与食品科技的发展，安全、健康、可持续的食品制造是人类健康和社会可持续发展的关键要素。未来食品作为将来主流的食品也将成为我国乃至整个世界解决粮食短缺问题与食品安全问题的重要突破口，其意义和价值主要表现在三个方面：

（1）未来食品变革传统食品工业制造模式

通过食品和生物技术的结合，改变传统的种植、养殖方式，以车间生产模式制造肉、蛋、奶、油等。减少了对农业种植业、养殖业的依赖性，缓解了土地紧张、环境污染和抗生物残留等问题。

（2）未来食品将使人更健康、使地球更健康

使人更健康是因为现在全球由于饮食方式产生慢性疾病，死亡量年增 500 万；大量的医学研究表明，在动物蛋白中加入一定的植物蛋白，可以显著降低死亡的风险。使地球更健康是因为全球食品产业产生了温室气体总量的 25%，需要耕地 40%，并且现在畜禽养殖方式获取动物蛋白比植物、微生物等方式获取蛋白，在资源占用和对环境影响等方面，均高出许多。

（3）未来食品应该应对人类面临的挑战

据联合国数据，到 2050 年全球蛋白质的增量还需要 30%~50%。我国农业农村部数据表明去年我国饲料蛋白的进口接近 50%。因此，替代蛋白成为未来食品的一个重要内容。不仅具有上述的资源和环境效益，在蛋白的生产效率方面，微生物培养、植物培育也比传统畜禽养殖有明显优势。

17.2 新一代发酵技术

在过去的几个世纪，发酵工程经历了以生产食品等生活资料为主的自然发酵过程，转变为以生产生活资料和工业基础资料并重的代谢控制发酵过程。近 30 年来，生物技术的迅速发展，为发酵工程的发展及核心关键技术的进步提供了重要基础。进入 21 世纪，人类的可持续发展与生态环境、资源能源等矛盾日益突出，主要依赖糖类和化石资源的发展模式变得不可持续。发展从不可再生资源转向可再生生物资源的新一代发酵技术成为必然趋势，既能大幅降低工业生产对资源和能源的需求，减少温室气体的排放，又能提升产品生产与制造的可控性。

17.2.1 新一代发酵技术的定义

新一代发酵技术（next-generation fermentation technology）是以合成生物学为核心，通过生物化学途径改造和过程优化控制，高效转化可再生生物质原料为燃料、材料或平台化合物等各类化学品的技术。区别于传统和当前生物技术产量低、转化效率差、生产强度小等缺点，新一代发酵技术基于消耗少、节能、长期开放、连续处理的低成本混合基质，将生物技术转化为竞争过程，发展成为低碳排放、环境友好、过程智能高效的能源和材料生产模式（图 17.2）。

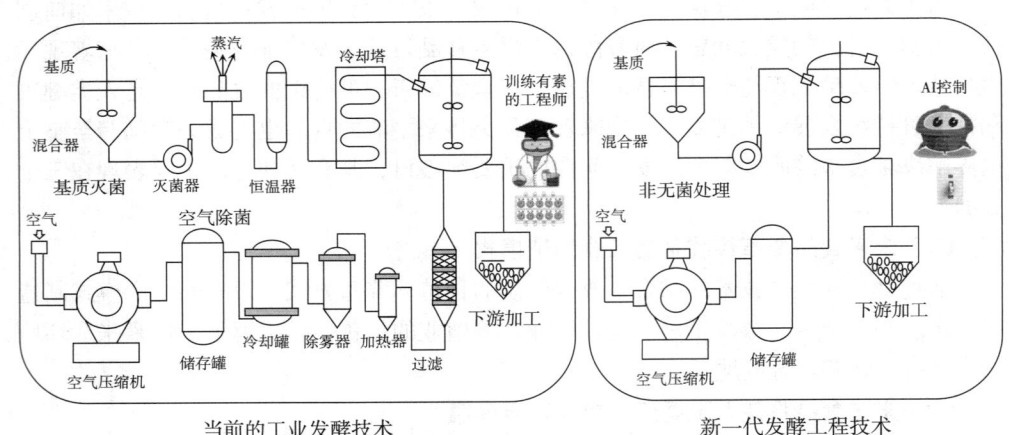

图 17.2 当前发酵技术与新一代发酵技术

（1）高产量、高产率和高生产强度的相对统一

微生物底物转化速率、产物积累速率及发酵速率最大化的发酵最适条件是制约发酵工程技术发展的三个基本难题。新一代发酵工程技术将围绕这三个问题进行，通过从基因水平解析发酵微生物的生理功能并构建高效的细胞工厂，或者通过从细胞反应器水平控制发酵过程提供有利于菌株的生长和高效合成产物的环境，实现微生物发酵法生产工业产品的高产量、高产率和高生产强度的相对统一。

（2）低成本可再生资源基质的绿色生物制造

绿色生物制造是以新一代发酵技术为核心技术手段，改造现有制造过程或者利用生物质、低碳基质（CO_2、CH_3OH）和生物燃料（乙醇、生物柴油、氢气）等低成本可再生原料替代糖和化石资源生产能源、材料与化学品，实现原料、过程及产品绿色化的新模式。我国是世界第一制造大国，践行"绿色发展"理念，把绿水青山变成金山银山，"绿色生物制造"是重要的突破口，也是我国未来最具发展前景的领域之一。

（3）信息化和数字化的"算法＋工艺"融合

如今，大规模生产、分享和应用数据的时代正在开始，特别是基因组、转录组、表观遗传学、蛋白质组、代谢组、微生物组等生物大数据的不断积累，从大量数据中挖掘有效的、新颖的、潜在有用的数据对加强发酵过程关键机理研究，加强数据和信息驱动的发酵工艺过程极为重要。强化"算法＋工艺"融合基础理论将为推动新一代发酵技术与装备配置的智能发酵奠定基础。

17.2.2 新一代发酵技术的支撑技术

发酵工程源自古老的食品发酵，从纯粹的经验积累，发展到今天成为食品、农业、医药、化工等生产生活资料的重要生产方式，成为人类可持续发展的关键支撑，离不开一系列核心技术的迅速发展。推动发酵工程技术的发展，首要工作就是推动其关键核心技术的进步，包括系统生物学技术、合成生物学技术、人工智能技术、先进材料技术等。

17.2.2.1 系统生物学技术

（1）系统生物学的基本概念

系统生物学（system biology）是研究生物系统组成成分的构成与相互关系的结构、动态与发生，以系统论和实验、计算方法整合研究为特征的生物学。系统生物学不同于以往仅仅关心个别的基因和蛋白质的分子生物学，在于借助组学技术，包括基因组学、转录组学、蛋白质组学、代谢组学、表观遗传学、结构基因组学等多种组学技术研究细胞信号传导和基因调控网络、生物系统组成之间相互关系的结构和系统功能的涌现。

（2）系统生物学在工业生物技术中的应用

工业生物技术可利用微生物细胞工厂生产目标能源、材料与化学品。理论上，微生物细胞工厂具有生产任意一种代谢中间物的潜力，但目前绝大部分的天然微生物的生产能力是非常有限的。因此，基于系统生物学的认识与设计，实现微生物细胞工厂的构建与优化，不断提升产量、转化率与生产强度这三大发酵指标，是目前工业生物技术的重要研究策略。

① 基于系统生物学的细胞工厂设计改造　重要模式微生物（如大肠杆菌与酵母等）由于具备清晰的遗传背景与高效的遗传操作，目前被开发拓展为可用于许多不同产品生产的工业底盘细胞。在底盘细胞的设计中，通过重塑中心代谢途径来提高某一关键中间代谢物的合成流量，然后以这一中间代谢物为基础前体物质，用于后续一系列代谢物的生产。例如利用代谢流量平衡与代谢通量变化分析算法，重新设计了酿酒酵母的中心代谢流分布，构建了乙酰 CoA 的底盘细胞。而乙酰 CoA 作为参与 34 个代谢反应的重要中间代谢物，可用于如生物柴油与生物医药的脂类物质、抗生素与抗癌药物合成的多酮类化合物，以及化妆品与食品添加剂的异戊二烯类物质等的生产。

② 基于系统生物学的工业发酵优化与放大　发酵条件与工艺如温度、pH、溶解

科技视野 17-1
组学技术

科技视野 17-2
常见的底盘细胞
与功能特性

氧与底物补料等都是目标产品发酵性能的重要影响因素。针对特定的工业菌株，往往需要优化其发酵工艺以达到最优的发酵性能。多组学整合分析以及细胞代谢动力学分析可能成为有效的解决方法。通过对同一细胞工厂在不同发酵规模上的比较组学分析，可揭示出在逐级放大过程中的宏观发酵表型与微观细胞代谢的变化，有助于解决发酵放大中的瓶颈问题。另外，针对同一发酵过程的组学数据分析以构建发酵动力学模型也有助于加深在发酵过程中细胞内各不同分子水平上的动态变化。例如，Wang等人利用间歇性葡萄糖补料工艺与 $^{13}C-$ 代谢流相结合的方法，分析了产黄青霉的青霉素发酵过程中的碳源充足与饥饿条件下的变化，发现不同条件下有的胞内代谢物的浓度出现 100 倍的变化。

17.2.2.2　合成生物学技术

（1）合成生物学技术的基本概念

合成生物学（synthetic biology）技术最初提出时仅表示基因重组技术。随着系统生物学的发展，再一次提出时被定义为基于系统生物学的遗传工程和工程方法的人工生物系统技术。合成生物学技术是一种涉及微生物学、分子生物学、系统生物学、遗传工程、材料科学以及计算机科学等多领域的综合交叉学科，强调利用工程化设计理念，实现从元件到模块再到系统的"自下而上"的设计。

（2）合成生物学技术在工业上的应用

目前人类社会面临的重大挑战包括：如何实现非化石来源化学品和燃料的可持续生产，如何应对大量二氧化碳排放造成的温室效应。然而，如今工业生物制造严重依赖葡萄糖和蔗糖等含糖原料。随着生物制造的扩展和对可持续实践的问责增加，将需要新的原料来满足增长的工业需求。尽管木质纤维素是非食用糖原料的重要来源，但其稳定性和预处理要求限制了其在生物制造中的使用。通过构建高效的细胞工厂，生物炼制可将生物质转化成为人类所需的各种化学品及燃料，实现了很多以前只能通过化石资源炼制生产化学品及燃料的生物制造，是减少碳排放缓解温室效应的有效途径。

生物炼制是通过微生物细胞工厂利用一碳（C_1）化合物如二氧化碳（CO_2）、一氧化碳（CO）、甲烷（CH_4）、甲醇（CH_3OH）和甲酸（HCOOH）等作为生物制造行业的首选原料来进行更高价值产品（如蛋白质、风味物质、脂类、氨基酸和维生素）的生产（图 17.3）。将基础原料转移到 C_1 化合物是由于其丰富性和低成本，其中一些目前还是废物和温室气体，将其利用可以防止它们释放到大气中，从而减缓其对全球污染和变暖的影响。此外，与葡萄糖相比，一些 C_1 化合物的每个 C 原子拥有更多的可用电子，并且可以提供更高的产率。C_1 和糖原料之间的一个关键区别是 C_1 化合物中缺乏 C—C 键，这意味着利用 C_1 化合物合成生物体中细胞成分和能量的所有多碳代谢中间体必须通过从头产生同化代谢途径。合成生物学技术为创造利用 C_1 合成相应生物制品的合成微生物迈出了关键的一步，进而有望建立基于 C_1 化合物的固碳生物炼制产业。

（3）合成生物学技术在酿造业上的应用

近年来，随着行业对酿造生产中微生物菌种占有重要地位的认识越来越强，在优良菌种能增产节粮、质量稳定，应用纯种发酵技术于酿造生产工艺，改善产品风味、提高原料利用率的需求下，利用合成微生物群落（synthetic microbial community）制作

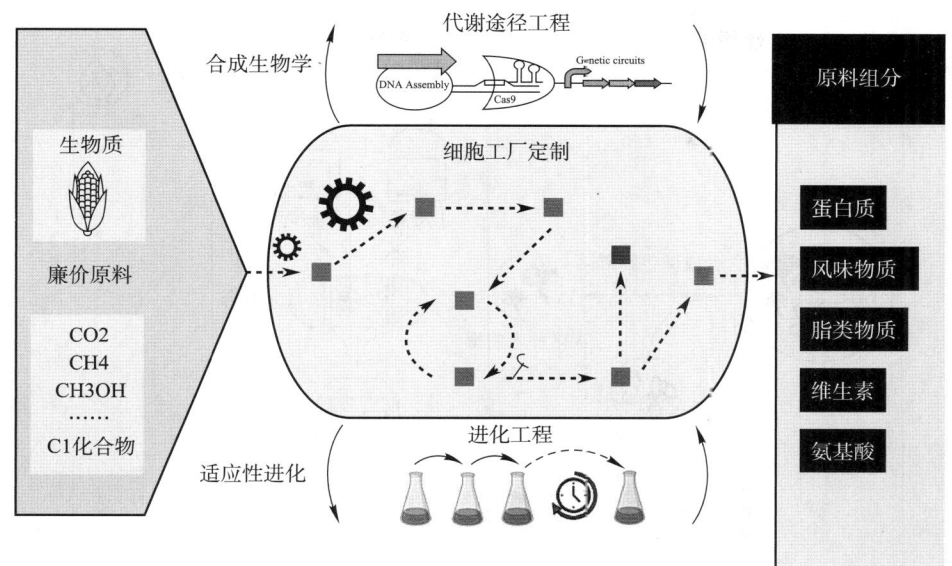

图 17.3 基于 C_1 化合物的生物制造

科技视野 17-3
人工合成微生物组的构建与应用

生产发酵食品逐渐受到了人们的关注。合成微生物群落即是利用微生物菌种的固有特征及各菌种所含的不同酶系，采用两种以上菌种使其优势互补，将微生物菌种活体制成多菌种（双菌种以上）发酵剂来代替酿造酱油、食醋发酵生产中必须经历的微生物用菌要几代扩大培养的技术，运用发酵组合来进行生产。

当前，酿造技术发达的日本酿造企业如龟甲万，已采用合成微生物群落发酵剂（即经纯种培养的酵母菌、醋酸菌、米曲霉、黑曲霉等）用于酿造酱油和食醋，实现了日式酱油的机械化、信息化改造，以及安全品质的稳定保障（图 17.4）。因此，通过集成应用微流控技术、显微技术、光镊技术、图像处理技术及可视化工具，从传统酿造菌群中高通量分离微生物菌株并解析其酿造特性，建立酿造功能微生物菌种库；进一步通过筛选酿造功能微生物菌株，开发酿造菌剂，强化发酵过程，提升工业发酵效率。通过优化菌株之间的组合，合成酿造功能微生物群落，强化传统发酵过程，缩短发酵周期，稳定发酵生产过程，提升产品风味品质。应用合成生物学理念，综合应用基因合成技术、基因编辑技术等，加强酿造工业菌种的改造与合成，提升关键菌种的酿造特性，有效提升传统发酵生产过程的能效，是未来酿造业发展的引领方向。

17.2.2.3 人工智能技术

（1）人工智能的基本概念

人工智能技术是指以计算机为工具对生物信息、过程数据进行储存、检索和分析的技术，利用计算机技术研究生命系统的规律。数据的挖掘和监测，有效地促进了系统生物学和合成生物学的快速发展，并提供了当前多种多样的信息分享和检索工具。

（2）人工智能技术的在工业界的应用

随着工业 4.0 的不断推进，新一轮的工业革命下，信息化技术再一次促进产业变革。人工智能技术的不断发展和生物信息数据的不断积累，使得从原有的储存、检索和分析，发展到预测、设计。人工智能技术在各行业兴起，使各行业逐步向数字化、

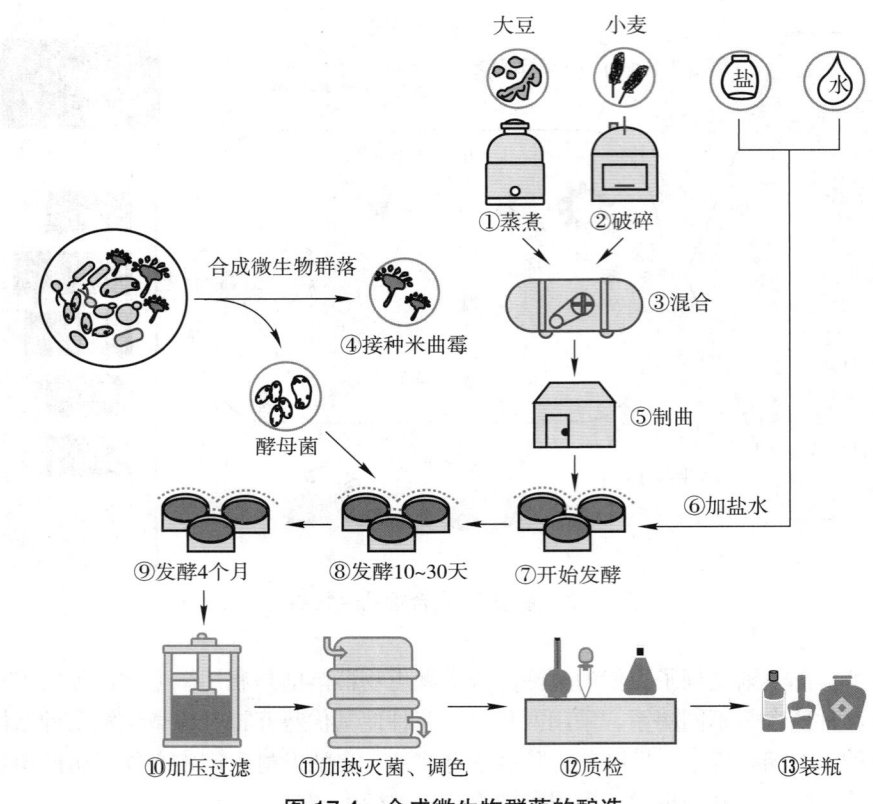

图 17.4 合成微生物群落的酿造

自动化、智能化转型，进入现代化工业新阶段。

① AlphaFold2 预测蛋白质结构 工业领域、医学领域的众多挑战，包括极端环境的催化，疾病创新疗法的开发等，都依赖于对蛋白质结构和功能的理解。利用冷冻电子显微镜、核磁共振或 X 射线晶体学等实验手段可以确定蛋白质的形状，但每种方法都依赖于大量的试错，价格昂贵，耗时耗力，且可结晶的蛋白质只占少数，造成了对重要蛋白结构和功能的认知空缺。2018 年，AlphaFold 人工智能正式参与蛋白质三维结构的预测。两年后，AlphaFold2 再一次突破，对蛋白靶点给出的预测结构与实验手段获得的结构相差无几。AlphaFold2 提供了一个非常好的蛋白质预测和设计工具，通过高精度的结构预测，筛选出能折叠成目标结构的序列，还可以优化氨基酸序列，使最终的三维结构与所要设计的蛋白质结构更加接近。这将减少大量烦琐的实验室筛选和优化环节，降低人力成本，提高设计成功率。较之自然界演化的蛋白质，AlphaFold2 可以帮助探索更多蛋白质序列折叠的空间信息，可能人工从头设计出结构和功能更加复杂和在性能方面能更好地满足特定需求的蛋白质。

② 自动化高通量筛选 由于产量低，对恶劣工业条件的耐受性很弱，天然分离的微生物很少能直接用于工业规模的生产。目前，已经开发了多种方法来增加目标产物的积累。然而，在大型突变菌库中选择工业微生物时需考虑如何更高效地扩大筛选范围，因为有益突变的可能性非常低（$< 10^{-5}$）。低通量和缓慢的检测方法显著限制了常规筛选的效率，导致筛选大量突变体的成本高。因此，高通量筛选对于快速筛选高生产性能的微生物菌株至关重要。与传统的筛选方法相比，高通量筛选集成培养和分

🌐 科技视野 17-4
AlphaFold 高精度
预测蛋白质结构

🌐 科技视野 17-5
高通量筛选技术
在工业生物技术
中的应用

析的自动化操作系统具有精准定量微量体积、快速准确的筛查和降低人为污染和错误的优势。在过去几年中，基于荧光活化细胞分选和微流体技术建立了不同的机械臂自动筛选管道，常用于选择高性能工业微生物，筛选规模达到 $10^8 \sim 10^9$。与传统规模 $10^3 \sim 10^4$ 相比，机械臂等人工智能的进步和大型生物数据的出现彻底改变当前的筛选方式，并进一步降低了高通量筛选成本，提高了筛选效率。

③ 智能过程控制 细胞在波动环境中的生理代谢调控和产物合成动态调控机制是活体细胞代谢过程中的核心问题，因此应结合多组学数据揭示深层次的代谢调控机理，并在生物制造过程中，建立细胞生理代谢特性的在线检测系统，用以感知细胞代谢过程。在线活细胞传感仪、在线显微细胞传感仪可在线测定活细胞浓度、观察细胞形态变化，以实现细胞生理代谢变化监测，指导营养物质流加反馈；在线过程质谱仪可对尾气组分在线精确分析，获得呼吸代谢生理参数，指导发酵过程控制策略。在获得海量的过程参数变化信息后，应利用深度学习、数据挖掘等算法对过程大数据进行智能分析、诊断与精确控制。建立远程数据服务器，架构现代化企业工厂与终端移动设备之间的信息化桥梁，实现发酵过程的实时、远程、在线监控。

17.2.2.4 先进材料技术

（1）先进材料的基本概念

先进材料（advanced material）是指新近发展或正在发展之中的具有比传统材料的性能更为优异的一类材料。先进材料技术是按照人的意志，通过物理研究、材料设计、材料加工、试验评价等一系列研究过程，创造出能满足各种需要的新型材料的技术。

（2）先进材料技术在工业生产中应用

先进材料技术对发酵工程技术的进步主要体现在过程监测和下游处理等方面。在传统的发酵过程中，通过监测温度、pH、溶解氧、湿度等，对发酵过程进行优化，已经取得了一系列卓有成效的结果。基于先进材料发展的新一代传感器技术，可以显著增强对发酵过程在线实时监测过程的能力。在使用细胞工厂发酵生产食品组分或添加剂时，产品的分离纯化是发酵产品生产的重要步骤，直接影响产品的质量，且占到整个发酵成本的 20% 以上。基于先进材料技术对于发酵过程下游分离工程的进步也起到了极大的推进作用。

① 基于先进材料的传感器技术 随着自动生产线的大规模应用，智能食品发酵过程的重点已从生产流程上的自动加工、分拣、灌装等转移到了食品发酵过程中目标物质的实时在线检测及控制。用含电容和电阻的传感仪结合机器学习算法可将电参数作为红茶发酵程度的指标。用超声波传感仪可预测啤酒发酵过程中的酒精浓度，使啤酒发酵的监控手段由传统的定期采样和离线分析转变为在线实时监控。除了利用声、光、电信号传感器外，近年来，生物和电化学传感器也是对食品发酵进行实时评估的有效手段。基于天然感知蛋白和工程荧光蛋白构建的生物传感器已成为最常见和最有价值的生物传感器类型之一，并已被广泛设计用于氨基酸、有乳酸、类黄酮、糖和脂质的监测。电化学传感器的设计融合了碳纳米管、金属和金属氧化物纳米颗粒、二氧化硅纳米颗粒和半导体材料基纳米颗粒等先进纳米材料，目前广泛应用于临床诊断、食品中有害成分分析和环境监测。

② 基于先进材料的分离工程 食品分离必须根据食品物料的特性和食品卫生安

全要求，设计和调控分离设备和系统过程，以确保在实现分离提取的同时，最大程度地保留食品的营养和风味。近年来，食品分离工程相关的实验科学快速发展，在众多食品分离方法中，以膜分离和色谱分离技术的研究最为集中。膜单体材料（PTFE、PP、PE、PVDF、PES、CPVC）的选择与聚合交联形式、合成与改性、分离机理与膜污染控制是膜分离技术在食品工业应用中的基础部分。常用陶瓷膜和有机膜对发酵液进行预处理和定向分离，有效提升了发酵产品分离过程的质量稳定性和过程经济性。在色谱分离技术中，立体保护键合、极性嵌入、手性、聚合物基质及多孔有机骨架等先进材料具有孔性质优异、比表面积高、稳定性好以及易功能化等诸多优点，进一步提升了分离效率，能够对发酵水平较低、具有相似结构成分的发酵食品进行准确分离。

17.3 基于新一代发酵技术的未来发酵食品及生产

新一代发酵技术旨在生产更安全、更营养、更方便、更美味、更持续的未来食品，以解决全球食物供给和品质、食品安全、营养及环境改善等问题。主要包括人造蛋白、人造乳、人造粮食、微生物食用油脂等。

17.3.1 人造肉

人造肉（artificial meat）是利用动物干细胞或植物性成分或菌类蛋白合成的肉类替代食品。根据其合成的主要成分，将人造肉分为三种：① 在培养基中利用动物干细胞进行一定条件培养，从而制造出的动物肉；②利用植物蛋白以及其他植物性成分合成具有肉类特性的食品；③以微生物发酵技术生产的菌类蛋白作为基础原料生产加工制得的菌类蛋白肉产品。人造肉因营养成分可以接近畜牧肉，且在培育时能够人为添加和控制营养成分，有效降低抗生素等优点逐渐被人接受。下面以细胞培养肉为例简单介绍人造肉的生产流程。

（1）细胞培养肉生产的干细胞

干细胞是细胞培养肉生产过程首要的关键点。用于培养肉生产的干细胞需同时具有两种特性：无限、快速增殖而不损失干性且不发生性状改变或失去分化的能力以及稳定、高效分化成为肌肉组织的能力，两者缺一不可。可能用于细胞培养肉生产的干细胞包括胚胎干细胞、诱导多能干细胞、间叶干细胞、肌肉和脂肪干细胞等。干细胞生产细胞培养肉的难点在于分化潜能高、易获取和增殖能力强的特性难以同时满足。

（2）细胞培养肉的生产工艺流程

细胞培养肉的生产加工过程需要使用的材料主要有动物肌肉干细胞、细胞培养基、动物血清、分化诱导因子和抗生素等，使用的主要技术为无菌操作技术和细胞培养技术。细胞培养肉的生产过程如图17.5所示：首先从动物肌肉中分离具有高度分化活性的干细胞；接着在具有动物血清的培养基中培养和诱导目标细胞进行；然后在细胞培养的过程中提供生物纤维骨架使细胞在支架的帮助下进行生长，形成类似肌肉组织的多层纤维结构；在细胞培养的过程中要保证整个细胞培养系统稳定高效的运行以获得大量的肌肉组织，最后将获得的肌肉产品进行相应的加工形成细胞培养肉。

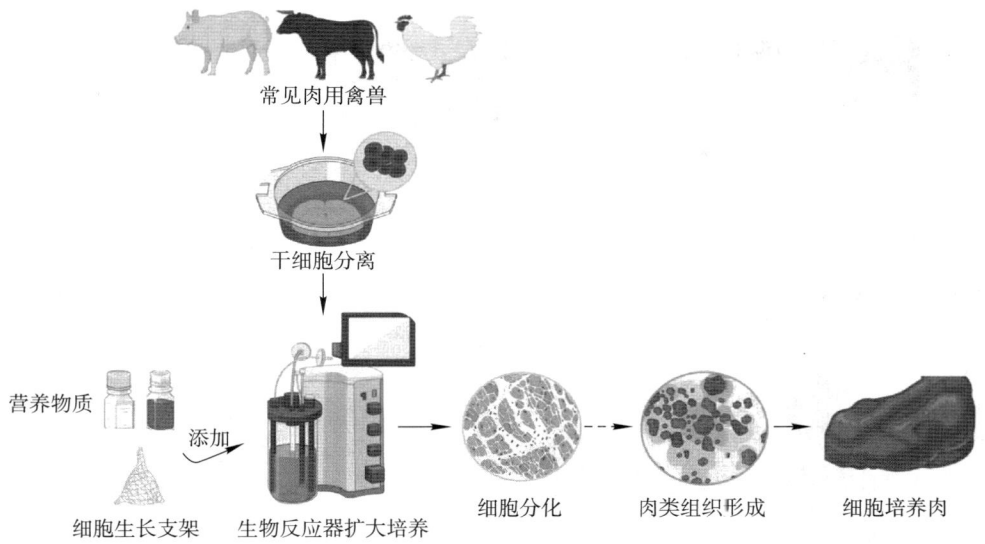

图 17.5　细胞培养肉的生产流程

17.3.2　人造牛奶

人造牛奶（artificial milk）是通过微生物发酵生产的一种不含有乳糖和胆固醇的无动物生物工程牛奶。根据其微生物发酵生产的牛奶主要成分，将人造牛奶分为两种，一种是以酵母或枯草芽孢杆菌细胞工厂，从简单培养基中生产的酪蛋白组合人造牛奶；另外一种是以动物源乳蛋白基因作为基础构建细胞工厂进行发酵，然后辅以风味物质加工制得的乳蛋白组合人造奶产品。人造牛奶大多通过微生物发酵，其生产不再依赖于具有低能量转化率和占用大量土地资源的奶牛养殖，避免了传统畜牧业带来的抗生素、激素污染或土地占用等问题。下面以乳蛋白组合人造牛奶为例简单介绍人造牛奶的生产流程。

（1）人造牛奶生产的底盘细胞

用于构建人造牛奶细胞工厂的底盘细胞选择需具有食品发酵安全性。已有报道用于人造牛奶的底盘细胞包括解脂耶氏酵母（*Yarrowia lipolytica*）、酿酒酵母（*Saccharomyces cerevisiae*）以及枯草芽孢杆菌（*Bacillus subtilis*），底盘细胞用于构建人造牛奶细胞工厂的优点在于：①已知该微生物本身善于或经过插入酶基因即可生产某种产物；②该微生物易于被合成生物学技术改造；③对该微生物作为食品安全级宿主持开放态度；④能够利用廉价底物且快速生长并且酶的表达能力、产物的外排水平和耐受力较优。

（2）人造牛奶的生产工艺流程

人造奶中蛋白质来自底盘细胞，脂肪来自植物，矿物质和糖类通过另外添加，成分与奶牛牛奶非常接近。人造奶的生产主要分为三个步骤，具体流程如图 17.6 所示。首先将奶牛的 DNA 序列克隆至选择的底盘细胞，并对其进行设计与组合优化；然后产奶细胞工厂在生物反应器中生长，在细胞培养的过程中优化培养条件以高效生产乳蛋白、酪蛋白、活性肽、脂肪等物质；为了使发酵奶进一步接近奶牛牛奶，最后混合风味物质加工制成人造奶及乳制品。

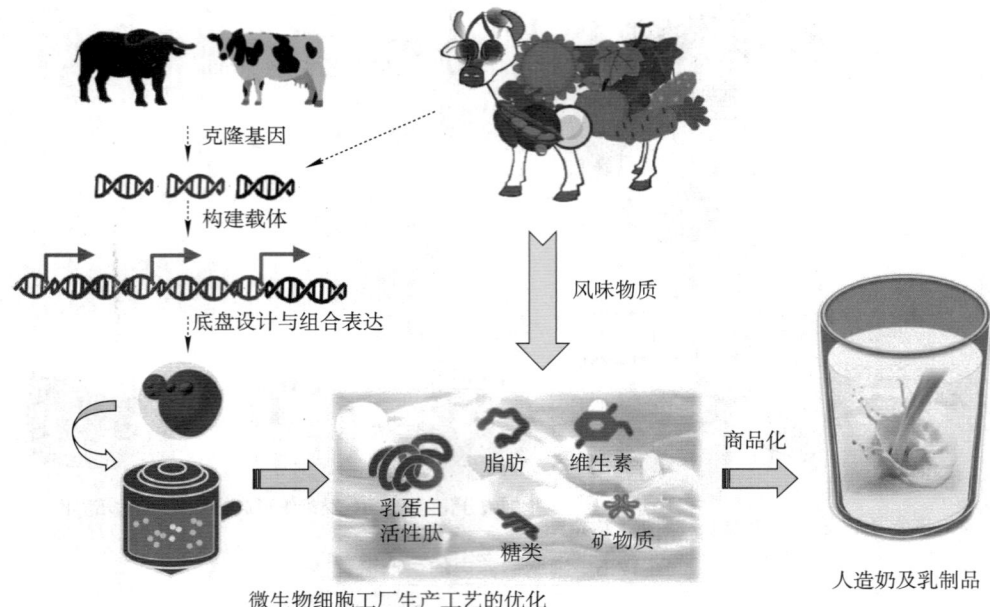

图 17.6　乳蛋白组合表达细胞工厂创建与人造奶生物合成的工艺流程

17.3.3　人造淀粉

人造淀粉（artificial starch）是指区别于植物的自然合成，通过人工的方式进行加工固定二氧化碳从而制作出来的淀粉。人造淀粉技术为粮食安全和环境保护提供了保障。过去到现在，每个国家的粮食安全都依赖土地、水等自然资源，一旦有一种资源无法得到供应，或者遭遇自然灾害，粮食安全就会受到威胁。人造淀粉技术使淀粉生产从传统农业种植模式，向工业车间生产模式转变。更重要的是，可以直接把二氧化碳固定下来，效率高于农业和植物，有利于温室气体和全球变暖的恶劣环境问题的解决。

（1）人造淀粉生产的酶蛋白

酶的定向选择和高效催化加速了人造淀粉的生产。通过生物信息技术对甲酰化酶、葡萄糖焦磷酸化酶和激酶这 3 种瓶颈酶的蛋白质工程进行优化设计，开发了具有化学反应单元和酶促反应单元的化学酶促级联系统。酶蛋白用于人造淀粉生产的优点在于：提高 CO_2 的利用效率、转化率和合成速率等。近年来，传统的动植物性来源的酶被微生物来源及改造的工程酶所替代。随着结构生物学和计算生物学的发展，酶分子的理性设计为合成人造淀粉提供了重要工具。

（2）人造淀粉的生产工艺流程

人造淀粉合成是采用搭积木的形式，模仿自然作物生成淀粉的过程，取出其中重要的步骤，然后用简化的方法进行替代，最后设计出了 11 步反应就能生成淀粉的方法。在人造淀粉过程中，主要的原料是二氧化碳，因此和自然产生淀粉相比，该方法不需要消耗土地、水、人力等资源。简单来说，人造淀粉的生产流程如图 17.7 所示，首先把二氧化碳用无机催化剂还原为一碳化合物甲醇；然后通过设计构建工程化甲酰化酶，依据化学聚糖反应原理将一碳化合物聚合为三碳化合物；最后通过生物途径优

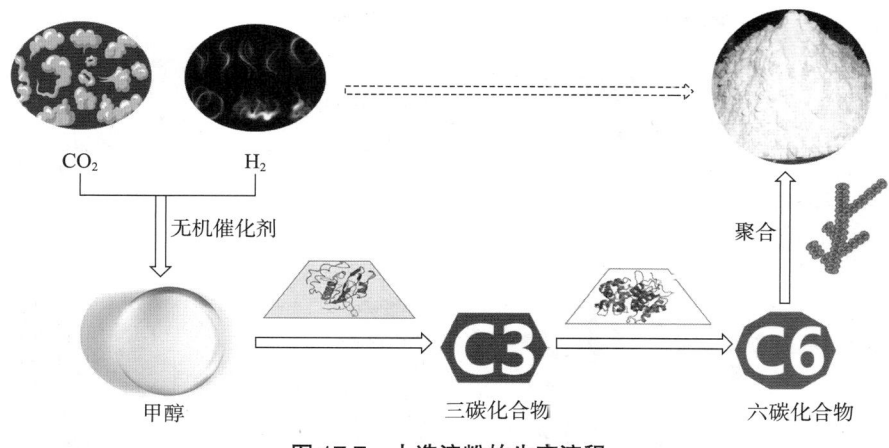

图 17.7 人造淀粉的生产流程

化，将三碳化合物又聚合成六碳化合物，再进一步聚合成多碳化合物即直链和支链淀粉。

17.3.4 微生物食用油脂

微生物食用油脂（microbial edible oil）是指由酵母、霉菌、藻类和细菌等微生物在一定条件下，将糖类、碳氢化合物和普通油脂作为碳源转化并储存在体内的油脂。利用微生物发酵方法，把使用价值较低的农副产品和食品工业的废弃物转化成脂肪酸，为油脂的来源开辟了一条新道路。其中，酵母菌、霉菌产生的油脂组成与植物油一致，主要为甘油三酯，以 C_{16}、C_{18} 系脂肪酸为主；藻类细胞内合成油脂中多不饱和脂肪酸含量较高，而细菌油脂由于其生产具有很多不可比拟的优越性，如周期短、可连续生产、可规模化利用自然界丰富的糖类资源。下面以细菌油脂为例简单介绍微生物油脂的生产流程。

（1）产油细菌的种类

细菌在高葡萄糖时可产生不饱和的甘油三酯。常见的有嗜酸乳杆菌（*Lactobacillus acidophius*）CRL640、混浊红球菌（*Rhodococcus opacus*）PD630、弧菌（*Vibrio*）CCUG35308。混浊红球菌 PD630 在葡萄糖或橄榄油中生长时，甘油酯中的脂肪酸含量占细胞干重的 76%～87%。弧菌 CCUG35308 脂肪酸主要为偶碳链脂肪酸（16∶0、16∶1、18∶1 和 20∶5），可用于二十碳五烯酸的生产。目前发现的可生产富含多不饱和脂肪酸油脂的细菌为革兰氏阴性菌，分别属于科尔韦尔氏菌属（*Colwelia*）、希瓦氏菌属（*Shewanella*）、交替单胞菌属（*Alteromonas*）、假交替单胞菌属（*Pseudoalteromonas*）和铁还原单胞菌属（*Ferrimonas*）。其中 *Colwelia* 和 *Shewanella* 被认为是生产富含多不饱和脂肪酸油脂的主要海洋细菌种属。

（2）细菌食用油脂的生产工艺流程

细菌食用油脂的生产工艺如图 17.8 所示，将筛选的细菌食用油脂生产菌株以 1% 的接种量在 1 000 mL 三角瓶中 28～30℃ 培养 10～12 h 制成一级种子液。按 0.2%～0.5% 的接种量将一级种子液接入 50 L 二级种子罐，28～30℃ 培养 6～8 h，制得种子液。细菌食用油脂生产菌经上述一级种子、二级种子罐扩大培养后接入发酵罐

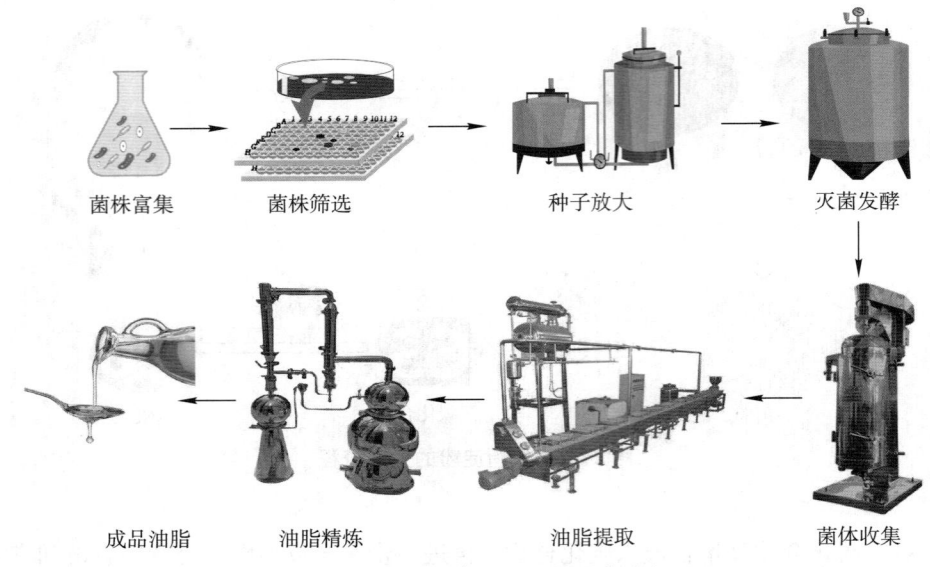

菌株富集 菌株筛选   种子放大   灭菌发酵

成品油脂 油脂精炼   油脂提取   菌体收集

图 17.8　微生物食用油脂的生产流程

中，在 28～30℃下，发酵 3～7 天左右。发酵结束后，离心收集菌体，利用物理或者化学方法预处理菌体的细胞壁以便分离油脂、蛋白质等物质；然后依据实际情况选用合适的提取方法对细菌油脂进行提取；最后进行水化脱胶、碱炼等步骤对油脂进行精炼，即可获得高品质的细菌油脂。

小结

　　发酵技术在食品工程中的应用由来已久，在传统食品工程中占有举足轻重的地位，它给人类的食品文化带来多样化。近年来，以系统生物学技术、合成生物学技术、人工智能技术和先进材料技术等现代生物技术为核心的新一代发酵工程技术在未来食品开发和生产的过程中得到了广泛的应用，并能够有效解决食品行业中存在的资源、健康和环保问题。新一代发酵技术作为现代生物工程的技术核心和关键手段，可以利用微生物作为细胞工厂，为人类生产包括人造肉、人造奶、人造淀粉和微生物食用油脂等未来食品。伴随着人们对未来食品的要求不断提升和新一代发酵技术的不断突破，并与现代食品科技等进行交叉，将快速催生出更多新型的未来食品，重塑食品的制造和供给模式。

？ 思考题

1. 简述未来食品的定义与未来食品生产的意义。
2. 简述新一代发酵技术的定义与核心技术。
3. 简述基于新一代发酵技术的未来典型产品及其社会效益。

📖 推荐阅读

1. 李春 . 合成生物学［M］. 北京：化学工业出版社，2019：1-251.

本书系统性总结和阐述合成生物学理念、理论、方法和工程应用，对合成生物学的理解和研究具有重要意义。

2. 夏小乐，陈坚 . 未来发酵食品：内涵、路径与策略［M］. 北京：科学出版社，2022：221-267.

本书对未来发酵食品新技术进行了详细介绍，有助于全面了解未来发酵食品生产。

3. 周景文，陈坚 . 新一代发酵工程技术［M］. 北京：科学出版社，2021：1-157.

本书对新一代发酵技术涉及的基础内容、应用等进行了全面介绍，对新一代发酵技术的理解、研究具有重要的指导作用。

更多网上学习资源

◆ 教学课件　　◆ 自测题　　◆ 参考文献

第五篇

糖生物工程

第**18**章　糖生物工程概述

　　糖生物工程是以糖生物学为基础，融合分子生物学、糖组学分析、糖化学等的一门交叉学科。该学科诞生于 20 世纪 90 年代，随着糖生物学的发展而逐渐受到重视。糖微生物工程的主要研究内容包括糖类物质的结构分析、功能分析、生物制备、化学制备等。糖生物工程在糖基化工程、功能性糖产品、糖生物医药、糖生物能源等领域有着广泛应用。本章主要围绕上述内容展开。

　　Glycobioengineering is a glycobiology-based interdisciplinary subject that integrates molecular biology, glycomic analysis, and glycochemistry. The discipline originated in the 1990s and received increasing attention with the development of glycobiology. The main research contents of glycobioengineering include structural analysis, functional analysis, biological preparation, and chemical preparation of carbohydrates. Glycobioengineering has wide applications in the fields of glycosylation engineering, functional carbohydrate products, carbohydrate biomedicine, and carbohydrate bioenergy. This chapter mainly focuses on the above content.

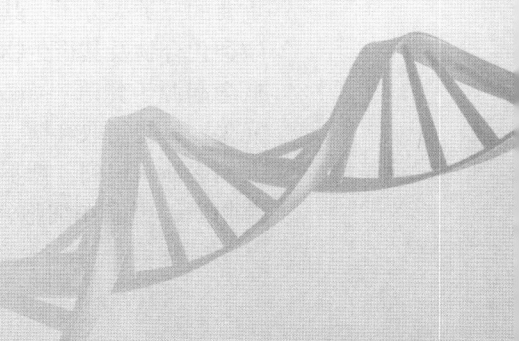

▶▶ **知识导图**

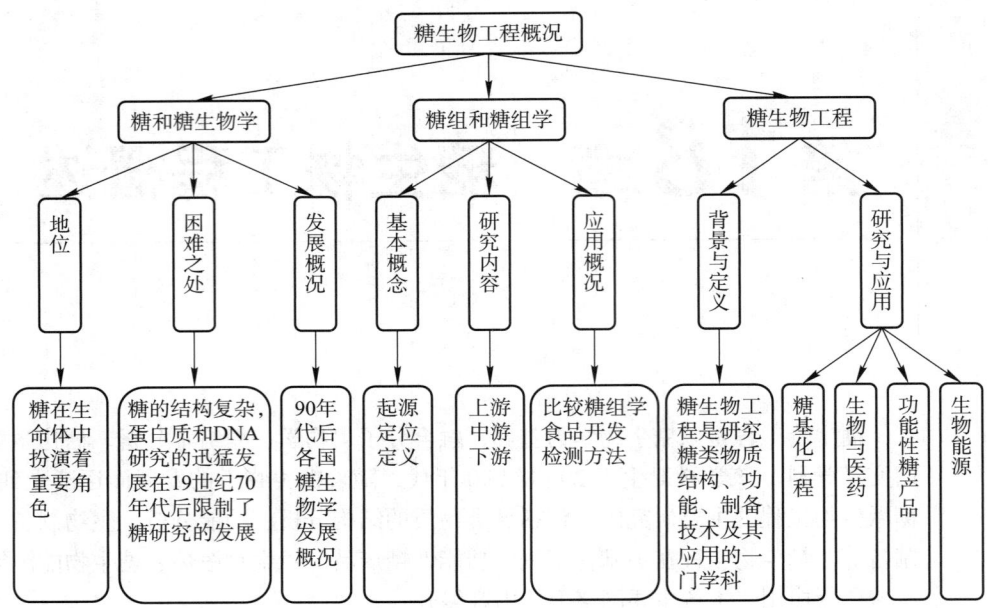

▶▶ **学习指南：**

➤ 了解：糖生物工程发展历史及现状，糖组学的研究内容。
➤ 重点：糖生物工程的概念及所涉及领域。
➤ 难点：糖生物工程的应用及前景。

18.1 糖和糖生物学

18.1.1 糖与糖研究

糖（carbohydrate）、蛋白质（protein）、核酸（nucleic acid）被称为生命活动中最重要的三类大分子，其中糖在自然界含量最为丰富。糖类物质被认为是一类多羟基醛酮类化合物及其衍生物，或者能够被水解成这类多羟基醛酮单元的大分子物质。糖的概念起源于梵语"sarkarā"，蔗糖提取工艺起源于印度。在中国早期糖的提纯工艺不完善，只能制取红糖，唐朝时期从印度引进"黄泥法"得到纯度较高的白糖。近些年人们逐渐认识到，糖不但能作为能量分子（如葡萄糖、蔗糖）成为生命活动的必要能源物质，更能在细胞、生物构架上扮演重要角色，例如纤维素和几丁质（又称甲壳素）。此外糖也能作为十分重要的信号分子包裹在细胞表面、缀合在大分子外部，在生命活动调控、信号传递中起到重要作用。

在 19 世纪，著名的德国化学家费歇尔（Emil Fischer）最早描述出了糖的立体构型并且分析了不同糖之间的立体异构现象，同时也开创了糖的研究；同一时期，德国化学家比希纳（Eduard Buchner）因在蔗糖发酵过程中发现糖苷酶而获得诺贝尔化学奖。随着糖研究的不断深入，兰德斯坦纳（Karl Landsteiner）解析了决定人 ABO 血型的糖抗原，Michael Heidelbergerhe 和 Oswald Theodore Avery 更是提出细菌的抗原是由糖组成而不是蛋白质（图 18.1）。

◆ 科学史话 18-1
费歇尔与糖结构

◆ 科学史话 18-2
ABO 血型的发现与应用

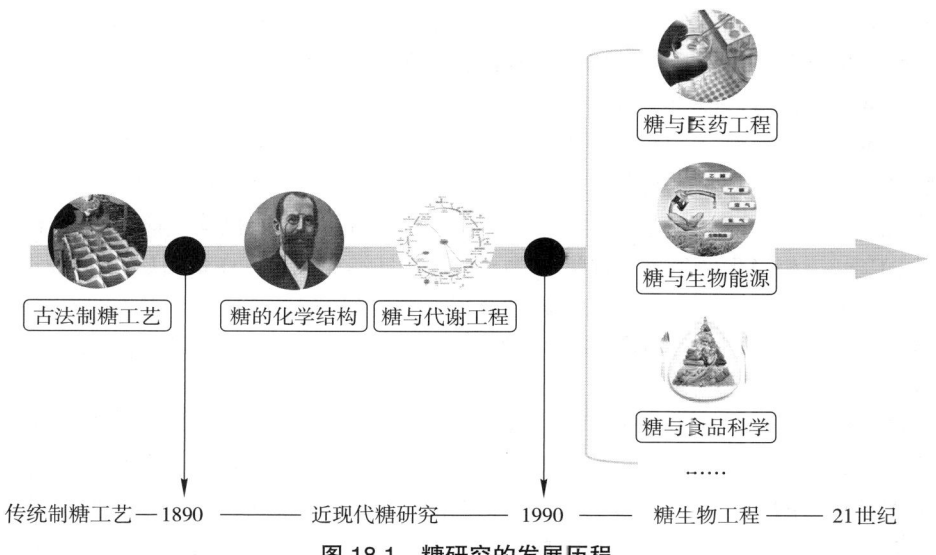

图 18.1 糖研究的发展历程

18.1.2 糖生物学诞生背景

在 20 世纪 30 年代以后，由于糖链结构的复杂性及技术限制，对糖链的结构与功能研究进展缓慢，其研究一直无法与核酸、蛋白质相提并论。20 世纪 70 至 80 年代，随着 DNA 结构的解析促使核酸研究飞速发展，特别是在基因工程技术经历突飞猛进的发展后，糖研究的重视程度再一次被弱化。

历史的车轮滚滚向前，糖的研究即使被冷落也从未停歇。20 世纪 60 年代，围绕着糖的研究取得了一系列标志性的成果，如发现在细胞表面密布各种各样的糖链，并发现这些糖链在生命过程中承担分子识别功能。70 年代随着物理化学方法与特异性糖苷酶的应用，糖链结构的测定成为可能。80 年代末，糖基转移酶基因的克隆表达，说明了糖链多样性是从基因水平开始调控的。科学家们的付出为糖链构效关系研究的突破奠定了坚实的基础。

糖生物学是研究糖类及其衍生物的结构、代谢以及生物功能，在以糖链为生物信息的水平上阐明生命现象的学科。而本章重点探讨内容糖生物工程是指糖生物学中涉及的研究方法及基本技术，以及把糖生物学中的基础研究获得的知识进一步转化为生产技术的过程。

18.1.3 糖生物学早期发展情况

将糖生物学推向生命科学前沿的重大进展始于血管内皮细胞 – 白细胞黏附分子 1（ELAM-1，后改名为 E- 选凝素，E-selectin）功能的阐释。1990 年 11 月，三个不同小组几乎同一时间阐明了炎症过程中四聚糖唾液酸路易斯 X（SLe^X，一种血液寡糖抗原）和 E- 选凝素的结合。这是第一次真正在人体中确证了糖结合蛋白选凝素家族成员与寡糖（SLe^X）之间的识别。更值得注意的是科学家们进一步发现选凝素家族参与了血液循环中癌细胞转移的过程。紧接着出现了大量针对糖链、糖蛋白在人体健康中的研究，也掀起了以此为基础的抗炎、抗癌药的开发热潮。在美国一大批从事糖类药物研发的公司如雨后春笋，Genetech 和 Glycomed 公司更是签订了 1 500 万美元的合同用于生产抗炎药。由于看到了糖生物学的巨大前景，各国相继在糖生物学方面进行了战略部署，尤其是日本和英国。

日本于 1991 年由科技厅、厚生省、农林水产省、通商商业省四省厅联合实施"糖生物工程前沿计划"，计划 15 年内针对"糖生物工程"和"糖生物学"投资数百亿日元。同时，成立了"糖生物工程研究协议会"作为协调机构，该协议会出版了《糖锁工学》（相当于糖生物工程学）学术专著。日本学者称：在蛋白质和核酸研究领域，欧美处于领先地位，日本很难超越，但在糖的研究方面，由于与欧美同时起步，完全可以在该领域内处于国际领先水平。由于对该领域的重视，日本已取得大量研究成果。

英国也是糖生物学起步较早的国家。1988—1992 年，牛津大学在糖生物学方面完成了四大标志性事件：首次提出糖生物学概念、推出 N- 糖链结构分析仪、创办具有重大影响力的期刊 *Glycobiology*、划分建立糖生物学研究所。依靠牛津大学拥有的先进糖链结构测定设备和雄厚的技术力量，牛津大学糖生物学研究所在糖生物学特别是在免疫糖生物学和病毒糖生物学领域方面，做出了举世瞩目的工作。

美国佐治亚大学于 1985 年在美国能源部资助下创建了复合糖研究中心（Complex Carbohydrate Research Center，CCRC），并建立复合糖数据库"糖库计划"，并且近年在糖组学、结构解析和糖基化方面发表了诸多研究论文，例如近期 CCRC 在新冠病毒 SARS-CoV-2 糖组研究上取得了一定的成就。

欧洲为协调本区域的糖研究与开发，强化在产业化方面与美日竞争的能力，于 1993 年 11 月成立了欧洲糖工作小组，其任务是起草"欧洲糖研究开发平台"的报告。该报告起草过程中广泛征询了欧洲从事糖研究与生产的研究机构和公司的意见。并于 1994 年 6 月提交欧盟负责科技的第 12 司。欧盟遂在其 1994 到 1998 年的研究计划中启动了该平台，其职能为：通信、信息共享、协调及知识管理，该计划得到了很多研究机构和企业的大力支持。

近年来，我国糖生物学研究队伍进一步扩大，在寡糖合成、糖基转移酶、糖的提取分离制备、糖组学等领域的研究成果也逐渐与国际先进水平接轨。糖生物学研究出现较晚，为我国糖生物学工作者提供了赶超国外学者较好的机会。1995 年张树政、金城发表了题为"糖生物学与糖工程的兴起与前景"的综述文章，将糖生物学概念引入中国。在中国科学院微生物研究所张树政院士的建议下，1998 年召开了以"糖生物学与糖工程的前景"为题的香山会议，拉开了中国糖生物学研究的帷幕。20 世纪末至21世纪初中国糖生物学研究发展势头迅速，前景良好。张树政院士组织建立的中国生物化学与分子生物学会复合糖专业委员会与中国生物工程学会糖生物工程专业委员会，每两年共同组织一次全国糖生物学会议，并且由此延展出了糖科学青年科技论坛用于支持糖生物学领域的青年才俊。

18.2　糖组和糖组学

18.2.1　糖组和糖组学的基本概念

（1）糖组学概念的起源

人类基因组计划完成后，基因组和基因组学的概念开始进入人们的视野。近几十年，组学的研究得到了飞速发展。在基因组、基因组学提出后，最先出现的是蛋白质组和蛋白质组学，随后，转录组、转录组学，代谢组、代谢组学等被相继提出，其中也包括糖组（glycome）和糖组学（glycomics）。

（2）糖组学研究的定位

从中心法则来看，生物体的信息流是从 DNA 到 RNA 再到蛋白质，然而到了蛋白质后信息并未终止，而是由蛋白质进一步调控了其他各种分子来决定细胞和机体表型，糖就是其中最重要的一类。如果将蛋白质比作基因表达的产物，那么糖就是基因表达的次级产物，像糖这样的次级产物，对细胞与个体表型的形成起到了直接作用。总的来说，糖的研究在基因与表型之间架起了一座桥梁。糖组学的研究在基因组与表型的研究之间起到了承前启后的作用。

（3）糖组和糖组学的定义及内容

糖组和糖组学的定义是基于基因组和基因组学的定义演化而来的，糖组和糖组学是两个不同的概念：糖组是一个生物体或细胞中全部糖类的总和，包括简单的糖类和缀合的糖类。糖组学是从分析和破解一个生物体或细胞全部糖链所含信息入手，研究糖链的分子结构、表达调控、功能多样性以及与疾病关系的学科。

而糖组学的研究涉及范围更广，包括：①糖组的研究；②生物体产生该套糖组的原因；③产生该套糖组的方式；④产生这套糖组后，糖组涉及的生物功能；⑤糖组完成功能的过程。糖组学的研究是将糖组的研究拓宽并且灵活运用到各个领域的过程。

糖组的产生原因、产生糖组的方式、糖组涉及的生物功能等这些糖组学的研究，与基因组学、蛋白质组学研究密不可分。例如，糖链的合成需要其他分子的协助。糖组产生过程涉及一种重要的酶——糖基转移酶（glycosyltransferase）。生物中糖链的形成和改变都离不开糖基转移酶，而这些酶在本质上是由基因转录、翻译而形成的一系列蛋白质，即糖链的产生与基因编码、表达过程有关。

此外，糖链的生理功能往往需要与其他分子共同作用完成。例如：在机体发生炎症反应时，淋巴细胞通过四聚糖唾液酸路易斯 X（SLe^x）与 E- 选凝素结合，富集到炎症部位；在受精过程中，卵细胞透明带上的糖链与精子表面的糖蛋白（glycoprotein）识别结合，诱导精卵融合。可见，在糖链发挥作用时，通常离不开与其共同发挥作用的糖蛋白（包括凝集素）。

不难看出，糖组学研究中两大关注重点——糖基转移酶与糖蛋白，涉及蛋白质组学和基因组学的研究范畴。除了上述两个示例外，糖组学研究的方方面面都需要与基因编码、调控和表达等相联系，只有这样才能保证糖组学研究的可靠与全面。

18.2.2　糖组学的研究内容

糖组学的研究基于糖组的形成到降解过程可以大致分为三个阶段：上游、中游和下游（图 18.2）。糖组学的上游研究以糖组的产生和形成为主要内容，重点关注糖链合成的相关蛋白（包括糖基转移酶）。中游主要研究糖组中糖的功能，即所得到的糖组的生物学意义，包括糖的分离、鉴定、功能研究。下游主要关注糖的降解过程及影响。

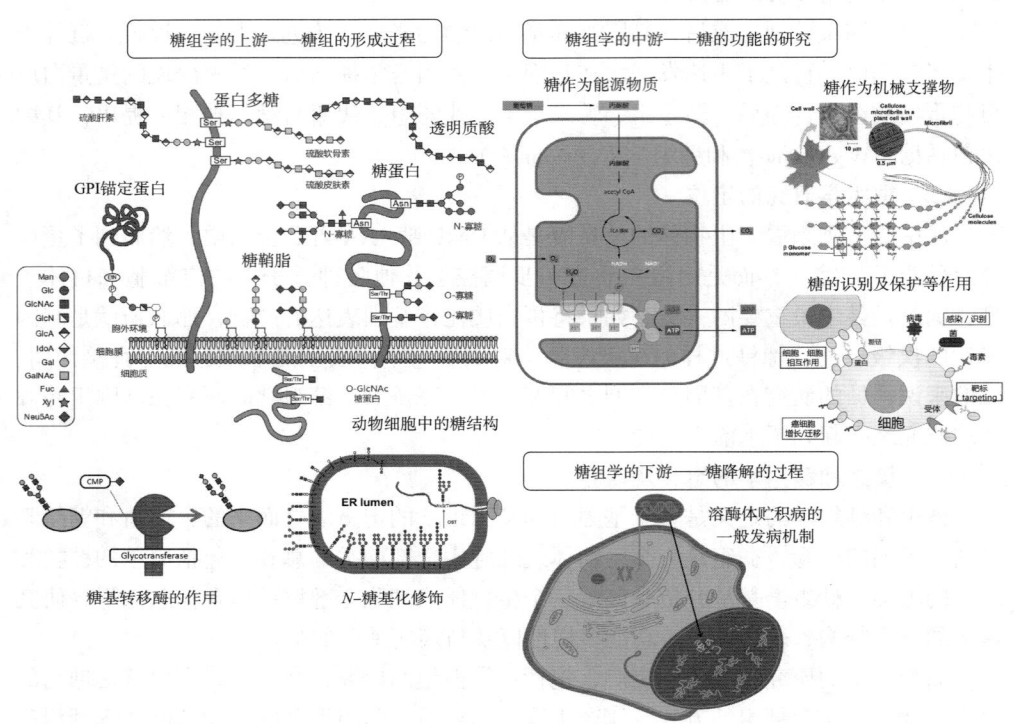

图 18.2　糖学研究的主要内容

（1）糖组学的上游——糖组的形成过程

糖组学上游主要研究糖组的形成过程，包括糖组形成过程中涉及的相关基因与蛋白质。其中糖基转移酶是机体中影响糖组形成的关键因素，其研究也最受关注。

糖基转移酶的主要作用是将活性糖基从糖基供体转移到糖基受体，并且形成糖苷键。糖基供体的种类很多，其中最主要的是核苷酸糖（nucleotide suger），如腺苷二磷酸葡萄糖（ADP-Glc）、尿苷二磷酸葡萄糖醛酸（UDP-GlcA）等。糖基转移酶作用的糖基受体的种类则更多，包括糖类化合物和非糖类化合物两大类，非糖化合物中包含脂质、蛋白质、DNA、小分子物质等。糖苷键包括 α 和 β 这两种键型，不同的键型也需要不同糖基转移酶来合成。此外，糖基转移酶除了用于延长糖链，还涉及将已经拼接好的糖链原封不动地转移到受体上的功能。设想，在底物如此多的情况下，要合成正确的目标糖链结构，需要不同的糖基转移酶协同工作。因此糖基转移酶种类十分丰富，目前已发现 97 个糖基转移酶家族。

糖基转移酶涉及的功能多样，不同糖基转移酶之间协调紧密，一旦某一种糖基转移酶结构改变或缺失，都可能会造成糖链结构的改变，进而引起机体表型改变。糖基转移酶本质上是一类蛋白质，由对应的基因编码和表达。因此，在研究糖组的形成时，除了研究糖基转移酶的表达情况，还需要研究编码这些酶的基因组，以及基因组的表达调控情况。

（2）糖组学的中游——糖的功能的研究

对于糖的功能的研究都可归属于糖组学的中游。生物体合成不同的糖链，一定是为了达到某种目的。一种糖链的产生一定有其生物学意义，而某种糖链结构的改变也可能会对机体造成某些影响。

有关糖的功能的问题仅依靠糖组提供的信息是无法解决的，就像 DNA 的复制不能仅靠 DNA 自身一样。要阐明糖的生物学功能，一定要了解糖与哪些分子相互作用、彼此间相互作用的方式、糖缀合或结合后原有分子性质有无改变。例如：糖作为信号分子，与蛋白质和糖都存在相互作用；糖作为缀合物，可以改变蛋白质或其他分子的溶解度，影响到肽链的折叠、定位和代谢速率等。在这些过程中，糖的功能都能作为糖组学的中游问题进行研究。

（3）糖组学的下游——糖降解的过程

糖组学的下游主要关注糖降解（degradation）的过程。相较于糖组学的上游和中游，关于糖降解的研究目前开展较少。糖的降解过程主要在溶酶体中通过糖苷水解酶（同糖苷酶）作用完成。与糖组形成过程、糖的功能相比，糖的降解要简单得多。然而，糖苷水解酶的活性对于机体来说必不可少。由基因缺失或肽的错误折叠造成糖苷水解酶活性缺失，会对机体造成十分严重的影响。例如糖脂贮积症和黏多糖贮积症，都是溶酶体中某种糖苷酶活性的缺失造成的溶酶体贮积症（lysosomal storage disease）。机体中糖降解的研究在溶酶体贮积症的治疗上起到了重要的作用。增加酶活性、借助抑制剂改变错误折叠的糖苷酶、改变与糖苷酶协同作用的酶的活性等方法在治疗溶酶体贮积症上已见成效。

18.2.3　糖组和糖组学的应用

目前糖组的主要应用是为疾病的快速有效的诊断提供依据，与基因组、蛋白质组的主要应用相同。由于受到遗传和环境因素的影响，糖组所携带的信息阐明了某种表型变化，例如某些疾病标志性糖链在不同时期的变化。糖组提供的这些信息可作为诊断疾病和检测药物疗效的指标。近年来，糖组作为疾病诊断指标衍生出了"比较糖组学"（comparative glycomics）这一新兴领域。

糖组学的应用主要在于利用已知糖组的结构、功能，为食品新药开发、饲料加工、生物制造提供解决方案。例如：糖组学上游研究主要为糖基转移酶改造用于生物合成寡／聚糖方面的应用；糖组学中游在提供新的诊疗方案上扮演了重要角色，例如，糖芯片利用抗原抗体识别的作用机制，能快速高通量地筛选最优抗原表位，在糖疫苗的开发中提供了快速检测方法；糖组学的下游已在溶酶体贮积症上得到了应用，

科技视野 18-1
比较糖组学

人们依据溶酶体内糖苷酶活性缺失的原因实施相应治疗方案，研制出了多种药物。

18.3 糖生物工程的含义

18.3.1 糖生物工程的定义与背景

糖生物工程（glycobio engineering）诞生于20世纪90年代，是指利用糖生物学的研究方法及基本技术，在基础研究中获得信息并将这些信息指导生产方法的一门学科，是研究糖类物质结构、功能、制备技术及其应用的一门学科。糖生物工程是生命科学与化学的交叉前沿学科。20世纪90年代以来，随着大量的糖链结构及其生物功能被揭示，以此为基础的糖生物工程成为了继基因工程、蛋白质工程后，最引人注目的学科之一。

在20世纪90年代，华裔科学家翁启惠（Chi Huey Wong）利用酶法合成炎症相关四糖SLe^{X}是糖生物工程最为典型的应用实例。该合成方法将四糖价格从预计的每千克20亿美元降低了3~4个数量级，这一合成技术最终成功转让给西图（Cytel）公司。此外，他又利用蛋白质工程技术将枯草芽孢杆菌蛋白酶加以改造，使之能在水溶液中催化肽的合成，并首次以此方法合成了糖肽。

时至今日，糖生物工程研究与产业化发展取得了丰硕的成果，以创新糖类药物、糖疫苗及功能性糖食品为代表的高附加值产品不断出现，孕育出了与大健康产业息息相关的糖生物工程产业。尤其在功能糖产品方面，目前应用于食品、医药、畜牧养殖、病虫害防治、生活日化等领域的功能糖产品迅速发展，国内产值已达800亿元。国家在糖生物工程产业方面科研支持力度不断加大，糖生物工程产业未来也将是引领社会发展的重要力量之一。

18.3.2 糖生物工程的研究内容

糖生物工程的研究与应用主要集中在四个方面：糖基化工程研究、糖生物工程在生物医药领域的研究、功能性糖产品的研究与应用、糖与生物能源的研究（图18.3）。

（1）糖基化工程

糖基化工程（glycosylation engineering）是通过对蛋白质或脂质分子表面的糖链进行改造，从而改良蛋白质性质、改变细胞识别作用等与糖相关功能的一种技术。其研究主要集中于糖蛋白或糖脂上糖链功能的分析和糖基化表达体系的构建。糖基化（glycosylation）是一个将糖链修饰在某一分子上的过程，被修饰的分子可以是蛋白质、脂质、DNA、其他小分子物质等。糖基化的过程中需要不同酶催化，这些酶所参与的反应一般都具有高度专一性。不同物种体内的酶种类不一致、不同的个体或同一个体不同时期这些酶的表达量不一致，导致了不同物种、不同个体之间糖组的差异性和多样性。

这一差异导致了在利用基因工程和蛋白质工程手段生产糖蛋白药物时，利用不同宿主细胞表达同一产物得到的产物免疫原性、半衰期、生物活性等各不相同。究其原因，在不同宿主细胞中糖基化不同。例如，促红细胞生成素（erythropoietin，EPO）

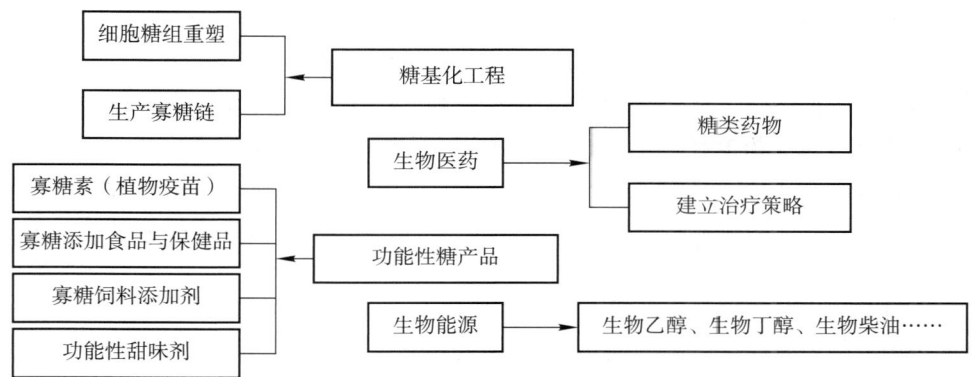

图 18.3　糖生物工程的研究内容

是一种糖蛋白，当糖基末端没有唾液酸修饰时它在体内很快便会被降解。在中国仓鼠卵巢细胞（Chinese hamster ovary cell，CHO 细胞）中表达该种促红细胞生成素时，因为 CHO 细胞糖基化相对简单，直接用该细胞进行表达的 EPO 的活性比人源细胞表达产物低将近 2 个数量级。此外，动物细胞生产糖蛋白的产量有限，糖蛋白的大量生产便成了一个难题。将糖蛋白异源表达在细菌、酵母中的思路成为了新的解决方案。然而异源表达更加需要考虑蛋白糖基化结构。因此，如何使重组表达产物进行合适的糖基化也就成了糖生物工程研究中最早受到关注的领域。

常用的对糖链进行改造的方法有：①通过定点突变技术增加或减少蛋白质的糖基化位点，从而增加或减少蛋白质表面的糖链。②在体外通过化学或酶法对糖链进行修饰。③通过基因工程手段改变宿主细胞内糖基化途径中糖苷酶和糖基转移酶的表达，即可改变在该系统中表达的糖蛋白的糖基化形式。已通过该方式对酿酒酵母、巴斯德毕赤酵母、昆虫细胞、CHO 细胞及转基因植物等多个表达系统进行了糖基化工程的改造。④通过改变细胞培养过程中培养基的糖分、激素及氨离子浓度等条件来改变蛋白质的糖基化。

（2）糖生物工程与生物医药

糖生物工程在生物医药领域的应用涵盖了糖类药物、利用糖生物工程为手段建立治疗策略。

① 糖类药物（carbohydrate drug）　广义上包括以糖结构为基础或仅具有糖结构的药物，包括抗感染性疾病药物、糖苷酶抑制剂、抗凝血药物等，例如链霉素、扎那米韦、阿卡波糖、肝素（图 18.4）。此外广义的糖类药物可以拓展至含有糖基或糖链的药物，包括糖苷类药物、糖缀合物药物、拟糖复合物等。

糖类抗感染性疾病包括氨基糖苷类抗生素、红霉素和糖类抗病毒药物。

氨基糖苷类抗生素由氨基环醇、氨基糖及其他糖连接成苷，主要通过扰乱细菌胞内蛋白质的翻译过程发挥抗菌作用。它能与细菌核糖体 30S 亚基上的 16S RNA 结合，造成 mRNA 的误读，从而抑制细菌蛋白质合成、破坏细菌细胞膜完整性。氨基糖苷类抗生素包括链霉素、庆大霉素、依替米星等（图 18.4），在临床上发挥了非常重要的作用。

红霉素发挥的作用主要是大环内酯结构，因为糖基对于其药性也发挥了重要的作用，所以大多数情况下也被列为糖类药物。

　　糖类抗病毒药物包括核苷类抗病毒药物和神经氨酸酶抑制剂。核苷类抗病毒药物基于核苷五碳糖结构，通过诱导病毒碱基错配达到抗病毒效果，在抗艾滋病病毒、乙肝病毒方面发挥了重要作用。神经氨酸酶抑制剂主要用于对抗流感病毒。流感病毒需要通过血凝素（HA）与细胞表面的唾液酸位点结合，复制后需要通过神经氨酸酶（NA）从细胞表面的唾液酸结构解离。目前上市的流感病毒大多为唾液酸结构类似物，竞争性抑制 NA 活性，如扎那米韦（图 18.4）和奥司他韦。

　　肝素（图 18.4）由葡萄糖胺、L– 艾杜糖醛苷、N– 乙酰葡萄糖胺和 D– 葡萄糖醛酸交替组成的黏多糖硫酸脂。其作用原理主要是通过与抗凝血酶Ⅲ结合，改变抗凝血酶Ⅲ的构型，加速凝血酶与抗凝血酶的结合，抑制凝血因子延长凝血时间。肝素作为一种动物体内的天然抗凝血物质，被广泛用于治疗血栓栓塞性疾病、心肌梗死等。如今低分子量肝素比普通肝素相应用更为广泛，主要因其分子量低更容易获得、选择性较高、临床应用时个体差异性小、更容易计量掌握。

◆ 科学史话 18–3
肝素的发现

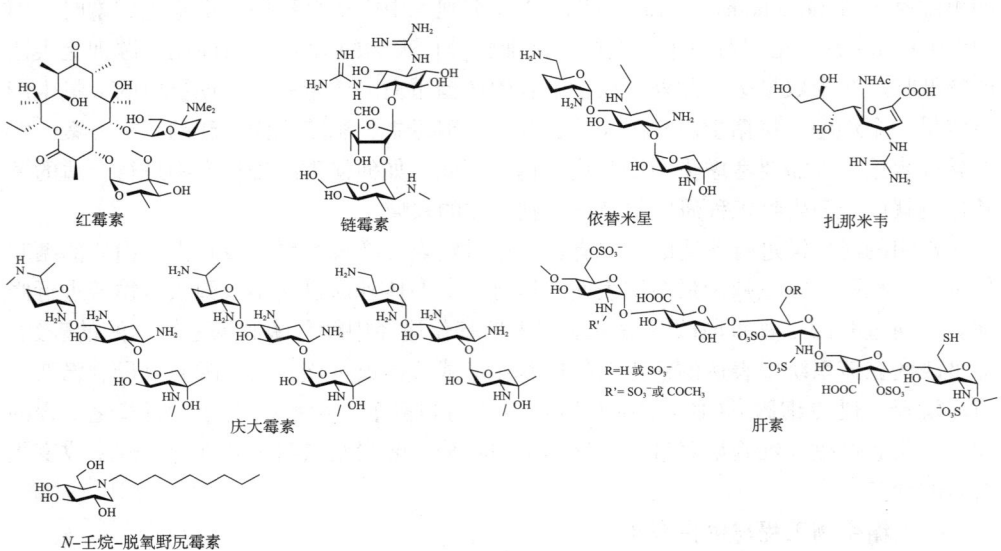

图 18.4　部分糖类药物结构图

红霉素　　链霉素　　依替米星　　扎那米韦　　庆大霉素　　肝素　　N–壬烷–脱氧野尻霉素

　　② 利用糖生物工程手段建立治疗策略　科学家们通过糖生物工程手段，了解到糖链具有如下作用：糖链是维持免疫球蛋白结构的重要因素，糖蛋白是涉及几乎所有人体免疫反应过程的关键分子，糖链是病原微生物在组织细胞上黏附感染的关键，糖链是导致器官移植时排异反应的主要因素等。对糖链作用的不断深入了解，有助于进一步开发针对人体疾病的各种药物。

◎ 科技视野 18–2
糖疫苗

　　a. 在病原微生物感染（infection）方面，利用病原微生物表面所特有的糖抗原，能开发用于预防病原微生物感染的糖疫苗。

　　b. 利用病原微生物的黏附机制，可以开发用于阻止病原微生物黏附的药物。

　　c. 在抗病毒药物设计方面，还经常会利用病毒表面糖基化结构的合成路线，通过抑制糖基化结构通路中的糖基转移酶来阻止糖链加工，导致被膜蛋白错配。例如，Raymond Dwek 和 Timothy M. Block 教授发现将 N– 壬烷 – 脱氧野尻霉素 N–nonyl–

deoxynojirimycin，NN–DNJ）（图 18.4）加入肝细胞中可以抑制内质网葡萄糖苷酶 Ⅱ 的活性，从而阻断乙肝病毒 M 被膜蛋白折叠，使之不能从内质网中分泌出来组装成有感染能力的病毒。

d. 在器官移植（organ transplantation）方面，细胞表面的糖链结构是引起免疫排斥反应的主要因素，利用糖生物工程手段，修改异种细胞表面糖链结构，能够降低器官移植的排异反应。在器官异种移植方面，糖基化工程有着重大的作用。例如，猪器官移植到人体后，猪器官的血管内皮表面的抗原表位 Gal-α-1,3-Gal 会被人抗体 IgG 和 IgM 识别并引发补体反应，在几分钟内引起不可逆的超急性血管排斥。

⬥ 应用案例 18-1
器官异种移植

e. 糖基化先天缺陷综合征（congenital defects in glycosylation syndrome，CDG）是一类由于糖基化修饰的必需蛋白质缺失导致的疾病。对于 CDG 这类疾病，根据对该类病人的研究发现外源补充糖能够缓解某些患者的病症。CDG 可被分为 Ⅰ 和 Ⅱ 两大类，CDG-Ⅰ 是 N- 糖链合成缺陷，CDG-Ⅱ 是 N- 糖链加工缺陷。当人体内缺乏磷酸甘露糖异构酶时会导致 CDG-Ⅰb 的病症，通过甘露糖治疗能够直接治疗该类病症。有的患者由于鸟苷磷酸岩藻糖（GDP-Fuc）的转运缺陷，缺乏体内中性粒细胞 SLe^x，利用口服岩藻糖治疗可以改善其反复感染的病症。此外，神经节苷脂（ganglioside）降解的溶酶体糖苷酶缺陷或激活因子蛋白缺陷所引起的严重神经退化疾病，包括戈谢病（Gaucher disease）、法布里病（Fabry disease）、GM1 神经节苷脂病等。以戈谢病为例，治疗戈谢病为一个家庭带来的负担非常沉重，使用健赞（Genzyme）公司研发的重组葡萄糖脑苷脂酶（商品名 Cerezyme）治疗一年费用高达 20 万美元。目前，使用仿制重组葡萄糖脑苷脂酶伊米苷酶（imiglucerase）每年总支出也高达 180 万元人民币，算上医保与社会资助，平均每个家庭也需要承担 10 万元 / 年。2014 年健赞公司的依利格鲁司特（Eliglustat）由 FDA 批准上市，依利格鲁司特是葡萄糖脑苷脂类似物，通过抑制葡萄糖脑苷脂合成酶减少溶酶体内葡萄糖脑苷脂的含量达到治疗效果，在 2014 年当年年销售额达到 500 多万美元。

（3）糖生物工程与功能性糖产品

功能性寡糖（functional oligosaccharide）是指具有特殊生理学功能的一类寡糖。功能性寡糖是动植物保育、大健康产业的重要原料。

① 寡糖"植物疫苗" 功能性寡糖具有调节植物免疫力，提高植物抗逆性，改善农作物品质的作用。在农业上功能性寡糖具有十分广泛的应用空间。在长期进化过程中，植物为了保护自己免受病虫害危及进化出了不同的防御机制，这些防御机制可以被不同的外源物质诱导，这些外源物质被称为激发子。

寡糖作为植物激发子的基础研究始于 20 世纪 50 年代。1976 年发现真菌细胞壁的寡糖片段能诱导植物合成植保素（phytoalexin）。1985 年 Peter Albersheim 首次提出寡糖素（oligosaccharin）这个概念，同时提出寡糖具有调控植物生长、发育繁殖、防病和抗病等方面的功能。各种活性寡糖可以诱导植物的特定调节功能，激活植物防御反应，调控植物生长，产生具有抗病害的活性物质。2008 年邱德文等提出了植物疫苗的概念。2010 年，尹恒等报道寡糖植物疫苗，植物疫苗在学术界引起广泛关注。近年研究发现壳寡糖不仅诱导植物抗病性，而且能激发植物的抗逆性，包括植物的抗旱、抗寒性、刺激生长的作用。

② 寡糖食品与保健品 在食品领域，功能性寡糖具有低热量、稳定、安全无毒、

不被胃肠道消化等理化性质。伴随这些理化性质，功能性寡糖还具有抗氧化、免疫调节、抗炎、抗肿瘤、改善肠道微生物区系、降低血清胆固醇和中性脂肪含量、改善血糖含量等多种生物学效应。

基于功能性寡糖的生物活性，功能性寡糖的研究已成为国际生物技术领域的重要课题和研究热点，寡糖食品及保健品产业已有市场化品种 20 余种，在研发阶段产品数百种，并且催生了数百亿美元的功能性食品市场。异麦芽寡糖、果寡糖、木寡糖（尤其是木二糖、木三糖）、大豆低聚糖、壳寡糖等在食品保鲜、性状改良、食品风味改善、肠道菌群组成改善、抗炎症等方面发挥重要功能性作用。

③ 寡糖饲料添加剂　我国是世界上最大的饲料消费国，饲料工业已成为国民经济重要支柱之一。多年来抗生素一直作为饲料添加剂，对畜牧业与水产业做出了巨大贡献。然而，滥用抗生素的副作用日益明显，如何发展抗生素替代品，开发高效廉价的绿色饲料添加剂成为了目前饲料行业的热点问题之一。近年研究发现一些生物活性寡糖、寡肽及糖肽等在促进动物生产性能、提高动物健康水平方面有明显效果。该类生物活性分子已经作为一类新型绿色饲料添加剂应用于畜牧水产行业。

其中，功能性寡糖包括壳寡糖、果寡糖、甘露寡糖、褐藻酸寡糖、大豆寡糖、木寡糖、异麦芽糖、半乳甘露糖寡糖、卡拉胶、水苏糖等，在畜牧水产的饲料添加剂中发挥了重要作用。以果寡糖为例，果寡糖在鸡、猪的饲养中能够调节养殖动物的肠道微生物菌群、促进饲养动物对营养物质的消化吸收、提高饲养动物的免疫力、增强潜在抗病能力。

④ 功能性甜味剂　功能性甜味剂（functional sweetener）是指一类具有某些糖的属性例如甜味、激发人体代谢，但是不能被人体吸收代谢的化合物。糖醇是功能性甜味剂中最为经典的一种。目前开发的品种有山梨糖醇、木糖醇、麦芽糖醇、甘露糖醇、赤鲜糖醇、乳糖醇等，这些糖醇对酸、热有较高的稳定性，不容易发生美拉德反应，作为低热值食品甜味剂，广泛应用于无糖功能食品配方。

现今随着甜味剂行业的不断发展，功能性甜味剂也在寻找着更优的发展方向。稀少糖、甜菊糖等在甜度口感与蔗糖相近，而不会引起腹胀腹泻。这类甜味剂也在不断被市场接受。稀少糖（rare sugar）是自然界中含量极少的一类单糖和糖醇，是一类低热量新型功能性单糖，具有独特生理学功能和重要的应用价值，作为填充型的功能甜味剂，是糖尿病、肥胖症病人的理想蔗糖替代品。据报道稀少糖可以减少体内有毒物质（如内毒素、氨类等）的形成，对肠黏膜细胞和肝具有保护作用，而且还可以调节肠道菌群组成。2001 年美国食品药物监督管理局（FDA）对 D- 塔格糖（D-tagatose）的安全性进行了确认，批准其为 GRAS 产品，2013 年 D- 阿洛酮糖（D-psicose）被 FDA 认定为安全的食品添加剂。2014 年我国新资源食品名录将 D- 塔格糖列入其中，从此 D- 塔格糖在我国可作为甜味剂用于食品饮料业以及医药制剂开发。

（4）糖与生物能源

生物能源（bioenergy）又被称为生物质能，生物能源概念的提出主要是为了解决因石油、煤矿资源不可再生造成的能源供应不足的问题。我国"十四五"发展规划中将生物能源列入了生物技术发展重点之一。

生物能源旨在利用可再生或可循环的有机质，包括各种生产废物、生活废物、工业废弃物、动物排泄物、城市污水等。其中，用于糖生物能源生产的原料包括能源作物（如甜高粱、玉米、菊芋等）、木质纤维素类和海洋来源的虾蟹甲壳等。

在糖基生物能源资源中，除蔗糖外，其他如淀粉、纤维素、半纤维素等原料均不适宜直接加工转化，因此，如何通过清洁绿色的方法由富含多糖的生物质原料获得可供下游转化的糖是生物能源制造的重要技术。

虽然采用化学方法可以将淀粉、纤维素、半纤维素进行降解得到用于生物能源制备的糖原料，但酸碱催化伴随大量副反应、设备条件要求苛刻、对环境具有不利影响。随着酶催化工艺的不断发展，添加淀粉酶已经成为最高效、经济的从玉米、甘薯、木薯等淀粉生产作物中获取单糖的手段。纤维素作为自然界中含量最为丰富多糖，在酶解过程中遇到了难题。自然界中纤维素多与半纤维素、木质素一起构成木质纤维结构，这种结构复杂紧密，对酶功能的要求更为苛刻。因此，开发廉价纤维素酶是糖生物炼制中的关键技术之一。此外，利用细胞工厂，人工设计能够进行纤维素代谢的细胞体系的方法，已被广泛用于利用生物质发酵生产生物能源的研究。截至目前，在酶工程技术、发酵工程技术的加持下，生物乙醇、生物丁醇、生物柴油的生产方兴未艾。

▎小结

糖生物工程的发展相对于同时期 DNA 及蛋白质的研究发展而言受重视程度不高，这主要是由于生物体中糖类物质结构复杂、难以解析特定结构并研究特定功能而造成的。随着技术的不断发展，尤其是组学技术的发展，糖在生物体中的重要作用逐渐明晰，糖结构在人们的视野中逐渐清晰，糖生物工程在 21 世纪逐渐受到更加广泛的关注。生物体中的糖作为表型与基因型间的桥梁，在诸多治疗类药物的结构研究及生物治疗方法上起到了指导性的作用。糖生物工程将糖生物学发展以来糖类物质研究的应用综合归纳，并且拓展到了工业应用领域。糖基化工程、糖类药物、器官异种移植、功能性糖产品及糖生物能源等领域都在糖生物工程研究内容之列，然而由于伦理、安全等方面问题，糖生物工程的诸多成果仅处于实验室阶段，离应用还有较远的距离。糖生物工程发展的核心与其他学科一样，是以人为本、为人类生命健康安全服务，随着该领域的不断深入研究，相信糖生物工程的广泛应用就在不远的将来。

❓ 思考题

1. 简述糖生物工程定义和历史发展进程。
2. 简述糖生物工程的主要研究范围。
3. 简述糖链的生物学功能。
4. 简述糖生物工程产品的主要内容。

📖 推荐阅读

1. 张树政. 糖生物工程［M］. 北京：化学工业出版社，2012：1-284.

本书对糖生物工程涉及的基础内容进行了详细介绍，有助于全面了解糖生物工程。

2. 瓦尔基.糖生物学基础［M］.张树政，朱正美，王克夷，等译.北京：科学出版社，2007：1-292.

本书以寡糖的结构与功能为中心，所包含的内容从经典的糖化学、糖生物化学基础出发，侧重介绍糖生物学领域中突飞猛进的发展，尤其是 DNA 分子生物学重组技术在糖生物学的应用等主要成就。

更多网上学习资源

◆ 教学课件　　◆ 自测题　　◆ 参考文献

第 **19** 章　糖的制备

糖类在各种重要的生物过程中发挥着重要作用。由于其治疗作用和相对较低的毒性，在医疗、保健、食品和化妆品等行业具有巨大的潜力。获得独特且均质的糖材料对于了解它们的物理特性、生物学功能和疾病相关特征非常重要。从生物体内糖链的合成来看，这类分子的合成不是有模板的复制，而是由多种糖基转移酶和糖苷酶所共同调控，从而也就决定了糖链结构的复杂性、多样性和微观不均一性。因此，糖的制备也存在着固有的困难。在过去的几十年中，随着科技的进步和人们对糖科学知识的不断完善，糖的制备也取得了很大的进展。本章就糖的制备中所涉及的分离纯化、化学合成和化学 - 酶法合成等方法进行阐述。

Carbohydrates，which are ubiquitously distributed throughout the three domains of life，play significant roles in a variety of vital biological processes. Access to unique and homogeneous carbohydrate materials is important to understand their physical properties，biological functions，and disease-related features. From the perspective of the synthesis of carbohydrate chains in organisms，the synthesis of such molecules is not the replication of templates，but is jointly regulated by a variety of glycosyltransferases and glycosidases，which determines the complexity，diversity and micro-inhomogeneity of the carbohydrate structures. Therefore，the preparation of carbohydrates also presents inherent difficulties. In the past few decades，with the advancement of science and technology and the continuous improvement of people's scientific knowledge of carbohydrates，the preparation of carbohydrates has also made great progress. In this chapter，the separation and purification，methods of chemical synthesis and chemical-enzymatic synthesis involved in the preparation of carbohydrates are described.

▶▶ **知识导图**

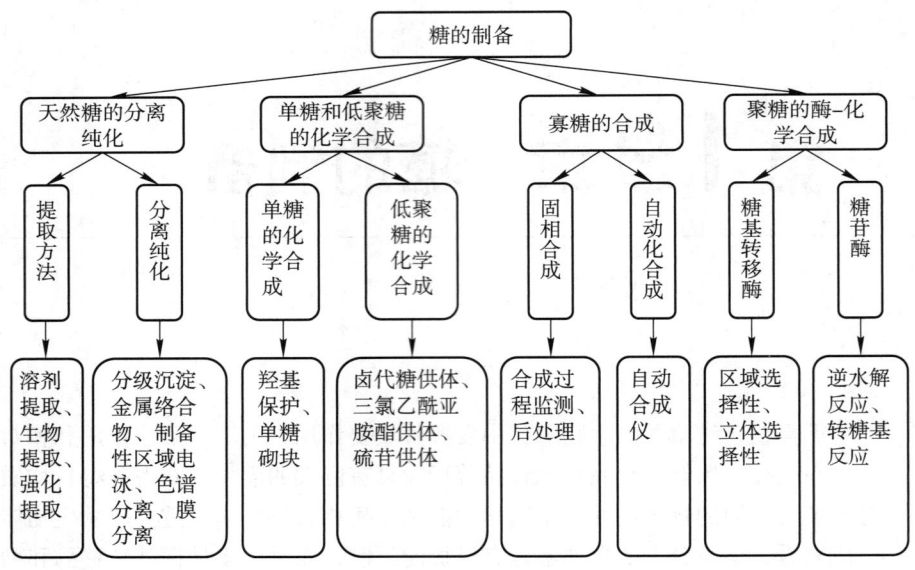

▶▶ **学习指南**

➢ 了解：糖类物质在自然界中的存在形式。
➢ 重点：糖的制备中所使用的方法、技术与合成产品。
➢ 难点：糖的制备中化学合成法的策略。

19.1　天然糖的分离纯化

　　天然糖是广泛存在于植物、动物及微生物中的一类天然有机分子，因其具有多种生物活性且无毒副作用，在保健食品及医疗行业中被广泛利用。糖类物质的生物活性与其化学结构及纯度有着重要的关系，因此其分离纯化是天然糖类研究的基础。目前，天然糖类物质（单糖、寡糖和多糖）的分离和纯化仍是糖类研究中的难点之一，其主要原因有以下两点：首先，糖类化合物具有相似的化学组成，且存在多种可能的异构体，连接方式和分支形式多样，结构复杂，由于其理化性质相似，因此分离难度较大；其次，糖分子缺少生色和荧光基团，导致直接且高灵敏度的检测很困难。因此，选择合适的方法对糖类物质进行分离纯化是一项技术性很强的研究。本节内容就近年来天然糖的提取方法、分离纯化技术展开叙述，并对各方法的优缺点进行比较，旨在为天然糖的开发应用提供参考。

19.1.1　天然糖的提取

天然糖的提取是指利用一定的原理和方法将天然产物中的活性寡糖、多糖溶出或释放至细胞外。寡糖、多糖的提取首先要根据其存在形式及提取部位决定在提取之前是否做预处理。动物多糖和微生物多糖多有脂质包围，一般需要先加入丙酮、乙醚、乙醇或乙醇乙醚的混合液进行回流脱脂，释放多糖。植物多糖提取时需注意一些含脂较高的根、茎、叶、花、果及种子类，在提取前应先用低极性的有机溶剂对原料进行脱脂预处理。目前多糖的提取方法主要有溶剂提取法、生物提取法、强化提取法等。其中溶剂提取法主要有热水浸提法、酸浸提法、碱浸提法。在活性多糖的提取中常用的方法是溶剂抽提。一般采用不同温度的水或稀碱液提取活性多糖，提取尽量避免在酸性条件下进行，以免引起活性多糖中糖苷键的断裂；生物提取法中主要有单一酶法和复合酶法；强化提取法主要有微波辅助法、超声波辅助法和高压脉冲法等技术，可有效地提高多糖的提取率和产品质量，并缩短反应时间。

19.1.2　天然糖的分离纯化

常见的天然糖的分离方法有很多，主要有分级沉淀法、金属络合物法、制备性区域电泳、色谱分离法和膜分离法。其中分级沉淀法主要有有机溶剂分级沉淀法、盐析法及季铵盐沉淀法；色谱分离法分为凝胶柱色谱和离子交换色谱法；膜分离法主要有超滤和微滤法。

（1）有机溶剂分级沉淀法

该方法的原理是根据多糖组分在低级醇或酮（通常为乙醇或丙酮）中的溶解度不同，分子量大的多糖在乙醇或丙酮中的溶解度低于分子量小的多糖，因此逐渐增加乙醇或丙酮的浓度，可以分别沉淀出不同分子量的多糖。

（2）盐析法

根据不同多糖在不同浓度的盐溶液中具有不同的溶解度的性质，加入不同盐析剂使之逐步析出，常用的盐析剂有氯化钠、氯化钾、硫酸铵等，通常以硫酸铵最佳。

（3）金属配位法

不同的多糖可以分别与各种金属离子（铜、钡、钙、铅等）形成配位化合物的沉淀，该特性也可用于分离和纯化多糖。常用的配位剂有 $CuCl_2$、$Ba(OH)_2$、$Pb(CH_3COO)_2$ 等，得到的配位化合物沉淀先用水充分洗涤，再用酸分解得到游离多糖。

（4）季铵盐沉淀法

季铵盐是一种阳离子表面活性剂，如十六烷基三甲基溴化铵、十六烷基氯化吡啶盐以及碘化 $N-$ 三甲基壳聚糖季铵盐和壳聚糖羟丙基三甲基氯化铵等。它们可与酸性多糖阴离子形成不溶于水的沉淀，使酸性多糖自水相中沉淀，而中性多糖留在母液中得到分离。

（5）柱层析法

柱层析法因其纯化效果好、操作简单等优点，是目前应用最为广泛的多糖纯化方法。下面分别介绍几种常用的柱层析方法。

纤维素柱色谱：纤维素是色谱柱中常见的材料，首先使用乙醇溶液平衡柱中的纤维素，然后将多糖负载到纤维素柱上进行纯化。之后，分别使用洗脱液对纤维素柱进行洗脱，从而可以依次洗脱不同级别的多糖组分。低分子量多糖首先被洗脱出来，然后高分子量多糖被洗脱出来。所以最后洗脱的是最高分子量的多糖部分。在洗脱过程中，各种多糖组分在纤维素柱中经过多次溶解—沉淀后，最终可以相互分离出来，这种方法可以称为"分级溶解法"，与分级沉淀法基本相反。由于纤维素柱色谱的理论塔板数较多，因此洗脱液的纯度较高。但这种方法的缺点是流速低、耗时长，尤其是对于黏度较高的酸性多糖其流速过低。

阴离子交换柱色谱：该方法是目前多糖纯化和色谱中最常用的方法，通过这种方法可以对多糖溶液进行浓缩和初步纯化，甚至可以将一些多糖纯化为均质级分。目前广泛使用的阴离子交换剂有 DEAE- 纤维素、DEAE-Sephadex 和 DEAE-Sepharose，通常首选 DEAE- 纤维素。阴离子交换柱层析适用于分离各种酸性多糖、中性多糖和黏多糖。阴离子交换柱色谱的分离机理不仅是离子交换，而且是吸附—解吸。因此阴离子交换柱色谱可用于中性和酸性多糖的分离，也可用于不同中性多糖的分离。一般来说，当 pH 为 6.0 时，酸性多糖可以被吸附剂吸附，而中性多糖不能被吸附。然后可以使用具有相同 pH 和不同离子强度的缓冲液将这些酸性多糖分别洗脱出来。多糖吸附交换剂的能力与多糖结构有关，吸附能力通常随着多糖分子中酸性基团的增加而增加。对于线性分子，分子量较大的中性多糖比分子量较小的多糖更容易被吸附，直链多糖的吸附能力大于支链多糖。

凝胶柱色谱：凝胶柱色谱是根据多糖分子的大小和形状来分离多糖，即分子筛的原理，此方法广泛用于多糖的分离和纯化。通常情况下，先利用阴离子交换柱层析对得到的粗多糖进行初步纯化，再用凝胶柱层析进一步纯化。常用的凝胶有 Sephadex、Sepharose、Bio-gel、Sephacryl、Superdex、Superose 等。常用的洗脱液是各种浓度的盐溶液和缓冲液，洗脱液的离子强度应大于 0.2 mol/L，否则会出现严重的拖尾峰。

亲和色谱：一些特定的多糖可以与某些特定分子可逆地结合。例如，一种凝集素（伴刀豆球蛋白）可以与一些支链多糖特异性结合。这种特定分子之间的结合能力可以称为亲和力，这两个特定分子在结合后也可以解离。利用这一特性，多糖可以通过结合—解离过程进行纯化。过程简单描述如下：使用多糖溶液作为流动相洗脱亲和柱，在洗脱过程中，只有能与配体结合的多糖部分会结合吸附到柱子上，其他不能与配体结合的多糖部分会流出柱子。然后可以适当改变流动相的离子强度和 pH，以解离与配体结合的多糖组分，最终可以得到纯化的多糖组分。亲和色谱的优点是效率高、操作方便，尤其是对于低含量多糖的分离，仅用一次亲和层析，浓缩率可达数百甚至数千。然而，亲和色谱的缺点是很难为给定的多糖分子找到合适的配体，因此亲和层析很少应用于多糖的纯化。

（6）其他方法

超速离心法：不同分子量的多糖在强离心力场中具有不同的沉降速度，基于此特性，可以分离纯化各种多糖。超速离心法包括两种：一种是差速离心法，另一种是密度梯度区带离心法。差速离心法是通过逐渐增加离心速度分批分离不同分子量的多糖。高分子量多糖可以低速分离，而低分子量多糖可以高速分离。这种方法很少用于多糖分离。密度梯度区域离心法常用于多糖研究，尤其是多糖均一性的测定。该方法的原理是当多糖在惰性梯度介质中离心并达到平衡时，不同分子量的多糖可以聚集并分布到梯度内的某些特定位置并形成不同的区域，然后将这些区域分开，使不同的多糖可以获得分离。

超滤法：由于溶液中多糖分子的大小和形状不同，这些多糖分子在压力下通过超滤膜时可以被分离，因为这种膜只能允许一定分子量范围的多糖通过，因此这种方法称为超滤法，其实超滤法的原理也是分子筛。理论上，用这种方法分离纯化多糖是可行的。但在实际操作中，却存在一些问题，大多数超滤膜都能吸附多糖，导致多糖产率大幅度下降，例如，中空纤维超滤膜可以极大地吸附多糖。此外，由于许多多糖溶液非常黏稠，超滤速度非常低，耗时太长，多糖在长时间的超滤处理过程中也会变质。此外，大多数多糖分子的形状不是球形的，如果多糖的形状是线性的，当多糖的分子量超过膜的截断值时，多糖也可以通过膜。

制备区电泳法：在电场作用下可根据多糖分子量、形状和电荷的不同进行分离。通常，使用的载体是玻璃粉，操作如下所示：利用水打浆玻璃粉装柱，电泳缓冲液（如 0.05 mol/L 硼砂溶液，pH 9.3）平衡柱子 3 天。然后将多糖样品加载到柱子上端并打开电流。上端为正极，由于电渗作用，多糖分子在电泳中一般会向负极转移。电泳过程中会产生大量热量，因此这种色谱柱必须配备夹套冷却。常用的电压约为 1.2 ~ 2.0 V/cm，电流为 30 ~ 35 mA，电泳时间为 5 ~ 12 h。电泳后，将玻璃粉载体从柱中拉出并分段分割，分割的部分可以分别用水或稀碱溶液洗脱。这种方法有很好的分离效果。同时耗时长，每次净化量小。因此该方法适用于实验室的半微量制备。以上所有纯化方法的优缺点见表 19.1。

表 19.1 天然糖纯化方法的优缺点

编号	方法		优点	缺点
1	分级沉淀法		易于操作；首选方法	无法获得均质多糖组分
2	盐析法		经济有效	效率低；易形成共沉淀
3	金属配位法		特异性好	不易发现合适的配位试剂
4	季铵盐沉淀法		常用于纯化酸性多糖和中性高分子量多糖；选择性好	需要精确调节、控制溶液的离子强度和 pH
5	柱层析法			
		纤维素柱色谱	洗脱液纯度高	低流量；耗时长
		阴离子交换柱色谱	使用最广泛；适用于净化各种酸性/中性多糖和黏多糖	当缓冲液的 pH 发生变化时，柱床的高度可能会发生变化
		凝胶柱色谱	分子筛原理；常用于进一步纯化多糖	洗脱液的离子强度不应低于 0.2 mol/L
		亲和色谱	高效率；易于操作	很难为待分离多糖找到合适的配体
6	超速离心法		效率高	对设备要求高；多用于多糖的半微量制备
7	超滤法		分子筛原理	产量低；耗时长
8	制备区电泳法		分离效果好	耗时长；净化能力低；仅用于半微量制备

由于天然寡糖、多糖的分离和纯化非常复杂，因此很难获得均一的活性多糖组分，这也成为阻碍多糖研究发展的主要因素之一。多糖的提取、分离和纯化有多种方法和途径，研究人员必须基于待研究的多糖的特定性质谨慎选择合适的分离和纯化方法。

19.2　单糖和简单低聚糖的化学合成

糖类（carbohydrate）是重要的生物大分子之一，是细胞中一类不可缺少的有机化合物。从化学角度讲，糖类是多羟基醛或者多羟基酮，它们通常是多功能基团化合物，在众多糖结构中常常包含有羟基、羰基，并且部分带有氨基等化学基团。一直以来，人们把糖类看作生物体的结构成分和生物体内的主要能源物质，但随着科研工作者对糖生物学与糖化学领域研究的不断增强，人们发现糖类物质在细胞之间的通信、识别和相互作用，在信号传递、细胞运动与黏附以及病原与宿主细胞的相互作用方面起着重要作用。另一方面，糖类也被看作一类极具潜力的药用分子，比如肝素、氨基糖苷类抗生素以及糖类疫苗等。根据结构组成的不同，糖类可分为三类：单糖、寡糖、多糖。聚糖的基本结构单元为单糖，单糖与单糖之间以糖苷键相连，按照所含单糖单元数目的多少，聚糖又可分为低聚糖（寡糖）和多聚糖（多糖）。自然界中天然存在的聚糖结构十分复杂，且通常具有微观不均一性，若要通过简单的分离纯化的手段得到大量单一纯净的聚糖是非常困难的。化学合成法是获得结构单一聚糖的一种重要方式，但由于多糖结构的复杂性，且受限于聚糖化学合成的水平，人们通常选择短的寡糖片段进行合成，在某些情况下，合成一些较短的糖链就能够满足研究的需要。

19.2.1　单糖的化学合成

单糖（monosaccharide）从化学角度看是多羟基醛或者多羟基酮，例如葡萄糖、半乳糖、甘露糖等。为了使某种化学反应发生在糖环上特定的位置，通常会对不参加反应的羟基进行适当的保护，由于端基位置的羟基具有特殊的化学活性，通常先于其他位置的羟基加以保护。在利用化学合成的方法合成一些简单低聚糖时，首先要制备单糖砌块，以选择合适的保护基对每个单糖砌块上的羟基进行适当的保护。常见的保护基团主要有：酯类保护基（乙酰基、苯甲酰基、乙酰丙酰基）、醚类保护基（苄基、烯丙基）、缩醛酮类保护基（苯亚甲基缩醛、异亚丙基缩酮）、氨基保护基（叠氮基、三氯乙氧羰酰基）等。主要保护基的化学结构如图 19.1 所示。

若要通过化学反应实现不同位置的选择性连接，上述一些保护基团还必须脱保护。在制备单糖砌块时，糖环上不同位置实现特定保护基团的保护和脱保护都是通过相应的化学反应实现的。

19.2.2　简单低聚糖的化学合成

简单来讲，简单低聚糖的化学合成就是利用糖类物质的化学性质形成糖苷，这个过程也叫糖苷化反应（glycosylation reaction）。所谓的糖苷化是指一个端基带有离去基团（leaving group, LG）的全保护的糖基供体（donor），在某些活化剂的作用下与一个

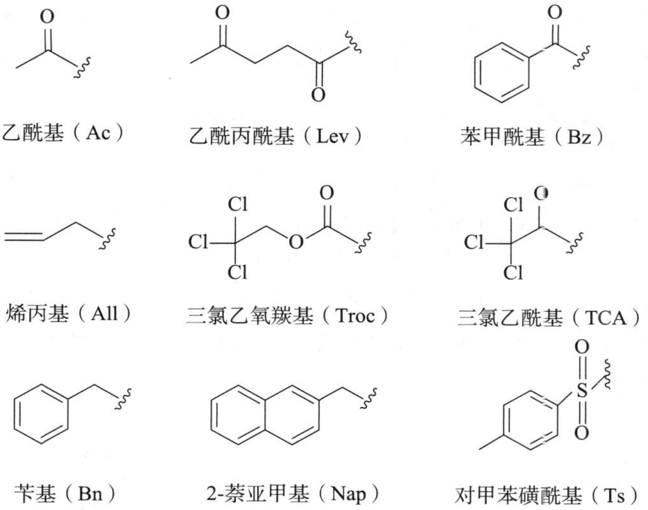

乙酰基（Ac）
乙酰丙酰基（Lev）
苯甲酰基（Bz）
烯丙基（All）
三氯乙氧羰基（Troc）
三氯乙酰基（TCA）
苄基（Bn）
2-萘亚甲基（Nap）
对甲苯磺酰基（Ts）

图 19.1 保护基的结构

适当保护的仅仅具有一个游离羟基的糖基受体（acceptor）偶联生成二糖的反应。糖苷化反应的本质是糖基供体同受体之间发生的亲核取代反应。由于链状结构转变为氧环式结构时，原羰基的 C1 变成手性碳原子，这个手性碳原子上的半缩醛羟基有两种不同的空间取向，形成 α- 异构体和 β- 异构体，因此在形成糖苷时也有两种不同的异构体生成（图 19.2）。

低聚糖的化学合成不得不首先提到一个经典的方法，即 Fischer 成苷法，1893 年 Fischer 完成了一个合成缩醛的反应。19 世纪末期，Michael 等报道了利用氯 / 溴代糖为糖基供体的第一个糖基化反应，之后，经过化学家们的不断探索，一系列不同的糖基供体和相对应的活化剂不断被发展并应用到糖基化反应中。糖基供体离去基的选择对供体的性质和糖基化反应有重要的影响，理想的端基离去基，应该在不进行糖基化反应时能够稳定存在，在进行糖基化反应时又容易被活化，在众多糖基供体中，最常用的有卤代糖供体、三氯乙酰亚胺酯供体和硫苷供体。

（1）卤代糖供体

卤代糖在糖苷键的形成过程中有着举足轻重的作用。1901 年，William Koenigs 和他的学生 Edward Knorr 首次发现了这种形成糖苷键的方法。他们用乙酰基保护的溴代糖以碳酸银为活化剂实现了与醇的偶联反应，该反应被称为经典的 Koenigs–Knorr 反应（图 19.3）。后来发现在经典的 Koenigs–Knorr 反应中，乙酰基或者酯基参与基团保

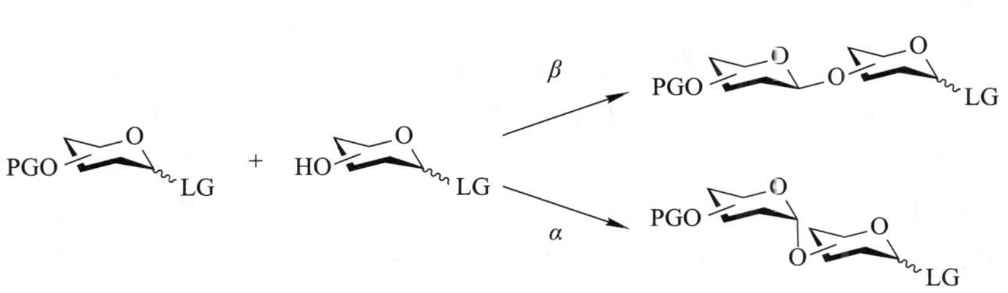

PGO
LG
+
HO
LG
β
α
PGO
O
LG
PGO
O
LG

图 19.2 糖苷化反应

PG：保护基；LG：离去基

护的葡萄糖和半乳糖等会优先生成 β– 糖苷键，在寡糖化学合成中这种现象被称为邻基参与效应。与其相反的是在同样条件下甘露糖系列会生成 α– 糖苷键，在寡糖化学合成中可以用端基效应来解释。

氟代糖在合适活化剂的存在下也可以作为糖供体进行糖苷化反应。以 $SnCl_2$ 和 $AgClO_4$ 为活化剂成功合成了一个二糖单元。氟代糖与溴代糖和氯代糖相比稳定性更好。氟代糖供体 C2 位没有邻基参与基团存在时，往往生成 1,2– 顺式糖苷；当有邻基参与基团时，会发生异头碳构型的变化，生成 1,2– 反式糖苷。Koenigs–Knorr 反应也可以把氯代糖作为糖基供体，有研究报道采用 Cu（OTf）$_2$ 作为活化剂，其对氯代糖基供体有着很高的催化活性。碘代糖作为糖基供体反应活性相对较高，但是它最明显的缺点是稳定性比较差。

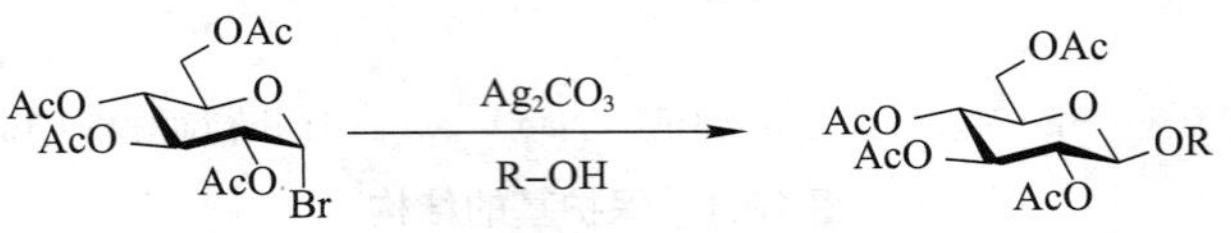

图 19.3　Koenigs–Knorr 反应

（2）三氯乙酰亚胺酯供体

三氯乙酰亚胺酯是糖类物质化学合成中常用的一种糖基供体，Schmidt 和他的同事在 1980 年首次制备了糖基三氯乙酰亚胺酯（glycosyl trichloroacetimidate，TCAI），它的制备相对比较简单，过乙酰化糖用哌啶选择性脱乙酰基，得到 1–OH 未取代化合物，可直接与三氯乙腈在碱性条件下反应得到糖基三氯乙酰亚胺酯用适宜的碱处理，游离的糖以 CCl_3CN 在 CH_2Cl_2 中处理，得到单一端基异构体三氯乙酰亚氨酯，使用碳酸钾有利于 β 端基异构体的生成，而氢化钠及 DBU 则有利于 α 端基异构体；延长反应时间有利于生成稳定的 α 端基异构体。三氯乙酰亚胺酯用于合成糖苷键时，活化剂通常是 Et_2OBF_3、Me_3SiOTf 以及 TMSOTf 等（图 19.4）。中国科学院上海有机化学研究所俞飚课题组报道的 N– 苯基三氟乙酰亚胺酯供体既有相当的稳定性，同时也有较高的活性，近年来也得到较多的合成应用。

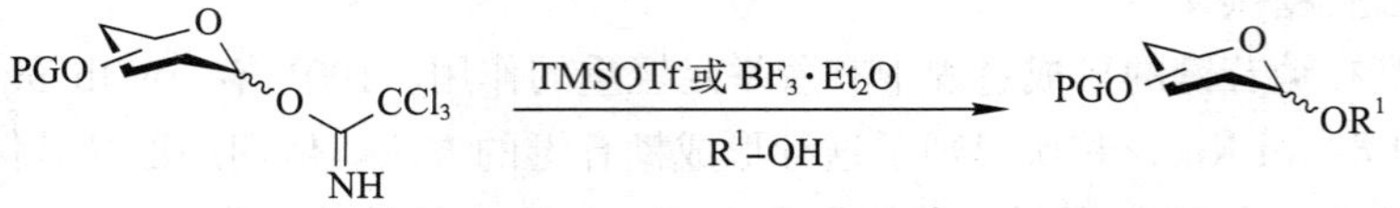

图 19.4　糖基三氯乙酰亚胺酯的糖基化反应

（3）硫苷供体

硫苷（thioglycoside）也是寡糖化学合成中的一种常用的糖基供体。1973 年，Ferrier 首次将 $HgSO_4$ 作为活化剂用以带保护基的硫苷生成了一种双糖衍生物，1984年 Lonn 团队发现一类高效并且通用的活化剂，他们将三氟甲磺酸甲酯用于硫苷的直接苷化合成寡糖，使硫苷在以后的寡糖合成中得到了充分的应用（图 19.5）。总体来讲，由于硫苷制备过程相对非常简便，在很多活化剂和反应条件下比较稳定，同时可以轻易地被亲电试剂直接活化，因此借助硫苷进行糖苷键的合成受到越来越多科研工作者的青睐。

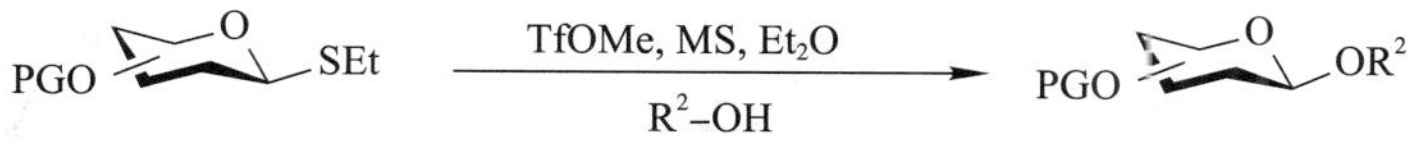

图 19.5 硫苷的糖基化反应

在制备相应的单糖砌块时，往往需要考虑反应产物糖苷键的不同构型，区域选择性和立体选择性是糖苷化反应考虑的两个重要方面。区域选择性是指在糖苷化反应过程中，通过保护基 / 脱保护作用使特定羟基裸露，实现糖苷化反应发生在特定位点。立体选择性是指在糖苷化反应过程中，通过糖砌块、反应条件等设计和优化实现特定糖苷键的高选择性生成。糖苷化反应立体选择性的控制是糖基化反应的基本要求，其中 1,2- 反式糖苷键可通过邻基参与效应构建。有效的邻基参与基有乙酰基、苯甲酰基等，因此糖苷键立体选择性控制的难点主要在于 1,2- 顺式糖苷键的高效构建。

在当前糖化学研究领域内，还没有一种通用的方法来构建单个 1,2- 顺式糖苷键，一般情况下我们往往将一些科研经验与具体的反应相结合来选择合适的构建方法。影响糖苷化反应 1,2- 顺式糖苷键立体选择性的因素很多，主要包括以下几个方面：

① 端基效应　糖环为椅式构象时，端基位取代基处于竖键位置比处于横键能量上更有利，当供体 C2 位没有邻基参与基团时，端基效应会使糖苷化反应易于生成 α 构型（甘露糖除外）为主的产物。

② 酰基的远程参与效应　在糖基供体的 C3、C4、C6 号位引入酰基保护基，C2 位引入叠氮等非参与基团，可通过远程参与效应生成 α 构型产物。

③ 溶剂效应　一些参与性溶剂通过与供体活化后的中间体形成某种复合物，从而影响不同构型糖苷键的生成，如添加适量乙醚会增加葡萄糖型和半乳糖型糖基供体的 α 选择性；乙腈的使用会增加糖基供体的 β 选择性。

④ 反应活化方式　使用"预活化"糖基化方法，也可得到人们想要的不同构型的反应产物。此外，影响糖基化反应的立体选择性的因素还有离去基团、温度、供体与受体活性适配性以及本身的性质等。

下面是几种寡糖的合成介绍（图 19.6，图 19.7）。葡萄糖的端基位置引入乙基硫作为硫苷供体与适当保护的另一分子葡萄糖受体反应生成全乙酰基保护的二糖单元，脱掉保护基后得到龙胆二糖。

半乳糖的端基位置引入对甲苯硫基作为一种硫苷供体与适当保护的蔗糖受体反应生成全保护的棉籽糖，再与另一分子的半乳糖供体反应，生成全保护的四糖单元，脱掉保护基得到水苏糖。

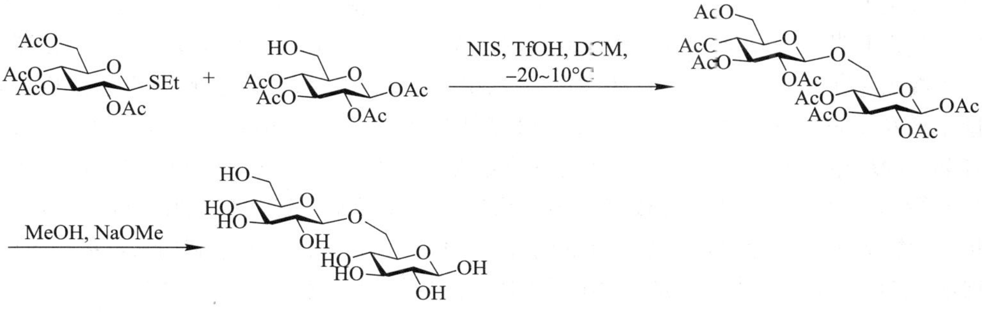

图 19.6 龙胆二糖的合成

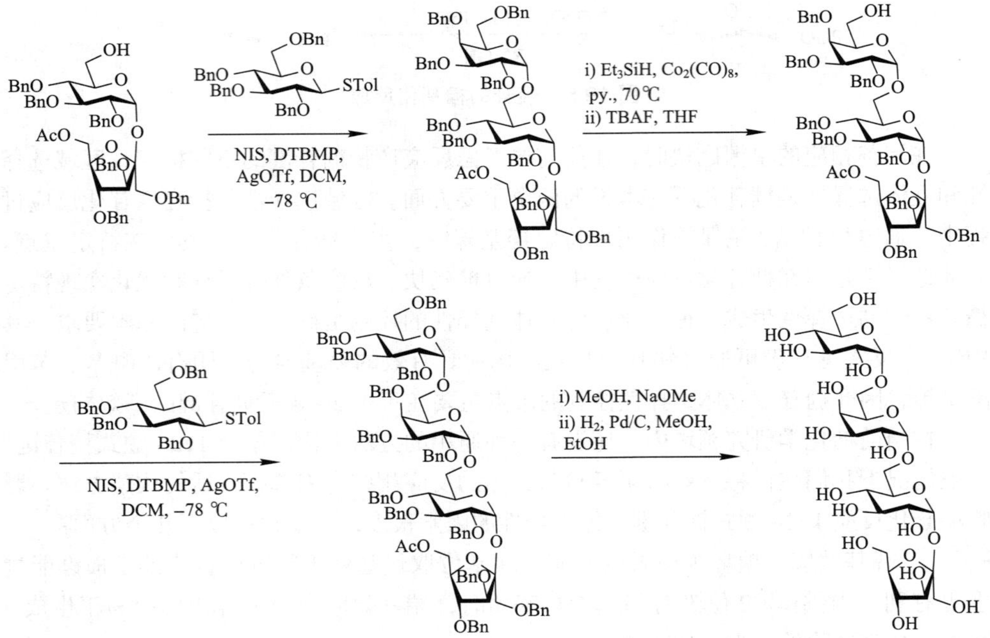

图 19.7 棉籽糖和水苏糖的合成

19.3 寡糖的固相合成及自动化合成

低聚糖和糖缀合物的合成在阐明其生物学功能方面发挥了重要作用。然而，反应过程中需要多步转化，包括重复的去保护 – 糖基化程序，通常需要投入大量的时间和精力。因此，人们一直致力于通过固相法建立低聚糖的高效合成方法。

19.3.1 寡糖固相合成过程

在固相合成中，通过连接臂将起始原料与载体结合，在每次反应后通过过滤分离副产物。最后，将产物与载体分离开来。该操作简单快速，因此固相合成能够快速制备大量化合物，从而加快了包括新药和新材料在内的许多功能分子的开发速度。在寡糖的固相合成中，连接臂的选择至关重要，用于连续偶联糖砌块并组装生长的寡聚体链。传统上，连接臂直接连接到异头碳位置，如硫代糖苷。最近，通过过渡金属催化的反应，开发了双功能、可选择性裂解的新型连接臂，如硝基苯氧基乙酸酯连接臂、三（烷氧基）苄胺连接臂、N–1–（4,4– 二甲基 –2,6– 二氧代环己基）乙基连接臂。近年来发展的溶液中糖化方法已应用于低聚糖的固相合成。随机糖基化策略是一种很有前途的用单一方法获得一定的寡糖库的方法。例如，根据开创性的 Hindsgaul 方案，具有游离羟基的乳糖或葡糖戊基受体与供体如岩藻糖基三氯乙酰亚胺"随机"糖基化，得到各种异头构型和连接位置的糖苷异构体。固相寡糖合成中利用邻近参与效应促使 1,2– 反式糖苷键的形成，利用手性助剂介导作用实现 1,2– 顺式糖基化反应。

19.3.2　寡糖固相合成监测

通过薄层色谱（thin layer chromatography，TLC）和高效液相色谱法（high performance liquid chromatography，HPLC）等简单而常规的方法，几乎不可能实时监测固相中寡糖合成反应。在固相肽合成的情况下，反应的结束可以很容易地通过茚三酮试验来检查。在寡糖的固相合成中，尚未提出一种简便的检测聚合物载体上羟基的方法。最新进展证明核磁共振（nuclear magnetic resonance，NMR）技术可以有效且直接地检测寡糖的合成。Wong 等人使用 ^{13}C NMR 来监测 TentaGel 树脂上的糖基化，用该监测方法合成了唾液酰 Lewis^X 支链四糖。此外，基于"树脂着色试验"的固相低聚糖合成实时监测方法已被开发出来，可检测糖苷键的形成和受体消耗。

19.3.3　寡糖固相合成后处理

合成寡糖后，需要选择性切割连接臂，然后纯化产物，最终对产物进行脱保护。这与固相肽的合成截然不同，固相合成肽时，所有侧链保护基和连接臂体载体上的合成结束时同时被去除。对于低聚糖，由于完全脱保护低聚糖的亲水性较大，故以保护形式纯化通常更可取。产物的分离有时是一个繁琐和耗时的过程，特别是在溶液和固相合成寡糖领域，这就需要一种简单有效的分离方法。例如，色谱法是分离有机合成产物的一种常用的方法，然而，该方法不仅耗时还需消耗大量的溶剂，且优化分离条件需要很多时间。因此，逐渐发展出聚合物载体纯化技术，如"捕获－释放"纯化方法、聚合物结合试剂和清除剂。"捕获－释放"纯化方法是指将特定的官能团通过化学键结合到树脂上，该官能团仅与目标分子之间有亲和力，然后用该树脂去"捕获"混合物中目标产物，再用相应的试剂处理破坏这种亲和力，将产物"释放"下来，完成纯化过程。

一般情况下，对合成的低聚糖脱保护，包括各种羟基保护基团的裂解和用乙酰基取代氨基保护基。此外，低聚糖的完全脱保护时需要仔细选择反应溶剂，以防止部分脱保护的中间体参与。合成寡糖的脱保护过程可采用聚合物辅助方法，首先通过特定的连接臂将合成的寡糖加到固相载体上，然后进行脱保护操作，最后将寡糖从连接臂上解离开来，得到脱保护的寡糖分子。在将产物连接到连接臂和从连接臂上解离的过程中，难免会有产物的损失，但这种脱保护的方法对于寡糖文库的建立是非常实用的。

19.3.4　自动寡糖合成

自动寡糖合成（automated glycan assembly，AGA）是利用哺乳动物、细菌和植物来源的聚糖的合成作为挑战而开发的，AGA 旨在最大限度地减少纯化步骤和操作的数量，将高度专业化的寡糖合成转变为常规和自动化的过程。

AGA 合成需要仔细选择一组兼容的连接臂和固相支持物。聚苯乙烯树脂具有很好的溶胀和机械性能以及良好的化学稳定性，通常将其作为固相支持物。与树脂结合的连接臂用作锚，以连续连接单糖结构单元，该连接臂需在所有反应条件下有很好的稳定性，包括酸性糖基化和碱性脱保护条件。将连接臂切割后，释放出各种形式寡糖的还原端。最常用的是光不稳定连接臂，通过流动光反应器中的光裂解快速且化学选择性地去除。光可切割连接臂具有战略和实用优势，但切割效率受光化学副反应的影响，开发具有更高切割效率的修饰连接臂是改进 AGA 的重要目标。

端基离去基团和保护基团影响糖基供体和亲核试剂（糖基受体）的反应性、立体选择性和区域选择性，要了解各种糖苷的"相对反应性"的信息是至关重要的。一般来说，为了实现高效率偶联并最小化副产物的形成，每个偶联单元的定量测量反应活性差应大于 100。翁启惠等人创建了一个名为 OptiMer 的计算机数据库，用来存储许多供体和供体 / 受体化合物的相对反应性值（relative reactivity value，RRV）。该数据库中有超过 400 个糖砌块单元，包含残基的名称、未受保护的羟基的位置，以及 C2 取代基是否向 α 方向或 β 方向引导糖基化方向的信息，每个构建块的相对反应性作为一个身份标签来识别或解码目标寡糖的结构。该数据库还存储了化合物制备及其参考结构，一旦用户选择了寡糖结构，程序将列出其准备的糖砌块单元的最佳组合。

利用自动合成仪（图 19.8）合成寡糖时，操作员首先将装配有连接臂的树脂添加到反应容器中，并将含有单糖砌块溶液的瓶子连接到仪器上。在操作者选择一个程序后，仪器将根据目标顺序，执行一个全自动的组装过程。每个单体的添加依赖于一个耦合循环，该循环包括糖砌块单元糖基化、加帽和切割以及去除多余试剂的中间洗涤步骤。在反应容器内，第一个单糖通过其还原端连接到树脂结合的连接臂上。然后，去除临时保护基团，以暴露树脂结合的寡糖上的羟基基团，该羟基基团将在随后的糖基化步骤中充当亲核试剂。对于每个步骤，自动合成仪都会控制试剂输送、温度和时间。来自

图 19.8　寡糖自动合成仪

反应容器的输出管线可被引导至馏分收集器，以回收用于驱动糖基化反应完成的过量糖结构单元。偶联效率可以通过对 Fmoc 的紫外监测来跟踪。

合成寡糖后，对连接臂进行切割，将已合成的寡糖从固体支持物分离，通过正相高效液相色谱（normal phase-high performance liquid chromatography，NP-HPLC）将全保护的寡糖纯化。如果不需要对合成的寡糖进一步修改，则进行全局去保护移除所有永久保护基团。甲醇分解和氢解的组合适用于去除常用的所有永久性保护基团。氢解后，羟基裸露导致产物极性增大，此时通过反相高效液相色谱（reverse phase-high performance liquid chromatography，RP-HPLC）纯化寡糖。最终通过 ^{1}H-NMR、^{13}C-NMR、2D NMR 和 HRMS 对产物的结构进行表征（"调控点 2"，图 19.9）。

AGA 合成方案的不断改进为生产动植物及微生物多糖铺平了道路，例如硫酸角质素、纤维素、葡聚糖等。AGA 可以通过连接性组合单糖来产生多种聚糖，并可以引入非天然单糖来产生非天然序列。通过 AGA 获得的聚糖已应用于糖芯片，即在载玻片表面上以空间定义的排列方式固定不同的聚糖，对糖结合大分子进行高通量筛选，可以筛选可溶性蛋白质、完整病毒、细菌、酵母或哺乳动物细胞的结合。

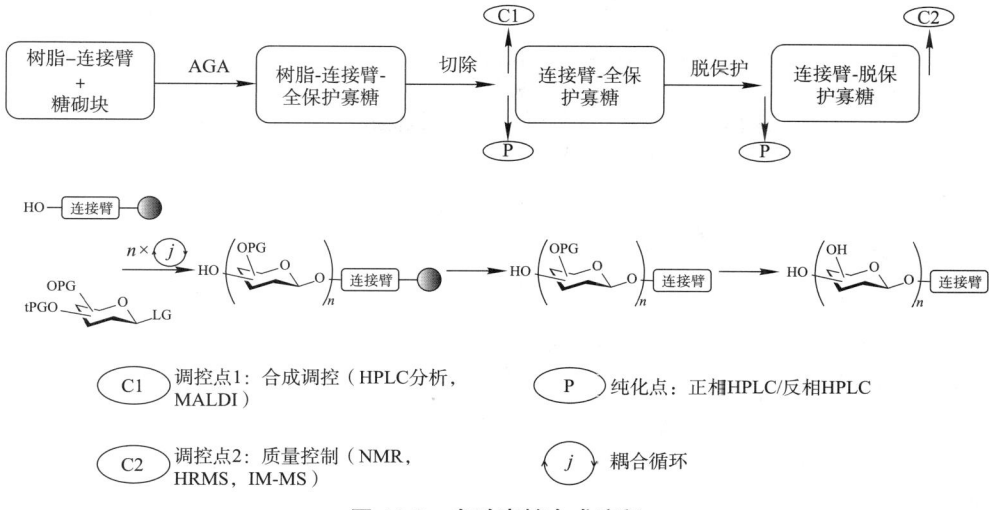

C1 调控点1：合成调控（HPLC分析，MALDI）
P 纯化点：正相HPLC/反相HPLC
C2 调控点2：质量控制（NMR，HRMS，IM-MS）
j 耦合循环

图 19.9　自动寡糖合成流程

　　在过去的二十年里，AGA 逐渐从一个想法发展为一种生产聚糖作为各种应用的分子工具的技术。寡糖组装现在是一个简化的过程，其中潜在的瓶颈已被系统地解决。自动化合成仪以及功能化树脂和单糖砌块现已商业化生产，以方便更多实验室使用。

19.4　聚糖的酶－化学合成

　　尽管化学方法仍然在实验室中普遍使用，因为它们可以快速为探索性研究提供新的结构，但它们无法与用于工业规模合成的酶方法的效率相媲美。酶固有的高立体选择性可以选择性地将起始物质转化为产物，而不需要保护和脱保护步骤，从而实现高效生产。本节主要介绍糖基转移酶（glycosyltransferase）和糖苷酶（glycosidase）这两类目前主要用于寡糖和糖缀合物合成的酶。

19.4.1　糖基转移酶

　　糖基转移酶是一系列参与寡糖、聚糖和糖缀合物合成的一类酶。糖基转移酶催化的寡糖合成途径源于生命体正常的生物合成寡糖和糖缀合物的机理，自然界利用糖基转移酶合成寡糖采用两组酶体系，即 Leloir 转移酶型和非 Leloir 转移酶型。大多数哺乳动物的糖基转移酶属于 Leloir 类型，它利用 9 种基本的核苷酸激活的构建块（供体）来逐步合成复杂的寡糖。而非 Leloir 转移酶是将糖基磷酸化的单糖作为活性供体。尽管哺乳动物糖基转移酶的糖基化具有高保真度和效率，但微生物糖基转移酶可能更适合体外合成，因为细菌酶的底物灵活性允许进行类似物合成，它们具有更好的溶解度曲线，以及易于在大肠杆菌或其他物种中表达，这使制备合成成为可能。

　　糖基转移酶催化寡糖合成时，能将一个单糖基（活化的核苷磷酸糖作为糖基供体）转移到另一个糖基受体（或蛋白质、脂类等）而合成寡糖。这个过程通常有严格的区域和立体选择性，被转移的单糖的端基构型会保持或发生翻转（图 19.10）。

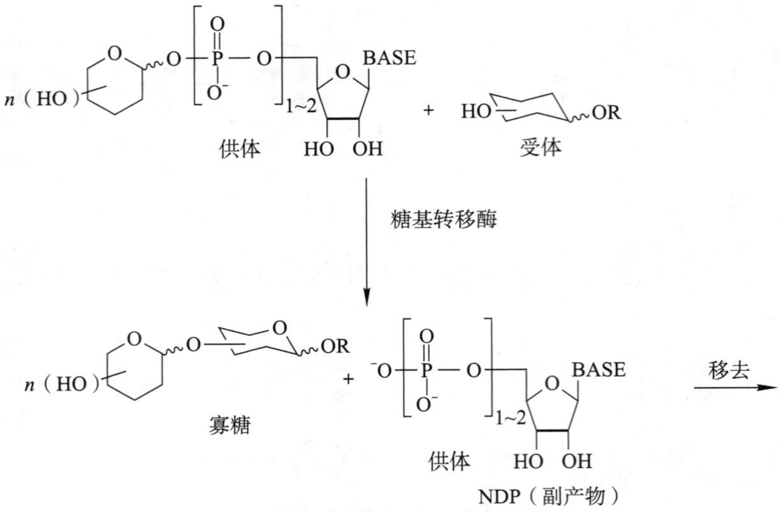

图 19.10 糖基转移酶催化的寡糖合成模式

　　早期使用糖基转移酶合成寡糖的尝试需要昂贵的核苷酸供体，并且受到核苷 – 磷酸副产物引起的反馈抑制的影响。后来通过简单的核苷酸 – 磷酸盐再循环概念解决了这些问题，并且大规模制备了 N– 乙酰乳糖胺。之后，开发出了用于再生其他核苷酸供体的多酶方案并应用于唾液酸 T 抗原、二唾液酸乳 –N– 四糖、肝素寡糖的合成和透明质酸。糖核苷酸再生系统从游离糖到 1– 磷酸糖再到用于糖基转移酶反应，例如 GDP– 岩藻糖（GDP–Fuc）的再生（图 19.11）。用于癌症疫苗开发的 GloboH 和 SSEA4 抗原的制备最好地说明了高效回收系统的力量。多克合成是通过糖激酶介导的 1– 磷酸糖生成实现的，随后将其转化为糖核苷酸。糖基转移酶的保真度确保了高产率，尽管反应混合物很复杂。

　　除了高效之外，糖基转移酶介导的合成还具有出色的区域选择性和立体选择性，因此使糖基转移酶在复杂支架的糖基化中不可替代，特别是聚糖的末端唾液酸化。尽管具有潜力，但糖基转移酶的可用性是糖基转移酶介导合成的广泛应用的主要障碍。

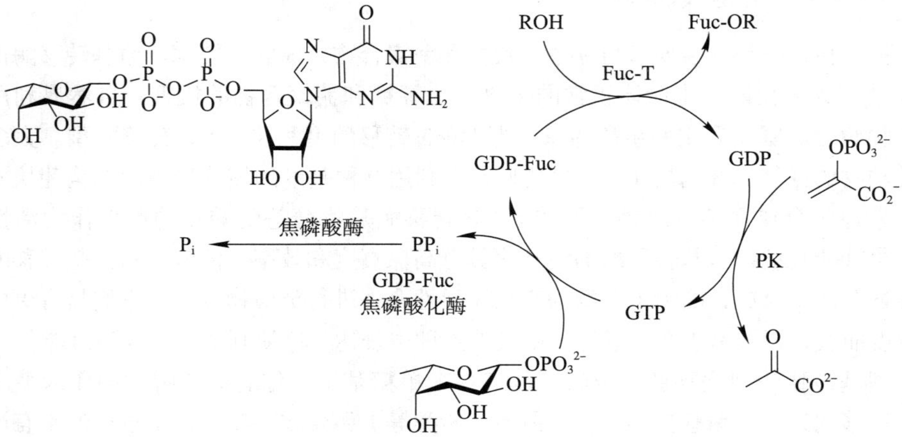

图 19.11 GDP–Fuc 的再生

扩大与合成相关的糖基转移酶以涵盖所有具有生物学意义的糖基连接并增加市售酶的数量无疑将推动这一领域的发展。

19.4.2 糖苷酶

另一类应用于聚糖合成的酶是糖苷酶。糖苷酶又称为糖基水解酶，是一大类催化糖苷键水解的酶。糖苷酶对糖端基构型的选择性是严格、绝对的，但对于苷元结构的要求较低。在自然状态下，糖苷水解反应的离去基团是一种寡糖，亲核试剂（即糖基受体）为水，但醇或单糖也可以取代水作为亲核试剂，这就为将这类酶由水解作用转而用于糖苷键的合成提供了可能。糖苷酶用于糖苷键的合成有两种模式：一为逆水解反应；二为转糖基反应。

通常用于多糖的工业加工。由于水解的可逆性，某些条件可用于使平衡偏向糖基化产物。已知有超过 2 500 个糖苷酶，几乎针对每个糖苷键。许多糖苷酶是可商购的，或者可以很容易地在大肠杆菌中表达，这使得这些催化剂具有综合吸引力。糖苷酶由 130 多个不同的家族组成，具有不同的结构，具有相当保守的活动场所。糖苷酶的水解具有高特异性，并产生具有保留（图 19.12）或在异头碳处反转的产物。结合位点内的结构变化控制糖苷键断裂的位置；内切作用酶具有连续的结合槽，在外切糖苷酶中被阻断。糖苷酶具有明确的供体识别位点，但表现出高度的受体混杂。使用糖苷酶合成的挑战包括区域选择性差、自缩合问题以及由于竞争性水解导致的低产率。因此，在热力学条件下用天然糖苷酶合成通常产率较低，但在动力学条件下合成可行，例如，使用活化的糖基供体（氟化物、恶唑啉）、有机助溶剂或过量的糖基供体。

酶促聚糖合成领域的一个重大突破是引入了外切糖基合酶。糖苷酶活性位点亲核残基的突变消除了其水解功能并产生外切糖基合酶，其仅适用于合成。过去，许多用于合成目的的糖苷酶是外型的；然而，在过去十年中，内切糖苷酶和内切糖基合酶在同质糖蛋白的合成中变得非常宝贵。转糖苷酶或磷酸化酶的转糖基化是另一种形成糖苷键的实用方法。磷酸化酶对供体底物具有高度特异性，但它们表现出宽松的受体特异性。由于磷酸化酶价格低廉且功能强大，已被用于工业合成某些简单的二糖和三糖。

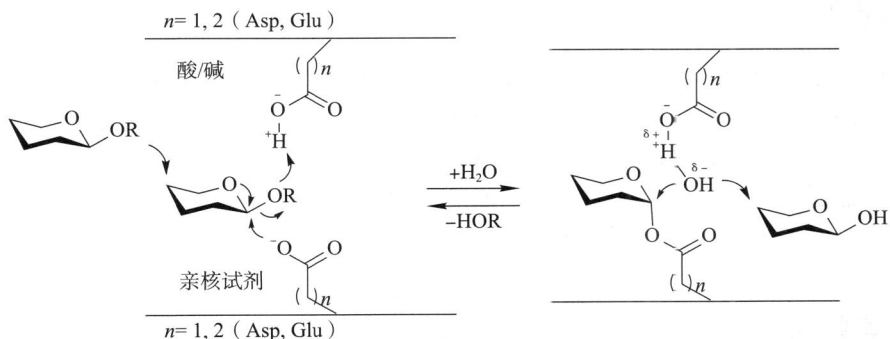

图 19.12　保留催化位点的糖苷酶含有两个氨基酸残基

一个作为酸或碱（Glu 或 Asp），另一个作为亲核试剂（Glu 或 Asp，有时是 Tyr）

酶－化学合成法是合成复杂寡、多分子的另一种方法，生物合成酶的应用不仅为糖苷键的形成提供了高的区域选择性和立体选择性，而且解决了化学合成所需的保护和脱保护步骤问题，细菌对应物的发现和生物工程技术的进步使复杂聚糖合得到了突破。

小结

寡糖产品因其丰富的生物活性日益受到重视，在医药、农业、食品、纺织等领域的开发和应用已经比较广泛，产品前景十分广阔。中国丰富的天然资源为活性寡糖、多糖的开发利用提供了得天独厚的条件，然而由于糖种类繁多、结构相对复杂、分离纯化难度较大等诸多因素，给天然活性寡糖、多糖的研究和应用带来了不少的挑战。运用不同分离纯化技术和合成方法对各种活性寡糖、多糖进行制备，仍然是开发糖类产品研究工作的重点。制备寡糖、多糖的方法很多，并且各自具有不同的特点，因此在联合使用前必须设计合理，扬长避短、优势互补，根据不同的需要选择适当的制备方法是生产寡糖、多糖的关键。开发用于快速制备糖类化合物的有效和通用方法无疑仍将是 21 世纪科学努力的一个重要而活跃的领域。在未来，糖科学家有望开发出简单、有效和灵活的制备糖的方法，这将补充现有的方法，并将我们获得均一的复杂寡糖、多糖的能力提高到一个显著更高的水平。

？ 思考题

1. 简述天然糖分离纯化过程中使用的方法。
2. 分析寡糖合成中常用糖基供体的种类。
3. 合成产物后处理时，固相合成寡糖和固相合成肽有什么不同？
4. "捕获－释放"纯化方法的原理是什么？
5. 简述糖基转移酶催化的寡糖合成模式。
6. 简述糖苷酶用于糖苷键的合成的两种模式。

推荐阅读

1. 蔡孟深，李中军 . 糖化学［M］. 北京：化学工业出版社，2007：1–440.
本书重点介绍了糖化学合成中的保护基化学，糖的化学反应，糖类化合物的全合成，寡糖固相合成与组合合成及其合成策略，糖的分离纯化以及结构鉴定。

2. 张树政 . 糖生物工程［M］. 北京：化学工业出版社，2012：1–284.
本书对糖生物工程涉及的基础内容进行了详细介绍，有助于全面了解糖生物工程。

更多网上学习资源

◆ 教学课件　　◆ 自测题　　◆ 参考文献

第20章 糖疫苗工程

　　糖疫苗工程是生物技术的重要分支，糖疫苗起源于上世纪20年代，在人类对抗感染性疾病中起到重要的作用。糖疫苗工程是建立在免疫学、微生物学、生化工程等学科与技术之上的。一般是指利用免疫学知识筛选和设计糖类抗原，通过微生物代谢生产糖类抗原，采用现代化学生物学技术手段研发新型糖类疫苗，为人类生产有用的产品。糖疫苗工程的内容包括糖的免疫应答研究、多糖结合疫苗生产、糖链免疫表位解析等方面。经过近百年的发展，糖疫苗工程已经涵盖细菌感染性疾病的预防和治疗、肿瘤的免疫治疗等诸多方面，对人类生活产生诸多影响。本章就糖的免疫应答、典型糖疫苗产品和工艺、糖链免疫表位解析、新型糖疫苗研发等方面做阐述。

Carbohydrate-based vaccine engineering is an important branch of biotechnology. Carbohydrate-based vaccine originated in 1920s, played an important role in the battle against infectious diseases. Carbohydrate-based vaccine engineering, based on immunology, microbiology, biochemical engineering and other technologies and theories, is a technology that screens and designs carbohydrate antigens with immunology, produces carbohydrate antigens through microbial metabolism, and develops novel carbohydrate-based vaccine through modern chemical biological technologies. Immune response study of carbohydrates, production of glycoconjugate vaccines, and immune epitope elucidation of carbohydrate antigens are the predominant contents in carbohydrate-based vaccine engineering. Through nearly 100 years of development, this field covers prevention and treatment of bacterial infectious diseases, and immunotherapy of tumor, has had an important impact on people's lives. This chapter describes immune response study of carbohydrates, production of glycoconjugate vaccines, immune epitope elucidation of carbohydrate antigens and development of novel carbohydrate-based vaccine.

▶▶ **知识导图**

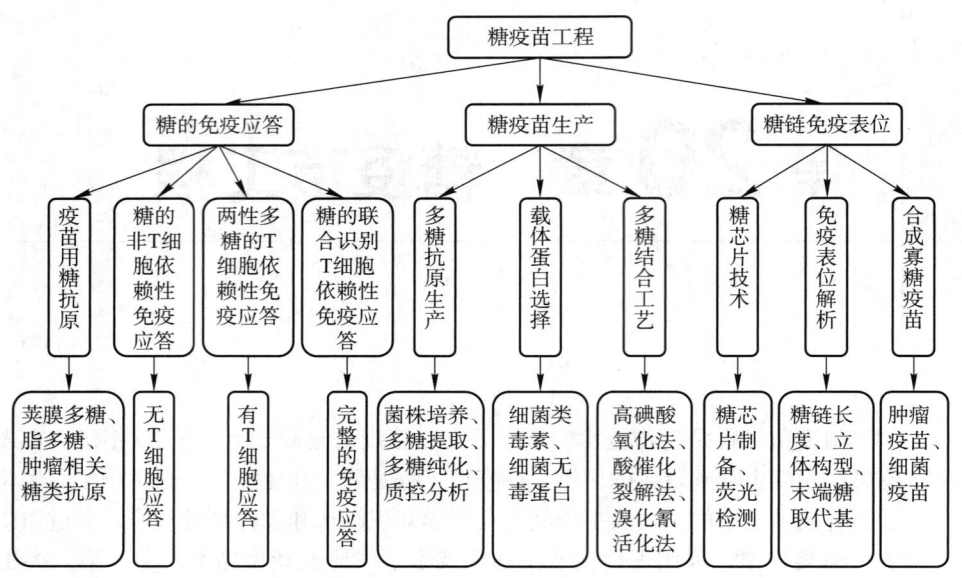

▶▶ **学习指南**

➢ 了解：糖疫苗的发展历程。
➢ 重点：糖的免疫应答、糖疫苗生产工艺、糖链免疫表位解析。
➢ 难点：新型糖疫苗的研发。

20.1　糖的免疫应答

20.1.1　疫苗用糖抗原

　　糖类物质广泛存在于各种细胞表面，相较于人体细胞，细菌细胞表面糖类物质的组成存在显著差异。革兰氏阴性菌细胞壁组成包括肽聚糖（peptidoglycan）、胞壁周质葡聚糖（periplasmic glucan）和脂多糖（lipopolysaccharide），而黏菌株则存在荚膜多糖（capsular polysaccharide）。革兰氏阳性菌细胞壁无外膜，肽聚糖层更厚且含有特殊化的多糖磷壁酸。其中，细菌脂多糖和荚膜多糖的糖链结构表现出了突出的菌株特异性，而其他细菌表面糖类物质则普遍为通用结构。脂多糖结构分为脂 A（内毒素），核心区和 O– 抗原。脂 A 可将脂多糖锚定在外膜上，由两个 β（1→6）连接的磷酸化葡萄糖胺构成基本骨架，其糖环 2 号位氨基和 3 号位羟基修饰有脂肪酰基。核心区通

常由酮基 – 脱氧辛酮糖酸、庚糖等组成，可分为外核心区和内核心区，通常含有
10 ~ 15 个糖单元。同一细菌不同菌株的核心多糖具有高度保守性，而不同细菌之间
存在差异。此外，核心多糖可刺激免疫系统产生特异性抗体，是细菌疫苗开发的重要
靶点。O– 抗原为寡糖重复单元组成的多糖链，重复单元通常含有 2 ~ 8 个糖单元，一
般不超过 50 个重复单元。细菌 O– 抗原在单糖组成、端基位构型、连接顺序和取代
基等方面均表现出菌株特异性，是脂多糖血清分型的基础。细菌荚膜多糖为重复单元
组成的多糖链，其重复单元通常由 2 ~ 8 个单糖组成。与脂多糖 O– 抗原相似，荚膜
多糖在结构上表现出极高的多样性，同一种细菌可表达高达数十种类型的荚膜多糖，
而不同细菌之间也可能表达相同类型的荚膜多糖。综上，细菌表面的脂多糖核心结
构、O– 抗原、荚膜多糖普遍具有高度的结构特异性，且其免疫应答（immune
response）的可靠性也较高，被广泛应用于感染性疾病的疫苗开发。相较于人体正常
细胞，人体肿瘤细胞普遍具有糖基化异常现象，如特定结构的丧失或过度表达，前体
的堆积，以及产生新结构。已知的肿瘤相关糖类抗原（tumor associated carbohydrate
antigen，TACA）包括黏蛋白聚糖、神经节苷脂类聚糖、Globo 系统聚糖和血型寡糖等
（图 20.1）。此类结构特异性糖链已成为针对肿瘤免疫治疗方法（tumor immunotherapy）
开发的重要靶点。

◆ 发现之路 20–1
多糖免疫活性的
发现

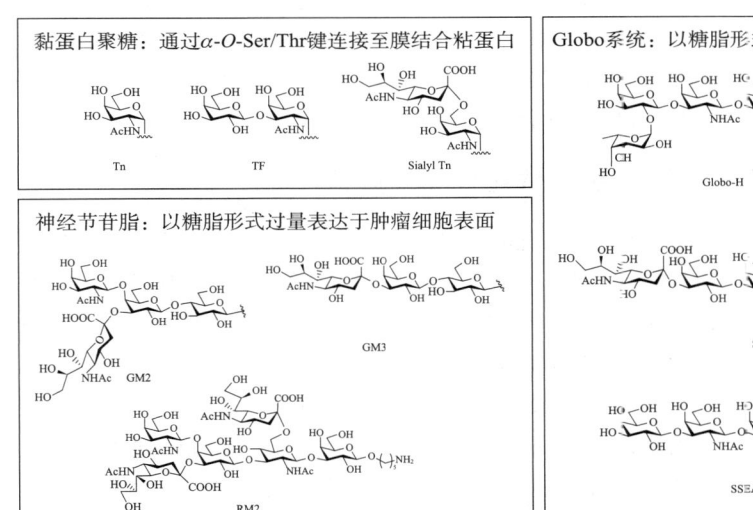
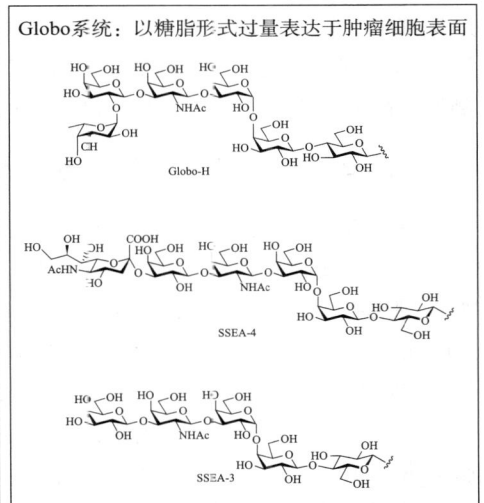
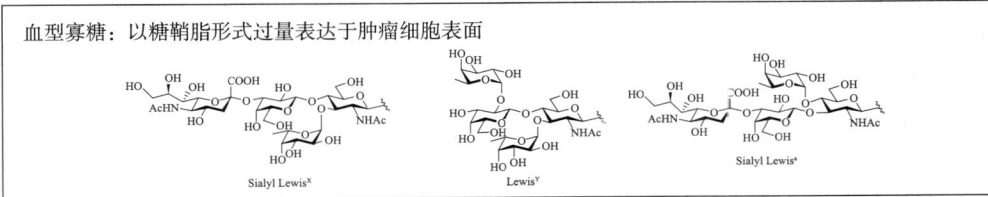

图 20.1　肿瘤相关糖类抗原

20.1.2　糖的非 T 细胞依赖性免疫应答

多糖是 T 细胞非依赖性抗原（T cell–independent antigen，TI），虽可刺激人体免疫
系统产生抗体应答，却无法介导典型 T 细胞应答。因此，多糖通常仅可刺激免疫系统

产生短期的 IgM 免疫应答，无法进一步刺激机体产生亲和力成熟（affinity maturation）和免疫记忆性（immune memory）。按照 B 细胞的活化机理，T 细胞非依赖性抗原可分为两种类型。1 型 T 细胞非依赖性（TI-1）抗原可通过一种 B 细胞有丝分裂促进作用介导 B 细胞的分化（differentiation of B cells），能同时激活未成熟和成熟的 B 细胞。而多糖类物质则是 2 型 T 细胞非依赖性（TI-2）抗原，无法刺激 B 细胞的成熟，仅能激活成熟的 B 细胞。B 细胞对于这类 TI-2 抗原的特异性应答产生的 IgM 抗体可包被于细菌表面，促进致病菌被巨噬细胞内吞和降解。婴儿和 5 岁以下的儿童因多数 B 细胞尚未成熟，无法在多糖抗原刺激下产生完全有效的免疫应答。

20.1.3　两性多糖的 T 细胞依赖性免疫应答

同时含有氨基等碱性基团和羧基等酸性基团的两性多糖（zwitterionic polysaccharide）具有较特殊的免疫活性，可刺激机体产生 T 细胞免疫应答，而其刺激 B 细胞产生抗体的过程与其他多糖相同。研究发现，将两性电荷结构引入非两性多糖结构中，所得糖类疫苗（carbohydrate-based vaccine）可刺激 T 细胞的活化并提高免疫效力。目前，免疫活性研究最为深入的两性多糖包括来自 1 型肺炎链球菌（*Streptococcus pneumoniae*）和脆弱拟杆菌（*Bacteroides fragilis*）的细胞表面多糖。两性多糖与 CD4$^+$ T 细胞作用，过程与蛋白质抗原的 T 细胞免疫应答相似。多糖被抗原递呈细胞吸收和降解后经 II 型主要组织相容性复合物（major histocompatibility complex II，MHC II）递呈至 T 细胞，并引起 T 细胞活化。研究发现两性多糖空间结构中外侧的电荷可与蛋白质形成盐桥，利于多糖与 MHC II 的结合。

20.1.4　糖的联合识别 T 细胞依赖性免疫应答

免疫系统中 B 细胞只能被应答相同抗原的辅助 T 细胞活化，这一过程称为联合识别。为了实现免疫应答的联合识别，可被 T 细胞识别的多肽需与 B 细胞识别的糖类物质共价结合（conjugation）形成完整 T 细胞依赖性抗原（T cell-dependent antigen）。识别糖类表位的 B 细胞将抗原内吞后，进一步将相应的糖肽表位降解并递呈至细胞表面。在感染初期，T 细胞已由递呈着相同糖肽片段的树突状细胞（dendritic cell）活化成为辅助 T 细胞（helper T cell），该辅助 T 细胞可识别相应 B 细胞促进其成熟与分化。这种利用联合识别将 T 细胞非依赖性糖类抗原转变为 T 细胞依赖性抗原的策略广泛应用于糖类疫苗的研究与开发。早在 1931 年，Oswald Theodore Avery 等就发现将多糖与载体蛋白结合，可以有效增强糖类物质的免疫原性（immunogenicity）。目前，通过将多糖与载体蛋白结合得到的糖结合疫苗（glycoconjugate vaccine）可以成功在婴儿和两岁以下儿童，老人和免疫缺陷病人（immunocompromised patient）等高风险人群中产生长期免疫保护作用。

◆ 应用案例 20-1
首个多糖结合疫苗问世

▌20.2　糖疫苗生产

1923 年，Avery 和 Michael Heidelberger 发现肺炎链球菌（*S. pneumoniae*）的荚膜多糖具有免疫活性，糖类疫苗便成为人类对抗细菌感染性疾病的有效手段。1947 年，针对肺炎链球菌的 6 价荚膜多糖疫苗上市，成为全球首款糖类疫苗。但是，抗生素治疗肺炎的巨大成功使该多糖疫苗停产。随着致病菌抗生素耐药性问题日益严重，糖类疫苗再次受到关注。至上世纪 80 年代，先后开发了针对肺炎链球菌的 14 价、17 价、23 价多糖疫苗，针对脑膜炎球菌（*Neisseria meningitides*）和 b 型流感嗜血杆菌（*Haemophilus influenzae*）也开发了多糖疫苗。然而，多糖疫苗无法在婴幼儿人群中产生保护性免疫应答，再一次限制了其应用。随着多糖结合疫苗技术的发展，自 1987 年第一种针对 b 型流感嗜血杆菌（Hib）的多糖结合疫苗上市，多款针对脑膜炎球菌（*N. meningitides*）、肺炎链球菌（*S. pneumoniae*）和伤寒沙门菌（*Salmonella typhi*）的多糖结合疫苗陆续上市。

◆ 应用案例 20-2
肺炎链球菌多糖结合疫苗

在糖结合疫苗设计过程中，需考虑三个重要因素：多糖（B 细胞表位）来源、载体（T 细胞表位）优选、结合方法开发（图 20.2）。糖类抗原多样性较高，大至细菌荚膜多糖，小至肿瘤单糖抗原。此外，天然提取多糖即可直接用作糖类抗原，也可经降解得到寡糖抗原。载体通常为蛋白质，应不仅具有高免疫原性，还存在可用于结合的多重位点，后者实现的多价抗原展示对免疫应答起重要作用。将糖类物质与载体结合的方法需要将糖类物质和 / 或载体活化。多种方法可对天然提取多糖进行活化，针对空间位阻问题，还可利用双功能连接臂来提高结合反应效率。

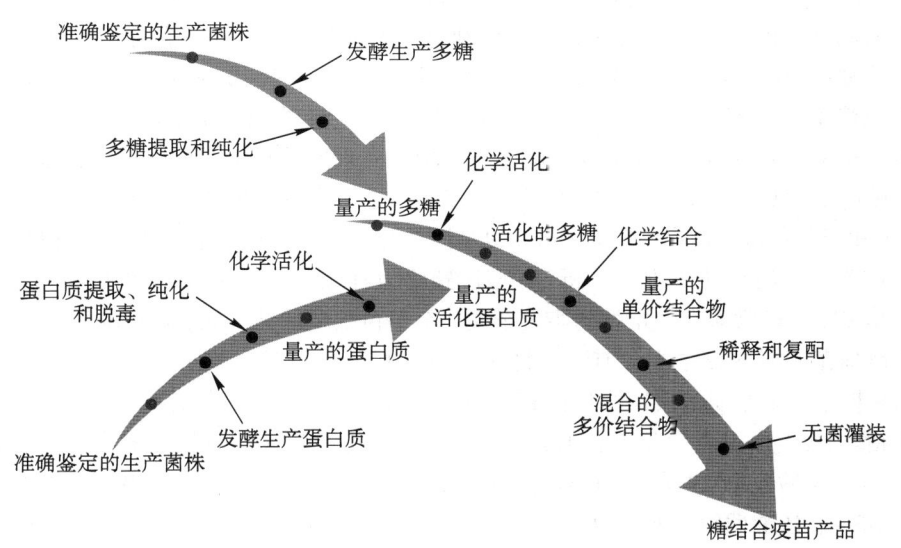

图 20.2 糖结合疫苗生产流程

20.2.1 多糖抗原生产

疫苗用多糖的生产工艺包括菌株的培养、分离和纯化。在 b 型流感嗜血杆菌（Hib）、脑膜炎球菌和伤寒沙门菌等革兰氏阴性菌中，荚膜多糖通过其结构中的脂锚链基团组装于细胞膜中。在 b 型流感嗜血杆菌和脑膜炎球菌中，荚膜多糖与脂锚链基团之间的连接极为脆弱。而在伤寒沙门菌 Vi 型荚膜多糖中，结构中脂锚链基团与脂多糖的脂 A 片段类似，具有较高的稳定性。另一方面，革兰氏阳性菌的荚膜多糖则是通过共价键结合至细胞壁中的肽聚糖上。细菌多糖多为阴离子多糖，一些为不带电荷多糖（如 7F 和 14 型肺炎链球菌荚膜多糖），也有少数为两性多糖（如 1 型肺炎链球菌荚膜多糖）。多糖的结构特点对于其生产工艺存在着较为显著的影响。

多糖生产菌株的培养需避免引入动物源性物质，如肺炎链球菌荚膜多糖的生产采用大豆培养基。发酵结束后，致病微生物需充分杀灭，常用的技术包括甲醛处理，苯酚处理和 56℃ 加热处理。热处理通常可导致稳定性较差的焦磷酸酯断链，促进多糖释放。可通过异丙醇或其他有机溶剂沉淀，十六烷基三甲基溴化铵（cetyl trimethyl ammonium bromide，CTAB）共沉淀阴离子多糖等技术的结合应用实现细菌荚膜多糖的初步纯化。此外，分级 CTAB 沉淀也可用于除去杂质。残留的核酸类杂质可通过核酸酶消化和渗滤进行去除。渗滤技术在除去多糖中小分子杂质中发挥关键作用。阴离子交换色谱（anion-exchange chromatography）和凝胶渗透色谱（gel permeation chromatography）等技术也可用于细菌多糖的纯化。经过最后一步有机溶剂沉淀和常温干燥处理，多糖成品以一定含水量的粉末状产品保存。通常，多糖成品具有极大的吸湿性，且含有 5% ~ 30% 的挥发性成分。

制备细菌多糖成品后，开展多糖结构表征和质控分析是疫苗生产中不可或缺的部分。以肺炎链球菌荚膜多糖为例，其质控分析通常包括：含水量、乙醇含量、结构鉴定、分子量分布、残留蛋白含量、残留核酸含量、磷含量、氮含量、O- 乙酰基含量、氨基己糖含量、甲基戊糖含量、糖醛酸含量、荚膜多糖含量和内毒素含量等。细菌荚膜多糖成品中的杂质可分为两大类，分别是多糖纯化过程中引入的小分子物质和多糖发酵过程中产生的大分子物质。常见的小分子物质为多糖沉淀过程中引入的 CTAB 和有机溶剂，可通过色谱法（chromatography）或定量核磁共振波谱法（quantitative nuclear magnetic resonance spectroscopy，qNMR）实现定性和定量分析。肺炎链球菌荚膜多糖中最常见的大分子杂质是肺炎 C- 多糖，主要来自肺炎链球菌磷壁酸（teichoic acid）和脂磷壁酸（lipoteichoic acid）的多糖部分，其含量可以通过磷和氮含量测定、定量核磁共振波谱法等进行分析。b 型流感嗜血杆菌、脑膜炎球菌和伤寒沙门菌 Vi 型荚膜多糖中通常含有一定的脂类杂质。金黄色葡萄球菌（*Staphylococcus aureus*）、肺炎链球菌荚膜多糖中则含有肽聚糖（peptidoglycan）片段。世界卫生组织建议了疫苗用多糖中主要杂质的残留指标：b 型流感嗜血杆菌荚膜多糖中蛋白质残留 ≤1%、核酸残留 ≤1%、内毒素含量 ≤10 IU/μg 多糖；脑膜炎球菌 A/C 型荚膜多糖中蛋白质残留 ≤1%、核酸残留 ≤1%、内毒素含量 ≤100 IU/μg 多糖；肺炎链球菌荚膜多糖中蛋白残留 ≤3%、核酸残留 ≤2%、内毒素含量 ≤0.1 IU/μg 多糖；伤寒沙门菌 Vi 型荚膜多糖中蛋白残留 ≤1%、核酸残留 ≤2%、内毒素含量 ≤150 IU/μg 多糖。

细菌多糖的结构具有较强的遗传保守性，主要的不均一性来自 O- 乙酰化修饰。细菌多糖具有较高的柔性，例如葛兰素史克 10 价肺炎疫苗 Synflorix 生产中所用 10 种肺炎链球菌荚膜多糖的持续长度均在 4 ~ 9 nm 之间。较高的柔性使得多糖的核磁共振波谱具有相对较窄的线宽，便于核磁共振波谱技术开展多糖的结构表征和质控分析。目前，核磁共振技术已成为多糖结构鉴定、确证的主要手段，尤其二维核磁谱图的应用。对于已知结构的多糖成品，将待测样品的核磁共振谱图与多糖的标准核磁共振谱图作直观对比，已成为细菌多糖生产的行业标准。

多糖产品的定量方法主要为化学比色法（chemical colorimetry）、高效阴离子交换色谱法（high performance anion exchange chromatography，HPAEC）。各种化学比色法

对不同类型糖类物质具有特异性，如测定戊糖含量的地衣酚方法、测定唾液酸含量的间苯二酚方法、测定总糖含量的蒽酮法。药典中已列出了各种糖类物质组分定量测定方法，其实际应用中需选择合适的标准物制备标准曲线。对于伤寒沙门菌 Vi 荚膜多糖，其结构中 O- 乙酰化度达到 100%，因此可通过 O- 乙酰基含量测定对多糖进行定量。多糖可经稀酸、稀碱或强碱处理降解为单糖或二糖，经高效阴离子交换色谱法测定特定单糖含量。近年来，定量核磁共振法作为一种灵活的分析工具，已被用于开发细菌多糖定量测定的新方法，如用于 Hib 荚膜多糖、肺炎链球菌荚膜多糖、脑膜炎球菌荚膜多糖及其乙酰基含量测定的定量 ^{1}H-NMR，以及用于 Hib 荚膜多糖，肺炎链球菌 C- 多糖中磷含量测定的定量 ^{31}P-NMR 法。尹健等发展了基于单一内标物的定量 ^{1}H-NMR 和 ^{31}P-NMR 法，实现了 Hib 荚膜多糖中核糖和磷含量的同步测定。此外，火箭免疫电泳法（rocket immunoelectrophoresis）也可用于多糖含量的测定，尤其是多糖混合物中特定多糖的定量分析。

多种疫苗用细菌多糖含有 O- 乙酰化修饰，脑膜炎球菌的 4 种血清型荚膜多糖、部分肺炎链球菌血清型荚膜多糖以及伤寒沙门菌 Vi 型荚膜多糖均需要开展 O- 乙酰化修饰度的检测。O- 乙酰化修饰度可以通过 Hestrin 比色法、核磁共振波谱法等进行准确测定。O- 乙酰化修饰对多糖免疫活性产生不同程度影响，伤寒沙门菌 Vi 型荚膜多糖的 O- 乙酰化修饰对其免疫活性起促进作用，脑膜炎球菌 A 型荚膜多糖的 O- 乙酰化修饰对其免疫活性的影响仍存在争议，而脑膜炎球菌 C 和 Y 型荚膜多糖的 O- 乙酰化修饰则对其免疫活性起抑制作用。肺炎链球菌荚膜多糖结构中的 O- 乙酰化修饰在免疫应答中所起作用尚无明确信息。在疫苗实际生产中，脑膜炎球菌 A 型荚膜多糖、肺炎链球菌 18C 型荚膜多糖等抗原会被特意脱去 O- 乙酰基，既能提高其免疫活性，又因去除了碱敏感性酯基而简化了生产过程。

相较于第一代多糖疫苗依赖于一定长度糖链，第二代多糖结合疫苗所需的多糖分子大小范围更广，实际生产中天然多糖通常经降解为较小分子大小糖链后制备多糖结合物。多糖分子大小可以通过琼脂糖凝胶色谱（agarose gel chromatography）分离法进行测定，Hib 和肺炎链球菌的荚膜多糖在分子大小色谱分析中以特定最大洗脱峰为标准，而脑膜炎球菌和伤寒沙门菌 Vi 型荚膜多糖则是以特定洗脱物比例为标准。近年来，基于刚性基质的高效液相排阻色谱技术（high-pressure size exclusion chromatography，HPSEC）也在多糖的分子大小测定中得到广泛应用。默克公司在肺炎链球菌荚膜多糖的分析中采用 HPSEC- 折射率（refractive index）- 多角度激光光散射（multi-angle laser light scattering，MALLS）联合技术，同步测定多糖的分子大小和分子量。这一方法的优势在于不依赖于分离基质，但仍需对特定多糖洗脱液的折光指数增量进行测算。

20.2.2 载体蛋白选择

基于多糖结合疫苗的联合识别原理，载体蛋白对于将 T 细胞非依赖性多糖转变为 T 细胞依赖性抗原发挥关键作用。目前，实际生产中应用的载体蛋白可以分为两类：一种是细菌类毒素（bacterial toxoid），如破伤风类毒素（tetanus toxoid，TT）或白喉类毒素（diphtheria toxoid，DT）；另一种是细菌源性的无毒蛋白，如细胞表面蛋白，其中部分非类毒素蛋白是重组物（表 20.1）。类毒素的确证可以通过免疫化学方法实现，包括絮凝（flocculation）、放射免疫扩散（radioimmunodiffusion）和浊度法（nephelometry）等免疫沉淀法（immunoprecipitation），火箭免疫电泳法（rocket immunoelectrophoresis），免疫印迹（immunoblot）和酶联免疫吸附测定（enzyme linked immunosorbent assay，ELISA）等免疫酶法。白喉类毒素和破伤风类毒素的生产一致性可利用高效体积排阻色谱（HPSEC）-静态光散射检测器（static light scattering detector）技术，通过对于单体、二聚体和其他聚合物的含量分析进行监测。通常，破伤风类毒素和白喉类毒素的抗原纯度以絮状沉淀试验测定，其测定值需高于1 500 Lf U/mg，其中 Lf 是指絮状单位，能和一个单位抗毒素最先发生絮状沉淀反应的类毒素（或毒素）的量称为一个絮状沉淀。相较于类毒素疫苗，作为多糖结合疫苗中载体蛋白的类毒素的质量测定比絮状沉淀试验结果更能反映其有效含量。此外，对于载体蛋白中裸露氨基的测定将有助于明确其在结合过程中的使用效率。

表 20.1　糖类疫苗研究与开发中常用载体蛋白

载体蛋白	来源	分子量	是否用于上市糖疫苗
白喉类毒素（DT）	白喉杆菌的白喉毒素经甲醛脱毒处理	单一肽链，分子质量为 62 kDa	用于 Hib 疫苗、脑膜炎球菌疫苗和肺炎链球菌疫苗
破伤风类毒素（TT）	破伤风梭菌的破伤风毒素经甲醛脱毒处理	两条肽链（53 和 107 kDa）经二硫键组成，分子质量为 150 kDa	广泛用于 Hib，脑膜炎球菌和肺炎链球菌疫苗
白喉毒素突变体（CRM$_{197}$）	白喉毒素的酶促失活和脱毒突变体	单一肽链，分子质量为 63 kDa	广泛用于肺炎链球菌疫苗
外膜蛋白（OMP）	脑膜炎奈瑟菌 B1 型外膜蛋白	五条肽链（46、41、38、33 和 28 kDa）组成	用于 Hib 疫苗
流感嗜血杆菌蛋白 D（PHiD）	流感嗜血杆菌细胞表面蛋白	单一肽链，分子质量为 42 kDa	用于肺炎链球菌疫苗
钥孔血蓝蛋白（KLH）	钥孔贝表达的金属蛋白	多亚基超大蛋白质，分子质量为 5 000 kDa	未用于上市糖类疫苗
牛血清白蛋白（BSA）	牛血清中的一种球蛋白	单一肽链，分子质量为 67 kDa	未用于上市糖类疫苗

白喉毒素突变体 CRM197 是一种极为重要的载体蛋白，其最初是通过白喉梭菌（*Clostridium diphtheriae*）菌株 C7 发酵直接产生的天然蛋白，目前更多的是荧光假单胞菌（*Pseudomonas fluorescens*）和大肠杆菌（*Escherichia coli*）生产的重组蛋白。CRM197 结构中含有暴露在表面的含三个精氨酸的环区，在培养基中蛋白酶的作用下切断，导致蛋白质结构中形成了缺口和域交换二聚体。因此，CRM197 的生产过程需严格控制以降低结构中缺口比例，确保多糖结合疫苗生产中所用 CRM197 的纯度高于 90%。此外，流感嗜血杆菌重组蛋白 D 的胞外域（PHiD）（用于葛兰素史克肺炎球菌疫苗 Synflorix）、铜绿假单胞菌（*Pseudomonas aeruginosa*）重组胞外蛋白 A（rEPA）

（用于伤寒沙门菌 Vi 型疫苗）也是较为常用的载体蛋白。

20.2.3　多糖结合工艺

多糖与载体蛋白的结合是糖结合疫苗研发和生产中的关键步骤。由于两种组分的天然结构中没有互补的活性基团，结合过程一般需预先活化多糖和/或载体蛋白。通常，双功能基连接臂在多糖与蛋白质结合中有广泛应用。多糖结构中的羟基、邻二醇和羧基是最常用的活性基团，而一些多糖结构中氨基和磷酸二酯也可用于结合反应。此外，对于经过降解处理的多糖，还可利用其还原端的醛基开展结合反应。载体蛋白结构中的羧基，氨基和巯基在结合过程中被广泛应用。开展多糖和载体蛋白结合需充分考虑多糖重复单元的结构特点，如单糖类型、活性基团等。此外，为了获得更好的结合效率，有时还会调整多糖的结构，如通过化学处理脱去乙酰基，提高高碘酸氧化法所需的邻二醇含量。由于活化的多糖无法准确分离纯化，难以对活化多糖开展结构表征和质控，而多糖的活化反应的一致性通常是根据制备得到的结合物一致性加以判断。目前，常用的多糖和蛋白质结合方法包括邻二醇的高碘酸氧化法（periodate oxidation）、酸催化裂解法（acid-catalyzed depolymerisation）、溴化氰活化法（cyanogen bromide activation）、糖醛酸偶联法（linker through uronic acids）、1,1′-羰基二咪唑活化法（activation with 1,1′-carbonyldiimidazole）。

邻二醇的高碘酸氧化法是利用高碘酸钠与多糖结构中的邻二醇反应，在邻二醇断开的同时产生了醛基，在氰基硼氢化钠作用下多糖的醛基与蛋白的氨基发生还原胺化反应实现多糖蛋白结合，最后以硼氢化钠将剩余的醛基还原为羟基，通过透滤法除去未结合多糖便可获得多糖蛋白结合物。该方法仅能在邻二醇处反应，当反应位点为多糖骨架中的非环体系时，多糖链将在活化的同时解聚，如 b 型流感嗜血杆菌荚膜多糖中的核糖醇和 C 型脑膜炎球菌荚膜多糖中的侧链（图 20.3）。多糖解聚的程度可通过调整多糖和高碘酸盐投料比例进行控制。多糖解聚后分子量可通过化学比色法（总糖和醛基含量）和色谱分析法测定。解聚后糖链与载体蛋白结合物为球链状结合物（spherical chain conjugate），结合率通常为每个蛋白结合 6~8 个糖链。当氧化位点为糖环体系时，多糖不会发生解聚，并形成交联网状结合物（cross linked reticular conjugate）（图 20.4）。通过将载体蛋白上的羧基转化为活性的酰肼，可有效提高结合率。多糖结合位点的数量和结合交联程度可以通过调整氧化剂用量加以控制。

酸催化裂解法通常用于结构中含有酸敏感性基团的多糖结合工艺。b 型流感嗜血杆菌荚膜多糖核糖苷键，C、W 和 Y 型脑膜炎球菌荚膜多糖的神经氨酸苷键，A 型脑膜炎球菌荚膜多糖的端基磷酸二酯键在稀酸催化下较易断裂，可通过旋光度监测（optical rotation monitoring）获得一定聚合度的降解糖链。鉴于裸露醛基的比例并不高，无法直接通过还原胺化实现多糖与蛋白的结合，可通过高浓度的铵盐将其还原胺化为氨基糖，进一步经过量的双功能羧酸［如己二酸二（N-羟基琥珀酰亚胺基）酯］活化后与载体蛋白结合。该方法中糖链与载体蛋白结合物为球链状结合物，结合率通常为每个蛋白结合 8~10 个糖链（图 20.5）。

溴化氰或 1-氰基-4-氨基吡啶（1-cyano-4-aminopyricine，CDAP）可以随机活化多糖羟基得到低稳定性的氰酸酯，进一步与过量的己二酸二酰肼（adipic acid dihydrazide，ADH）或 1,6-二氨基己烷反应使多糖结构中修饰有一定量的酰肼基团。

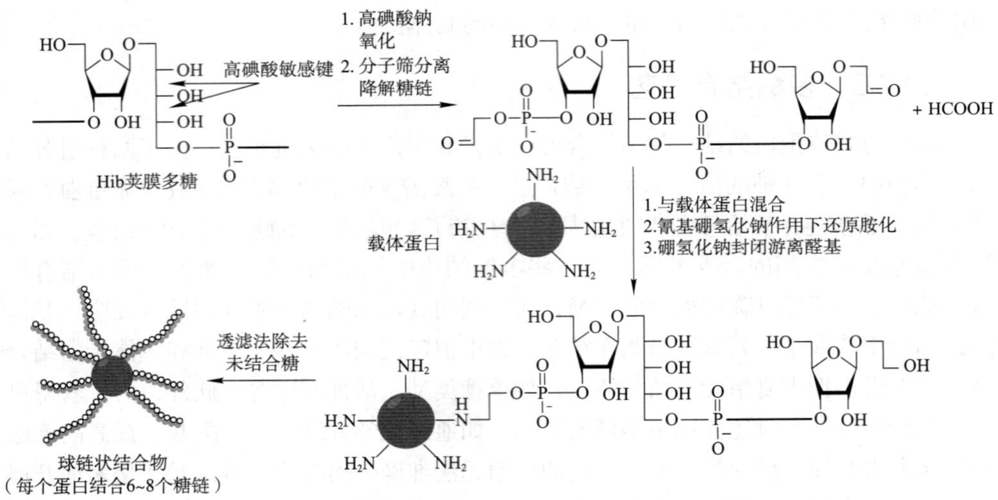

图 20.3　邻二醇的高碘酸氧化法（糖链解聚）

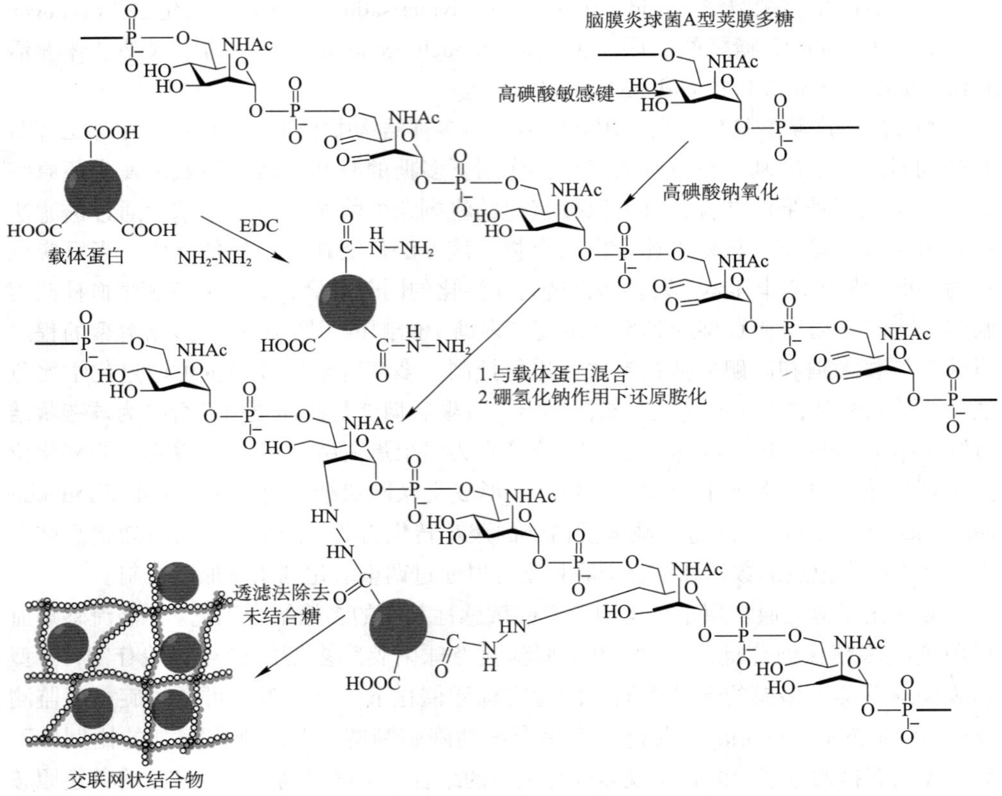

图 20.4　邻二醇的高碘酸氧化法（糖链未解聚）

在 EDC 作用下随机活化载体蛋白羧基，活化多糖以酰肼或酰胺键形式连接至载体蛋白羧基上，完成糖蛋白结合（图 20.6）。类毒素载体蛋白通常采用这种方法开展多糖结合物的制备。这种多糖和载体蛋白结构中多位点活化的结合方法所得糖蛋白结合物为交联网状结合物。

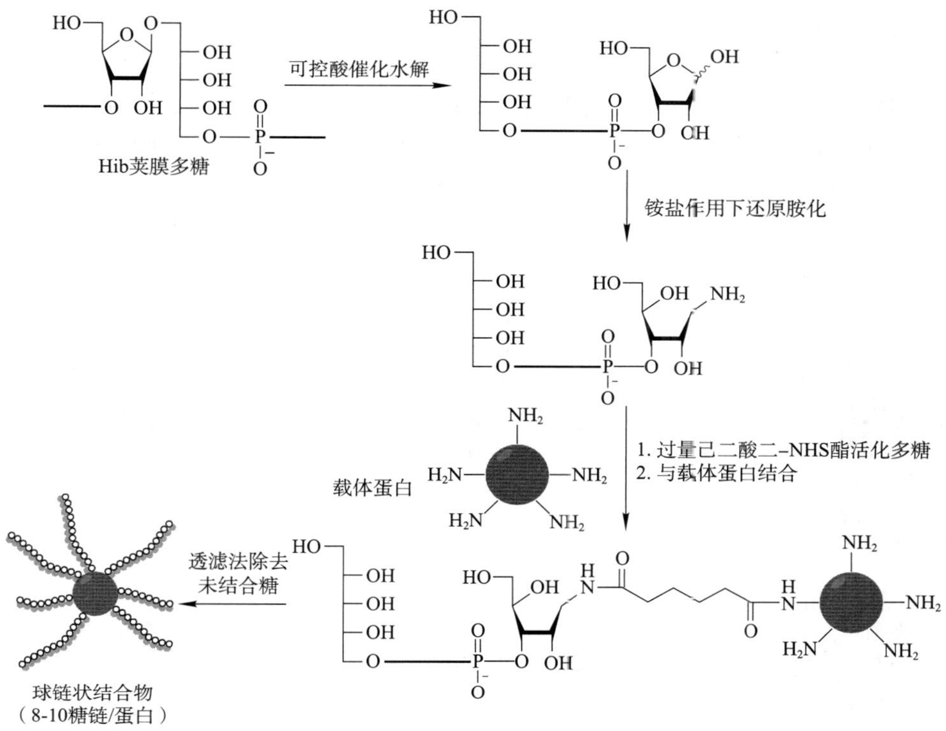

图 20.5　酸催化裂解法

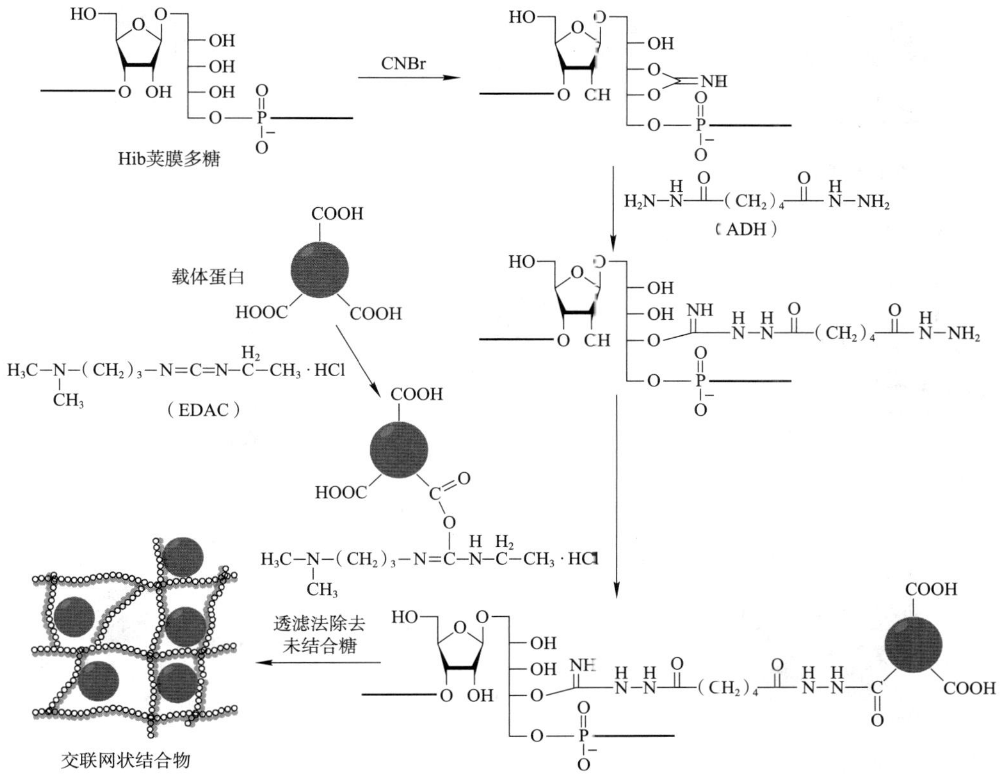

图 20.6　溴化氰活化法

糖醛酸偶联方法在伤寒沙门菌 Vi 型荚膜多糖结合载体蛋白中发挥重要作用（图 20.7）。由于其结构中无裸露羟基，无法通过常用的羟基活化方法开展蛋白质结合。针对多糖链中糖醛酸的羧基，利用 EDC 催化的酰胺缩合可对糖链修饰巯基或肼基，进一步可以偶联至载体蛋白的氨基或羧基上，完成糖结合物的制备。糖醛酸偶联方法制备得到的多糖蛋白结合物为交联网状结合物。

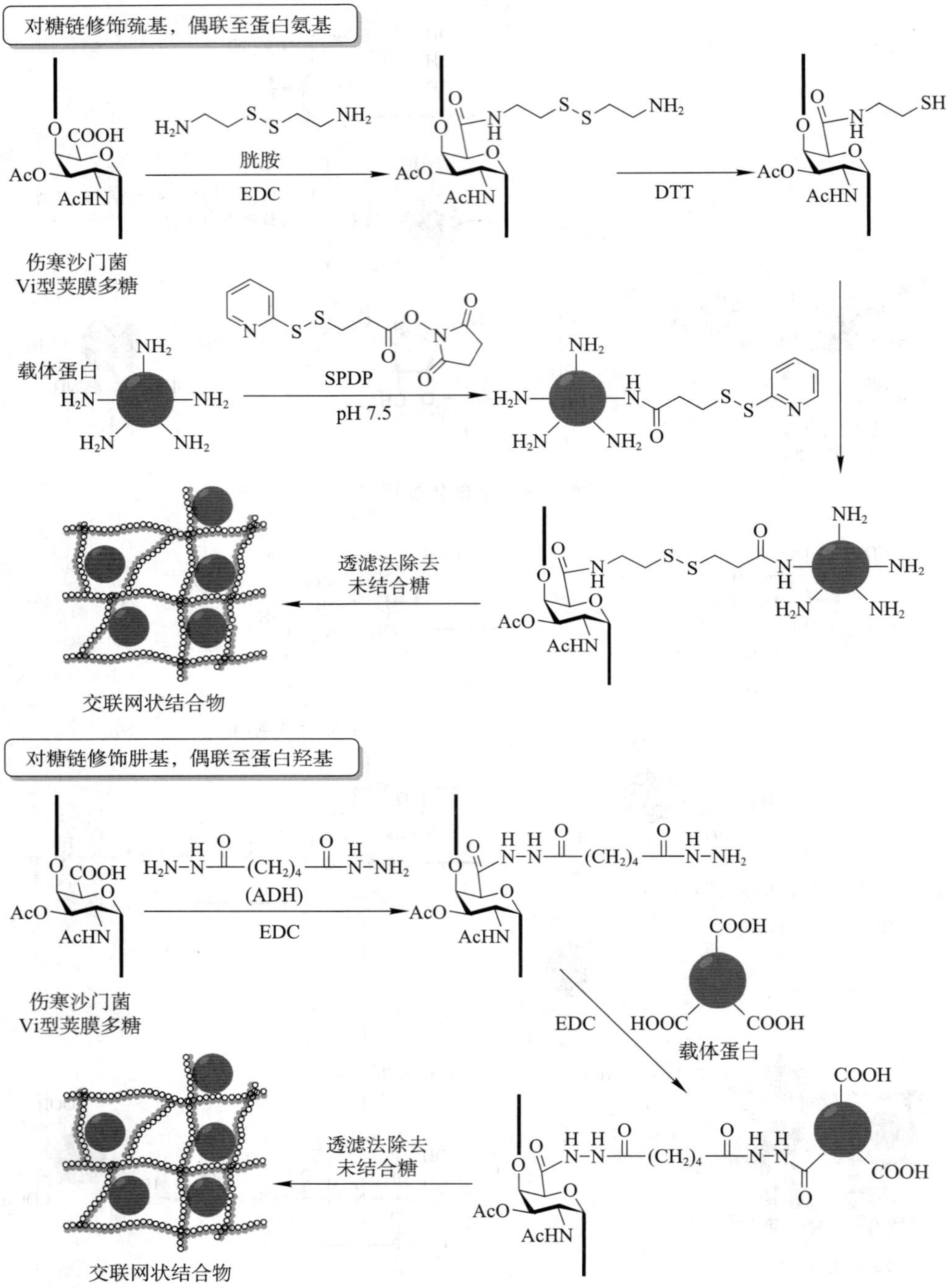

图 20.7　糖醛酸偶联方法

1,1′- 羰基二咪唑活化法由默克公司开发，利月 1,1′- 羰基二咪唑活化 b 型流感嗜血杆菌荚膜多糖的羟基，进一步与 1,4- 二氨基丁烷连接臂和活性 2- 溴乙酸酯反应，成功完成多糖链的溴代。利用 N- 乙酰基同型半胱氨酸，乙二胺四乙酸（EDTA）和二硫苏糖醇活化载体蛋白的氨基，通过巯基与溴代乙酰基的反应实现多糖与载体蛋白结合。

20.3 糖链免疫表位

明确免疫表位结构是糖链抗原设计的重要基础，随着糖合成方法的发展，基于合成制备的寡糖产品，围绕细菌多糖抗原的构效关系解析已形成了一个标准医药化学方法。该方法包括如下步骤：①制备细菌多糖血清或特异性单克隆抗体；②合成天然结构的寡糖片段；③合成一系列寡糖结构模拟物；④通过比较天然结构和模拟物的免疫活性差异确定糖链抗原表位。酶联免疫法（ELISA）是最早用于糖链免疫活性评价的方法，从分子水平提供了糖链片段与特异性抗体结合能力的有效信息。近年来，糖芯片技术（glycan microarray technology）被广泛用于糖链抗原表位的解析。

20.3.1 糖芯片技术

生物芯片（bioarray）是将寡核苷酸、蛋白质、多肽、多糖、寡糖等生物分子固定于基质上形成的生物分子点阵。生物芯片与待测物质进行杂交，通过待测物质自身荧光标记或特异性抗体的荧光标记检测每个探针分子的杂交信号强度，进而实现生物分子间特异性相互作用的定性和定量分析。糖芯片技术因具有高通量、高灵敏度、样品消耗量少等特点，被广泛应用于糖类化合物与生物大分子之间的相互作用研究。用作糖芯片制备的糖类物质包括提取纯化的多糖和合成制备的寡糖。将糖链固定化于固相载体的技术是制备糖芯片的关键步骤，固定化方法可以分为非共价结合（noncovalent immobilization）和共价结合（covalent immobilization）两大类，进一步又可分为位点非特异性（site-nonspecific attachment）和位点特异性（site-specific attachment）两类。糖链的非共价固定化依赖于游离或衍生的多糖吸附于修饰或未经修饰的固相载体。最简单的方法为将游离多糖以位点非特异性形式结合于硝化纤维素（nitrocellulose）或氧化黑色聚苯乙烯（oxidized black polystyrene）载玻片表面，这种方法中多糖链需达到一定分子大小，以便与载体表面形成足够的接触面积。相较于传统的 ELISA 方法，这种多糖的非共价固定化方法无需将多糖与蛋白质缀合，提高了其操作便利性。将分子量较小的寡糖链制备为糖芯片时，虽然已有各种非共价固定化方法被开发，但目前应用最多的仍为共价固定化方法。在各种位点非特异性固定化方法中，最简单的共价固定化方法为将未经修饰的糖链固定化于修饰的固相表面，常用的载体修饰基团为芳基三氟甲基二嗪、4- 叠氮 -2,3,5,6- 四氟苯基、邻苯二甲酰亚胺基等光敏基团。此外，利用亚硼酸修饰的玻片可将未修饰糖链固定化于玻片表面，这一结合过程基于亚硼酸和糖环中 1,2- 二醇、1,3- 二醇的反应。近年来，各种共价、位点特异性方法被开发和应用于糖芯片的制备。该方法需对多糖和载体表面均开展化学修饰，利用多糖链还原端的端基位上连接的修饰基团与载体表面特异性基团共价结合。鉴于在合成寡糖过程中可以方便地组装相应的连接臂，这一类固定化方法在合成寡糖的糖芯片制备中应用最为广泛。常见的活性基团组合为马来酰亚胺 – 巯基、二硫键、二烯 – 亲双烯体、氨基 – 三聚氯氰、氨基 –N– 羟基琥珀酰亚胺（NHS）酯、氨基 – 醛基、肼 – 环氧化物、叠氮 – 炔烃等。糖芯片的检测方法包括荧光标记蛋白质直接或间接结合至芯片表面糖链，通过荧光扫描仪对于结合作用强度进行定性和定量分析。在糖链抗原表位解析研究中普遍使用相应的荧光标记二抗对糖链特异性抗体进行测定，为从分子层面明确糖链的关键抗原表位提供了有力技术支撑。

20.3.2　糖链免疫表位解析

糖链抗原的 B 细胞表位可以分为两类：一类是序列（连续的）表位 [sequential（continuous）epitope]，另一种是构象（非连续的）表位 [conformational（discontinuous）epitope]。序列 B 细胞表位通常是抗原的初级结构，而构象 B 细胞表位则是在折叠的 3D 结构中邻近的结构域。由于构象表位是多糖的某一个远程二级结构，需由多个重复单元组成的长糖链中才可获得，如 B 族链球菌（group B streptococci）的 Ⅲ 型荚膜多糖的表位是五个重复单元长度的螺旋结构糖链。相反，肺炎链球菌 3 型、6A 型、6B 型和 14 型荚膜多糖的序列表位为具有较小链长的寡糖链。研究发现，糖链的长度对其免疫活性有重要影响，美国科学家 John B. Robbins 等在利用痢疾志贺菌（*Shigella dysenteriae*）O– 抗原开展合成寡糖疫苗研究时，发现其四糖重复单元无免疫原性，而将糖链长度延伸至八糖则表现出良好的免疫原性。我国科学家叶新山等通过伤寒沙门菌 Vi 荚膜多糖不同长度片段的合成和免疫活性评价，发现六糖醛酸是最小活性单元。而在肺炎链球菌 6B 型寡糖疫苗的研究中，其荚膜多糖的单个重复单元二糖片段即足以刺激动物产生具保护性的免疫应答。除了糖链长度，糖链抗原的重要表位还包含糖苷键的立体构型、末端糖单元、侧链糖单元和各种取代基等。尹健等完成幽门螺杆菌（*Helicobacter pylori*）O6 血清型 O– 抗原的化学合成，发现 α（1→3）连接的庚聚糖片段是重要抗原表位，而末端 Le^y 四糖和其他连接方式的庚聚糖无抗原性，且末端 Le^y 四糖可阻碍抗体对庚聚糖抗原表位的识别。此外糖链分枝结构以及不同取代基，如乙酰基、磷酸酯基和丙酮酸基等均会对寡糖免疫原性产生影响。

20.3.3　合成寡糖疫苗

随着对于糖类免疫表位研究的深入，通过化学合成方法制备糖链免疫表位结构，开发结构明确、均一的合成寡糖疫苗已成为新型糖类疫苗研发工作的重要发展方向。美国科学家 Samuel Danishefsky 等合成了含有 Tn、Le^y、STn、GM2、TF、Globo H 抗原的六价肿瘤糖抗原，这类多价疫苗更接近肿瘤细胞表面抗原的实际状态。鉴于糖类抗原和载体蛋白偶联的位点和数量有不确定性，且载体蛋白引起的免疫反应对糖类抗原的免疫应答存在潜在影响，将糖类抗原与 T 细胞表位短肽、佐剂共价组装形成全合成疫苗是糖类疫苗开发的新策略。荷兰科学家 Geert–Jan Boons 等合成了由 Tn 糖抗原、内源性佐剂 Pam3Cys、人类辅助 T 细胞表位 YAF 共价结合而成的三组分疫苗。我国科学家李艳梅等将 MUC1 糖肽与人类辅助 T 细胞表位 P30 共价结合，该糖类疫苗在无佐剂条件下具有突出免疫活性。郭忠武等将脑膜炎奈瑟菌 C 型荚膜多糖的合成片段与单磷酸化脂 A 共价结合,该疫苗可有效刺激 T 细胞依赖性免疫应答的发生。此外,对多糖免疫表位进行结构修饰,增加其异源性,也是新型糖类疫苗开发的重要研究手段。叶新山等对 STn 抗原的结构修饰做了系统而深入的研究工作,发现 N- 乙酰基氟代修饰衍生物与载体蛋白结合后产生的免疫反应是天然 STn–KLH 的 3 ~ 5 倍。目前,已有多种合成糖类疫苗进入临床试验阶段,主要应用包括:①针对无疫苗病原体和肿瘤的糖类疫苗开发;②已上市多糖结合疫苗的补充或更新。古巴开发的一种化学合成 b 型流感嗜血杆菌结合疫苗 QuimiHib 是全球首款合成糖类疫苗,该疫苗利用合成寡糖链末端的氨基连接臂与马来酰亚胺试剂反应,在糖链还原端形成一个马来酰亚胺官能团,进一步通过马来酰亚胺基团与活化破伤风类毒素的疏基发生迈克尔加成,生成合成寡糖蛋白结合物。由该方法制备的寡糖蛋白结合物中多糖和载体蛋白的质量比为 1∶2.6,表明每个载体蛋白分子连有 30 ~ 35 个合成寡糖。德国科学家 Peter H. Seeberger 等针对商品化 13 价肺炎多糖结合疫苗中未包含的 2 型和 8 型荚膜多糖开展合成和免疫表位探究,并通过将合成的 2 型和 8 型寡糖免疫表位与现有 13 价肺炎多糖结合疫苗组合,制备了具有突出免疫效能的 15 价肺炎候选疫苗。Vince Pozsgay 等将化学合成的痢疾志贺菌 1 型 O- 抗原寡糖结合于载体蛋白,所得合成寡糖缀合物在三期临床试验中表现出比提取 O- 抗原所制备结合物更强的免疫活性。法国科学家 Laurence A. Mulard 等将化学合成的痢疾志贺菌 2a 型 O- 抗原十五糖结合于载体蛋白,所得合成寡糖结合物在一期临床试验中为成年人提供了超过一年的免疫保护。目前,该合成寡糖缀合物候选疫苗已开展二期临床试验。

小结

糖疫苗工程是生物技术的重要分支,利用免疫学知识筛选和设计糖类抗原,通过微生物代谢生产糖类抗原,采用现代化学生物学技术手段研发新型糖类疫苗,为人类生产有用的疫苗产品。细菌脂多糖核心结构、O- 抗原、荚膜多糖普遍具有高度的结构特异性和突出的免疫活性,被广泛应用于感染性疾病的疫苗开发。肿瘤相关糖类抗原则是肿瘤免疫治疗方法开发的重要靶点。利用免疫系统联合识别可将 T 细胞非依赖性糖类抗原转变为 T 细胞依赖性抗原,这一策略广泛应用于糖类疫苗的研究与开发。多糖抗原生产、载体蛋白优选、多糖蛋白结合等是糖结合疫苗生产的主要工艺流程。明确免疫表位结构是糖链抗原设计的重要基础,随着糖合成和糖芯片等技术的发展,围绕细菌多糖抗原的构效关系解析已形成了一个标准医药化学方法。在糖链抗原表位解析的基础上,通过化学合成方法制备糖链免疫表位结构,开发结构明确、均一的合成寡糖疫苗已成为新型糖类疫苗研发工作的重要发展方向。

❓ 思考题

1. 简述糖疫苗工程的发展进程。
2. 简述糖结合疫苗的免疫应答机理。
3. 简述糖结合疫苗生产的一般流程。

4. 糖蛋白结合方法有哪些？

5. 简述影响糖抗原免疫活性的结构因素。

📖 推荐阅读

1. 瓦尔基.糖生物学基础［M］.张树政，朱正美，王克夷，等译.北京：科学出版社，2007：1–292.

本书以寡糖的结构与功能为中心，所包含的内容从经典的糖化学、糖生物化学基础出发，侧重介绍糖生物学领域中突飞猛进的发展，尤其是 DNA 分子生物学重组技术在糖生物学的应用等主要成就。

2. 蔡孟深，李中军.糖化学［M］.北京：化学工业出版社，2007：1–440.

本书重点介绍了糖化学合成中的保护基化学，糖的化学反应，糖类化合物的全合成，寡糖固相合成与组合合成及其合成策略，糖的分离纯化以及结构鉴定。

更多网上学习资源

◆ 教学课件 ◆ 自测题 ◆ 参考文献